Java EE Web 开发与项目实战

李俊青　编著

华中科技大学出版社

中国·武汉

内 容 简 介

本书采用工程案例的形式，将日常 Java EE 项目开发所涉及的技术要点进行了解析，系统介绍了 Apache 的安装、Tomcat 的安装、虚拟主机的配置、开发工具的搭配使用、验证码的使用、过滤器的使用、密码的加密与解密、JavaMail 邮件发送、Web 在线编辑器的使用、文件上传、数据库连接池、Ajax 与 Servlet 的身份认证、Struts 框架的应用、JSF 框架的应用、Spring 框架的应用、Hibernate 框架的应用、Ajax 框架 Dojo 的使用、文件格式自动转换在线预览等 Web 项目开发过程中的关键技术；深入分析了文章管理系统、文件在线收发管理系统、图片网站、美容行业门户网站、基于 Web 的通用在线题库管理系统、FTP 文件搜索系统、物流管理系统等实际工程项目的设计和开发过程。

本书以大量的实际项目设计经验和技巧，带领您畅游 Java EE Web 开发世界。所设计的案例思路清晰、结构合理，来自实际工程项目，涵盖了一般 Web 项目技术要点。

图书在版编目(CIP)数据

Java EE Web 开发与项目实战/李俊青　编著. —武汉：华中科技大学出版社，2011.11
ISBN 978-7-5609-7430-9

Ⅰ.J…　Ⅱ.李…　Ⅲ.JAVA 语言-程序设计　Ⅳ.TP312

中国版本图书馆 CIP 数据核字(2011)第 213990 号

Java EE Web **开发与项目实战**　　李俊青　编著

策划编辑：谢燕群
责任编辑：陈元玉
封面设计：潘　群
责任校对：张　琳
责任监印：张正林
出版发行：华中科技大学出版社(中国・武汉)
武昌喻家山　　邮编：430074　　电话：(027)87557437
录　　排：华中科技大学惠友文印中心
印　　刷：武汉中远印务有限公司
开　　本：787mm×980mm　1/16
印　　张：26.5
字　　数：660 千字
版　　次：2011 年 11 月第 1 版第 1 次印刷
定　　价：59.80 元

前言

近年来，随着网络技术的不断发展，社会对网络软件的应用越来越广泛。在目前流行的Web程序开发技术中，Java EE以其稳定、安全、可移植性好等优点，成为大中型企业开发网页的首选。

本书采用工程案例的形式，将日常程序开发所涉及的技术要点进行了解析，系统介绍了Apache 的安装、Tomcat 的安装、虚拟主机的配置、开发工具的搭配使用、验证码的使用、过滤器的使用、密码的加密与解密、JavaMail 邮件发送、Web 在线编辑器的使用、文件上传、数据库连接池、Ajax 与 Servlet 的身份认证、Struts 框架的应用、JSF 框架的应用、Spring 框架的应用、Hibernate 框架的应用、Ajax 框架 Dojo 的使用、文件格式自动转换在线预览等技术；深入分析了文章管理系统、文件在线收发管理系统、图片网站、美容行业门户网站、基于 Web 的通用在线题库管理系统、FTP 文件搜索系统、物流管理系统等。

本书所有案例来源于实际工程开发应用项目，项目模块依据项目引领的模块化教学法模块构造方法建立，因此本书既适合作为高等院校计算机及相关专业的“JSP 程序实训”、“Web 综合实训”、“Web 应用开发”、“动态网站高级开发”等课程的教材，也适合 Java EE 程序开发人员作为参考用书。学习本书内容时，需要读者掌握 Java 语言、JSP 程序开发基础、J2EE 开发基础、数据库技术基础、网站开发技术，了解 Ajax、JavaScript、XML 等方面的知识。

全书共分 10 章，各章内容安排如下。

第 1 章介绍了 Web 开发基础。主要介绍了服务器及开发环境配置、网站开发的流程，并以赛车主题网为例，介绍利用 XHTML 开发符合 W3C 标准网站的方法。

第 2 章介绍了 Java EE Web 开发技术要点案例。主要介绍了贯穿 Web 开发的主要技术，包括验证码技术、数据库连接池技术、密码加密与解密技术、过滤器权限控制技术、编码控制技术、用户登录即身份验证技术、JavaMail 邮件发送技术、Web 在线编辑器技术、组件文件上传技术、Struts、JSF、Spring、Hibernate 框架、Dojo 等。

第 3 章介绍了文章管理系统的设计与实现。主要介绍了利用 Ajax+JSP+ Servlet+JDBC 模式来实现文章管理系统的方法，分析了异步数据交互的程序结构，详细阐述了数据库的构造方法和主体功能模块程序的实现。该系统适用于作为各种系统的文章管理子模块。

第 4 章介绍了文件收发在线管理系统的设计与实现，主要介绍了采用 Ajax 框架 Dojo 结合 Java EE 进行程序设计的方法，分析了发文过程的处理，采用 Apache commons-fileupload 组件进行文件上传的应用，以及 Word 等文件格式自动转换为 Flash 进行预览的方法等。

第 5 章介绍了图片管理系统。主要介绍了通过 Smartupload 上传组件来批量上传图片，并在上传图片时由 Servlet 自动生成指定规格的缩略图的方法，此外，还介绍了图片的分类管理、按照主题搜索图片等功能。

第 6 章介绍了一个商业性质的交友网站的主要功能的设计与实现。通过该网站，会员能够发表各种文章、发布寻友信息、发送短消息、浏览并评论其他会员的文章，以及在留言板上发表或回复留言等功能，并实现了完善的后台管理系统。该系统功能的实现主要采用了两种框架结构，首先，用户和管理员登录模块部分采用的是 MVC 框架，即按照三层结构使用 JSP+Servlet+JavaBean 实现了该功能；其次，其余部分的开发工作基于快速便捷开发的原则，采用以 JSP 为核心并辅以 JavaBean 的开发模型，在 JSP 中实现了大部分的业务逻辑和流程控制工作。

第 7 章以美容行业网站为例，分析了行业门户网站的设计与开发，侧重介绍了数据库的设计与实现。

第 8 章介绍了一个物流服务管理系统中的“事件管理”模块的设计与开发。该模块能记录用户所提交的事件，并能根据事件类型决定如何处理该事件，总之，此模块在整个系统中的作用类似于适配器的功能。该系统在实现中结合了 Struts 与 Hibernate 框架的使用，遵循 MVC 模式设计系统，它完整地体现了一个 Web 开发的流程。Struts+Hibernate 的开发方式是如今一种比较流行的 Web 开发方法，读者可以通过本章的例子，学习如何结合以上两种开发框架来开发 Web 应用系统。

第 9 章介绍了基于 Web 的在线题库管理系统。阐述了一个基于 Web 的题库管理系统的体系结构和设计的实现过程。系统采用了 JSP+JavaBean 模式开发，后台数据库采用 Oracle 开发，即前端由 JSP 网页实现表现逻辑，中间使用 JavaBean 的组件实现系统内部复杂的业务逻辑，后端使用 Oracle 数据库实现数据逻辑，并提出了在线题库管理系统解决方案及题目分类的特殊原则。系统采用 jspsmartupload 组件实现文件上传。系统实现了题库的基本添加、修改、删除功能，以及对题库系统各科目的统计、分析；实现了对题目的使用频率统计分析，对出题人员的工作量的统计分析等。

第 10 章介绍了 FTP 文件搜索系统。主要介绍了建立基于局域网的单个 FTP 和多个 FTP 的搜索模型，并根据 FTP 服务器的实际情况，选择适合的爬虫程序类型，建立索引树的方法。

系统实现了基于 Web 的 FTP 搜索引擎的最简单模式的爬虫程序和 Web 查询程序，可以适用于单个服务器的索引建立及搜索查询。系统提出根据搜索引擎建立的原理，可以再进一步扩展程序，主要从两方面来完善：一方面，完善爬虫程序，让其以服务的形式运行，进而扩展到全网络进行 FTP 目录结构的提取，并进一步优化索引结构；另一方面，完善 Web 模块，让其显示更加灵活，检索更加准确、高效。

本书的编写得到众多老师的指导和帮助。感谢魏应彬教授、桂占吉教授、陈鹤年教授，他们为本书的内容组织提出了建设性意见。感谢杜文才教授、钟声教授、卢彧高工，他们为本书提供了良好的技术支持。感谢严丽丽、季文天、王成、彭菊萍、过晓娇、蔡妹、杨帆，他们承担了本书的部分章节的编写工作。感谢何军余、马杰、符天、王贞、王晶，他们参与了本书的部分修改工作。

由于编者水平有限，书中难免出现错误和不足。对于书中的任何问题，可以发邮件到 ljq816-net@yahoo.cn。此外，也可到本书建立的官方网站进行交流，网址为 http://jee.ljq8.cn。编者将不胜感激。

编　者

2011 年 8 月

目录

第 1 章

Web 开发基础

1.1 服务器及开发环境配置

J2EE 有多种开发工具和运行环境，本书主要介绍 J2SDK+Tomcat，此外，作为 WWW 服务，本书采用 Apache 集成 Tomcat，开发工具选择 Eclipse + Dreamweaver。

1.1.1 Tomcat 服务器安装

目前 JDK 版本为 JDK 1.6，Tomcat 版本为 Tomcat 7.0。下面以这两个版本为例来介绍 JDK 和 Tomcat 的安装。

(1) 下载所需软件。JDK 1.6 版本的下载地址：http://java.sun.com/javase/downloads；Tomcat 7.0 版本的下载地址：http://tomcat.apache.org。

(2) 安装 JDK。安装 JDK 1.6 的操作，如图 1-1 所示，选择安装的路径，本例安装路径为 C:\Program Files\Java\jdk1.6.0_10。

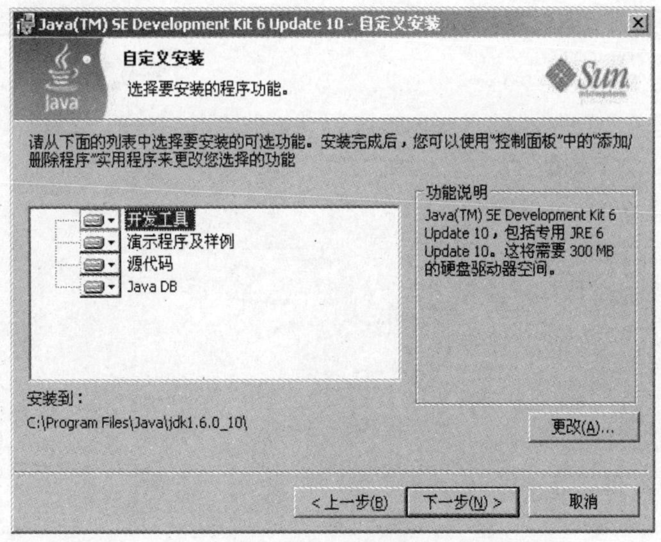

图 1-1 安装 JDK

(3) 安装 Tomcat。安装 Tomcat 有三个步骤需要进行简单配置：第一步配置是指定 Tomcat 的安装路径，如图 1-2 所示，本例安装路径为 C:\Program Files\Apache Software Foundation\Tomcat 5.5，安装过程可以根据自己计算机的实际情况选择；第二步配置是填写服务端口和后台管理账号密码，如图 1-3 所示，默认端口为 8080，如果安装计算机 8080 端口被占用，则测试会失败，本例安装选用默认 8080 端口；第三步配置是选择 Java 虚拟机安装路径，如图 1-4 所示，本例中将虚拟机安装在 C:\Program Files\Java\jdk1.6.0_10，配置完成后进行安装。

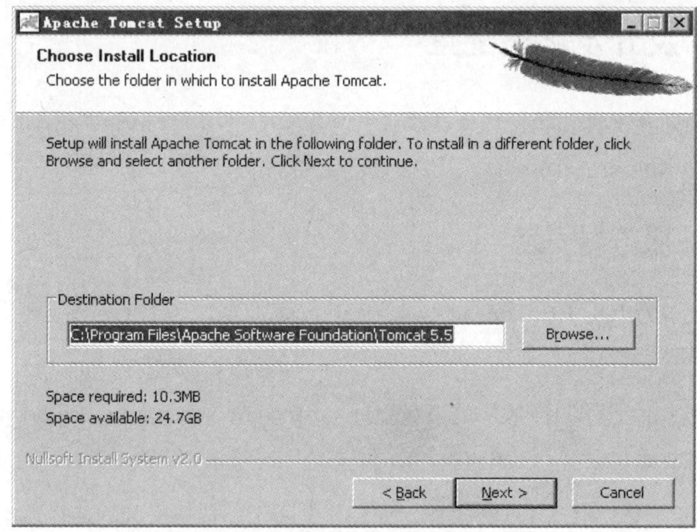

图 1-2 选择 Tomcat 安装路径

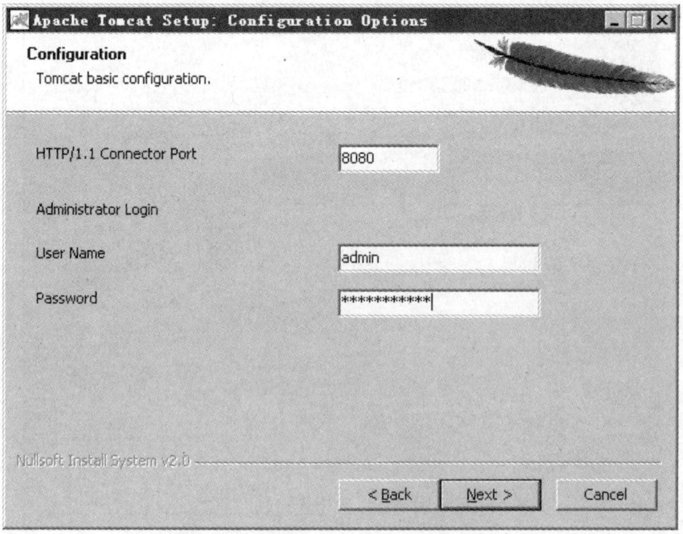

图 1-3 选择 Tomcat 服务端口

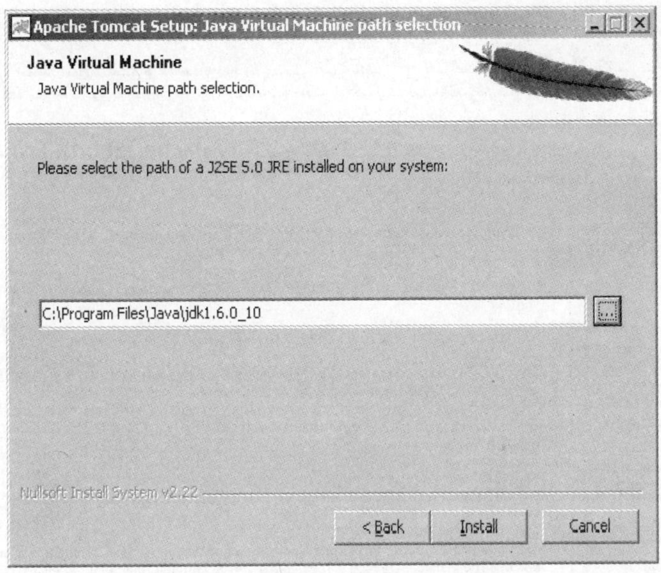

图 1-4 选择 Java 虚拟机安装路径

安装完成后进行测试，如图 1-5、图 1-6 所示，启动 Tomcat 服务器。

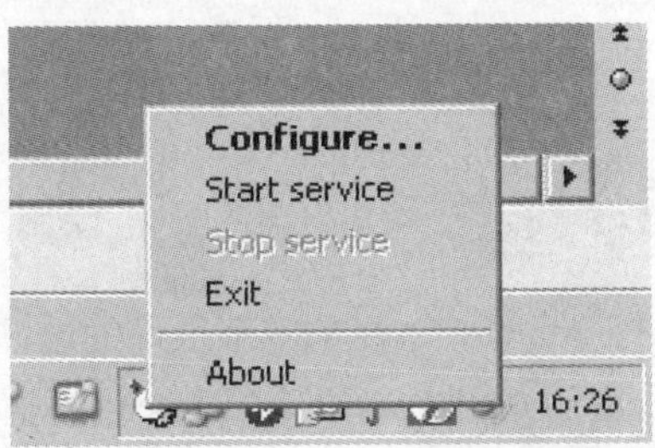

图 1-5 启动 Tomcat 服务器

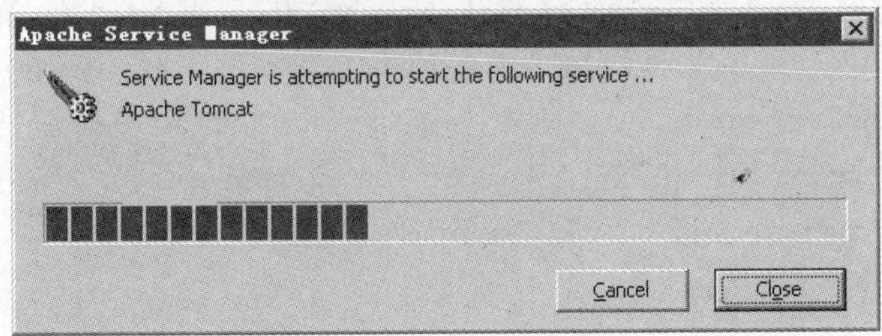

图 1-6 Tomcat 服务启动中

启动完成后，在浏览器地址栏中输入 http://127.0.0.1:8080，此时若出现如图 1-7 所示的页面，则说明 Tomcat 安装成功。

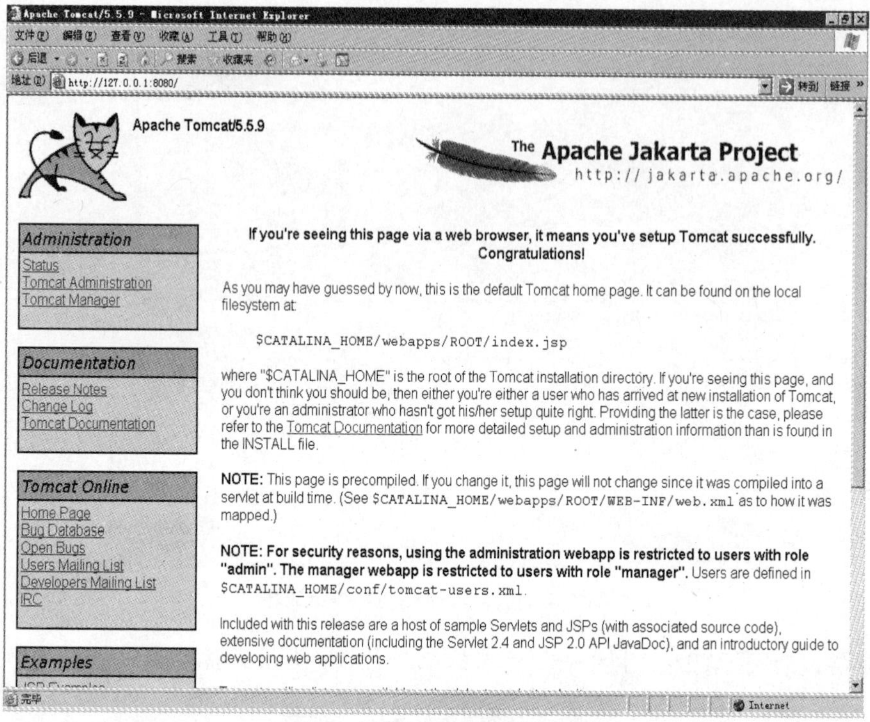

图 1-7 Tomcat 默认首页

1.1.2 Apache+Tomcat 整合

作为 WWW 服务器，选择 Apache 软件是一个很好的选择。开发的程序要在网络上发布，需要配置 WWW 服务器，本例介绍 Apache 和 Tomcat 的整合方法，使 Apache 能够解析 JSP 程序。

(1) 下载所需软件。本例中 Apache 选择 Apache 2.0.55 版本，可在 Apache 官方网站 http://archive.apache.org 下载，网站提供各种版本，本例下载 MSI 格式的安装文件 apache_2.0.55-win32-x86-no_ssl.msi。此外，Apache 和 Tomcat 整合需要连接器，可从 http://tomcat.apache.org 网站下载连接器 jakarta-tomcat-connectors。本例下载的连接器文件为 jakarta-tomcat-connectors-jk2.0.4-win32-apache2.0.49.zip。

(2) 安装 Apache。直接双击 Apache 安装文件 apache_2.0.55-win32-x86-no_ssl.msi 进行安装。安装过程中，需要填入主机信息，如图 1-8 所示。此外，选择“for All Users，on Port 80，as a Service--Recommended”选项，选择安装路径，如图 1-9 所示；安装完成，如图 1-10 所示。

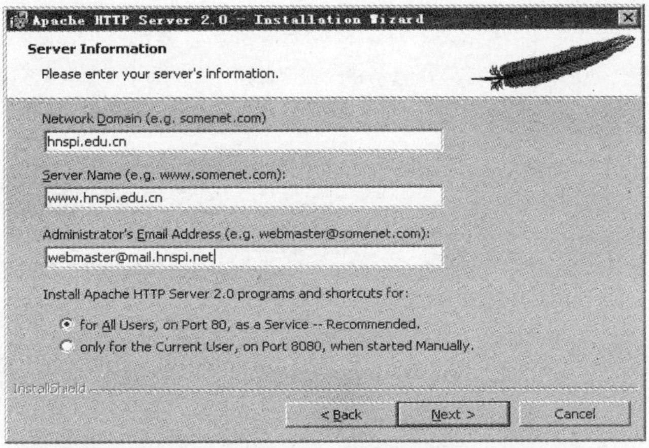

图 1-8　填写 Apache 安装域、服务器名、管理员 E-mail

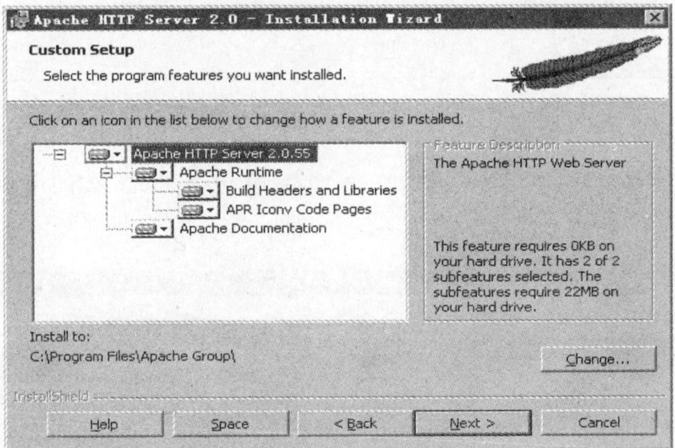

图 1-9　选择 Apache 安装路径

图 1-10　Apache 安装完毕

需要注意的是，在Apache安装过程中，首先需要确认计算机8080端口没有被占用；其次，若计算机带有防火墙，则需要开启对外服务的8080端口。本例中的操作系统为Windows 2003 Server，如图1-11所示，开启8080端口时，要解除防火墙的阻止。

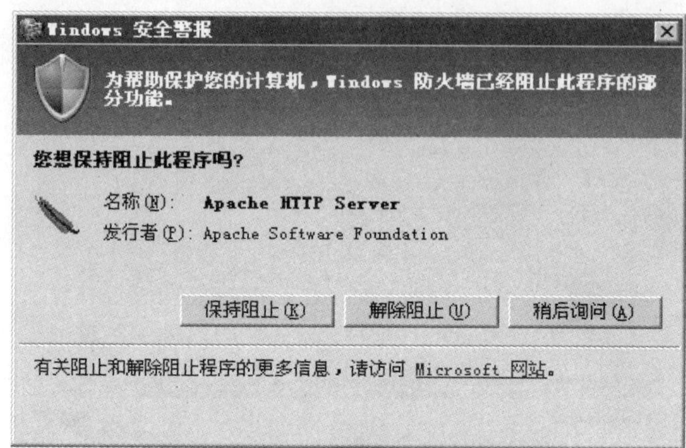

图1-11 开启操作系统Apache服务端口

成功安装Apache后，启动Apache Service Monitor进行测试，如图1-12所示。在Apache Service Monitor中可以启动、停止、重启Apache服务器。

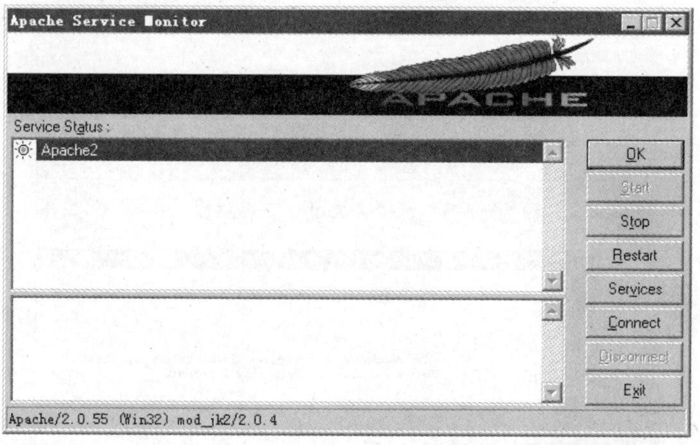

图1-12 启动Apache Service Monitor界面

启动Apache服务器后，在浏览器地址栏输入http://127.0.0.1，若显示如图1-13所示的页面，则表示Apache安装成功。

(3) 配置Apache加载连接器。将下载的连接器解压，mod_jk2.so文件复制到Apache安装目录的modules目录下。打开Apache配置文件http.conf，在最后一行添加如下代码：

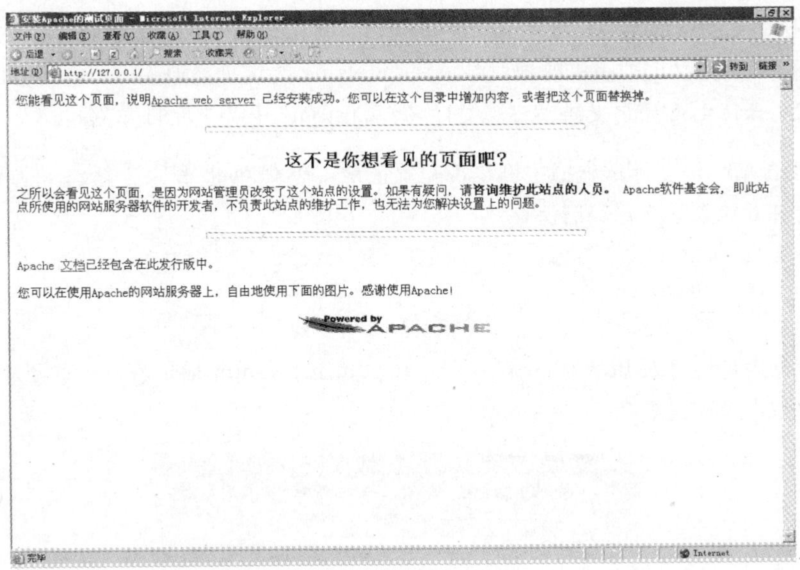

图 1-13 Apache 默认首页

```
------------------------------------------
<IfModule !mod_jk2.c>
LoadModule jk2_module modules/mod_jk2.so
</IfModule>
```

在 Apache 安装文件夹的 conf 下新建 workers2.properties 文件(若该文件存在，则不用新建)，然后在文件中输入如下代码后保存：

```
------------------------------------------
[channel.socket:localhost:8009]
port=8009
host=127.0.0.1
[ajp13:localhost:8009]
channel=channel.socket:localhost:8009
# Uri mapping
[uri:127.0.0.1/*.jsp]
worker=ajp13:localhost:8009
```

(4) 测试。下面以配置 www.soft.hnspi.edu.cn 虚拟主机为例，介绍其能执行 JSP 程序的安装方法。

首先，配置 Apache 虚拟主机。打开 http.conf，在其中插入如下代码后保存：

```
------------------------------------------
<VirtualHost *:80>
   ServerAdmin webmaster@mail.hnspi.net
   DocumentRoot C:/web
   ServerName www.soft.hnspi.edu.cn
   ErrorLog logs/www.soft.hnspi.edu.cn-error_log
   CustomLog logs/www.soft.hnspi.edu.cn-access_log common
</VirtualHost>
```

代码说明：ServerAdmin 为定义管理员 E-mail，在网站不能正常显示的时候显示；DocumentRoot 为定义虚拟主机的根目录；ServerName 为定义虚拟主机，本例以域名方式定义虚拟主机；ErrorLog 为定义错误日志文件名；CustomLog 为定义日志文件。

重新启动 Apache，测试虚拟主机是否配置正常，在 C:/web 目录下新建 test.htm 文件，用记事本打开并输入如下代码后保存：

```
--------------------------------------------
Welcome to HaiNan SoftWare Profession Institute <br>
web:http://www.hnspi.net
```

在浏览器地址栏输入 http://www.soft.hnspi.edu.cn/test.htm 后，若显示如图 1-14 所示的信息，则虚拟主机配置成功。

图 1-14 测试 Apache 虚拟主机页面效果

其次，配置该虚拟主机，使之能执行 JSP 程序。其配置步骤如下。

第一步，配置 workers2.properties 文件，使 Apache 对 JSP 程序的请求由 Tomcat 处理，在 workers2.properties 文件最后插入如下代码：

```
--------------------------------------------
[uri:www.soft.hnspi.edu.cn/*.jsp]
worker=ajp13:localhost:8009
```

代码说明：uri 所指定的是要转接到 Tomcat 执行的文件，本例中 uri 指定为 www.soft.hnspi.edu.cn/*.jsp，Apache 收到 www.soft.hnspi.edu.cn/*.jsp 的请求，都会发送给 Tomcat 处理。若想让所有文件都由 Tomcat 处理，则 uri 可按照 www.soft.hnspi.edu.cn/*的形式定义。

第二步，配置 Tomcat 虚拟主机，使其和 Apache 指向同一个目录，并能正常执行 JSP。打开 Tomcat 安装目录中 conf 目录下的 server.xml 文件，在<Engine>与</Engine>之间插入如下代码：

```
--------------------------------------------
<Host  appBase="C:\web "  name="www.soft.hnspi.edu.cn">
</Host>
```

代码说明：appBase 为设置虚拟主机的指向目录；name 为设置虚拟主机的主机名称。

第三步，在 Catalina 目录下建立 www.soft.hnspi.edu.cn 目录，在该目录下创建 ROOT.xml 文件，该文件内容如下：

```
---------------------------------------------
<?xml version="1.0" encoding="UTF-8"?>
<Context docBase="">
  <WatchedResource>WEB-INF/web.xml</WatchedResource>
</Context>
```

至此，可以执行 JSP 程序的虚拟主机配置完毕，保存所有修改过的文件，重新启动 Tomcat 和 Apache。

测试 Tomcat 虚拟主机：在 C:/web 文件夹下新建一个 test.jsp 文件，输入如下内容：

```
---------------------------------------------
<%out.println("Welcome to HaiNan SoftWare Profession Institute");
out.println("<br> web:http://www.hnspi.net");
%>
```

在浏览器地址栏输入 http://www.soft.hnspi.edu.cn:8080/test.jsp，若出现如图 1-15 所示的界面，则说明 Tomcat 虚拟主机配置成功。

图 1-15 测试 Tomcat 虚拟主机页面效果

测试 Apache 和 Tomcat 整合是否成功，可在浏览器地址中输入 http://www.soft.hnspi.edu.cn/test.jsp，若看到如图 1-16 所示结果，则说明整合成功。

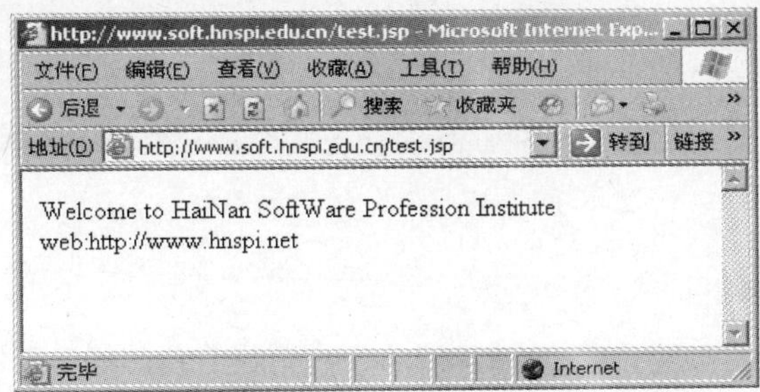

图 1-16 测试 Apache 和 Tomcat 整合页面效果

1.1.3 开发工具的使用

1. Eclipse 简介

Eclipse 是著名的跨平台的自由集成开发环境(IDE)，最初主要用于 Java 语言开发，目前也有人通过插件使其作为其他计算机语言(如 C++和 Python)的开发工具。虽然 Eclipse 本身只是一个框架平台，但是众多插件的支持使得 Eclipse 拥有其他功能相对固定的 IDE 软件很难具有的灵活性。许多软件开发商以 Eclipse 为框架开发自己的 IDE。

Eclipse 就其本身而言，它只是一个框架和一组服务，但可通过插件组件构建集成开发环境。Eclipse 附带了一个标准的插件集，包括 Java 开发工具(Java Development Tools，JDT)。

Eclipse 最初是由 IBM 公司开发的替代商业软件 Visual Age for Java 的下一代 IDE Eclipse，2001 年 11 月贡献给开源社区，现在它由非盈利软件供应商联盟 Eclipse 基金会(Eclipse Foundation)管理。

2003 年，Eclipse 3.0 选择 OSGi 服务平台规范为运行时架构。2007 年 6 月，稳定版 Eclipse 3.3 发布。2008 年 6 月，发布代号为 Ganymede 的 Eclipse 3.4 版。本书将以 Eclipse 3.5 版本为例来进行介绍。

Eclipse 的下载地址：http://www.eclipse.org。

Eclipse 启动界面如图 1-17 所示。

图 1-17 Eclipse 启动界面

2. Dreamweaver 简介

Dreamweaver，简称 DW，是一款有着多年历史和良好口碑的可视化网页编辑工具，它最大的优点就是所见即所得，对 W3C 网页标准化支持十分到位。同时它还支持网站管理，包含

HTML 检查、HTML 格式控制、HTML 格式化选项、HomeSite/BBEdit 捆绑、图像编辑、全局查找替换、全 FTP 功能、处理 Flash 和 Shockwave 等多媒体格式和动态 HTML，以及支持 ASP、JSP、PHP、ASP.NET、XML 等程序语言的编写与调试。

目前的最新版本是 Dreamweaver CS4，不过使用 Dreamweaver 8 的人很多，本书以 Dreamweaver 8 为例来进行介绍。

Dreamweaver 从字面意思上的解释是“梦想编织者”，可见 Macromedia 公司在开发时就对它寄予厚望，希望每一位学会使用它的人都能有一双编织自己梦想的手。

Dreamweaver 8 的启动界面如图 1-18 所示。

图 1-18 Dreamweaver 8 启动界面

3. 工具联合开发调试项目

使用 Eclipse 开发程序时，虽然系统框架结构会给你带来方便，但并不太适合于开发 Web 页面。而 Dreamweaver 开发 Web 页面时可以实现所见即所得的效果，页面也遵循 W3C 国际标准。因此，可以利用这些开发工具各自的优点，综合开发 Web 程序。

下面以开发 Web 项目 Hngjc 为例，介绍如何利用开发工具开发项目。

(1) 启动 Eclipse，在 Eclipse 中配置整体开发环境。

如图 1-19 所示，启动 Eclipse 时选择工作空间路径，本例选择路径为 D:\workspace3.5。

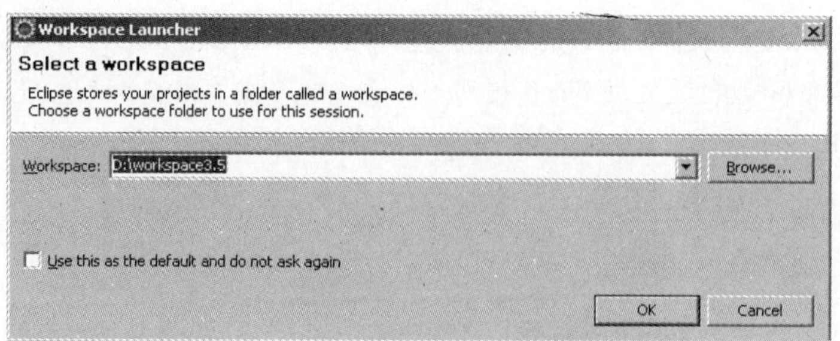

图 1-19 选择 Eclipse 工作空间路径

启动后，配置 Web 项目整体测试服务器，具体做法如下。

打开 Window→Preferences 菜单，出现如图 1-20 所示的界面，选择 Server→Runtime Environments 选项，然后选择添加服务器，选择添加的服务器为已经在计算机上安装的 Tomcat v5.5。完成后，关闭所有配置窗口。

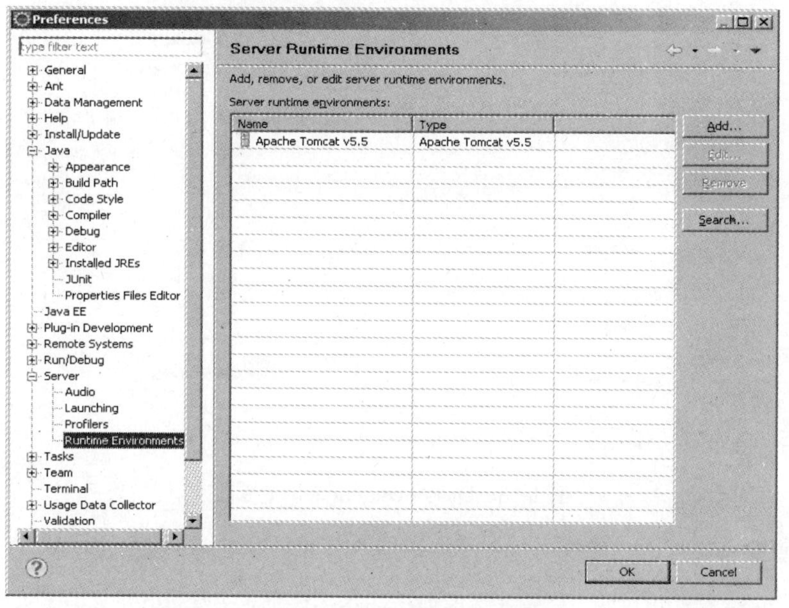

图 1-20 Eclipse 选择添加服务器

(2) 在 Eclipse 中创建 Hngjc 项目。

在新建项目选择窗口并选择项目类型，如图 1-21 所示。单击“Next”按钮后，出现如图 1-22 所示的窗口，填写项目名称 Hngjc，选择与项目相关的信息。在本例中，项目文件都置于 D:\workspace3.5\Hngjc 中，因此以默认选项配置；测试用服务器选择之前配置为 Tomcat v5.5，其他部分按默认配置，之后单击“Finish”按钮。

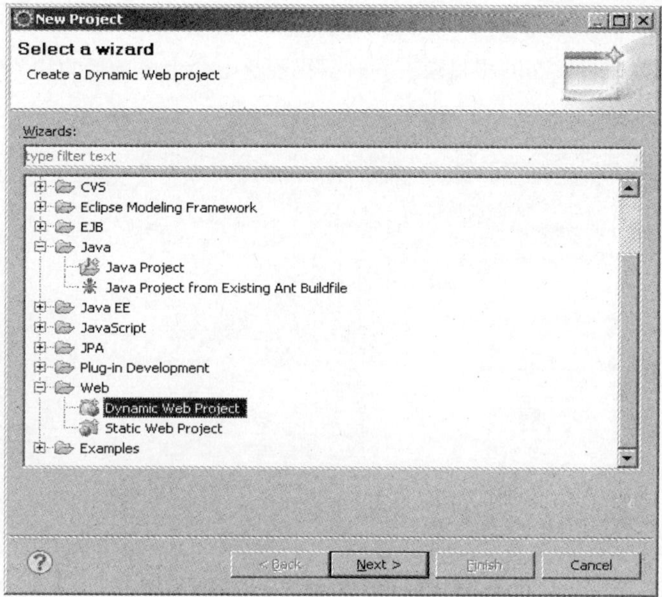

图 1-21 新建项目选择窗口

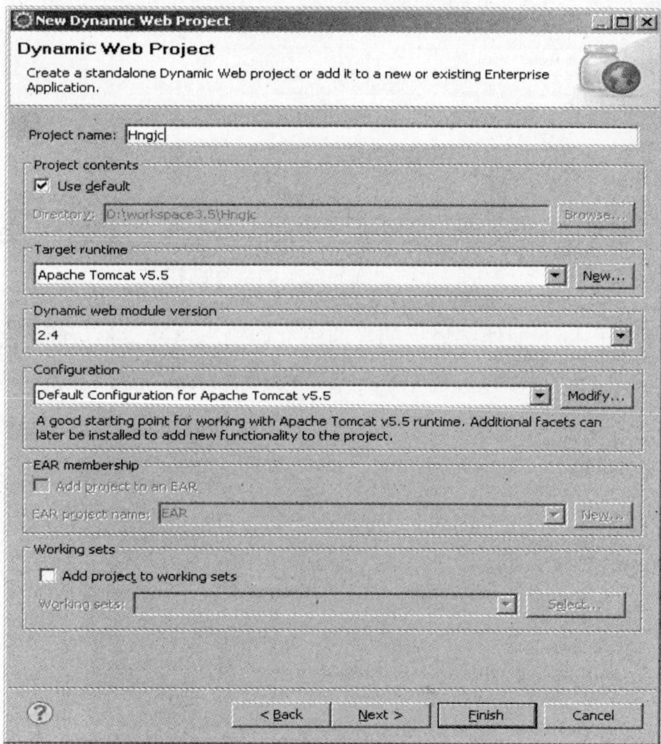

图 1-22 填写、选择项目相关信息

项目创建完成后，出现如图 1-23 所示的界面，可以看到 Web 项目的目录结构。其中 WebContent 目录为项目发布的根目录。同时，在硬盘上会生成项目的相关文件，如图 1-24 所示。

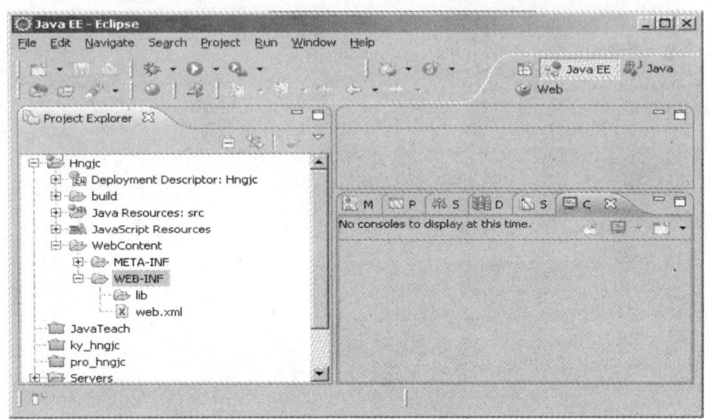

图 1-23 项目在 Eclipse 中的目录结构

D:\workspace3.5\Hngjc

文件(F) 编辑(E) 查看(V) 收藏(A) 工具(T) 帮助(H)

后退 搜索 文件夹

地址(D) D:\workspace3.5\Hngjc 转到

名称	大小	类型	修改日期	属性
.settings		文件夹	2010-2-2 17:10	
build		文件夹	2010-2-2 17:09	
src		文件夹	2010-2-2 17:09	
WebContent		文件夹	2010-2-2 17:10	
.classpath	1 KB	CLASSPATH 文件	2010-2-2 17:10	A
.project	2 KB	PROJECT 文件	2010-2-2 17:10	A

6 个对象 1.83 KB 我的电脑

图 1-24 项目在硬盘上的文件结构

配置 Eclipse 中对于 Java 文件编译后的字节码文件输出路径，默认编译后输出的路径为项目目录下的 build\classes，因为最终只需发布 WebContent，所以在此将输出路径调整到 WebContent\WEB-INF\classes 目录下。具体操作为：打开项目属性对话框，选择 Java Build Path 选项，如图 1-25 所示，默认 Default output folder 为 Hngjc/build/classes，在此将其更改为：Hngjc/WebContent/WEB-INF/classes。

至此，项目 Hngjc 的基本开发环境 Eclipse 部分已经配置完毕。

(3) 在 Dreamweaver 中创建 Hngjc 站点。

在 Dreamweaver 中创建站点时，其站点根目录指向在 Eclipse 中创建的项目的 WebContent 目录，本例的根目录为 D:\workspace3.5\Hngjc\WebContent，如图 1-26 所示。此外，设置站点为 JSP 站点，并指定前缀。本例中测试前缀为 http://localhost: 8080/Hngjc，如图 1-27 所示。

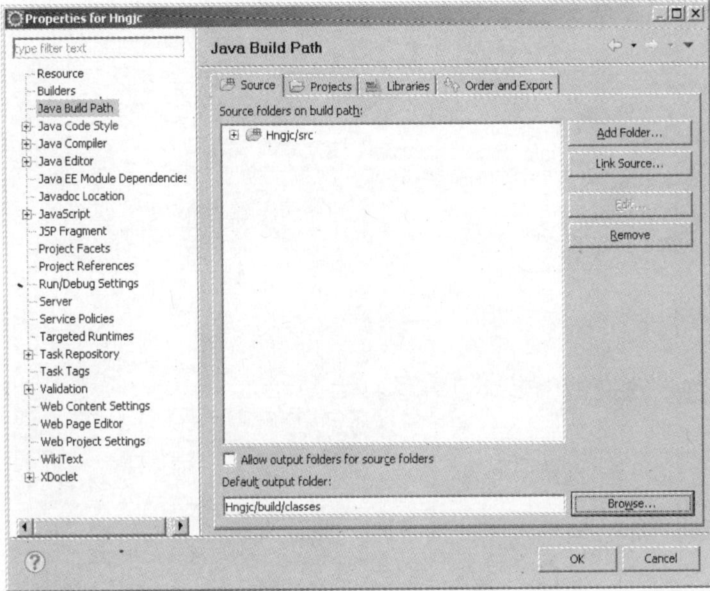

图 1-25 项目 Java Build Path 属性对话框

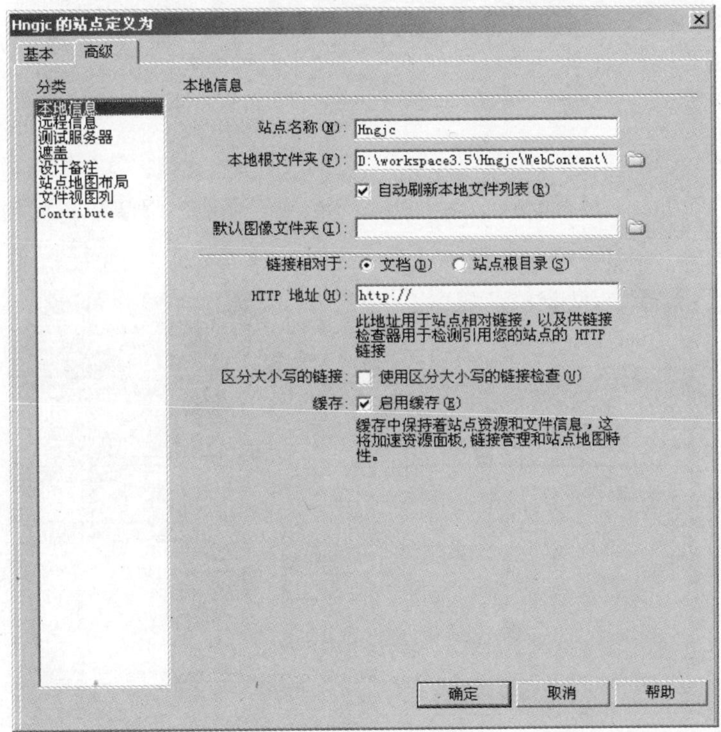

图 1-26 创建 Hngjc 站点

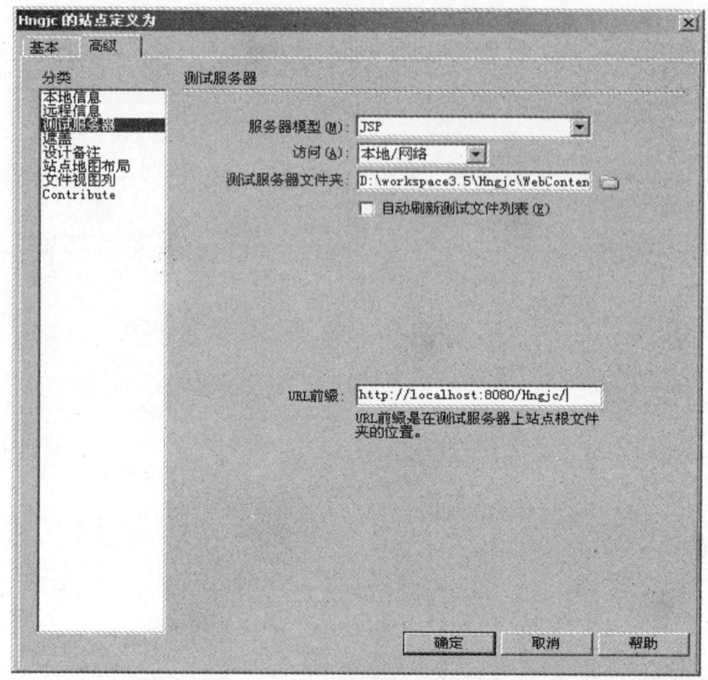

图1-27 配置测试服务器

(4) 测试。

测试在Dreamweaver中编写的Web页面，在Eclipse中运行。本例中为了方便演示，创建一个简单的JSP页面index.jsp，如图1-28所示。在Eclipse中刷新Hngjc项目，然后运行index.jsp，若按图1-29所示显示，则说明正常。

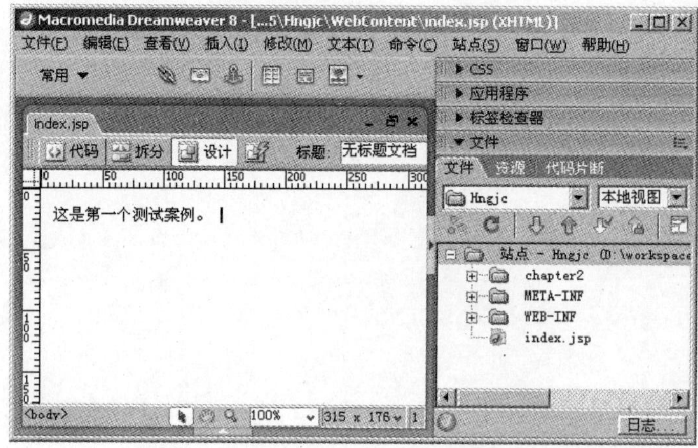

图1-28 在Dreamweaver中创建JSP页面

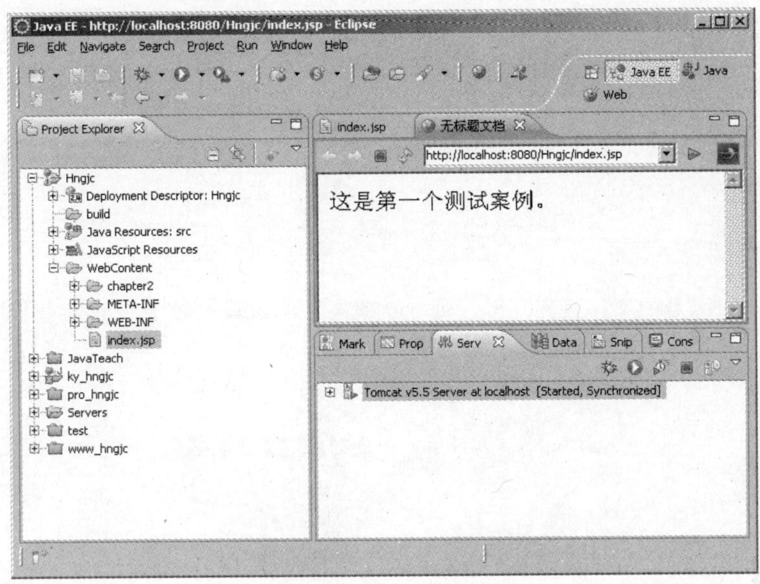

图 1-29　在 Eclipse 中测试 JSP 页面

1.2　XHTML 网站开发案例

1.2.1　静态网站开发流程简介

遵循软件设计的一般理论，网站的设计、制作、维护包含以下几个方面。

1．需求分析

需求分析主要完成网站的主题和风格定位，以及具体栏目分析和浏览群的定位。目前，网站的主题分类主要有网上求职、网上聊天/即时信息/ICQ、网上社区/讨论/邮件列表、计算机技术、网页/网站开发、娱乐网站、旅行、参考/资讯、家庭/教育等。风格(style)是指站点的整体形象给浏览者的综合感受。树立风格主要有三步：一是确信风格建立在有价值的内容之上；二是建站者要搞清自己希望给人的印象是什么；三是确立了网站形象后，努力维护和加强该网站印象。

2．可行性分析

网站的可行性分析主要包括网站涉及的技术难度分析、设计难度分析、费用分析、经济效益分析、社会效益分析等。

3．CI 设计

CI 是 corporate identity 的缩写，这里是指通过视觉来统一企业的形象。对网站制作来讲，

CI设计包括网站整体形象设计、网站目录结构设计、网站链接结构设计等。

1) 网站的整体形象

CI设计的网站整体形象是网站整体风格的重要体现，网站整体形象设计可通过如下部分来实现。

⑴ 设计网站的标志。

标志(logo)可以是中文、英文字母，符号、图案，动物或人物等，如图1-30所示为四个知名网站的logo。

图1-30 网站logo

⑵ 设计网站的标准颜色。

网站给人的第一印象来自视觉冲击，确定网站的标准颜色是相当重要的一步。不同的颜色搭配产生不同的效果，并可能影响到访问者的情绪。

一般来说，一个网站的标准颜色不宜超过三种，太多会让人眼花缭乱。标准颜色主要用于网站的标志、标题、主菜单和主色块，给人以整体统一的感觉。至于其他颜色也可以使用，只是作为点缀和衬托，绝不能喧宾夺主。

⑶ 设计网站的标准字体。

标准字体是指用于标志、标题、主菜单的特有字体。一般开发中文网页默认的字体是宋体。

⑷ 设计网站的宣传标语。

网站的宣传标语可以说是网站的精神，网站的目标，可用一句话甚至一个词来高度概括。例如，Intel的“给你一颗奔腾的心”，联想的“你的精彩世界”。因此，一个好的网站要有一个好的宣传标语。

2) 网站的目录结构

CI设计的第二部分为网站目录结构设计。网站目录结构设计应注意如下几个问题。

(1) 不要将所有文件都存放在根目录下；

(2) 按栏目内容建立子目录；

(3) 在每个主目录下建立独立的 images 目录；

(4) 目录的层次不要太深；

(5) 不要使用中文目录。

图 1-31 所示为某网站的目录结构图。

3) 网站链接结构

CI 设计的第三部分为网站链接结构设计。网站的链接结构是指页面之间相互链接的拓扑结构。网站的链接结构可分为树形链接结构(一对一)和星形链接结构(一对多)两种。根据实际情况，一般选择两种结构结合使用，如图 1-32 所示为某题库管理系统 Web 链接结构。

4. 资料收集

资料收集主要是指完成建立一个网站所需要的大量的文字、图像信息的集中，以备后续使用。

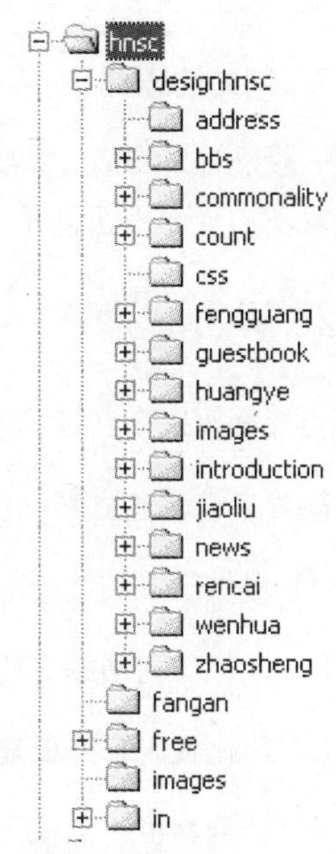

图 1-31 某网站目录结构图

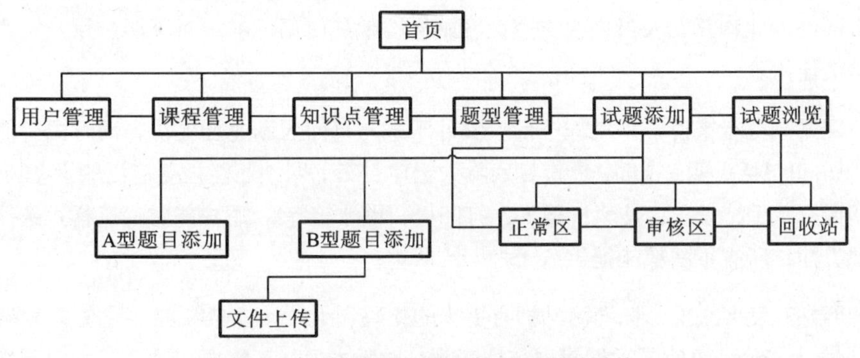

图 1-32 某题库管理系统 Web 链接结构

5. 网站制作

网站制作就是利用现有的网站开发工具对网站进行制作。常用的制作工具有 Dreamweaver，美化工具有 Fireworks、Photoshop、Flash、Swish、Gif Animator 等。我们可以根据实际开发情况，选择合适的开发工具。

6. 网站的测试和发布

网站的测试一般有链接情况的测试、分辨率变化的测试、不同浏览器的测试(即浏览器兼容的测试)等。

7. 网站的维护

一般网站发布后，需要进行后期维护。后期维护需要做的工作包括修改和更新版面内容，修改发现的页面错误，保证服务器正常运行等。

1.2.2 Web 标准

为什么要采用网站标准开发网页？

简单来说，建立网站标准的目的有如下几点。

(1) 提供最多利益给最多的网站用户；

(2) 确保任何网站文档都能够长期有效；

(3) 简化代码，降低建设成本；

(4) 让网站更容易使用，能满足更多不同用户和更多网络设备的要求；

(5) 当浏览器版本更新，或者出现新的网络交互设备时，确保所有应用能够继续正确执行。

对于网站设计和开发人员来说，遵循网站标准就是使用标准；对于网站用户来说，网站标准就是最佳体验。

对于网站浏览者来说，采用标准后，文件下载与页面显示速度更快；同时内容能被更多的用户所访问(包括失明、视弱、色盲等残障人士)；此外，网站还能被更广泛的设备所访问(包括屏幕阅读机、手持设备、搜索机器人、打印机、电冰箱等)；用户能够通过样式选择定制自己的表现界面；所有页面都能提供适于打印的版本。

对于网站开发者来说，标准网站拥有更少的代码和组件，容易维护；带宽要求降低(代码更简洁)，成本降低；更容易被搜索引擎搜索到；改版方便，不需要变动页面内容而直接更改页面表现；提供打印版本而不需要复制内容；提高了网站的易用性。

Web 标准是针对静态页面来讲的，它不是某一个标准，而是一系列标准的集合。网页主要由三部分组成：结构(structure)、表现(presentation)和行为(behavior)。对应的标准也因此分为三方面：结构化标准语言，其主要包括 XHTML 和 XML；表现标准语言，其主要包括 CSS；行为标准语言，其主要包括对象模型，如 W3CDOM、ECMA Script 等。这些标准大部分由 W3C 起草和发布，也有一些是其他标准组织制定的标准，如 ECMA(European Computer

Manufacturers Association)的 ECMA Script 标准。

W3C(World Wide Web Consortium)是全球万维网联盟的简称。W3C 的主要职责是确定未来万维网的发展方向，并且制定相关的标准(recommendation，由于 W3C 是一个民间组织，没有约束性，因此只提供建议)。HTML 4.01 规范标准(HTML 4.01 Specification Recommendation)就是由 W3C 所制订的。W3C 还负责制订 XML、MathML 等其他网络语言规范。

下面简单介绍 Web 标准。

1．结构化标准语言

1) XML

XML 是 The Extensible Markup Language(可扩展标识语言)的缩写。目前推荐遵循的是 W3C 于 2000 年 10 月 6 日发布的 XML 1.0(参考 www.w3.org/TR/2000/RECXML-20001006)。与 HTML 一样，XML 同样来源于 SGML，但 XML 是一种能定义其他语言的语言。XML 最初设计的目的是弥补 HTML 的不足，以强大的扩展性满足网络信息发布的需要，后来逐渐用于网络数据的转换和描述。关于 XML 的好处和技术规范细节这里不作详细介绍，可以参考网上的资料，以及相关书籍。

2) XHTML

XHTML 是 The Extensible HyperText Markup Language(可扩展超文本标识语言)的缩写。目前推荐遵循的是 W3C 于 2001 年 5 月 31 日发布的 XHTML 1.1(参考 http://www.w3.org/TR/xhtml11)。XML 虽然数据转换功能强大，完全可以替代 HTML，但面对成千上万的已有的站点，直接采用 XML 还为时过早。因此，在 HTML 4.0 的基础上，用 XML 的规则对其进行扩展，得到了 XHTML。简单地说，建立 XHTML 的目的就是实现 HTML 向 XML 的过渡。

2．表现标准语言

CSS 是 Cascading Style Sheets(层叠样式表)的缩写。目前推荐遵循的是 W3C 于 1998 年 5 月 12 日发布的 CSS2(参考 http://www.w3.org/TR/CSS2)。W3C 创建 CSS 标准的目的是以 CSS 取代 HTML 表格式布局、帧和其他表现语言。纯 CSS 布局与结构式 XHTML 相结合能帮助设计师分离外观与结构，使站点的访问与维护更加容易。

3．行为标准语言

1) DOM

DOM 是 Document Object Model(文档对象模型)的缩写。根据 W3C DOM 规范，DOM 是一种与浏览器、平台及语言无关的接口，可以让你访问页面其他的标准组件。可以这样简单理解：DOM 解决了 Netscaped 的 JavaScript 和 Microsoft 的 JScript 之间的冲突，给 Web 设计师和开发者一个标准的方法，让他们来访问站点中的数据、脚本和表现层对象。

2) ECMA Script

ECMA Script 是 ECMA 制订的标准脚本语言(JavaScript)。目前推荐遵循的是 ECMA Script 262。

作为开发人员，就是要将以上介绍的标准应用于实际开发中，并通过 W3C 标准校验。W3C 标准校验的地址如下。

(1) 校验 HTML 4.01、XHTML 1.0 和 XHTML 1.1，校验地址为 http://validator.w3.org。

(2) 校验 CSS，校验地址为 http://jigsaw.w3.org/css-validator。

1.2.3 赛车主题网制作

本例按照 Web 网站开发的基本流程，遵循 W3C 标准，开发 E0 动力车赛事主题网站。

1. 需求分析及资料收集

网站基本需求：以个性化的设计展示 E0 动力车赛事的相关资料。E 源于英文 Energy(能源)、Ejection(排放)、Egis(保护)、Ecotop(生态环境)、Earth(地球)开头的字母。E0 表示零污染、零排放、保护生态环境、保护地球，体现绿色能源、健康环保、和谐生态的理念和现实意义。

根据主办方提供的大量资料，规划出通过四个栏目来展示赛事信息，即赛事规程、赛事方案、项目计划、关于 E0。

2. 设计

根据分析出的栏目及 E0 赛事的特点，平面设计师设计的网站效果图初稿如图 1-33 所示，后经过进一步修改，明确主题为 E0 赛车，并突出赛事举办时间，从而完善为图 1-34 所示的效果。

图 1-33 E0 动力车赛事网站设计图初稿

图 1-34 E0 动力车赛事网站设计图终稿

因为 E0 动力车赛事网站结构比较简单，内容不多，所以采用一级目录结构，即在根目录下建立 images 目录和 css 目录即可，其他 html 文件放置于根目录下。完成的目录结构如图 1-35 所示。

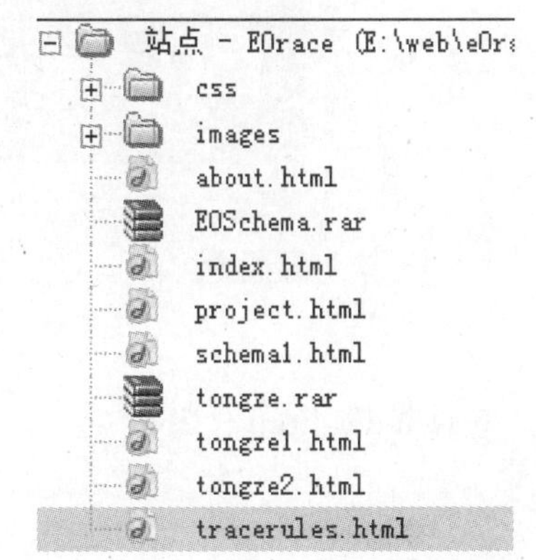

图 1-35 E0 动力车赛事网站目录结构

3．制作

在制作过程中采用 Fireworks 或 Photoshop 对设计图进行切割(具体切割方法略)，然后根据切割的尺寸在 Dreamweaver 中进行布局制作。

在 Dreamweaver 中选择 XHTML 1.0 Transitional 过渡型标准，开发过程注意采用 DIV 布局，使用 CSS 控制显示。

布局完成后，对首页 index.html 的如下部分进行完善。

(1) 对页面的链接进行添加。

(2) 对页面的标题进行添加，本例中为“首届‘E0’(零排放)动力车拉力赛”。

(3) 对网站关键字进行添加，本站添加的关键字为“零排放汽车，海南，拉力赛，赛车，动力车拉力赛”。

(4) 对页面进行描述，首页添加的描述为“零排放汽车，2009 海南环岛车赛，环保，汽车”。

(5) 对页面文字其他部分进行完善。

基本完成后，首页开发结果如图 1-36 所示。

图 1-36 E0 动力车赛事网站首页

首页 index.html 代码如下。

```
-----------------------------------------------
<!DOCTYPE html PUBLIC "-//W3C//DTD XHTML 1.0 Transitional//EN"
   "http://www.w3.org/TR/xhtml1/DTD/xhtml1-transitional.dtd">
<html xmlns="http://www.w3.org/1999/xhtml">
<head>
<meta http-equiv="Content-Type" content="text/html; charset=gb2312" />
<meta name="Keywords" content="零排放汽车，海南，拉力赛，赛车，动力车拉力赛"/>
<meta content="零排放汽车，2009 海南环岛车赛，环保，汽车" name="Description"/>
<title>"首届'E0'(零排放)动力车拉力赛"--www.e0race.com</title>
<link href="css/index.css" rel="stylesheet" type="text/css" />
</head>
<body>
<div class="content">
  <div class="subcontent" id="subcontent1"><img src=
     "images/souye_01_01.jpg" alt="e0race top"/></div>
  <div class="subcontent" id="subcontent2"><img src=
     "images/souye_01_02.jpg" alt="e0race top"/></div>
  <div class="subcontent" id="subcontent3"><img src=
     "images/souye_01_03.jpg" alt="e0race top"/></div>
  <div class="subcontent" id="subcontent4"><img src=
     "images/souye_01_04.jpg" alt="e0race top"/></div>
  <div class="subcontent" id="subcontent5">
    <div class="leftsubcontent5"><img src="images/souye_10.jpg"
       alt="logo"/></div>
    <div class="centersubcontent5">
    <a href="tracerules.html">
```

```
        <div class="nav" id="nav1">
          <div class="num">01</div>
          <div class="text" id="ts2">赛事规程</div>
        </div>
      </a>
      <a href="schema1.html">
        <div class="nav" id="nav2">
          <div class="num">02</div>
          <div class="text">赛事方案</div>
        </div>
      </a>
      <a href="project.html">
        <div class="nav" id="nav3">
          <div class="num">03</div>
           <div class="text" id="ts1">项目计划</div>
        </div>
      </a>
      <a href="about.html">
        <div class="nav" id="nav4">
          <div class="num">04</div>
          <div class="text">关于 E0</div>
        </div>
      </a>
      </div>
      <div class="rightsubcontent5"><img src="images/ttt.jpg"
         width="146px" height="68px"   alt="space"/></div>
    </div>
    <div class="subcontent" id="subcontent6"><img src=
       "images/souye_07.jpg" alt="space"/></div>
</div>
</body>
</html>
```

网站其他页面的开发过程与首页的相同，此处略。

第2章

Java EE Web 开发技术要点案例

2.1 验证码的使用

验证码的英文为CAPTCHA，这个词最早是在2002年由卡内基梅隆大学的Luis von Ahn、Manuel Blum、Nicholas J.Hopper，以及IBM的John Langford所提出的。CAPTCHA是"Completely Automated Public Turing Test to Tell Computers and Humans Apart"(全自动区分计算机和人类的图灵测试)的缩写，为一种区分用户是计算机还是人的公共全自动程序。虽然这个问题可以由计算机生成并判别，但是必须只有人类才能解答。由于计算机无法解答CAPTCHA的问题，所以回答出问题的用户就可以认为是人类。

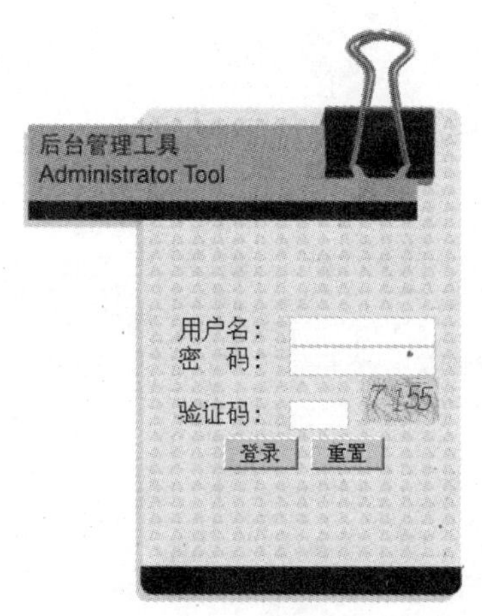

图2-1　一个登录的页面

在程序中登录时，为了防止某些别有用心的用户利用机器人(恶意程序)自动注册、自动登录、恶意灌水、恶意增加数据库访问，以及使用特定程序暴力破解密码，可采用验证码技术。

图2-1所示的一个登录窗口，就应用了验证码。

2.1.1 验证码原理及生成方法

验证码应用原理：浏览器应用HTML标准与网站服务器动态联系，在HTML的表单中，基本上都是使用指定有Action的post方法。如果不应用验证码技术，很容易被一些别有用心的人利用机器人程序或盗用Action的恶意程序，进而破解程序。应用验证码技术可以保护你的服务器，防止这一问题的发生。例如，要求用户在输入表单内容时，要识读一个由服务器生成的验证码图片并输入该验证码。当服务器收到这样的表单后，首先将用户提交的验证码与Session值(Session值在生成验证码图片时产生)进行比较，根据比较结果判断用户是否在合理使用网站功能。

验证码应用注意事项：为了防止计算机OCR(Optical Character Recognition，光学字符识别)读图程序破解验证码，一般需要在合理范围内适当增加对验证码图片的识别难度。

目前常用的验证码生成方法有数字和字母混合、扭曲翻转字符、增加背景噪点、添加干扰条纹、随机改变字符在图片上的位置、随机改变背景颜色等。在增加识别难度上需要掌握好度，太难识别的验证码，会影响用户对网站的使用积极性。

网站应用验证码后，将增大服务器负荷，具体表现在两个方面：一是生成验证码会占用服务器 CPU 时间；二是应用 Session 会消耗服务器内存。因此，并不是所有网站都使用验证码，目前使用比较多的还是提交表单。

目前常见的验证码有以下几种。

(1) 数字和字母混合验证码。随机地产生若干长度的数字或字母组合字符串，并在网页上显示。这种为早期的验证码。

(2) 生成图片的验证码，验证码内容随机变化，如随机数字+随机字母+随机干扰+随机位置等，这是目前应用比较广泛的一种验证码。验证码格式可以为 JPG、GIF、BMP 等。例如，CSDN 网站用户登录用的验证码、Google 的 Gmail 注册时的验证码都是这种类型的。

(3) 汉字验证码。它是目前最新的验证码，它随机生成汉字，输入时比较麻烦。如 QQ 申诉页面的验证码。

(4) 问题验证码。它是以问答形式来进行填写的。它的查看比加干扰的验证码更容易辨别和录入，系统可以生成诸如“1+2=？”的问题让用户进行回答，当然这样的问题是随机生成的。另一种问题验证码则是文字式的问题验证码，诸如生成“中国的全称是什么？”问题，当然有些网站还在问题后面给出了提示答案或直接答案。

Java 验证码的样式有如下几种。

(1) 标准样式。

(2) 背景颜色随机变化样式。

(3) 干扰线条随机变化样式。

(4) 干扰噪点随机变化样式。

(5) 扭曲程度随机变化样式。

(6) 首字符位置随机变化样式。

(7) 随机增加 3D 阴影样式。

(8) 字符数量随机变化样式。

(9) 字体大小随机变化样式。

Java 验证码生成方法一般通过以下步骤实现。

(1) 随机产生一定长度的字符。

(2) 使用 System.Drawing 的 Graphics 类的方法将字符绘制成图片。

(3) 在第(2)步的基础上，也就是应用第(2)步的方法对图片进行各种操作，使之复杂化，增加识别难度。一般来说，第(2)步和第(3)步都是一起进行的。

2.1.2 JSP 验证码

本例将应用 JSP，在用户登录界面加载一个图片验证码。其验证码生成的思路如下。

(1) 生成 4 个随机字符。

(2) 设置随机背景颜色。

(3) 增加背景干扰线。

(4) 生成 JPG 图像。

代码示例如程序 2-1 所示。

程序 2-1 checknum.jsp

```
---------------------------------------------
<%@ page language="java" import="java.sql.*" errorPage="" %>
<%@ page contentType="image/jpeg"
    import="java.awt.*,java.awt.image.*,java.util.*,javax.imageio.*" %>
<%!
Color getRandColor(int fc,int bc){//给定范围获取随机颜色
        Random random = new Random();
        if(fc>255)fc=255;
        if(bc>255)bc=255;
        int r=fc+random.nextInt(bc-fc);
        int g=fc+random.nextInt(bc-fc);
        int b=fc+random.nextInt(bc-fc);
        return new Color(r,g,b);
        }
%>
<%
response.setHeader("Pragma","No-cache");//设置页面不缓存
response.setHeader("Cache-Control","no-cache");
response.setDateHeader("Expires", 0);
int width=80, height=30;
BufferedImage image = new BufferedImage(width, height,
   BufferedImage.TYPE_INT_RGB);
Graphics g = image.getGraphics();// 获取图形上下文
Random random = new Random();//生成随机对象
```

```
g.setColor(getRandColor(200,250)); //设定背景颜色
g.fillRect(0, 0, width, height);
g.setFont(new Font("Times New Roman",Font.PLAIN,18)); //设定字体
// 随机产生155条干扰线，使图像中的验证码不易被其他程序探测到
g.setColor(getRandColor(160,200));
for (int i=0;i<155;i++)
{
 int x = random.nextInt(width);
 int y = random.nextInt(height);
       int xl = random.nextInt(12);
       int yl = random.nextInt(12);
 g.drawLine(x,y,x+xl,y+yl);
}
// 取随机产生的验证码(4位数字)
String sRand="";
for (int i=0;i<4;i++){
   String rand=String.valueOf(random.nextInt(10));
   sRand+=rand;
   // 将验证码显示到图像中
   g.setColor(new Color(20+random.nextInt(110),
     20+random.nextInt(110),20+random.nextInt(110)));
   //设置显示的随机字符的颜色
   g.drawString(rand,13*i+6,16);
}
session.setAttribute("rand",sRand); // 将验证码存入SESSION
g.dispose();//图像生效
//输出图像到页面
ImageIO.write(image, "JPEG", response.getOutputStream());
out.clear();
out = pageContext.pushBody();
%>
```

程序说明：此段代码主要实现用JSP程序生成JPG验证码，验证码为4个随机数字字符。

生成验证码文件后，在登录页面可以图片的形式加载验证码程序，调用方式为用 XHTML 的img标签，如<img src="checknum.jsp" id="code" width="50" height="30"/>。

下面编写一个能够登录的带有验证码的html程序，如程序2-2所示。

程序2-2 login.html

```
------------------------------------------
<!DOCTYPE html PUBLIC "-//W3C//DTD XHTML 1.0 Transitional//EN"
   "http://www.w3.org/TR/xhtml1/DTD/xhtml1-transitional.dtd">
<html xmlns="http://www.w3.org/1999/xhtml">
<head>
<meta http-equiv="Content-Type" content="text/html; charset=gb2312" />
<title>教师信息查询系统</title>
<link href="main.css" rel="stylesheet" type="text/css" />
<script language="JavaScript" type="text/javascript"
   src="main.js"></script>
</head>
<body oncontextmenu="return false" onselectstart="return false"
```

```
    ondragstart="return false">
<noscript><iframe></iframe></noscript>
<div id="topkongbai"></div>
<center>
<div id="middle">
  <div id="middleleftttu"><img src="images/leftmainpic.jpg"
     alt="教师信息查询系统" width="442" height="263" /></div>
  <div id="middleright">
  <div><img src="images/righttop.jpg" alt="教师信息查询系统"
     width="312" height="53" /><img src="images/rightlogin.jpg"
     id="loginpageChange" alt="人事处登录" width="50" height="53"
     class="imgbutton" onclick="requestAdminForm()" /></div>
    <div id="mainlogin">
      <div id="loginform"><li id="waitLogin">
      </li>
        <li>用户编码:
        <input name="username" type="text" id="username"
          maxlength="5"/>
          *<input name="action" type="hidden" id=
          "action" value="userLogin" /></li>
     <li> 密    码:
      <input name="password" type="password" id="password"
        maxlength="20" />
      *</li>
     <li> 验 证 码:
      <input  class="imgbutton" name="checknum" type= "text"
        id="checknum" maxlength="4" />
      *</li>
      <img class="imgbutton" src="images/submit.jpg"
        alt="教职员工登录" id="buttonLogin" width="44" height="28"
        onclick="userLogin()" /> 
  <img class="imgbutton" src="images/cancer.jpg" alt="取消"
     id="buttonReset" width="44" height="28" onclick="reSet()" /></div>
      <div id="checkNumPic">
<img src=" checknum.jsp" alt="Change" border="1"
   onclick ="changeCheckNum()" />
</div>
</div>
  <div><img src="images/banquan.jpg" alt="海南软件职业技术学院"
    /></div></div>
  <div id="bott"><img src="images/bottom.jpg" alt="教师信息查询系统"
    /></div>
</div>
</center>
</body>
</html>
```

程序说明：加粗代码(实际编程中字体为正体、不用加粗，后同)为在 login.html 代码中调用验证码的标签<img>。请注意<img>标签的 src 属性是指定验证码图片的路径，本例中 checknum.jsp 和 login.html 在同一目录下。

图 2-2 所示为应用了 JSP 验证码的登录页面 login.html 的运行效果。

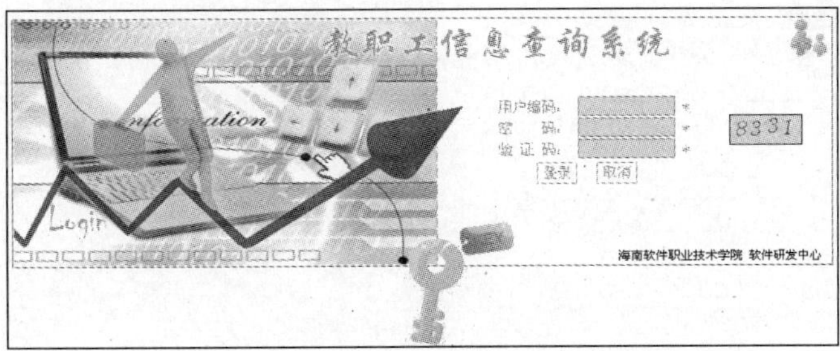

图 2-2 应用了 JSP 验证码的登录页面

2.1.3 Servlet 验证码

本例将使用 Servlet 形式编写验证码，代码示例如程序 2-3 所示。

程序 2-3 CheckNum.java

```
-------------------------------------------------
package chapter2;
import java.awt.Color;
import java.awt.Font;
import java.awt.Graphics;
import java.awt.image.BufferedImage;
import java.io.IOException;
import java.util.Random;
import javax.servlet.ServletException;
import javax.servlet.ServletOutputStream;
import javax.servlet.http.HttpServlet;
import javax.servlet.http.HttpServletRequest;
import javax.servlet.http.HttpServletResponse;
import javax.servlet.http.HttpSession;
import com.sun.image.codec.jpeg.JPEGCodec;
import com.sun.image.codec.jpeg.JPEGImageEncoder;
public class CheckNum extends HttpServlet {
private static final long serialVersionUID = 1L;
private Font mFont = new Font("Times New Roman", Font.PLAIN, 18);
//设置字体
  protected void doGet(HttpServletRequest request, HttpServletResponse
    response)throws ServletException, IOException {
   HttpSession session = request.getSession(false);
   response.setContentType("image/gif");
   response.setHeader("Pragma", "No-cache");
   response.setHeader("Cache-Control", "no-cache");
   response.setDateHeader("Expires", 0);
   int width = 60, height = 20;
   ServletOutputStream out = response.getOutputStream();
   BufferedImage image = new BufferedImage(width, height,
   BufferedImage.TYPE_INT_RGB); //设置图片的大小
   Graphics gra = image.getGraphics();
   Random random = new Random();
   gra.setColor(getRandColor(200, 250)); //设置背景颜色
   gra.fillRect(0, 0, width, height);
   gra.setColor(Color.black); //设置字体颜色
```

```
      gra.setFont(mFont);
      // 随机产生 155 条干扰线，使图像中的验证码不易被其他程序探测到
      gra.setColor(getRandColor(160, 200));
      for (int i = 0; i < 155; i++)
      {
        int x = random.nextInt(width);
        int y = random.nextInt(height);
        int xl = random.nextInt(12);
        int yl = random.nextInt(12);
        gra.drawLine(x, y, x + xl, y + yl);
      }
      // 获取随机产生的验证码(4 位数字)
      String sRand = "";
      for (int i = 0; i < 4; i++)
      {
        String rand = String.valueOf(random.nextInt(10));
        sRand += rand;
        // 将验证码显示到图像中
        gra.setColor(new Color(20 + random.nextInt(110),
        20 + random.nextInt(110),
        20 + random.nextInt(110)));
        //设置显示的随机字符的颜色
        gra.drawString(rand, 13 * i + 6, 16);
      }
      session.setAttribute("getImg", sRand);
      JPEGImageEncoder encoder = JPEGCodec.createJPEGEncoder(out);
      encoder.encode(image);
      out.close();
    }
    static Color getRandColor(int fc, int bc)
        { //给定范围获取随机颜色
          Random random = new Random();
          if (fc > 255)
          fc = 255;
          if (bc > 255)
          bc = 255;
          int r = fc + random.nextInt(bc - fc);
          int g = fc + random.nextInt(bc - fc);
          int b = fc + random.nextInt(bc - fc);
          return new Color(r, g, b);
        }
}
```

程序说明：doGet()方法用来生成 JPG 验证码，getRandColor()方法用来获取颜色。该 Servlet 配置的 web.xml 文件的代码如程序 2-4 所示。

程序 2-4 web.xml

```
---------------------------------------------
<?xml version="1.0" encoding="UTF-8"?>
<web-app id="WebApp_ID" version="2.4"
xmlns="http://java.sun.com/xml/ns/j2ee"
xmlns:xsi="http://www.w3.org/2001/XMLSchema-instance"
xsi:schemaLocation="http://java.sun.com/xml/ns/j2ee
http://java.sun.com/xml/ns/j2ee/web-app_2_4.xsd">
```

```
  <display-name>Hngjc</display-name>
  <servlet>
    <description></description>
    <display-name>CheckNum</display-name>
    <servlet-name>CheckNum</servlet-name>
    <servlet-class>chapter2.CheckNum</servlet-class>
  </servlet>
  <servlet-mapping>
    <servlet-name>CheckNum</servlet-name>
    <url-pattern>/CheckNum</url-pattern>
  </servlet-mapping>
  <welcome-file-list>
    <welcome-file>index.html</welcome-file>
    <welcome-file>index.htm</welcome-file>
    <welcome-file>index.jsp</welcome-file>
    <welcome-file>default.html</welcome-file>
    <welcome-file>default.htm</welcome-file>
    <welcome-file>default.jsp</welcome-file>
  </welcome-file-list>
</web-app>
```

程序说明：斜体加粗代码部分为验证码 Servlet 的 XML 配置。通过配置后，发布 Servlet，可以/CheckNum 形式访问获取验证码，然后在 XHTML 中使用<img>标签加载即可显示，如<img src="CheckNum" id="code" width="50" height="30"/>。

将 2.1.2 节登录页面中显示的验证码更换为 Servlet 形式的验证码，具体代码如程序 2-5 所示。

程序 2-5 login2.html

```
---------------------------------------------
<!DOCTYPE html PUBLIC "-//W3C//DTD XHTML 1.0 Transitional//EN"
  "http://www.w3.org/TR/xhtml1/DTD/xhtml1-transitional.dtd">
<html xmlns="http://www.w3.org/1999/xhtml">
<head>
<meta http-equiv="Content-Type" content="text/html; charset=gb2312" />
<title>教师信息查询系统</title>
<link href="main.css" rel="stylesheet" type="text/css" />
<script language="JavaScript" type="text/javascript"
  src="main.js"></script>
</head>
<body oncontextmenu="return false" onselectstart="return false"
  ondragstart="return false">
<noscript><iframe></iframe></noscript>
<div id="topkongbai"></div>
<center>
<div id="middle">
  <div id="middlelefttu"><img src="images/leftmainpic.jpg"
    alt="教师信息查询系统" width="442" height="263" /></div>
  <div id="middleright">
  <div><img src="images/righttop.jpg" alt="教师信息查询系统"
    width="312" height="53" /><img src="images/rightlogin.jpg"
    id="loginpageChange" alt="人事处登录" width="50" height="53"
    class="imgbutton" onclick="requestAdminForm()" /></div>
```

```
      <div id="mainlogin">
        <div id="loginform"><li id="waitLogin">
        </li>
          <li>用户编码:
          <input name="username" type="text" id="username"
            maxlength="5" />
        *<input name="action" type="hidden" id="action"
            value="userLogin" /></li>
       <li> 密    码:
        <input name="password" type="password" id="password"
          maxlength="20" />
        *</li>
       <li> 验 证 码:
        <input class="imgbutton" name="checknum" type="text"
          id="checknum" maxlength="4" />
        *</li>
        <img class="imgbutton" src="images/submit.jpg" alt="教职员工登录"
          id="buttonLogin" width="44" height="28" onclick="userLogin()"
          /> 
      <img class="imgbutton" src="images/cancer.jpg" alt="取消"
          id="buttonReset" width="44" height="28" onclick="reSet()"
          /></div>
        <div id="checkNumPic">
<img src="CheckNum" alt="Change" border="1"
  onclick="changeCheckNum()" />
</div>
</div>
  <div><img src="images/banquan.jpg" alt="海南软件职业技术学院"
    /></div></div>
  <div id="bott"><img src="images/bottom.jpg" alt="教师信息查询系统"
    /></div>
</div>
</center>
</body>
</html>
```

2.2 数据库连接

Java 数据库连接主要有两种方式：一种是用 JDBC-ODBC 桥来连接；另一种是用相关厂商提供的相应驱动程序来连接。第二种方式使用比较广泛，本节中的案例选择第二种方式。

2.2.1 JavaBean/JDBC

JDBC(Java 数据库连接)由一组使用 Java 编程语言编写的类和接口组成。JDBC 为工具/数据库开发人员提供了一个标准的 API，使他们能够使用纯 Java API 来编写数据库应用程序。然而，各开发商的接口并不完全相同，因此开发环境的变化会带来一定的配置变化。

目前常用的部分数据库的 JDBC 连接方式如下。

1．Oracle 8/8i/9i 数据库(thin 模式)

Oracle 8/8i/9i 数据库(thin 模式)代码如下：

```
----------------------------------------------
Class.forName("oracle.jdbc.driver.OracleDriver").newInstance();
String url="jdbc:oracle:thin:@localhost:1521:orcl";
//orcl 为数据库的 SID
String user="test";
String password="test";
Connection conn= DriverManager.getConnection(url,user,password);
```

2．DB2 数据库

DB2 数据库代码如下：

```
----------------------------------------------
Class.forName("com.ibm.db2.jdbc.app.DB2Driver ").newInstance();
String url="jdbc:db2://localhost:5000/sample";
//sample 为数据库名
String user="admin";
String password="";
Connection conn= DriverManager.getConnection(url,user,password);
```

3．SQL Server 7.0/2000 数据库

SQL Server 7.0/2000 数据库代码如下：

```
----------------------------------------------
Class.forName("com.microsoft.jdbc.sqlserver.SQLServerDriver").
   newInstance();
String url=
   "jdbc:microsoft:sqlserver://localhost:1433;DatabaseName=mydb";
String user="sa";
String password="";
Connection conn= DriverManager.getConnection(url,user,password);
```

4．Sybase 数据库

Sybase 数据库代码如下：

```
----------------------------------------------
Class.forName("com.sybase.jdbc.SybDriver").newInstance();
String url =" jdbc:sybase:Tds:localhost:5007/myDB";
//myDB 为数据库名
Properties sysProps = System.getProperties();
SysProps.put("user","userid");
SysProps.put("password","user_password");
Connection conn= DriverManager.getConnection(url, SysProps);
```

5．Informix 数据库

Informix 数据库代码如下：

```
--------------------------------------------
Class.forName("com.informix.jdbc.IfxDriver").newInstance();
String url = "jdbc:informix-sqli://
  127.0.0.1:1533/myDB:INFORMIXSERVER=myserver;
user=testuser;password=testpassword"; //myDB 为数据库名
Connection conn= DriverManager.getConnection(url);
```

6. MySQL 数据库

MySQL 数据库代码如下：

```
--------------------------------------------
Class.forName("org.gjt.mm.mysql.Driver").newInstance();
String url ="jdbc:mysql://localhost/myDB?user=so&password=
  1234&useUnicode=true& characterEncoding=8859_1" //myDB 为数据库名
Connection conn= DriverManager.getConnection(url);
```

7. PostgreSQL 数据库

PostgreSQL 数据库代码如下：

```
--------------------------------------------
Class.forName("org.postgresql.Driver").newInstance();
String url ="jdbc:postgresql://localhost/myDB" //myDB 为数据库名
String user="myuser";
String password="mypassword";
Connection conn= DriverManager.getConnection(url,user,password);
```

8. access 数据库直连使用 ODBC

access 数据库直连使用 ODBC 代码如下：

```
--------------------------------------------
Class.forName("sun.jdbc.odbc.JdbcOdbcDriver");
String url="jdbc:odbc:Driver={MicroSoft Access Driver (*.mdb)};
  DBQ="+application. Get RealPath("/Data/ReportDemo.mdb");
Connection conn = DriverManager.getConnection(url,"","");
Statement stmtNew=conn.createStatement();
```

下面针对 SQL Server 2000 和 Oracle，分别介绍 JavaBean 以 JDBC 直连方式来连接数据库。

DbManagerSql2000.java 代码如程序 2-6 所示。

程序 2-6 DbManagerSql2000.java

```
--------------------------------------------
package chapter2;
import java.sql.*;
public class DbManagerSql2000 {
  String sDBDriver = "com.microsoft.jdbc.sqlserver.SQLServerDriver";
  String sConnStr = "jdbc:microsoft:sqlserver://
    127.0.0.1:1433;DatabaseName=article";
  String user="articlese";
  String password="article";
  private Connection conn = null;
  private Statement stmt = null;
  private ResultSet rs = null;
  public DbManagerSql2000()
  {
    try{
```

```
      Class.forName(sDBDriver);
    }
    catch(java.lang.ClassNotFoundException e){
      System.err.println("opendb(): " + e.getMessage());
    }
  }
  //返回数据库连接对象
  public Connection Creatconn(){
  conn = null;
                try{
  conn=DriverManager.getConnection(sConnStr,user,password);
                return conn;
          }
          catch(Exception fe){
            System.err.println("Creatconn():" + fe.getMessage());
          }
          return null;
      }
    //返回状态集对象
    public Statement CreatStat(){
      stmt = null;
    try{
            conn=this.Creatconn();
stmt=conn.createStatement(ResultSet.TYPE_SCROLL_SENSITIVE,
   ResultSet.CONCUR_UPDATABLE);
              return stmt;
          }
        catch(Exception fe){
            System.err.println("CreatStat(): " + fe.getMessage());
            return null;
          }
    }
    //返回记录集对象
    public ResultSet getResult(String sql){
      rs = null;
      try{
        stmt =this.CreatStat();
        rs = stmt.executeQuery(sql);
        return rs;
      }
      catch(SQLException ex){
        System.err.println("getResult: " + ex.getMessage());
        return null;
      }
    }
    //执行更新/删除语句
    public boolean executeSql(String sql)
    {
      try{
        stmt=this.CreatStat();
        stmt.executeUpdate(sql);
        conn.commit();
        return true;
      }
      catch(Exception e)
      {
```

```
        System.err.println("exectueSql: "+e.toString());
        return false;
      }
    }
}
```

程序说明：DbManagerSql2000.java 为连接 SQL Server 2000 数据库的 JavaBean；DbManagerSql2000()为构造方法，通过 Class.forName()加载驱动程序。SQL Server 2000 的数据库驱动为 com.microsoft.jdbc.sqlserver.SQLServerDriver，该驱动需要提前加载到 Tomcat 安装目录的 common/lib 目录下，或者开发项目的 WEB-INF/lib 目录下。Creatconn()方法为获取连接对象的方法；CreatStat()方法为获取 Statement 对象的方法；getResult()方法为执行查询 SQL 语句并返回记录集的方法；executeSql()方法为执行 SQL 插入或修改数据库操作的方法。

在 JSP 中调用该 JavaBean 连接数据库的代码为：

```
--------------------------------------------
<jsp:useBean id="db" class="chapter2.DbManagerSql2000"/>
```

在 Servlet 中调用该程序连接数据库的代码为：

```
--------------------------------------------
private DbManagerSql2000 db=new DbManagerSql2000();
```

ConnOracle.java 代码如程序 2-7 所示。

程序 2-7 ConnOracle.java

```
--------------------------------------------
package chapter2;
import java.sql.*;
public class ConnOracle {
private String sDBDriver = "oracle.jdbc.driver.OracleDriver";
private String sConnStr = "jdbc:oracle:thin:@10.0.0.3:1521:orcl";
private String user="ltest";
private String password="test";
private Connection conn = null;
private Statement stmt = null;
private ResultSet rs = null;
public ConnOracle()
  {
    try{
        Class.forName(sDBDriver);
    }
    catch(java.lang.ClassNotFoundException e){
      System.err.println("opendb(): " + e.getMessage());
    }
  }
  //返回数据库连接对象
  public Connection Creatconn(){
          conn = null;
            try{
              conn=DriverManager.getConnection(sConnStr,user,password);
```

```
            return conn;
        }
        catch(Exception fe){
          System.err.println("Creatconn(): " + fe.getMessage());
          return null;
      }
      }
  //返回状态集对象
  public Statement CreatStat(){
    stmt = null;
      try{
          conn=this.Creatconn();
stmt=conn.createStatement(ResultSet.TYPE_SCROLL_SENSITIVE,
 ResultSet.CONCUR_UPDATABLE);
          return stmt;
        }
      catch(Exception fe){
          System.err.println("CreatStat(): " + fe.getMessage());
          return null;
    }
    }
  //返回记录集对象
  public ResultSet getResult(String sql){
      rs = null;
    try{
      stmt = this.CreatStat();
      rs = stmt.executeQuery(sql);
      return rs;
        }
    catch(SQLException ex){
      System.err.println("getResult: " + ex.getMessage());
      return null;
    }

  }
  //执行更新/删除语句
  public boolean executeSql(String sql)
  {
    try{
      stmt=this.CreatStat();
      if(stmt.executeUpdate(sql)==1)
      {
        conn.commit();
        return true;
      }
      else
      {
        return false;
      }
    }
    catch(Exception e)
    {
      System.err.println("exectueSql: "+e.toString());
      return false;
    }
  }
```

```
}
```

程序说明：ConnOracle.java 为连接 Oracle 的 Java 程序，构造方法 ConnOracle()为初始化加载驱动，加载的驱动为 oracle.jdbc.driver.OracleDriver。本例所使用的 Oracle 版本为 Oracle 10g，需要将 Oracle 10g 对应的数据库驱动下载到 Tomcat 安装目录的 common/lib 目录下，或者开发项目的 WEB-INF/lib 目录下才可以正常连接。

2.2.2 数据库连接池

数据库连接池的基本原理是，在内部对象池中维护一定数量的数据库连接，并对外暴露数据库连接获取和返回方法。外部使用者可通过 getConnection()方法获取连接，使用完毕后再通过 releaseConnection()方法将连接返回。注意此时连接并没有关闭，而是由连接池管理器回收，并为下一次使用做好准备，如图 2-3 所示。

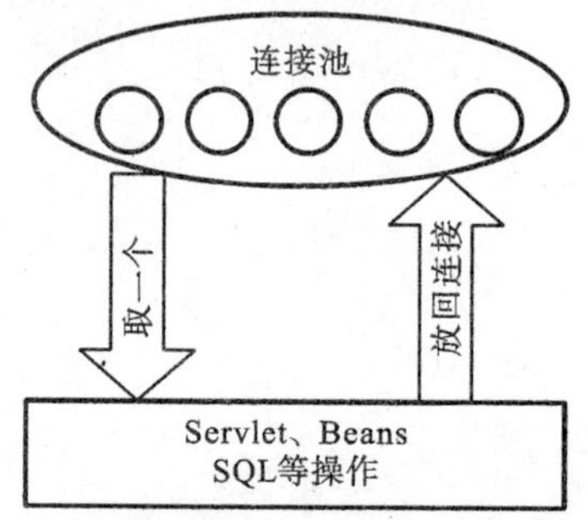

图 2-3 数据库连接池示意图

数据库连接池技术带来的优势有以下几方面。

(1) 资源重用。由于数据库连接得到重用，避免了频繁创建、释放连接所引起的大量性能开销。在减少系统性能消耗的基础上，增强了系统运行环境的平稳性(减少内存碎片及数据库临时进程/线程的数量)。

(2) 更快的系统响应速度。数据库连接池在初始化过程中，可能已经创建了若干数据库连接置于池中备用，且此时连接的初始化工作均已完成。对于业务请求处理而言，直接利用现有可用连接，可避免数据库连接初始化和释放过程的时间开销，从而缩减系统整体响应时间。

(3) 统一的连接管理，避免数据库连接泄漏。在较为完备的数据库连接池实现中，可根据预先的连接占用超时设定，强制收回被占用连接，从而避免常规数据库连接操作中可能出现的资源泄漏。

1．一个自定义的数据库连接池

一个自定义的数据库连接池如程序 2-8 所示。

程序 2-8 DbCPoolManage.java

```
--------------------------------------------
package chapter2;
import java.sql.*;
import java.util.*;
public class DbCPoolManage {
private static int maxConnectNum = 5; //最大连接数
private java.sql.Connection conn[]=new Connection[maxConnectNum];
```

```
private static ArrayList connectPool = new ArrayList();
private static int flag = 0;
private String user="testuser";
private String password="test";
private String sSQL = "";
private ResultSet rs= null;
private Connection conn1 = null;
private Statement stmt = null;
  //这里建立所有的连接
  private void init(){
    for(int i=0;i<maxConnectNum;i++){
     conn[i] = getConnectionFromDatabase();
     connectPool.add(i,conn[i]);
    }
    flag = 1;
  }
  //从连接池中取得一个可用的连接
  public Connection getConnection(){
    Connection conn = null;
    if(connectPool.size()==0){
      try {
        java.lang.Thread.sleep(1000);
        getConnection();
      }
      catch (InterruptedException ex){
        System.out.println("连接全部用光,这里 sleep 出错了。");
      }
    }else{
      conn =  (Connection)connectPool.remove(0);
    }
    return conn;
  }
  private Connection getConnectionFromDatabase(){
     Connection trueConn = null;
     try {
Class.forName("oracle.jdbc.driver.OracleDriver").newInstance();
      String url = "jdbc:oracle:thin:@10.0.0.1:1521:orcl";
      trueConn=
        DriverManager.getConnection(url,this.user,this.password);
     }
     catch (Exception ex){
        System.out.println("数据库连接出错了:" + ex.toString());
     }
     return trueConn;
  }
  private void CreatConAndStmt(){
      try {
       if(flag == 0){init();}
          conn1 = getConnection();
 stmt=conn1.createStatement(ResultSet.TYPE_SCROLL_SENSITIVE,
    ResultSet.CONCUR_UPDATABLE);
     } catch (Exception e){
       e.printStackTrace();
       System.out.println("can't execute sql,
         reason:"+e.getMessage());
     }
```

```
    }
      //返回记录集对象
    public ResultSet getResult(String sql){
         rs = null;
      try{
        CreatConAndStmt();
        rs = stmt.executeQuery(sql);
        return rs;
        }
      catch(SQLException ex){
        System.err.println("getResult: " + ex.getMessage());
        return null;
      }
    }
    //执行更新/删除语句
    public boolean executeSql(String sql)
    {
      try{
        CreatConAndStmt();
        stmt.executeUpdate(sql);
        return true;
      }
      catch(Exception e)
      {
        System.err.println("exectueSql: "+e.toString());
        return false;
      }
  }
  //释放connection，将其交给连接池处理
  public void Release(){
      try {
              if (stmt != null)stmt.close();
              if (conn1 != null){
                  release(conn1);
                  }
      } catch (Exception e){
        System.out.println("can't execute sql,
           reason:"+e.getMessage());
      }
      System.out.println(this.connectPool.size());
  }
  //提供给外部程序调用,不用的连接放回连接池中
  public boolean release(Connection conn){
      return connectPool.add(conn);
  }
  }
```

程序说明：本例为创建一个连接 Oracle 的数据库连接池，其中 init()方法为进行初始化的方法。程序加载时建立 5 个连接，置于 ArrayList 中。getConnection()方法为一个外部可调用的方法，用于外部程序调用获得数据库连接对象。getConnectionFromDatabase()方法为与数据库建立连接的方法，程序中采用 JDBC 直连的方式连接 Oracle 数据库。CreatConAndStmt()方法为成员变量 stmt 赋值，即对 Statement 进行初始化。getResult()方法为执行查询 SQL 语

句的方法，返回记录集。executeSql()方法为执行插入和更新 SQL 语句的方法。Release()方法为外部调用释放连接的方法，该方法将使用完毕的连接放回连接池。release()方法为将获得的连接放回连接池 ArrayList。

2. Tomcat DBCP 连接池

DBCP，英文全称为 DataBase Connection Pooling。在程序开发过程中，采用 JDBC 直接连接数据库比较耗费资源，而手动编写连接池又比较麻烦，因此可以采用一些服务器提供的连接池技术。下面介绍 Tomcat DBCP 的一个实际应用。

(1) 编写 JNDI 配置代码如下。

```
------------------------------------------------
<Resource auth="Container"
type="javax.sql.DataSource"
driverClassName="com.mysql.jdbc.Driver"
url="jdbc:mysql://10.0.0.1:3306/hn_net?useUnicode=true&amp;
   characterEncoding=GBK&amp;autoReconnect=true"
name="jdbc/ProDataPool"
username="testhn"
password="123"
maxActive="5"
maxIdle="2"
maxWait="5000"
removeAbandoned="true"
removeAbandonedTimeout="300"
testOnReturn="true"
testWhileIdle="true"
validationQuery="select now()"/>
```

该段 XML 为实际应用的一个案例的 JNDI 数据源配置，具体参数说明如下。

auth 定义为容器；type 定义类型为数据源；driverClassName 定义需要连接的数据库驱动，本例连接 mysql5 数据库，因此属性值为 com.mysql.jdbc.Driver；url 定义需要连接的数据库路径，同时加载相关参数，本例中数据库服务器为 10.0.0.1，数据库端口为 3306，数据库名为 hn_net，数据库连接时的编码为 GBK；autoReconnect 为连接断开时是否需要重新连接；name 定义 JNDI 的名字，该名字需要在建立连接的 Java 程序中使用；username 定义连接数据库的用户名；password 定义连接数据库的密码；maxActive 定义并发的最大连接数；maxIdle 定义连接的最大空闲数；maxWait 定义连接的最大空闲等待时间，单位为毫秒；removeAbandoned 定义连接是否自我中断，默认为 false；removeAbandonedTimeout 定义多长时间连接自我中断，单位为秒，采用参数时 removeAbandoned 必须为 true；testOnReturn 定义在获取连接前判断连接是否有效；testWhileIdle 定义在移除连接对象时测试其是否是有效空闲的；validationQuery 定义验证连接是否是成功的 SQL 语句。

将以上代码插入站点属性设置文件的<context>与</context>之间，具体文件在某个站点的 context.xml 中，或者某个虚拟主机的 ROOT.xml 中，或者 Server.xml 中。

(2) 编写加载数据库连接池的 Java 程序。

程序 2-9 DBManager.java

```
package DB;
import java.sql.*;
import javax.naming.Context;
import javax.naming.InitialContext;
public class DBManager {
private Connection conn = null;
private Statement stmt = null;
private ResultSet rs = null;
// 返回数据库连接对象
public Connection Creatconn(){
    conn = null;
    try {
      Context initCtx = new InitialContext();
      Context ctx = (Context)initCtx.lookup("java:comp/env");
      // 获取连接池对象
      javax.sql.DataSource ds = (javax.sql.DataSource)
         ctx.lookup("jdbc/ProDataPool");
      conn = ds.getConnection();
      return conn;
    } catch (Exception fe){
      System.err.println(new java.util.Date()+"Creatconn(): " +
         fe.getMessage());
      return null;
    }
  }
  // 返回状态集对象
  public Statement CreatStat(){
    stmt = null;
    try {
      if (conn == null){
        conn = this.Creatconn();
      }
      stmt = conn.createStatement(
        ResultSet.TYPE_SCROLL_SENSITIVE,ResultSet.CONCUR_UPDATABLE);
      return stmt;
    } catch (Exception fe){
      System.err.println(new java.util.Date()+"CreatStat(): " +
         fe.getMessage());
      return null;
    }
  }
  // 返回记录集对象
  public ResultSet getResult(String sql){
    rs = null;
    try {
      stmt = this.CreatStat();
      rs = stmt.executeQuery(sql);
```

```
      return rs;
    } catch (SQLException ex){
      System.err.println(new java.util.Date()+"getResult: " +
         ex.getMessage());
      return null;
    }
  }
  // 执行更新/删除语句
  public int executeSql(String sql){
    int RowCount;
    try {
      stmt = this.CreatStat();
      RowCount = stmt.executeUpdate(sql);
      if (!conn.getAutoCommit()){
        conn.commit();
      }
      return RowCount;
    } catch (Exception e){
      System.err.println(new java.util.Date()+"exectueSql: " +
         e.toString());
      return 0;
    }
  }
  public PreparedStatement prepare(String sql, int autoGenereatedKeys)
{
    PreparedStatement pstmt = null;
    try {
    if (conn == null){
      conn = this.Creatconn();
    }
    pstmt = conn.prepareStatement(sql, autoGenereatedKeys);
    } catch (SQLException e){
      e.printStackTrace();
      return null;
    }
    return pstmt;
  }
  public void Release()throws SQLException {
    if (rs != null){
      rs.close();
      rs = null;
    }
    if (stmt != null){
      stmt.close();
      stmt = null;
    }
    if (conn != null){
      conn.close();
      conn = null;
    }
  }
}
```

程序说明：Creatconn()方法为获取连接对象的方法，其中

```
-------------------------------------------
Context initCtx = new InitialContext();
Context ctx = (Context)initCtx.lookup("java:comp/env");
DataSource ds =(DataSource)ctx.lookup("jdbc/ProDataPool");
conn = ds.getConnection();
```

这几行代码的作用是通过 Context 对象的 lookup()方法查找在 XML 配置中的 JNDI 名字，即 jdbc/ProDataPool(注：是由 XML 中的 name 属性定义的)，得到的 DataSource 对象通过 getConnection()方法即可获得连接对象。

CreatStat()方法为获取 Statement 对象的方法；getResult()方法为执行 SQL 检索语句并返回记录集的方法；executeSql()方法为执行 SQL 插入和更新语句的方法；prepare()方法为返回预定义 PreparedStatement 的方法；Release()方法为释放对象的方法。

(3) 使用连接池。

在 JSP 中以 JavaBean 形式调用该连接池的代码如下。

```
-------------------------------------------
<jsp:useBean id="db" class="DB.DBManager"/>
```

在 Servlet 中调用该程序连接数据库的代码如下。

```
-------------------------------------------
private DBManager db=new DBManager ();
```

2.3 密码的加密与解密

2.3.1 密码加密基础

1. 单钥密码体制

单钥密码体制是一种传统的加密算法，是指信息的发送方和接收方共同使用同一把密钥进行加解密。通常，使用的加密算法比较简便高效，密钥简短，破译极其困难。但是加密的安全性依靠密钥保管的安全性，在公开的计算机网络上安全地传送和保管密钥是一个严峻的问题，并且如果在多用户的情况下密钥的保管安全性也是一个问题。

单钥密码体制的代表是美国的 DES。

2. 消息摘要

一个消息摘要就是一个数据块的数字指纹，即对一个任意长度的数据块进行计算，产生一个唯一指印(对于 SHA1 是产生一个 20 字节的二进制数组)。

消息摘要有两个基本属性：一个属性是两个不同的报文难以生成相同的摘要；另一个属

性是难以对指定的摘要生成一个报文，而由该报文反推算出该指定的摘要。

消息摘要的代表有美国国家标准技术研究所的 SHA1 和麻省理工学院 Ronald Rivest 提出的 MD5。

3．Diffie-Hellman 密钥一致协议

密钥一致协议是由公开密钥密码体制的奠基人 Diffie 和 Hellman 所提出的一种方法。

先决条件：允许两名用户在公开媒体上交换信息以生成“一致”的、可以共享的密钥。

Diffie-Hellman 密钥一致协议的代表是指数密钥一致协议(Exponential Key Agreement Protocol)。

4．非对称算法与公钥体系

1976 年，Diffie 和 Hellman 为解决密钥管理问题，在他们的奠基性的工作“密码学的新方向”一文中，提出了一种密钥交换协议，允许在不安全的媒体上，通过通信双方交换信息安全地传送秘密密钥。在此新思想的基础上，很快出现了非对称密钥密码体制，即公钥密码体制。在公钥密码体制中，加密密钥不同于解密密钥，加密密钥公之于众，谁都可以使用；解密密钥只有解密人自己知道。它们分别称为公开密钥(Public key)和秘密密钥(Private key)。

迄今为止的所有公钥密码体系中，RSA 系统是最著名的、使用最多的一种。RSA 公开密钥密码系统是由 R.Rivest、A.Shamir 和 L.Adleman 教授于 1977 年提出的。RSA 的取名就是来自于这三位发明者的姓的第一个字母。

5．数字签名

所谓数字签名就是信息发送者使用其私钥，对从所传报文中提取出的特征数据(或称数字指纹)进行 RSA 算法操作，以保证发信人无法抵赖曾发送过该信息(即不可抵赖性)，同时也确保信息报文在经过签名后未被篡改(即完整性)。在信息接收者收到报文后，就可以用发送者的公钥对数字签名进行验证。

数字签名中有重要作用的数字指纹是通过一类特殊的散列函数(HASH 函数)生成的，这些 HASH 函数的特殊要求是：

(1) 接收的输入报文数据没有长度限制。

(2) 对任何输入报文数据可生成固定长度的摘要(数字指纹)输出。

(3) 能从报文方便地算出摘要。

(4) 难以对指定的摘要生成一个报文，而由该报文反推算出该指定的摘要。

(5) 两个不同的报文难以生成相同的摘要。

数字签名的代表是 DSA。

2.3.2 密码的 MD5 加密

MD5 即 Message-Digest Algorithm 5(信息-摘要算法 5)，是一种用于产生数字签名的单向散列算法，是 1991 年由 MIT Laboratory for Computer Science(MIT 计算机科学实验室)和 RSA Data Security Inc.(RSA 数据安全公司)的 Ronald L. Rivest 教授开发出来的，经由 MD2、MD3 和 MD4 发展而来。MD5 算法的使用不需要支付任何版权费用，它的作用是让大容量信息在使用数字签名软件签收私人密匙前被“压缩”成一种保密的格式(将一个任意长度的“字节串”通过一个不可逆的字符串变换算法变换成一个 128 位的大整数，换句话就是，即使你能看到源程序和算法描述，也无法将一个 MD5 的值变换回原始的字符串，从数学原理上说，是因为原始的字符串有无穷多个)。

MD5 算法描述：假设有一个 b 位长度的输入信号，希望产生它的报文摘要，此处 b 是一个非负整数，也可能是 0，但不一定必须是 8 的整数倍，它可能是任意大的长度，设想信号的比特流为 m_0 m_1…m_{b-1}。下面介绍如何计算信息的报文摘要，即如何通过 5 步来实现 MD5 加密。

(1) 补位。

MD5 算法是对输入的数据进行补位，如果数据位长度 LEN 对 512 求余的结果是 448，那么数据扩展至(K×512+448)位，即(K×64+56)个字节，K 为整数。补位操作始终要执行，即使数据长度 LEN 对 512 求余的结果已为 448。

具体补位操作：补一个 1，然后补 0 至满足上述要求为止。总共最少要补 1 位，最多补 512 位。

(2) 补数据长度。

使用一个 64 位的数字表示数据的原始长度 b，再把 b 表示成使用两个 32 位数。那么只取 b 的低 64 位。当遇到 b 大于 2^{64} 这种极少遇到的情况时，数据就填补成长度为 512 位的倍数。也就是说，此时的数据长度是 16 个字(32 位)的整数倍数，用 M[0…N-1]表示此时的数据，其中 N 是 16 的倍数。

(3) 初始化 MD 缓冲器。

用一个 4 个字的缓冲器(A、B、C、D)来计算报文摘要。A、B、C、D 分别是 32 位的寄存器，初始化使用的是十六进制表示的数字，A=0X01234567，B=0X89abcdef，C=0Xfedcba98，D=0X76543210。

(4) 处理位操作函数。

首先定义 4 个辅助函数，每个函数的输入是 3 个 32 位的字，输出是一个 32 位的字。X、Y、Z 为 32 位整数。F(X，Y，Z)= XY v not(X)Z；G(X，Y，Z)= XZ v Y not(Z)；H(X，Y，Z)= X xor Y xor Z；I(X，Y，Z)= Y xor (X v not(Z))

这一步中使用的为 64 个元素的常数组 T[1，2，3，…，64]，它由 sin 函数构成，T[i]表示数组中的第 i 个元素，它的值等于经过 4294967296 次 abs(sin(i))后的值的整数部分(其中 i 为弧度)。T[i]为 32 位整数用十六进制表示。

具体过程如下：

```
----------------------------------------------
// 处理数据原文
For i = 0 to N/16-1 do
// 每一次，把数据原文存放在 16 个元素的数组 X 中.
For j = 0 to 15 do
Set X[j] to M[i*16+j].
end /结束对 J 的循环
// Save A as AA, B as BB, C as CC, and D as DD.
AA = A
BB = B
CC = C
DD = D
// 第 1 轮
/* 以 [abcd k s i]表示如下操作
a = b + ((a + F(b,c,d)+ X[k] + T[i])<<< s). */
// Do the following 16 operations.
[ABCD 0 7 1] [DABC 1 12 2] [CDAB 2 17 3] [BCDA 3 22 4]
[ABCD 4 7 5] [DABC 5 12 6] [CDAB 6 17 7] [BCDA 7 22 8]
[ABCD 8 7 9] [DABC 9 12 10] [CDAB 10 17 11] [BCDA 11 22 12]
[ABCD 12 7 13] [DABC 13 12 14] [CDAB 14 17 15] [BCDA 15 22 16]
// 第 2 轮
/* 以 [abcd k s i]表示如下操作
a = b + ((a + G(b,c,d)+ X[k] + T[i])<<< s). */
// Do the following 16 operations.
[ABCD 1 5 17] [DABC 6 9 18] [CDAB 11 14 19] [BCDA 0 20 20]
[ABCD 5 5 21] [DABC 10 9 22] [CDAB 15 14 23] [BCDA 4 20 24]
[ABCD 9 5 25] [DABC 14 9 26] [CDAB 3 14 27] [BCDA 8 20 28]
[ABCD 13 5 29] [DABC 2 9 30] [CDAB 7 14 31] [BCDA 12 20 32]
// 第 3 轮
/* 以 [abcd k s i]表示如下操作
a = b + ((a + H(b,c,d)+ X[k] + T[i])<<< s). */
// Do the following 16 operations.
[ABCD 5 4 33] [DABC 8 11 34] [CDAB 11 16 35] [BCDA 14 23 36]
[ABCD 1 4 37] [DABC 4 11 38] [CDAB 7 16 39] [BCDA 10 23 40]
[ABCD 13 4 41] [DABC 0 11 42] [CDAB 3 16 43] [BCDA 6 23 44]
[ABCD 9 4 45] [DABC 12 11 46] [CDAB 15 16 47] [BCDA 2 23 48]
// 第 4 轮
/* 以 [abcd k s i]表示如下操作
```

```
a = b + ((a + I(b,c,d)+ X[k] + T[i])<<< s). */
// Do the following 16 operations.
[ABCD 0 6 49] [DABC 7 10 50] [CDAB 14 15 51] [BCDA 5 21 52]
[ABCD 12 6 53] [DABC 3 10 54] [CDAB 10 15 55] [BCDA 1 21 56]
[ABCD 8 6 57] [DABC 15 10 58] [CDAB 6 15 59] [BCDA 13 21 60]
[ABCD 4 6 61] [DABC 11 10 62] [CDAB 2 15 63] [BCDA 9 21 64]
// 然后进行如下操作
A = A + AA
B = B + BB
C = C + CC
D = D + DD
end // 结束对 i 的循环
```

(5) 输出结果。

报文摘要产生后的形式为：A，B，C，D。也就是从低位字节 A 开始，到高位字节 D 结束。

MD5 算法很容易实现，它提供了任意长度的信息的“指纹”(或称为报文摘要)。据推测，要实现由两个不同的报文产生相同的摘要需要 2^{64} 次操作，要恢复给定摘要的报文则需要 2^{128} 次操作。为寻找缺陷，MD5 算法已经过非常细致的检查。最后的结论是，还需要相关的、更好的算法和更进一步的安全分析。

在一般的 Web 项目开发中，目前最常用的密码加密是 MD5 加密算法，下面介绍 Java 程序编写的 MD5 加密。代码如程序 2-10 所示。

程序 2-10 Md5.java

```
-------------------------------------------
/*
 * 系统名称：MD5 加密算法
 * 创建日期 2010-01-25
 * 开发团队：海软软件研发中心
 */
package encrypt;
public class Md5 {
  /*
   * Convert a 32-bit number to a hex string with ls-byte first
   */
  String hex_chr = "0123456789abcdef";
  private String rhex(int num){
    String str = "";
    for (int j = 0; j <= 3; j++)
      str = str + hex_chr.charAt((num >> (j * 8 + 4))& 0x0F)
          + hex_chr.charAt((num >> (j * 8))& 0x0F);
    return str;
  }
    /*
   * Convert a string to a sequence of 16-word blocks, stored as an array.
   * Append padding bits and the length, as described in the MD5 standard.
```

```
 */
private int[] str2blks_MD5(String str){
  int nblk = ((str.length()+ 8)>> 6)+ 1;
  int[] blks = new int[nblk * 16];
  int i = 0;
  for (i = 0; i < nblk * 16; i++){
    blks[i] = 0;
  }
  for (i = 0; i < str.length(); i++){
    blks[i >> 2] |= str.charAt(i)<< ((i % 4)* 8);
  }
  blks[i >> 2] |= 0x80 << ((i % 4)* 8);
  blks[nblk * 16 - 2] = str.length()* 8;
  return blks;
}
/*
 * Add integers, wrapping at 2^32
 */
private int add(int x, int y){
  return ((x & 0x7FFFFFFF)+ (y & 0x7FFFFFFF))^ (x & 0x80000000)
      ^ (y & 0x80000000);
}
/*
 * Bitwise rotate a 32-bit number to the left
 */
private int rol(int num, int cnt){
  return (num << cnt)| (num >>> (32 - cnt));
}
/*
 * These functions implement the basic operation for each round of the
   algorithm.
 */
private int cmn(int q, int a, int b, int x, int s, int t){
  return add(rol(add(add(a, q), add(x, t)), s), b);
}
private int ff(int a, int b, int c, int d, int x, int s, int t){
  return cmn((b & c)| ((~b)& d), a, b, x, s, t);
}
private int gg(int a, int b, int c, int d, int x, int s, int t){
  return cmn((b & d)| (c & (~d)), a, b, x, s, t);
}
private int hh(int a, int b, int c, int d, int x, int s, int t){
  return cmn(b ^ c ^ d, a, b, x, s, t);
}
private int ii(int a, int b, int c, int d, int x, int s, int t){
  return cmn(c ^ (b | (~d)), a, b, x, s, t);
}
/*
 * Take a string and return the hex representation of its MD5.
 */
public String calcMD5(String str){
```

```
int[] x = str2blks_MD5(str);
int a = 0x67452301;
int b = 0xEFCDAB89;
int c = 0x98BADCFE;
int d = 0x10325476;
for (int i = 0; i < x.length; i += 16){
  int olda = a;
  int oldb = b;
  int oldc = c;
  int oldd = d;
  a = ff(a, b, c, d, x[i + 0], 7, 0xD76AA478);
  d = ff(d, a, b, c, x[i + 1], 12, 0xE8C7B756);
  c = ff(c, d, a, b, x[i + 2], 17, 0x242070DB);
  b = ff(b, c, d, a, x[i + 3], 22, 0xC1BDCEEE);
  a = ff(a, b, c, d, x[i + 4], 7, 0xF57C0FAF);
  d = ff(d, a, b, c, x[i + 5], 12, 0x4787C62A);
  c = ff(c, d, a, b, x[i + 6], 17, 0xA8304613);
  b = ff(b, c, d, a, x[i + 7], 22, 0xFD469501);
  a = ff(a, b, c, d, x[i + 8], 7, 0x698098D8);
  d = ff(d, a, b, c, x[i + 9], 12, 0x8B44F7AF);
  c = ff(c, d, a, b, x[i + 10], 17, 0xFFFF5BB1);
  b = ff(b, c, d, a, x[i + 11], 22, 0x895CD7BE);
  a = ff(a, b, c, d, x[i + 12], 7, 0x6B901122);
  d = ff(d, a, b, c, x[i + 13], 12, 0xFD987193);
  c = ff(c, d, a, b, x[i + 14], 17, 0xA679438E);
  b = ff(b, c, d, a, x[i + 15], 22, 0x49B40821);
  a = gg(a, b, c, d, x[i + 1], 5, 0xF61E2562);
  d = gg(d, a, b, c, x[i + 6], 9, 0xC040B340);
  c = gg(c, d, a, b, x[i + 11], 14, 0x265E5A51);
  b = gg(b, c, d, a, x[i + 0], 20, 0xE9B6C7AA);
  a = gg(a, b, c, d, x[i + 5], 5, 0xD62F105D);
  d = gg(d, a, b, c, x[i + 10], 9, 0x02441453);
  c = gg(c, d, a, b, x[i + 15], 14, 0xD8A1E681);
  b = gg(b, c, d, a, x[i + 4], 20, 0xE7D3FBC8);
  a = gg(a, b, c, d, x[i + 9], 5, 0x21E1CDE6);
  d = gg(d, a, b, c, x[i + 14], 9, 0xC33707D6);
  c = gg(c, d, a, b, x[i + 3], 14, 0xF4D50D87);
  b = gg(b, c, d, a, x[i + 8], 20, 0x455A14ED);
  a = gg(a, b, c, d, x[i + 13], 5, 0xA9E3E905);
  d = gg(d, a, b, c, x[i + 2], 9, 0xFCEFA3F8);
  c = gg(c, d, a, b, x[i + 7], 14, 0x676F02D9);
  b = gg(b, c, d, a, x[i + 12], 20, 0x8D2A4C8A);

  a = hh(a, b, c, d, x[i + 5], 4, 0xFFFA3942);
  d = hh(d, a, b, c, x[i + 8], 11, 0x8771F681);
  c = hh(c, d, a, b, x[i + 11], 16, 0x6D9D6122);
  b = hh(b, c, d, a, x[i + 14], 23, 0xFDE5380C);
  a = hh(a, b, c, d, x[i + 1], 4, 0xA4BEEA44);
  d = hh(d, a, b, c, x[i + 4], 11, 0x4BDECFA9);
  c = hh(c, d, a, b, x[i + 7], 16, 0xF6BB4B60);
  b = hh(b, c, d, a, x[i + 10], 23, 0xBEBFBC70);
```

```
        a = hh(a, b, c, d, x[i + 13], 4, 0x289B7EC6);
        d = hh(d, a, b, c, x[i + 0], 11, 0xEAA127FA);
        c = hh(c, d, a, b, x[i + 3], 16, 0xD4EF3085);
        b = hh(b, c, d, a, x[i + 6], 23, 0x04881D05);
        a = hh(a, b, c, d, x[i + 9], 4, 0xD9D4D039);
        d = hh(d, a, b, c, x[i + 12], 11, 0xE6DB99E5);
        c = hh(c, d, a, b, x[i + 15], 16, 0x1FA27CF8);
        b = hh(b, c, d, a, x[i + 2], 23, 0xC4AC5665);

        a = ii(a, b, c, d, x[i + 0], 6, 0xF4292244);
        d = ii(d, a, b, c, x[i + 7], 10, 0x432AFF97);
        c = ii(c, d, a, b, x[i + 14], 15, 0xAB9423A7);
        b = ii(b, c, d, a, x[i + 5], 21, 0xFC93A039);
        a = ii(a, b, c, d, x[i + 12], 6, 0x655B59C3);
        d = ii(d, a, b, c, x[i + 3], 10, 0x8F0CCC92);
        c = ii(c, d, a, b, x[i + 10], 15, 0xFFEFF47D);
        b = ii(b, c, d, a, x[i + 1], 21, 0x85845DD1);
        a = ii(a, b, c, d, x[i + 8], 6, 0x6FA87E4F);
        d = ii(d, a, b, c, x[i + 15], 10, 0xFE2CE6E0);
        c = ii(c, d, a, b, x[i + 6], 15, 0xA3014314);
        b = ii(b, c, d, a, x[i + 13], 21, 0x4E0811A1);
        a = ii(a, b, c, d, x[i + 4], 6, 0xF7537E82);
        d = ii(d, a, b, c, x[i + 11], 10, 0xBD3AF235);
        c = ii(c, d, a, b, x[i + 2], 15, 0x2AD7D2BB);
        b = ii(b, c, d, a, x[i + 9], 21, 0xEB86D391);

        a = add(a, olda);
        b = add(b, oldb);
        c = add(c, oldc);
        d = add(d, oldd);
    }
    return rhex(a)+ rhex(b)+ rhex(c)+ rhex(d);
}
// 产生两个随机字符
private String charRandom(){
    String Str;
    char Stra[] = new char[2];
    int randomNumber = 0, i = 0;
    for (i = 0; i < 2; i++){
        while (randomNumber <= 97 || randomNumber >= 122){
            randomNumber = (int)(Math.random()* 122)+ 97;
        }
        Stra[i] = (char)randomNumber;
        randomNumber = 0;
    }
    Str = new String(Stra);
    return Str;
}
// 将从字符串中的第 3 个字符开始到结尾的字母全部变成大写
private String toUpperStr(String Str){
```

```
    String S;
    S = Str.substring(2, Str.length());
    char a[] = S.toCharArray();
    for (int i = 0; i < a.length; i++){
      if (Character.isLowerCase(a[i])){
        a[i] = Character.toUpperCase(a[i]);
      }
    }
    S = new String(a);
    Str = Str.substring(0, 2)+ S;
    return Str;
  }
  // 获得字符串，进行 MD5 加密，并将从第 3 位开始的小写字母转换为大写字母后，
     返回该字符串
  public String toMd5Str(String Str){
  //对字符串进行加密，加密后用后面的方法进行校验
    String StrRandom = charRandom();
    Str = StrRandom + calcMD5(StrRandom + Str);
    Str = toUpperStr(Str);
    return Str;
  }
  // 校验密码是否正确
  public boolean checkPWD(String dbPWD, String inputPWD){
    dbPWD = dbPWD.trim();//第一个参数为加密过后的字符串
    inputPWD = inputPWD.trim();//第二个参数为用户输入的字符串
    String Str = dbPWD.substring(0, 2);
    Str = Str + calcMD5(Str + inputPWD);
    Str = toUpperStr(Str);
    if (Str.equals(dbPWD)){
      return true;
    } else {
      return false;
    }
  }
}
```

程序说明：该程序为一个应用 MD5 算法进行密码加密与判断的程序，其中 calcMD5()方法为对给定的字符串进行 MD5 加密；charRandom()方法为产生随机两个小写字母；toMd5Str()方法为对获得的字符串进行加密；checkPWD()方法为对密码进行加密后的比较，若结果相同，则返回 true，否则返回 false。

加密代码段如下。

```
-----------------------------------------------
......
Md5 md5=new Md5();
String pw="11111";
String jiampw=md5.toMd5Str(pw);
......
```

注册密码时，获得用户输入的密码 pw，通过调用 toMd5Str()方法，产生一个 34 位的加密后的字符串 jiampw，可以将该字符串写入数据库中。本例 pw 加密后的其中一个结果值为：

```
wkC15343FC508FC6D6E684FED22DFCB597
```

密码验证代码段如下。

```
-------------------------------------------------
……
Md5 md5=new Md5();
String jiampw="wkC15343FC508FC6D6E684FED22DFCB597";//可以从数据库中获得
String shurupw="11111";//用户输入的等待验证的密码
Boolean Flag=md5.checkPWD(jiampw,shurupw);
……
```

验证用户密码时，可通过调用 checkPWD()来验证，当 shurupw 与 pw 相同时，Flag 为 true，否则为 false。

2.4　过滤器的使用

Filter 是从 Servlet 2.3 规范开始新增的功能，并在 Servlet 2.4 规范中得到增强。本节将介绍 Filter 在 Web 开发中的应用。

2.4.1　过滤器概述

过滤器是在源数据和目的数据之间起过滤作用的中间组件。对 Web 应用来说，过滤器是一个驻留在服务器端的 Web 组件，它可以截取客户端和资源之间的请求与响应信息，并对这些信息进行过滤。

当 Web 容器接收到一个对资源的请求时，它将判断是否有过滤器与这个资源相关联，如果有，那么容器将把请求交给过滤器处理。在过滤器中，你可以改变请求的内容，或者重新设置请求的报头信息，然后再将请求发送给目标资源。当目标资源对请求做出响应时，容器同样会将响应先转发给过滤器。在过滤器中，还可以对响应的内容进行转换，然后再将响应发送给客户端。

过滤器在 Web 开发中的一些主要应用如下。

(1) 对用户请求进行统一认证。

(2) 对用户的访问请求进行记录和审核。

(3) 对用户发送的数据进行过滤或替换。

(4) 转换图像格式。

(5) 对响应内容进行压缩，减少传输量。

(6) 对请求或响应进行加解密处理。

(7) 触发资源访问事件。

1. Filter API

与过滤器开发相关的接口和类都包含在 javax.servlet 和 javax.servlet.http 包中，接口和类主要有：javax.servlet.Filter 接口、javax.servlet.FilterConfig 接口、javax.servlet. FilterChain 接口、javax.servlet.ServletRequestWrapper 类、javax.servlet.ServletResponseWrapper 类、javax.servlet.http.HttpServletRequestWrapper 类、javax.servlet.http.HttpServletResponseWrapper 类。

2. Filter 接口

开发过滤器要实现 javax.servlet.Filter 接口，与开发 Servlet 要实现 javax.servlet.Servlet 接口类似，提供了一个公开的不带参数的构造方法。在 Filter 接口中，定义了以下三个方法。

(1) public void init(FilterConfig filterConfig)throws ServletException。

Web 容器调用该方法来初始化过滤器。容器在调用该方法时，向过滤器传递 FilterConfig 对象，FilterConfig 的用法与 ServletConfig 的用法类似。利用 FilterConfig 对象可以得到 ServletContext 对象，以及部署描述符中配置的过滤器的初始化参数。在这个方法中，可以抛出 ServletException 异常，通知容器该过滤器不能正常工作。

(2) public void doFilter(ServletRequest request，ServletResponse response，FilterChain chain) throws java.io.IOException，ServletException。

doFilter()方法类似于 Servlet 接口的 service()方法。当客户端请求目标资源的时候，容器就会调用与这个目标资源相关联的过滤器的 doFilter()方法。在特定的操作完成后，可以调用 chain.doFilter(request，response)将请求传送给下一个过滤器(或目标资源)，也可以直接向客户端返回响应信息，或者利用 RequestDispatcher 的 forward()和 include()方法，以及 HttpServletResponse 的 sendRedirect()方法将请求转向其他资源。需要注意的是，这个方法的请求和响应参数的类型是 ServletRequest 和 ServletResponse，也就是说，过滤器的使用并不依赖于具体的协议。

(3) public void destroy()。

Web 容器调用该方法指示过滤器的生命周期结束。在这个方法中，可以释放过滤器使用的资源。与开发 Servlet 不同的是，Filter 接口并没有相应的实现类可供继承，要开发过滤器只能直接实现 Filter 接口。

3．FilterConfig 接口

javax.servlet.FilterConfig 接口类似于 javax.servlet.ServletConfig 接口，用于在过滤器初始化时，向其传递信息。FilterConfig 接口由容器实现，容器将其作为参数传入过滤器对象的 init()方法中。在 FilterConfig 接口，定义了四个方法。

(1) public String getFilterName()方法：得到描述符中指定的过滤器的名字。

(2) public String getInitParameter(java.lang.String name)方法：返回在部署描述中指定的名字为 name 的初始化参数的值，如果不存在，则返回 null。

(3) public java.util.Enumeration getInitParameterNames()方法：返回过滤器的所有初始化参数的名字的枚举集合。

(4) public ServletContext getServletContext()方法：返回 Servlet 上下文对象的引用。

4．FilterChain 接口

FilterChain 接口由容器实现，容器将其实例作为参数传入过滤器对象的 doFilter()方法中。过滤器对象使用 FilterChain 对象调用过滤器链中的下一个过滤器，如果该过滤器是链中的最后一个过滤器，那么将调用目标资源。FilterChain 接口只有一个方法，即 public void doFilter(ServletRequest request，ServletResponse response)throws IOException 方法：调用该方法将使过滤器链中的下一个过滤器被调用，如果是最后一个过滤器，则会调用目标资源。

5．过滤器的部署

在实现一个过滤器后，需要在部署描述符中对过滤器进行配置，这是通过<filter>和<filter-mapping>元素来完成的。

在 Web 应用程序中，<filter>元素用于声明一个过滤器。

在<filter>元素内，<description>、<display-name>、<icon>元素与以往 Servlet 配置中的相同。<filter-name>用于为过滤器指定一个名字，该元素的内容不能为空。

<filter-class>元素用于指定过滤器的完整的类名。<init-param>元素用于为过滤器指定初始化参数，它的子元素<param-name>用于指定参数的名字，<param-value>用于指定参数的值。在过滤器中，可以使用 FilterConfig 接口对象来访问初始化参数。

下面是<filter>元素的一个小例子。

```
------------------------------------------
<filter>
 <filter-name>testFitler</filter-name>
 <filter-class>org.test.TestFiter</filter-class>
 <init-param>
  <param-name>word_file</param-name>
```

```
  <param-value>/WEB-INF/word.txt</param-value>
 </init-param>
 </filter>
```

Servlet 容器对部署描述符中声明的每一个过滤器，只创建一个实例。与 Servlet 类似，容器将在同一个过滤器实例上运行多个线程来同时为多个请求服务。因此，在开发过滤器时，也要注意线程安全的问题。

<filter-mapping>元素用于指定过滤器关联的 url 样式或 Servlet。其中<filter-name>子元素的值必须是在<filter>元素中声明过的过滤器的名字。<url-pattern>元素和<servlet-name>元素可以选择一个；<url-pattern>元素用于指定过滤器关联的 url 样式；<servlet-name>元素用于指定过滤器对应的 Servlet。只有当用户访问<url-pattern>元素指定的 url 上的资源或<servlet-name>元素指定的 Servlet 时，该过滤器才会被容器调用。<filter-mapping>元素还可以包含 0～4 个<dispatcher>，指定过滤器对应的请求方式，可以是 REQUEST、INCLUDE、FORWARD 和 ERROR 之一，默认为 REQUEST。

REQUEST：当用户直接访问页面时，Web 容器将会调用过滤器。如果目标资源是通过 Request Dispatcher 的 include()或 forward()方法访问的，那么该过滤器就不会被调用。

INCLUDE：如果目标资源是通过 RequestDispatcher 的 include()方法访问的，那么该过滤器将被调用，反之，该过滤器不会被调用。

FORWARD：如果目标资源是通过 RequestDispatcher 的 forward()方法访问的，那么该过滤器将被调用，反之，该过滤器不会被调用。

ERROR：如果目标资源是通过声明式异常处理机制调用的，那么该过滤器将被调用，反之，过滤器不会被调用。

示例如下。

```
-------------------------------------------
<filter-mapping>
 <filter-name>testFilter</filter-name>
 <url-pattern>/test.jsp</url-pattern>
</filter-mapping>
```

当用户访问 test.jsp 页面时，容器就会调用 testFilter 过滤器。

```
-------------------------------------------
<filter-mapping>
 <filter-name>testFilter</filter-name>
 <url-pattern>/index.jsp</url-pattern>
 <dispatcher>REQUEST</dispatcher>
 <dispatcher>FORWARD</dispatcher>
</filter-mapping>
```

当用户直接访问 index.jsp 页面，或者通过 RequestDispatcher 的 forward()方法访问时，

容器就会调用 testFilter 过滤器。

2.4.2 Filter 用户权限控制

本例分析一个用户登录及权限控制的 Filter，代码如程序 2-11 所示。

程序 2-11　FUserLoginFilter.java

```
------------------------------------------
package filter;
import java.io.IOException;
import java.io.PrintWriter;
import javax.servlet.Filter;
import javax.servlet.FilterChain;
import javax.servlet.FilterConfig;
import javax.servlet.ServletException;
import javax.servlet.ServletRequest;
import javax.servlet.ServletResponse;
import javax.servlet.http.HttpServletRequest;
import javax.servlet.http.HttpSession;
import user.User;
public class FUserLoginFilter implements Filter {
  public void init(FilterConfig config)throws ServletException {
    //TODO Method stub generated by Lomboz
  }
  public void doFilter(ServletRequest request, ServletResponse response,
     FilterChain chain)throws IOException, ServletException {
    HttpSession session=
      ((HttpServletRequest)request).getSession();
    User checkLogin=(User)session.getAttribute("User");
    if(checkLogin!=null)
    {
      if(checkLogin.getFUserIsLogin())
      {
        chain.doFilter(request,response);
      }
      else
      {
        outPrint(response);
      }
    }
    else
    {
      outPrint(response);
    }
  }

  public void outPrint(ServletResponse response)
  {
    PrintWriter out = null;
    //response.setCharacterEncoding("ISO-8859-1");
    try {
      out = response.getWriter();
    } catch (IOException e){
      // TODO 自动生成 catch 块
```

```
      e.printStackTrace();
    }
    response.setContentType("text/html; charset=gb2312");
  out.println("<html>");
    out.println("<head>");
    out.println("<meta http-equiv=Content-Type content=text/html;
      charset=gb2312 />");
    out.println("<script language=\"JavaScript\"
      type=\"text/javascript\">");
    out.println("alert(\"No Entry or Session is overtime!
       \\n\\nPlease entry now! \\n\\n"+ new Date()+ "\");");
    out.println("location.replace(\"../login.jsp\");");
    out.println("</script>");
    out.println("<title>Wait Login</title></head>");
    out.println("<body>");
    out.println("Error:");
    out.println("<li>1.Check your Browser, make sure it can use
      JavaScript!</li>");
    out.println("<li>2.Session is overtime,Please entry now!
      <a href=\"../login.jsp\">Login</a></li>");
    out.println("</body");
    out.println("</html>");
  out.flush();
  }
  public void destroy(){
    //TODO Method stub generated by Lomboz
  }
  public FilterConfig getFilterConfig(){
    //TODO Method stub generated by Lomboz
    return null;
  }
  public void setFilterConfig(FilterConfig config){
    //TODO Method stub generated by Lomboz
  }
}
```

该过滤器的 XML 配置(写入 web.xml)为：

```
--------------------------------------------
<filter>
<filter-name>FUserLoginFilter</filter-name>
<display-name>UserLogin</display-name>
<description>User Login</description>
<filter-class>filter.FUserLoginFilter</filter-class>
</filter>
<filter-mapping>
<filter-name>FUserLoginFilter</filter-name>
<url-pattern>/user/*</url-pattern>
</filter-mapping>
```

程序说明：doFilter()方法中，通过

```
--------------------------------------------
HttpSession session=((HttpServletRequest)request).getSession();
User checkLogin=(User)session.getAttribute("User");
```

从 Session 中获得 User 对象，然后判断该对象是否为空，若存在，再判断是否为登录，即

getFUserIsLogin()方法。该方法是在 User 中定义的返回 Boolean 类型值的方法，若用户登录正常，则返回 true，否则返回 false。示例如下。

```
------------------------------------------------
if(checkLogin!=null)
{
  if(checkLogin.getFUserIsLogin())
  {
    chain.doFilter(request,response);
  }
  else
  {
    outPrint(response);
  }
}
else
{
  outPrint(response);
}
```

程序说明：用户 Session 正常，则执行 chain.doFilter(request，response)，得到请求的内容；否则执行 outPrint(response)，即请求目标页面不显示，显示的内容为 outPrint()方法定义的内容。

2.4.3 解决中文乱码问题

JSP 程序在开发过程中都会遇到中文乱码问题，下面介绍几种出现中文乱码的处理情况。

1．页面乱码

描述：页面乱码一般是由于编译时没有指定字符集造成的。

解决方法：在 JSP 页面的 page 指令中添加 < %@ pageEncoding="GBK" %>就可以解决。

如下代码是一个比较常见的 JSP page 指令。

```
------------------------------------------------
<%@ page contentType="text/html; charset=gbk" language="java"
import="java.sql.*" errorPage="" %>
```

2．访问 Servlet 时出现乱码

描述：在请求 Servlet 程序时，返回结果出现乱码。

解决方法：在 Servlet 中使用 response 输出，在输出内容之前，先执行 response.setContentType ("text/html;charset=GBK")来设定输出内容的编码为 GBK。

3．Get 方式表单传递和 URI 方式传递参数乱码

解决办法：设置服务器，即在 Tomcat 安装目录下找到 conf\server.xml，设置

URIEncoding="GBK"，如以下代码斜体部分。

```
----------------------------------------
< Connector port="8080" protocol="HTTP/1.1"
  connectionTimeout="20000"
  redirectPort="8443"  URIEncoding="GBK" />
```

此外，对于 Get 方式提交的表单数据，可以采用数组字节转换的方式，即将获得的字符转换为字节数组，然后再生成字符串，其代码段如下。

```
----------------------------------------
<%!
  public String chgStr(String str)
  {
    try{
      String temp_p=str;
      byte[] temp_t=temp_p.getBytes("ISO8859-1");
      String temp=new String(temp_t);
      return temp;
    }
    catch(Exception e)
    {
      return null;
    }
  }
%>
<%
  String name=chgStr(request.getParameter("name"));
%>
```

chgStr()方法就是将 get 方式提交的数据通过编码转换，让中文显示正常。

4．POST 方式表单传递参数乱码

描述：通过表单以 Post 方式提交数据给 JSP 或 Servlet 而出现中文参数乱码。

解决方法：

(1) 在接收 POST 提交的参数之前，使用 request.setCharacterEncoding("GBK")语句，设定 request 对象接收参数时使用 GBK 编码。

(2) 使用过滤器，建立 Encoding 过滤器，通过过滤器，解决所有 POST 提交的数据的中文乱码问题，具体如程序 2-12 所示。

程序 2-12　SetCharacterEncodingFilter.java

```
----------------------------------------
import java.io.IOException;
import javax.servlet.Filter;
import javax.servlet.FilterChain;
import javax.servlet.FilterConfig;
import javax.servlet.ServletException;
import javax.servlet.ServletRequest;
```

```
import javax.servlet.ServletResponse;
public class SetCharacterEncodingFilter implements Filter {
protected String encoding = null;//要制订的编码，在web.xml 中配置
protected FilterConfig filterConfig = null;
      public void destroy(){
      this.encoding = null;
      this.filterConfig = null;
   }
   public void doFilter(ServletRequest request, ServletResponse
      response, FilterChain chain)
 throws IOException, ServletException {
         if (request.getCharacterEncoding()== null){
         String encoding = getEncoding();//得到指定的编码名字
         if (encoding != null)
            request.setCharacterEncoding(encoding);
            //设置 request 的编码
       }
       chain.doFilter(request, response);//有机会执行下一个 filter
   }
   public void init(FilterConfig filterConfig)throws ServletException {
       this.filterConfig = filterConfig;
       this.encoding = filterConfig.getInitParameter("encoding");
       //得到在 web.xml 中配置的编码
     }
   protected String getEncoding(){
      return (this.encoding);//得到指定的编码
   }
}
```

程序说明：init(FilterConfig filterConfig)为 Filter 的初始化方法，该方法通过 FilterConfig 对象获取在 XML 中配置的参数 encoding，并对过滤器中的成员变量 encoding 赋值。字符集设置为 request.setCharacterEncoding(encoding)。

web.xml 中的 Filter 的配置代码如下。

```
------------------------------------------------
<filter>
<filter-name>CharacterEncoding</filter-name>
<filter-class>filter.SetCharacterEncodingFilter</filter-class>
<init-param>
     <param-name>encoding</param-name>
     <param-value>gb2312</param-value>
  </init-param>
</filter>
  <filter-mapping>
    <filter-name>CharacterEncoding</filter-name>
  <url-pattern>/*</url-pattern>
  </filter-mapping>
```

5. MySQL 数据库读取写入数据时出现乱码

描述：当通过 SQL 语句写入数据或读取数据时出现乱码的情况，这是由于 JDBC 连接

MySQL 时编码不一致造成的。

解决方法：连接数据库时，指定连接数据库 URL 中字符集的属性。

在 Java 程序中通过 JDBC 连接时，为

url="jdbc:mysql://127.0.0.1:3306/hnet?useUnicode=true&characterEncoding=GBK";

若在 XML 中配置 JDNI 时，则为

url="jdbc:mysql://127.0.0.1:3306/hnet?useUnicode=true&characterEncoding= GBK";

其中，characterEncoding=GBK 表示指定字符集为中文。

2.5 用户登录(身份认证)

在 Web 系统中，用户身份认证是必不可少的部分，用户验证需要通过用户身份认证模块来实现，本节通过表单提交 Servlet 验证和 Ajax 验证两种方式来实现用户登录。

2.5.1 Servlet 身份验证

本节介绍通过表单 POST 方式提交，由 Servlet 来验证用户身份。

1．编写登录表单

程序 2-13 login.html

```
---------------------------------------------
<!DOCTYPE html PUBLIC "-//W3C//DTD XHTML 1.0 Transitional//EN"
"http://www.w3.org/TR/xhtml1/DTD/xhtml1-transitional.dtd">
<html xmlns="http://www.w3.org/1999/xhtml">
<head>
<meta http-equiv="Content-Type" content="text/html; charset=gb2312" />
<title>排课管理系统</title>
<link href="main.css" rel="stylesheet" type="text/css" />
</head>
<body bgcolor="#EBEBEB"  oncontextmenu="return false"
   onselectstart="return false" ondragstart="return false">
<table width="771" border="0" cellpadding="0" cellspacing="0"
   class="liangbianline">
  <!--DWLayoutTable-->
  <tr>
    <td width="771" height="188" valign="top"><img src=
      "images/index_1.jpg" width="771" height="188" /></td>
  </tr>
</table>
<table width="771" border="0" cellpadding="0" cellspacing="0"
class="liangbianline">
  <!--DWLayoutTable-->
  <tr>
```

```
    <td width="771" height="56" valign="top"><img src=
      "images/index_2.jpg" width="771" height="56" /></td>
  </tr>
</table>
<table width="771" border="0" cellpadding="0" cellspacing="0"
   class="liangbianline">
  <!--DWLayoutTable-->
  <tr>
    <td width="32" rowspan="5" valign="top"><img src=
      "images/index_3.jpg" width="32" height="366" /></td>
    <td height="19" colspan="5" valign="top"><img src=
      "images/index_4.jpg" width="359" height="19" /></td>
    <td width="380" rowspan="5" valign="top"><img src=
      "images/index_6.jpg" width="380" height="366" /></td>
  </tr>
  <tr>
    <td height="250" colspan="4" valign="top"><table width="100%"
      border="0" cellpadding="0" cellspacing="0">
      <!--DWLayoutTable-->
      <tr>
        <td width="333" height="250" valign="top"
          background="images/index_13.jpg">
<table width="333" border="0" cellpadding="0" cellspacing="0"
   background="images/index_13.jpg">
  <!--DWLayoutTable-->
<form id="form1" name="form1" method="post" action="CheckLogin">
  <tr>
    <td width="31" height="20"> </td>
    <td width="185"> </td>
    <td colspan="2" rowspan="2" valign="top"><img src=
      "images/index_login.jpg" width="98" height="49" /></td>
  </tr>
  <tr>
    <td height="29"> </td>
    <td rowspan="2" align="center"valign="middle"><span class="style4">
       管理员登录</span></td>
    </tr>
    <tr>
    <td height="15"></td>
    <td width="61"></td>
    <td width="56"></td>
  </tr>
  <tr>
    <td height="178"></td>
    <td colspan="2" valign="middle">
        <span class="style2">用户名:
        <input name="username" type="text" class="shurukuan"
          id="username" />
        <span class="style1">*</span><br />
        <br />
        密  码:
        <input name="password" type="password" class="shurukuan"
          id="password" />
        <span class="style1">*</span><br />
        <br />
        验证码: </span><span class="padding-left1">
```

```
        <input name="checknum" type="text" class="shuru" id="checknum"
         size="6" maxlength="4" />
        <img src="img.jsp" border="1" align="middle" />
 <span class="style1">*</span> </span><br />
        <br />
        <input type="image" name="imageField"
         src="images/button_login.jpg" />
        <img src="images/button_cancer.jpg" width="51" height="27"
         onclick="reset();" />
<br /></td>
    <td> </td>
  </tr>
  <tr>
    <td height="8"></td>
    <td></td>
    <td></td>
    <td></td>
  </tr>
   </form>
</table>
</td>
        </tr>
    </table></td>
    <td width="26" rowspan="4" valign="top"><img src=
      "images/index_5.jpg" width="26" height="347" /></td>
  </tr>
  <tr>
    <td width="69" rowspan="2" valign="top"><a href="Main"><img src=
      "images/index_7.jpg" alt="课程表查询" width="69" height="65"
        border="0" /></a></td>
    <td width="69" rowspan="2" valign="top"><a href="Main?page=
      login"><img src="images/index_8.jpg" alt="管理员登录"
        width="69" height="65" border="0" /></a></td>
    <td width="73" rowspan="2" valign="top"><img src=
      "images/index_10.jpg" width="73" height="65" /></td>
    <td width="122" height="49" valign="top"><img src=
      "images/index_11.jpg" width="122" height="49" /></td>
  </tr>
  <tr>
    <td height="16" valign="top"><img src="images/index_12.jpg" alt=
      "软件工程系设计开发" width="122" height="16" /></td>
  </tr>
  <tr>
    <td height="32" colspan="4" valign="top"><img src=
      "images/index_9.jpg" width="333" height="32" /></td>
  </tr>
</table>
</body>
</html>
```

程序说明：login.html 为用户登录的表单页面，运行结果如图 2-4 所示。程序段中粗斜体部分为登录表单，<form id="form1" name="form1" method="post" action= "CheckLogin">中 action 定义了表单提交的目标为 Servlet 程序 CheckLogin，method 定义了提交方式为 post。

图 2-4 登录界面

表单输入元素有三个文本框，此外还添加了验证码<img src="img.jsp" border="1" align="middle" />，程序中使用 img.jsp，即使用 JSP 实现的验证码。

<input type="image" name="imageField" src="images/button_login.jpg" />定义了登录的按钮，程序中使用图形按钮作为提交按钮。

2．编写验证 Servlet 源程序

程序 2-14 CheckAdminUserLogin.java

```
/*
 * 系统名称：排课管理系统 2.1
 * 创建日期 2006-8-19
 * 开发团队：海软软件研发中心
 * WEB：http://srd.hnspi.net
 *
 */
package check;
import java.io.IOException;
import java.sql.ResultSet;
import java.sql.SQLException;
import javax.servlet.RequestDispatcher;
import javax.servlet.ServletContext;
import javax.servlet.ServletException;
```

```
import javax.servlet.http.HttpServlet;
import javax.servlet.http.HttpServletRequest;
import javax.servlet.http.HttpServletResponse;
import javax.servlet.http.HttpSession;
import user.UserSession;
import md5.Md5;
import db.DBManager;
public class CheckAdminUserLogin extends HttpServlet {
   private String checkNum;
   private String UserName;
private String PassWord;
private String url;
private String Sql,SqlInsert;
private String DataBasePassWord;
private ResultSet rs=null;
private DBManager db=new DBManager();
private Md5 md5=new Md5();
   protected void doPost(HttpServletRequest request,
         HttpServletResponse response)throws ServletException,
           IOException {
      UserSession User=new UserSession();
   HttpSession session=
     ((HttpServletRequest)request).getSession();
   String checkNumSession=(String)session.getAttribute("rand");
   UserName=request.getParameter("username");
   PassWord=request.getParameter("password");
   checkNum=request.getParameter("checknum");
   ServletContext sc=getServletContext();
   //定义检索用户名的 SQL 语句
   Sql="select * from cadmin where caisdel=0 and
     causername='"+UserName+"'";
   if(checkNum!=null)
   {
     //
     if(!checkNum.equals(""))
     {
       if(checkNum.equals(checkNumSession))
       {//验证码正确,检查账户/密码
         try {
           rs=db.getResult(Sql);
           if(rs.next())
           {//账户存在
             DataBasePassWord=rs.getString("capassword");
             if(md5.checkPWD(DataBasePassWord,PassWord))
             {//密码正确,Session 对象赋值并跳转
               User.setIsLogin(true);
               User.setCaUsername(rs.getString("causername"));
               User.setCaTrueName(rs.getString("catruename"));
               User.setCaPower(rs.getString("capower"));
               User.setCaDid(rs.getInt("cadid"));
               User.setCaid(rs.getString("caid"));
               session.setAttribute("User",User);
               //跳转
               url="admin/admin_ctadd.jsp";
               response.sendRedirect(url);
             }
```

```
          else
          {//密码错误
            url="/error.jsp?id=104";
            RequestDispatcher rd=sc.getRequestDispatcher(url);
            rd.forward(request,response);
          }

        }
        else
        {//账户不存在
          url="/error.jsp?id=101";
          RequestDispatcher rd=sc.getRequestDispatcher(url);
          rd.forward(request,response);
        }
        rs.close();
      }
      catch (SQLException e){
        url="/error.jsp?id=102";
        RequestDispatcher rd=sc.getRequestDispatcher(url);
        rd.forward(request,response);
        e.printStackTrace();
      }
      finally
      {
        if(rs!=null)
        {
          try {
            rs.close();
          } catch (SQLException e1){
            // TODO 自动生成 catch 块
            e1.printStackTrace();
          }
        }
      }

    }
    else
    {//验证码错误
      url="/error.jsp?id=100";
      RequestDispatcher rd=sc.getRequestDispatcher(url);
      rd.forward(request,response);
    }
  }
  else
  {//验证码错误
    url="/error.jsp?id=100";
    RequestDispatcher rd=sc.getRequestDispatcher(url);
    rd.forward(request,response);
  }

}
else
{//没有输入验证码
  url="/error.jsp?id=100";
  RequestDispatcher rd=sc.getRequestDispatcher(url);
```

```
        rd.forward(request,response);
      }
    }
  }
```

程序说明：CheckAdminUserLogin.java 为登录验证 Servlet 的源程序，程序需要从客户端表单获取三个变量，即用户名、密码和验证码，其代码如下。

```
-------------------------------------------
UserName=request.getParameter("username");
PassWord=request.getParameter("password");
checkNum=request.getParameter("checknum");
```

程序通过数据连接对象，在数据库中检索以 UserName 为条件的账号等信息，然后对从表单获得的密码 MD5 加密后与数据库检索的密码进行比较，若相等，则用户身份确认，并将此用户相关信息从记录集中获取后建立用户对象 UserSession，然后将此对象写入 session，用户对象建立的类程序文件为 UserSession.java，详见程序 2-15。

若登录过程有异常，则重定向到相关错误页面，错误信息的定义通过如下代码实现。

```
-------------------------------------------
url="/error.jsp?id=100";
RequestDispatcher rd=sc.getRequestDispatcher(url);
rd.forward(request,response);
```

url 为定义的错误目标页 error.jsp，通过获取参数 ID 号来分别定义错误信息。

定义错误页的程序为 error.jsp，详见程序 2-16。

如图 2-5 所示，当用户输入账号在数据库中不存在时，则为定义的 101 错误，提示“账户不存在！”。

图 2-5 用户登录验证错误提示信息

在验证用户身份正常后，进入系统，如图 2-6 所示。

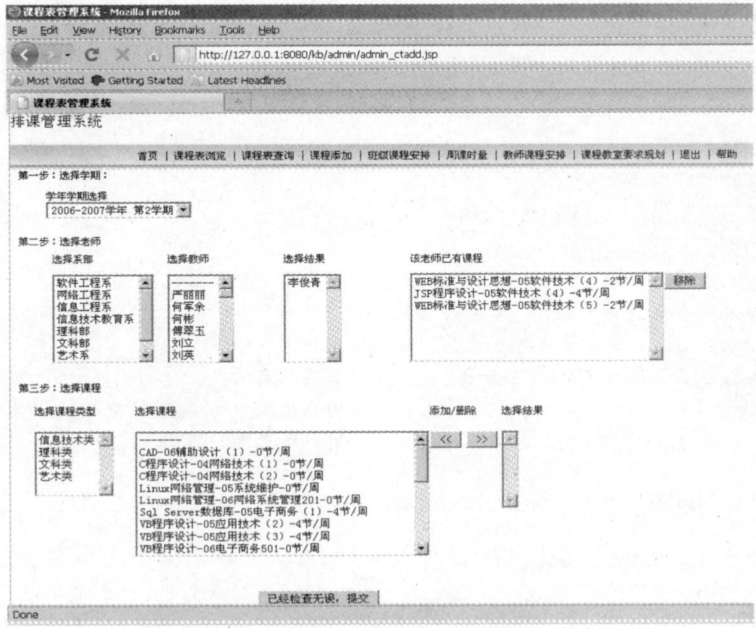

图 2-6 用户登录正常后进入系统

3. 修改 web.xml 配置文件

此登录程序在 web.xml 中的配置代码如下。

```
------------------------------------------
<servlet>
   <description>User Login Servlet</description>
   <display-name>CheckAdminLogin</display-name>
   <servlet-name>CheckAdminLogin</servlet-name>
   <servlet-class>check.CheckAdminUserLogin</servlet-class>
</servlet>
<servlet-mapping>
<servlet-name>CheckAdminLogin</servlet-name>
<url-pattern>/CheckLogin</url-pattern>
</servlet-mapping>
```

4. 登录验证过程其他辅助程序

程序 2-15 UserSession.java

```
------------------------------------------
/*
 * 系统名称：排课管理系统 2.1
 * 创建日期 2006-8-19
 * 开发团队：海软软件研发中心
 * WEB: http://srd.hnspi.net
 *
 */
```

```
package user;
/**
 * @author Administrator
 *
 * 用户登录 Bean
 *
 *
 */
public class UserSession {
    private boolean IsLogin=false; //用户是否登录标记
    private String Caid;            //用户号
    private String CaUsername;      //用户名
    private String CaTrueName;      //真实姓名
    private String CaPower;         //用户权限,0 为超级管理员,1 为系部管理
    private int CaDid;              //用户所属部门编号

    public void setIsLogin(boolean Login)
    {
        this.IsLogin=Login;
    }
    public boolean getIsLogin()
    {
        return this.IsLogin;
    }
    public void setCaid(String caid)
    {
        this.Caid=caid;
    }
    public String getCaid()
    {
        return this.Caid;
    }
    public void setCaUsername(String username)
    {
        this.CaUsername=username;
    }
    public String getCaUsername()
    {
        return this.CaUsername;
    }
    public void setCaTrueName(String truename)
    {
        this.CaTrueName=truename;
    }
    public String getCaTrueName()
    {
        return this.CaTrueName;
    }
    public void setCaPower(String power)
    {
```

```
        this.CaPower=power;
    }
    public String getCaPower()
    {
        return this.CaPower;
    }
    public void setCaDid(int did)
    {
        this.CaDid=did;
    }
    public int getCaDid()
    {
        return this.CaDid;
    }
}
```

程序 2-16 error.jsp

```
----------------------------------------------
<%@ page contentType="text/html; charset=gb2312" language="java"
   import="java.sql.*" errorPage="" %>
<%
String id=request.getParameter("id");
String Strerr="";
switch(Integer.parseInt(id))
{  case 3:
  Strerr="查询操作错误，重要参数丢失！";
  break;
  case 4:
  Strerr="验证码错误！";
  break;
  case 5:
  Strerr="账户已经被锁定，请与超级管理员联系！";
  break;
  case 6:
  Strerr="密码错误！";
  break;
  case 7:
  Strerr="账号密码错误！";
  break;
  case 8:
  Strerr="账号不能为空！";
  break;
  case 9:
  Strerr="密码不能为空！";
  break;
  case 10:
  Strerr="检索教室异常！";
  break;
  case 11:
  Strerr="检索系部异常！";
```

```
    break;
    case 100:
    Strerr="验证码不正确!";
    break;
    case 101:
    Strerr="账户不存在!";
    break;
    case 102:
    Strerr="查询异常!";
    break;
    case 103:
    Strerr="用户名或密码错误!";
    break;
    case 104:
    Strerr="密码错误!";
    break;
    case 404:
    Strerr="您要访问的页面不存在!";
    default:
    Strerr="非法操作";
  }
  %>
  <!DOCTYPE html PUBLIC "-//W3C//DTD XHTML 1.0 Transitional//EN"
  "http://www.w3.org/TR/xhtml1/DTD/xhtml1-transitional.dtd">
  <html xmlns="http://www.w3.org/1999/xhtml">
  <head>
  <meta http-equiv="Content-Type" content="text/html; charset=gb2312" />
  <title>课程表-错误信息</title>
  <link href="main.css" rel="stylesheet" type="text/css" />
  </head>
  <body oncontextmenu="return false" onselectstart="return false"
     ondragstart="return false">
  <noscript><iframe></iframe></noscript>
  <table width="990" border="0" cellpadding="0" cellspacing="0">
    <tr>
      <td width="778" height="1" colspan="2" rowspan="3"
        valign="top"><table width="100%" border="0"  cellpadding="0"
        cellspacing="0" class="liangbianline">
        <tr>
          <td width="778" height="195" align="center">
      <table border="0" cellpadding="0" cellspacing="0" width="464">
              <tr>
                <td width="126"><img src="error/images/spacer.gif"
                  alt="" name="undefined_2" width="126" height="1"
                  border="0"></td>
               <td width="338"><img src="error/images/spacer.gif"
                  alt="" name="undefined_2" width="338" height="1"
                  border="0"></td>
               <td><img src="error/images/spacer.gif" alt=""
                  name="undefined_2" width="1" height="1"
```

```
                  border="0"></td>
              </tr>
                 <tr>
                  <td>
<img name="membere_r1_c1" src="images/membere_r1_c1.jpg" width="126"
   height="53" border="0" alt=""></td>
                  <td><font color="#CC3300"><strong><br>
                     </strong></font></td>
                  <td><img src="admin/error/images/spacer.gif"
                    alt="" name="undefined_2" width="1" height="53"
                    border="0"></td>
                 </tr>
                 <tr>
                  <td colspan="2"><img name="membere_r2_c1"
                    src="images/membere_r2_c1.jpg" width="464"
                    height="23" border="0" alt=""></td>
                  <td><img src="admin/error/images/spacer.gif"
                    alt="" name="undefined_2" width="1" height="23"
                    border="0"></td>
                 </tr>
<tr> <td colspan="2" align="center" background=
   "images/membere_r3_c1.jpg"> </td>
                  <td><img src="admin/error/images/spacer.gif"
                    alt="" name="undefined_2" width="1" height="44"
                     border="0"></td>
                 </tr>
                 <tr>
                  <td height="78" colspan="2" valign="top"><table
                    width="100%" border="0" cellpadding="0"
                    cellspacing="0" background=
                    "error/images/membere_r4_c1.jpg">
                     <tr>
                      <td height="78" align="center" valign=
                        "middle" background=
                        "images/membere_r4_c1.jpg">
<p><font color="#FF0000"><%=Strerr%></font></p> </td>
</tr>
   </table></td>
   <td><img src="admin/error/images/spacer.gif" alt="" name="undefined_2"
  width="1" height="78" border="0"></td>
                 </tr>
                 <tr>
                  <td colspan="2"><img name="membere_r5_c1" src=
                    "images/membere_r5_c1.jpg" width="464" height=
                    "9" border="0" alt=""></td>
                  <td><img src="admin/error/images/spacer.gif" alt=
                    "" name="undefined_2" width="1" height="9"
                    border="0"></td>
                 </tr>
                 <tr>
                  <td colspan="2" align="center" valign="top"
```

```
                    background="images/membere_r6_c1.jpg">
          <a href="javascript:history.back()"><img src=
            "images/back.jpg" width="72" height="30" border=
            "0"></a></td>
                  <td><img src="admin/error/images/spacer.gif" alt=
                    "" name="undefined_2" width="1" height="125"
                    border="0"></td>
                </tr>
          </table>
    </td>
      </tr>
     </table></td>
    <td width="212"> </td>
  </tr>
  <tr>
    <td></td>
  </tr>
</table>
<jsp:include page="admin/bottom.jsp" flush="true" />
</body>
</html>
```

登录验证涉及其他程序，如数据库连接程序、MD5 加密程序等，这些在前面章节已做介绍，此处略。

2.5.2 Ajax/Servlet 身份验证

Ajax(Asynchronous JavaScript and XML)是多种技术的综合，包括 JavaScript、XHTML 和 CSS、DOM、XML 和 XSTL、XMLHttpRequest。其中，使用 XHTML 和 CSS 实现标准化呈现，使用 DOM 实现动态显示和交互，使用 XML 和 XSTL 进行数据交换与处理，使用 XMLHttpRequest 对象进行异步数据读取，使用 JavaScript 绑定和处理所有数据。

与传统的 Web 应用不同，Ajax 采用异步交互过程。Ajax 在用户与服务器之间引入了一个中间媒介，消除了网络交互过程中的处理→等待→处理→等待缺点。浏览器在执行任务时即装载了 Ajax 引擎。Ajax 引擎用 JavaScript 语言编写，通常放在一个隐藏的框架中，它负责编译用户界面，以及与服务器之间的交互。Ajax 引擎允许用户与应用软件之间的交互过程异步进行，可独立于用户与网络服务器间的交流。现在，可以用 JavaScript 调用 Ajax 引擎来代替产生一个 HTTP 的用户动作，内存中的数据编辑、页面导航、数据校验这些不需要重新载入整个页面的需求可以交给 Ajax 来执行。

Ajax 可以为 ISP、开发人员、终端用户带来便捷。

(1) 减轻服务器的负担。Ajax 的原则是“按需取数据”，可以最大限度地降低冗余请求和响应对服务器造成的负担。

(2) 无刷新更新页面，减少用户心理和实际的等待时间。特别的，当要读取大量数据时，不用像 Reload 那样出现白屏的情况。Ajax 使用 xmlHttp 对象发送请求并得到服务器响应，在不重新载入整个页面的情况下，使用 JavaScript 操作 DOM 最终更新页面。所以在读取数据的过程中，用户所面对的不是白屏，而是原来的页面内容(也可以加一个 Loading 提示框让用户知道处于读取数据的过程)，只有数据接收完毕之后，才能更新相应部分的内容。这种更新是瞬间的，用户几乎感觉不到。

(3) 带来更好的用户体验。

(4) 可以把以前一些服务器负担的工作转嫁到客户端，利用客户端闲置的能力来处理，减轻服务器和带宽的负担，节约空间和宽带租用成本。

(5) 可以调用外部数据。

(6) 基于标准化的并被广泛支持的技术，不需要下载插件或小程序。

(7) 进一步促进页面表现与数据的分离。

本节介绍通过使用 Ajax 进行前台处理，Servlet 使用后台处理的方式来实现用户登录验证的方法，下面以项目申报评审管理系统的登录为例来进行介绍。登录过程程序运行示意如图 2-7 所示。

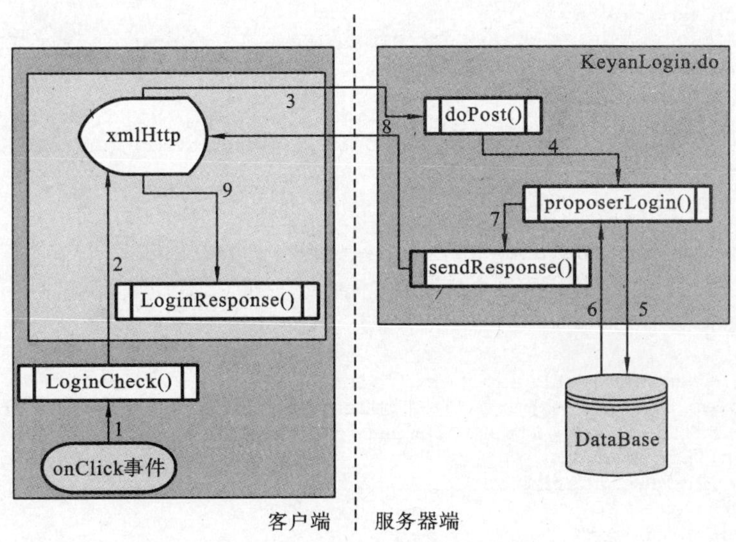

图 2-7 Ajax/Servlet 登录示意图

1. 编写登录表单

登录表单运行效果如图 2-8 所示。

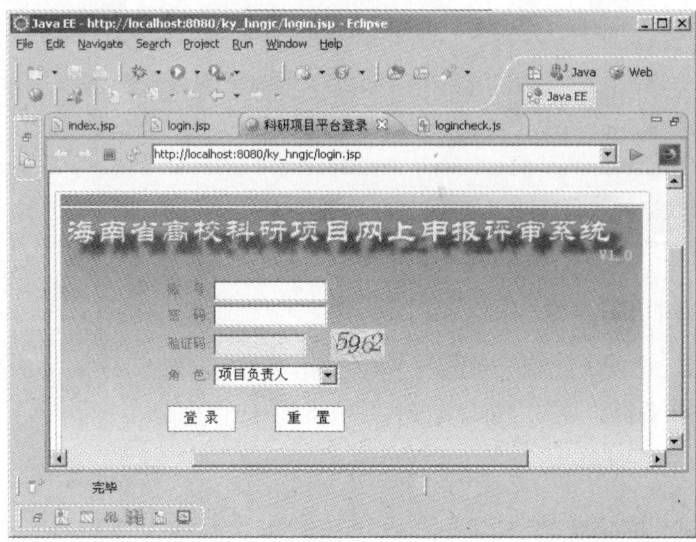

图 2-8 登录页面

登录表单的程序为 login.jsp，详见程序 2-17。

程序 2-17 login.jsp

```
--------------------------------------------
<%@ page language="java" contentType="text/html; charset=gbk"
pageEncoding="gbk"%>
<!DOCTYPE html PUBLIC "-//W3C//DTD HTML 4.01 Transitional//EN"
"http://www.w3.org/TR/html4/loose.dtd">
<html>
<head>
<meta http-equiv="Content-Type" content="text/html; charset=gbk">
<title>科研项目平台登录</title>
</head>
<link rel="stylesheet" href="css/index.css">
<script language="JavaScript" type="text/javascript" src=
  "js/logincheck.js"></script>
<body>
<%  String roles=null;
  try{
  roles = request.getParameter("role");
  if(!roles.equals("experts")&&!roles.equals("proposer")&&!roles.
     equals("uadmin")&&!roles.equals("tadmin"))
    roles="proposer";
  } catch(NullPointerException e)
  {
    roles="proposer";
  }
%>
<div class="lo">
  <div class="ltop"></div>
  <div class="lmain">
    <div class="loinfo">
      <table width="254" height="136" border="0" cellpadding="0"
```

```
        cellspacing="0">
       <tr>
       <td width="62" height="24" align="center">账  号:</td>
       <td colspan="2"><input type="text" class="input" id="code"
         onFocus="OnFocus()" value="" size="15" maxlength="50"
         onMouseOver="this.background='red'"/>
</td>
       </tr>
       <tr>
       <td height="24" align="center">密  码:</td>
       <td colspan="2"><input type="password" class="input" id="pass"
         onFocus="OnFocus()" size="15" maxlength="50" />
</td>
       </tr>
       <tr>
       <td height="31" align="center">验证码:</td>
       <td width="124"><input type="text" id="rand" size="7"
         maxlength="4" onFocus="OnFocus()" class="check_code"
         width="50px;"/></td>
       <td width="134"><span id="CNumber" title="点击刷新验证码"><img
         src="checkNum" id="code" onClick="changeCheckNum();"
         width="50" height="30"/></span></td>
       </tr>
       <tr>
       <td height="28" align="center">角  色:</td>
       <td colspan="2"><select name="role" id="role"
          onFocus="OnFocus()">
         <option id="proposer" value="proposer" <%if
          (roles.equals("proposer"))
       out.println("selected");%>>项目负责人</option>
         <option id="uadmin" value="uadmin" <%if
          (roles.equals("uadmin"))
       out.println("selected");%>>单位科研管理员</option>
         <option id="experts" value="experts" <%if
          (roles.equals("experts"))
       out.println("selected");%>>评审专家</option>
         <option id="tadmin" value="tadmin" <%if
          (roles.equals("tadmin"))
       out.println("selected");%>>高教科研管理员</option>
       </select></td>
       </tr>
       <tr><td colspan="3"><div id="message"></div></td></tr>
       <tr>
         <td colspan="3" align="left"><input type="button"  id="login"
          class="lobu" onClick="LoginCheck()" value="登 录">
<input type="reset" id="redo" class="lobu" value="重  置">
</td>
        </tr>
      </table>
    </div>
    <div class="lbo">版权所有:海南省教育厅高等教育处   
      备案号:琼 ICP 备 0500142 号   技术支持电话:
      0898-31690011</div>
  </div>
```

```
</div>
</body>
</html>
```

程序说明：程序中加粗部分为用 JavaScript 获取的表单信息项，通过表单元素定义的 id 属性来获取内容。

分别定义了用户名：code；密码：pass；验证码：rand；角色：role。

通过按钮的 onClick 事件调用 LoginCheck()方法，然后通过异步处理程序来验证用户身份。

2. 编写 JavaScript 程序

程序 2-18 logincheck.js 为异步处理程序的 JavaScript。

程序 2-18 logincheck.js

```
--------------------------------------------
// index login check 登录验证/异步请求服务器
var xmlHttp;
var waitPic = "<center><img src=\"image/loading.gif\" alt=\"正在加载\"
   style=\"margin-top:7px;\"/></center>";
var xmlImage = "<center><img src=\"image/wait.gif\" alt=\"正在加载\"
   style=\"margin-top:7px;\"/></center>";

function createXMLHttpRequest(){
    xmlHttp = false;
    //开始初始化 XMLHttpRequest 对象
    if(window.XMLHttpRequest){ //Mozilla 浏览器
      xmlHttp = new XMLHttpRequest();
      if (xmlHttp.overrideMimeType){//设置 MiME 类别
          xmlHttp.overrideMimeType('text/xml');
      }
    }
    else if (window.ActiveXObject){ // IE 浏览器
      try {
        xmlHttp = new ActiveXObject("Msxml2.XMLHTTP");
      } catch (e){
        try {
          xmlHttp = new ActiveXObject("Microsoft.XMLHTTP");
        } catch (e){}
      }
    }
    if (!xmlHttp){ // 异常，创建对象实例失败
      window.alert("不能创建 XMLHttpRequest 对象实例.");
      return false;
    }
}
function LoginRequest(username,pwd,status,codetext){
  var path="KeyanLogin.do?role="+status;
  document.getElementById("message").innerHTML=waitPic;
  var url=path+"&time="+new Date().getTime();
```

```
  var QueryString=
    "username="+username+"&pwd="+pwd+"&codetext="+codetext;
  createXMLHttpRequest();
  xmlHttp.open("POST", url, true);
  xmlHttp.onreadystatechange = LoginResponse;
  xmlHttp.setRequestHeader("Content-Type",
    "application/x-www-form-urlencoded;");
  xmlHttp.send(QueryString);
}
function LoginResponse(){
  if(xmlHttp.readyState == 4){
    if(xmlHttp.status == 200){
      var xmlDoc = xmlHttp.responseXML;
      var error=xmlDoc.getElementsByTagName(
        "error").item(0).firstChild.nodeValue;
      var errorText=xmlDoc.getElementsByTagName(
        "errorText").item(0).firstChild.nodeValue;
      var path=xmlDoc.getElementsByTagName(
        "path").item(0).firstChild.nodeValue;
      if(error==0){
        location.replace(path);
      }
      else {
        window.alert(errorText);
        changeCheckNum();
        document.getElementById("login").disabled=false;
        document.getElementById("redo").disabled=false;
        document.getElementById("message").innerHTML="";
        return ;
      }
    }
    else {
      alert("服务器异常!");
      document.getElementById("login").disabled=false;
      document.getElementById("redo").disabled=false;
      document.getElementById("rand").value="";
      document.getElementById("code").value="";
      document.getElementById("pass").value="";
    }
  }
  else {
    document.getElementById("message").innerHTML=waitPic;
  }
}

function LoginCheck(){
  document.getElementById("login").disabled=true;
  document.getElementById("redo").disabled=true;
  OnFocus();
  var code = document.getElementById("code").value;
  var pass = document.getElementById("pass").value;
  var role = document.getElementById(
    "role").options[document.getElementById(
    "role").options.selectedIndex].value;
  var rand = document.getElementById("rand").value;
  if(code==""){
```

```
    window.alert("请输入您的用户名! ");
    changeCheckNum();
    document.getElementById("login").disabled=false;
    document.getElementById("redo").disabled=false;
    document.getElementById("code").focus();
    return ;
  } else if(pass==""){
    window.alert("请输入您的密码!");
    changeCheckNum();
    document.getElementById("login").disabled=false;
    document.getElementById("redo").disabled=false;
    document.getElementById("pass").focus();
    return ;
  } else if(role==""){
    window.alert("请选择您的登录角色!");
    changeCheckNum();
    document.getElementById("login").disabled=false;
    document.getElementById("redo").disabled=false;
    document.getElementById("role").focus();
    return ;
  } else if(rand==""){
    window.alert("请输入验证码 !");
    changeCheckNum();
    document.getElementById("login").disabled=false;
    document.getElementById("redo").disabled=false;
    document.getElementById("rand").focus();
    return ;
  } else if(rand.length<4){
    window.alert("正确的验证码长度应等于 4 !");
    changeCheckNum();
    document.getElementById("login").disabled=false;
    document.getElementById("redo").disabled=false;
    document.getElementById("rand").select();
    return ;
  } else if(!isPwdAndUser(pass)){
    window.alert("密码的长度应为 6～15 位!由数字、字母和下划线组成!");
    changeCheckNum();
    document.getElementById("login").disabled=false;
    document.getElementById("redo").disabled=false;
    document.getElementById("pass").select();
    return ;
  } else {
    LoginRequest(code,pass,role,rand);
  }
  }
  function isPwdAndUser(s){
  var patrn=/^(\w){6,15}$/;
  if (!patrn.exec(s)){
    return false;
  }
  return true;
  }
  function OnFocus(){
  document.getElementById("message").innerHTML="";
  }
```

```
  function changeCheckNum()
  {
  var url="checkNum.jsp?time="+new Date().getTime();
  createXMLHttpRequest();
  document.getElementById("CNumber").innerHTML=xmlImage;
  xmlHttp.open("GET", url, true);
    xmlHttp.onreadystatechange = parseCheckNum;
    xmlHttp.send(null);
  }
  function parseCheckNum()
  {
  if(xmlHttp.readyState == 4){
    if(xmlHttp.status == 200){
            xmlDoc = xmlHttp.responseText;
            document.getElementById("CNumber").innerHTML=xmlDoc;
        }
    }
}
```

程序说明：该程序为异步处理程序的 JavaScript。

createXMLHttpRequest()方法为创建异步处理对象 xmlHttp 的方法；LoginCheck()方法为验证用户身份入口的方法；LoginRequest(username,pwd,status,codetext)方法为发送给后台 Servlet 请求的方法，该方法通过

```
-----------------------------------------------
xmlHttp.open("POST", url, true);
xmlHttp.onreadystatechange = LoginResponse;
xmlHttp.setRequestHeader("Content-Type",
"application/x-www-form-urlencoded;");
xmlHttp.send(QueryString);
```

以上几行代码来请求异步处理对象发送请求；LoginResponse()方法为异步处理响应结果处理的方法；changeCheckNum()方法为请求更换验证码的方法；parseCheckNum()方法为验证码请求结果响应处理的方法。

程序 2-19 为用户身份验证异步处理的响应程序。

程序 2-19 KeyanLogin.java

```
-----------------------------------------------
package loginCheck;
/*
 * 登录验证
 */
import java.io.*;
import java.sql.ResultSet;
import java.sql.SQLException;
import java.sql.Timestamp;
import java.text.SimpleDateFormat;
import java.util.Date;
import javax.servlet.ServletException;
import javax.servlet.http.HttpServlet;
import javax.servlet.http.HttpServletRequest;
```

```
import javax.servlet.http.HttpServletResponse;
import javax.servlet.http.HttpSession;
import DB.DBManager;
import kyBean.*;
import encrypt.Md5;

public class KeyanLogin extends HttpServlet {
private static final long serialVersionUID = 1L;
private String path = null;
private String error = null;
private String errorText = null;
private StringBuffer xml=null;
private Md5 md5=null;
private DBManager db=null;
private String sql=null;
private ResultSet res=null;
private Date date=null;
private String nowTime=null;
private Timestamp newLTime=null;
  private Proposer proposer=null;
  private Uadmin uadmin=null;
  private Tadmin tadmin=null;
  private Experts experts=null;
  private String userName=null,password=null,rand=null,code=null;
  protected void doGet(HttpServletRequest request, HttpServletResponse
    response)throws ServletException, IOException {
  doPost(request, response);
  }
  protected void doPost(HttpServletRequest request, HttpServletResponse
     response)throws ServletException, IOException {
    String role=request.getParameter("role");
    if(role.equals("proposer"))//项目负责人登录
    {
      try {
        proposerLogin(request, response);
      } catch (SQLException e){
        e.printStackTrace();
      }
    }
  }
  /*
   * 项目负责人登录验证
   */
  private void proposerLogin(HttpServletRequest request,
      HttpServletResponse response)throws IOException, SQLException
  {
    request.setCharacterEncoding("gbk");
    xml = new StringBuffer();
    userName = request.getParameter("username");
    password = request.getParameter("pwd");
    rand=request.getParameter("codetext");
    md5=new Md5();
    db=new DBManager();
    HttpSession session=request.getSession();
    code = (String)request.getSession().getAttribute("rand");
    try {
```

```
if(code == null)//会话 id 为空
{
  error = "2";
  errorText = "验证码已过期,请点击刷新";
}
else if(code.equals(rand))//验证码相等
{
  sql="select appCode,appRealName,appPass,appLTime,appIsDel from
     ky_applicatorTable where appCode='"+userName+"'";
  res=db.getResult(sql);
  if(res.next())
  {//用户账号存在
    if(res.getString("appIsDel").equals("0"))//账号可用状态
    {
      if(md5.checkPWD(res.getString("appPass"), password))
         //用户密码正确
      {
        date=new Date();
        nowTime = new SimpleDateFormat("yyyy-MM-dd HH:mm:ss").
           format(date);
        newLTime = Timestamp.valueOf(nowTime);
        sql="update ky_applicatorTable set appLTime=
           '"+newLTime+"'where appCode='"+userName+"'";
           //更改用户上次登录的时间
        if(db.executeSql(sql)==1)//更新成功
        {
          proposer=new Proposer();
    proposer.setCode(res.getString("appCode"));//设置账号
    proposer.setName(res.getString("appRealName"));//设置用户名
proposer.setLastLogTime(res.getString("appLTime"));
   //设置上次登录的时间
error = "0";
errorText = "NO-Text";
path = "./proposer/proposer.jsp";
request.getSession().setAttribute("proposer", proposer);
        }
        else //更新失败
        {
          error = "6";
          errorText = "数据内部发生错误，请检查!!";
        }
      }
      else //用户密码错误
      {
        error = "3";
        errorText = "用户密码不正确，请检查!!";
      }
    }
    else //账号禁用状态
    {
      error = "4";
      errorText = "用户账号被禁用，请联系管理员!";
    }
```

```
            }
            else//用户账号不存在
            {
              error = "5";
              errorText = "用户账号不存在，请检查!!";
            }
            res.close();
          }
          else
          {//验证码错误
            error = "1";
            errorText = "验证码错误,请检查!";
          }
        } catch (Exception e){
          error = "7";
          errorText = "数据库异常,请检查!";
        }
        db.Release();//释放连接
        xml.append("<result>");
        xml.append("<path>" + path + "</path>");
        xml.append("<error>" + error + "</error>");
        xml.append("<errorText>" + errorText + "</errorText>");
        xml.append("</result>");
        sendResponse(response, xml.toString());
      }
      // 返回给 LoginCheck.JS 的状态信息
      private void sendResponse(HttpServletResponse response,
        String responseText)
          throws IOException {
        response.setContentType("text/xml");
        response.setCharacterEncoding("UTF-8");
        response.getWriter().write(responseText);
    }
    }
```

程序说明：该程序为用户身份验证的异步处理程序的响应程序，程序接收到 Ajax 的 POST 请求后，调用 doPost()方法，然后根据情况反馈 XML 程序。

反馈的 XML 程序格式如下。

```
------------------------------------------
<result>
  <path>path </path>
  <error>error </error>
  <errorText> errorText </errorText>
</result>
```

其中，path 为结果最终响应的路径，如“../proposer/proposer.jsp”；error 为是否出错，取值为 0 和 1；errorText 为错误内容提示，用于反馈后 JavaScript 显示提示信息。图 2-9 所示为出错后的提示，登录正常后，进入系统分配权限的后台页面，如图 2-10 所示。

该 Servlet 在 web.xml 中的 XML 代码配置如下。

```
----------------------------------------------
<servlet>
    <description></description>
    <display-name>KeyanLogin</display-name>
    <servlet-name>KeyanLogin</servlet-name>
    <servlet-class>loginCheck.KeyanLogin</servlet-class>
  </servlet>
  <servlet-mapping>
    <servlet-name>KeyanLogin</servlet-name>
    <url-pattern>/KeyanLogin.do</url-pattern>
  </servlet-mapping>
```

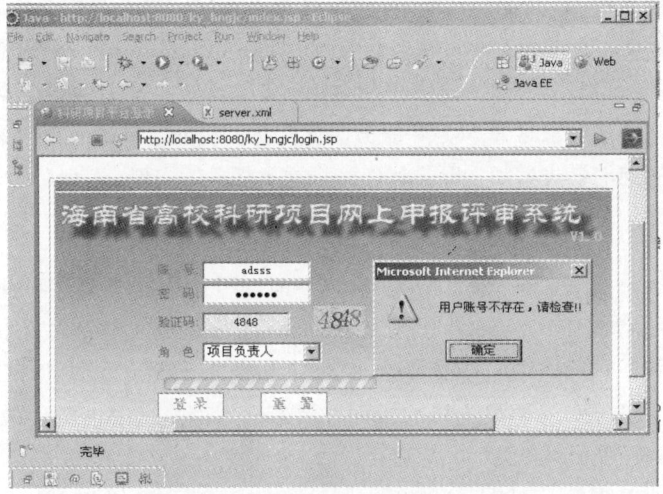

图 2-9 用户登录账号不存在时的提示

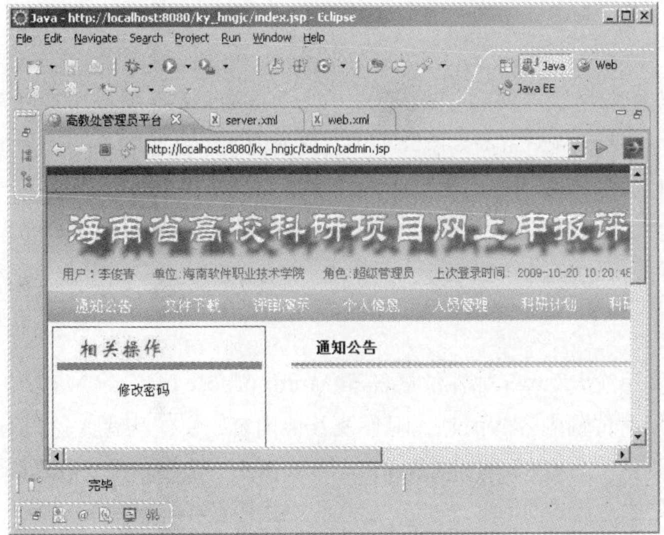

图 2-10 登录正常后的页面

2.6 邮件收发

JavaMail API 是一个用于阅读、编写和发送电子消息的可选包(标准扩展)，可以用来建立标准的邮件客户端程序，可以支持各种网络邮件协议。

1. SMTP

SMTP (Simple Mail Transfer Protocol，简单邮件传输协议)由 RFC 821 定义。它定义了发送电子邮件的机制。在 JavaMail API 环境中，基于 JavaMail 的程序将与您的公司或 Internet 服务供应商的(Internet Service Provider's，ISP's)SMTP 服务器通信。SMTP 服务器会中转消息给接收方 SMTP 服务器，以便最终让用户经由 POP 或 IMAP 获得。这不是要求 SMTP 服务器成为开放的中继，而是要求尽管 SMTP 服务器支持身份验证，但还是要确保它的配置正确。像配置服务器来中继消息或添加、删除邮件账号这类任务的实现，JavaMail API 中并不支持。

2. POP

POP(Post Office Protocol)代表邮局协议。目前使用的是版本 3，因此也称 POP3，RFC 1939 定义了这个协议。POP 是一种机制，Internet 上大多数人用它收发邮件，也规定每个用户支持一个邮箱。虽然这是它所能做的，但也造成了许多混淆。使用 POP 时，用户熟悉的许多性能并不是由 POP 协议支持的，如查看新邮件消息这一性能。这些性能内建于如 Eudora 或 Microsoft Outlook 之类的程序中，它们能记住一些事，诸如最近一次收到的邮件，还能计算出有多少是新的。因此，当使用 JavaMail API 时，如果想要以上这些信息，就必须自己计算。

3. IMAP

IMAP 是更高级的用于接收消息的协议。在 RFC 2060 中被定义，IMAP 代表 Internet 消息访问协议(Internet Message Access Protocol)，目前使用的是版本 4，因此也称 IMAP4。当使用 IMAP 时，邮件服务器必须支持这个协议。不能仅把使用 POP 的程序用于 IMAP，并期望它支持 IMAP 所有性能。假设邮件服务器支持 IMAP，基于 JavaMail API 的程序可以利用这种情况——用户在服务器上有多个文件夹(folder)，并且这些文件夹可以被多个用户共享。

4. MIME

MIME 代表多用途 Internet 邮件扩展标准(Multipurpose Internet Mail Extensions)。它不是邮件传输协议，但对传输内容的消息、附件及其他内容定义了格式。这里有许多不同的有效文档，如 RFC 822、RFC 2045、RFC 2046 和 RFC 2047。作为一个 JavaMail API 的用户，通常不必操心这些格式。无论如何，一定存在这些格式而且程序会用到它。

本节将介绍应用 JavaMail API 进行邮件收发的方法。

2.6.1 JavaMail API 下载与安装

收发邮件需要下载 JavaMail API 并加载到服务器后，才可以正常执行。JavaMail API 目前的版本为 JavaMail API 1.4.3。可以从如下地址下载：

http://java.sun.com/products/javamail/downloads/index.html

下载后，解压并找到 mail.jar 文件，将其复制到 Web 服务器安装目录下的 lib 文件夹中，如 Tomcat 5.5，安装位置为 common\lib\，如图 2-11 所示。重启 Tomcat，则可以支持邮件收发程序。

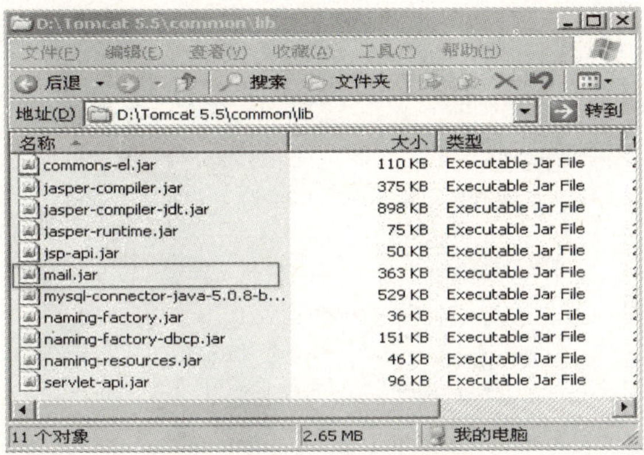

图 2-11 JavaMail API 安装目录

2.6.2 JavaMail API 邮件发送

本例主要实现在用户注册时发送欢迎信息的程序，如程序 2-20 所示。

程序 2-20 Auth.java

```
-----------------------------------------------
package mail;
import java.util.Properties;
import javax.mail.Authenticator;
import javax.mail.PasswordAuthentication;

public class Auth extends Authenticator {
private String username = "";
private String password = "";
public Auth(String username, String password){
    this.username = username;
    this.password = password;
}
protected  PasswordAuthentication getPasswordAuthentication(){
    return new PasswordAuthentication(username, password);
}
}
```

程序说明：本程序用来验证 SMTP 服务器身份。程序继承了 Authenticator 类，它主要用来实现登录邮件服务器时的认证。它包含两个属性：username 和 password，分别用来存储认证时所需的用户名和密码信息。程序重写了 Authenticator 类的 getPasswordAuthentication() 方法，该方法返回 PasswordAuthentication 对象，此对象包含通过 STMP 服务器身份验证所需的用户名和密码，供认证时 session 调用。

程序 2-21 为邮件发送一个通用类的程序。

程序 2-21　SendMail.java

```
-------------------------------------------
package mail;

import java.util.Properties;
import javax.mail.Message;
import javax.mail.Session;
import javax.mail.Transport;
import javax.mail.internet.InternetAddress;
import javax.mail.internet.MimeMessage;

public class SendMail {

  private Properties props;// 系统属性
  private Session mailSession;// 邮件会话对象
  private MimeMessage mimeMsg; // MIME 邮件对象

  public SendMail(String SMTPHost, String Port, String MailUsername,
     String MailPassword){
    Auth au = new Auth(MailUsername, MailPassword);
    // 设置系统属性
    props = java.lang.System.getProperties(); // 获得系统属性对象
    props.put("mail.smtp.host", SMTPHost); // 设置 SMTP 主机
    props.put("mail.smtp.port", Port); // 设置服务端口号
    props.put("mail.smtp.auth", "true");// 同时通过验证
    // 获得邮件会话对象
    mailSession = Session.getInstance(props, au);
  }

  public boolean sendingMimeMail(String MailFrom, String MailTo,
      String MailCopyTo, String MailBCopyTo, String MailSubject,
      String MailBody){
    try {
      // 创建 MIME 邮件对象
      mimeMsg = new MimeMessage(mailSession);
      // 设置发信人
      mimeMsg.setFrom(new InternetAddress(MailFrom));
      // 设置收信人
      if (MailTo != null){
        mimeMsg.setRecipients(Message.RecipientType.TO,
          InternetAddress
            .parse(MailTo));
```

```
        }
        // 设置抄送人
        if (MailCopyTo != null){
          mimeMsg.setRecipients(javax.mail.Message.RecipientType.CC,
              InternetAddress.parse(MailCopyTo));
        }
        // 设置暗送人
        if (MailBCopyTo != null){
          mimeMsg.setRecipients(javax.mail.Message.RecipientType.BCC,
              InternetAddress.parse(MailBCopyTo));
        }
        // 设置邮件主题
        mimeMsg.setSubject(MailSubject, "gb2312");
        // 设置邮件内容，将邮件 body 部分转化为 HTML 格式
        mimeMsg.setContent(MailBody, "text/html;charset=gb2312");
        // 发送邮件
        Transport.send(mimeMsg);
        return true;
      } catch (Exception e){
        e.printStackTrace();
        return false;
      }
    }
  }
```

程序说明：该程序为邮件发送一个通用类的程序，其中 SendMail 构造方法实现对发送邮件身份的认证，获得 Session 对象。该方法中的 SMTPHost、Port、MailUsername、MailPassword 分别为使用的 SMTP 服务器、服务器的 smtp 端口、用户名和密码。sendingMimeMail()方法为发送邮件的方法，在该方法需要传入的参数中，MailFrom 为发件人电子信箱，MailTo 为收件人电子信箱，MailCopyTo 为抄送人电子信箱，MailBCopyTo 为暗送人电子信箱，MailSubject 为发送邮件主题，MailBody 为发送邮件正文。如果 sendingMimeMail()返回 boolean 类型，则表示是否发送成功。发送邮件时先调用构造方法 SendMail()创建邮件发送对象，然后调用 sendingMimeMail()方法发送。

程序 2-22 为用户注册过程中的一个注册页面。

程序 2-22　reg.html

```
----------------------------------------------
<!DOCTYPE html PUBLIC "-//W3C//DTD XHTML 1.0 Transitional//EN"
  "http://www.w3.org/TR/xhtml1/DTD/xhtml1-transitional.dtd">
<html xmlns="http://www.w3.org/1999/xhtml">
<head>
<meta http-equiv="Content-Type" content="text/html; charset=gb2312" />
<title>注册测试</title>
</head>

<body>
<form id="form1" name="form1" method="post" action="../Reg">
  <p>注册为发送欢迎邮件测试  </p>
```

```
    <p>姓名:
      <input name="username" type="text" id="username" />
    </p>
    <p>E-mail:
      <input name="email" type="text" id="email" />
    </p>
    <p>
      <input type="submit" name="Submit" value="提交" />
      </p>
  </form>
  </body>
  </html>
```

程序说明：本程序主要为表单收集用户注册相关信息。程序运行如图 2-12 所示。

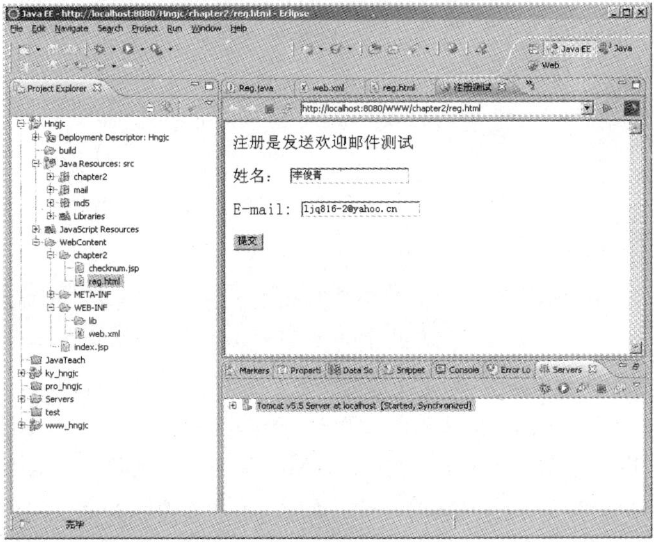

图 2-12 用户注册页面

程序 2-23 为注册程序的 Servlet。

程序 2-23 Reg.java

```
---------------------------------------------
package chapter2;

import java.io.IOException;
import java.io.PrintWriter;
import javax.servlet.ServletConfig;
import javax.servlet.ServletException;
import javax.servlet.http.HttpServlet;
import javax.servlet.http.HttpServletRequest;
import javax.servlet.http.HttpServletResponse;
import mail.SendMail;

public class Reg extends HttpServlet {
  private ServletConfig Servletconf;
```

```
private String username;
private String email;
private String msg;
public void init(ServletConfig config)throws ServletException {
  super.init(config);
  this.Servletconf=config;
}
   /**
 * @see HttpServlet#doPost(HttpServletRequest request
    HttpServletResponse response)
 */
protected void doPost(HttpServletRequest request, HttpServletResponse
   response)throws ServletException, IOException {
  // TODO Auto-generated method stub
  request.setCharacterEncoding("gb2312");
  username=request.getParameter("username");
  email=request.getParameter("email");
  /*
   * ……
   *
   * 省略注册并写入数据库部分
   * ……
   *
   */

  /*
   *
   * 注册成功，发送欢迎邮件
   *
   */
  if(sendmail(email,username))
  {
    msg="邮件发送成功";
  }
  else
  {
    msg="邮件发送失败";

  }
  toResponse(response,msg);
}

private boolean sendmail(String mailto,String username){
  String MailTo=mailto;
  String MailSubject="Westlake International - Application Received";
  String MailBCopyTo="";
  String MailCopyTo="";
  String MailBody="<p><img alt=\"westlakelogo\" src=
      \"http://www.expertsonchina.com/images/top.gif\" border=
      \"0\" /></p>"
  +"<p>亲爱的 "+username+",<br />" +
       "<br />" +
       "  欢迎您，您已经注册成功。</p>" +
       "  <p>We'd like to thank you for your interest in our expert
          network business. We appreciate you taking time to apply for
```

```
            membership in our   expert community.</p>" +
         "  <p>To ensure the integrity and quality of our network, we seek
            to verify the   credentials of our experts. We hope that you
            understand it. We will send you a   confirmation email
            shortly.</p>" +
         "  <p>Best regards,<br />" +
         "    <br />  Westlake International Team </p>  <p> </p>";
    String SMTPHost = Servletconf.getInitParameter("smtphost");
    String Port=Servletconf.getInitParameter("port");
    String MailUsername = Servletconf.getInitParameter("mailusername");
    String MailPassword = Servletconf.getInitParameter("mailpassword");
    String MailFrom = Servletconf.getInitParameter("mailfrom");

    if(SMTPHost==null||SMTPHost==""||MailUsername== null||
       MailUsername==""||MailPassword==null||MailPassword==
       ""||MailFrom==null||MailFrom=="")
    {
      System.out.println("Servlet parameter Wrongs");
    }
    SendMail send=new SendMail(
       SMTPHost,Port,MailUsername,MailPassword);
    if(send.sendingMimeMail(MailFrom, MailTo, MailCopyTo, MailBCopyTo,
        MailSubject, MailBody)){
      return true;
    }
    else
    {
      return false;
    }
  }
  private void toResponse(HttpServletResponse response,
    String toString)throws IOException
  {
    response.setCharacterEncoding("gb2312");
    PrintWriter out=response.getWriter();
    out.println(toString);
  }
  }
```

程序说明：该程序的主要功能为获取用户提交的注册信息，将信息写入数据库，并发送欢迎邮件到用户信箱。程序中对注册写入数据库部分代码省略，主要实现发送邮件部分。init()方法为 Servlet 的初始化方法，此处是要获取 ServletConfig 对象，并将其赋值给 Servletconf，再通过 Servletconf.getInitParameter()方法从 web.xml 配置文件中获取变量。该发送邮件部分使用邮件服务器信息全部写入 web.xml 中，本 Servlet 在 web.xml 中的配置代码如下。

```
--------------------------------------------
<servlet>
   <description>Reg</description>
   <display-name>Reg</display-name>
   <servlet-name>Reg</servlet-name>
   <servlet-class>chapter2.Reg</servlet-class>
   <init-param>
     <description>SMTP Host</description>
     <param-name>smtphost</param-name>
```

```
      <param-value>stmt3.hnspi.net </param-value>
    </init-param>
    <init-param>
      <description>Mail Port</description>
      <param-name>port</param-name>
      <param-value>25</param-value>
    </init-param>
    <init-param>
      <description>Mail Host Username</description>
      <param-name>mailusername</param-name>
      <param-value>webmaster</param-value>
    </init-param>
    <init-param>
      <description>Mail Host Password</description>
      <param-name>mailpassword</param-name>
      <param-value>52xsfrfx</param-value>
    </init-param>
    <init-param>
      <description>Mail From</description>
      <param-name>mailfrom</param-name>
      <param-value>webmaster@hnspi.net</param-value>
    </init-param>
</servlet>
<servlet-mapping>
    <servlet-name>Reg</servlet-name>
    <url-pattern>/Reg</url-pattern>
  </servlet-mapping>
```

在此处定义了邮件发送服务器的相关信息。

邮件 SMTP 服务器：stmt3.hnspi.net。

服务器监听端口：25。

登录邮件服务器用户名：webmaster。

密码：52xsfrfx。

邮件发送人信箱：webmaster@hnspi.net。

sendmail()方法为发送邮件的方法。在该方法中，设置了邮件的主题 MailSubject、邮件的正文 MailBody，并调用 Servletconf.getInitParameter()方法获取 web.xml 中定义邮件发送的服务器信息，即

```
---------------------------------------------
String SMTPHost = Servletconf.getInitParameter("smtphost");
String Port=Servletconf.getInitParameter("port");
String MailUsername = Servletconf.getInitParameter("mailusername");
String MailPassword = Servletconf.getInitParameter("mailpassword");
String MailFrom = Servletconf.getInitParameter("mailfrom");
```

然后创建 SendMail 对象，并调用 sendingMimeMail()方法发送邮件。

程序运行效果如图 2-13 所示，在图 2-12 中的信息注册成功后，ljq816-2@yahoo.cn 则会收到邮件，效果如图 2-14 所示，为收到的注册成功后的欢迎邮件。

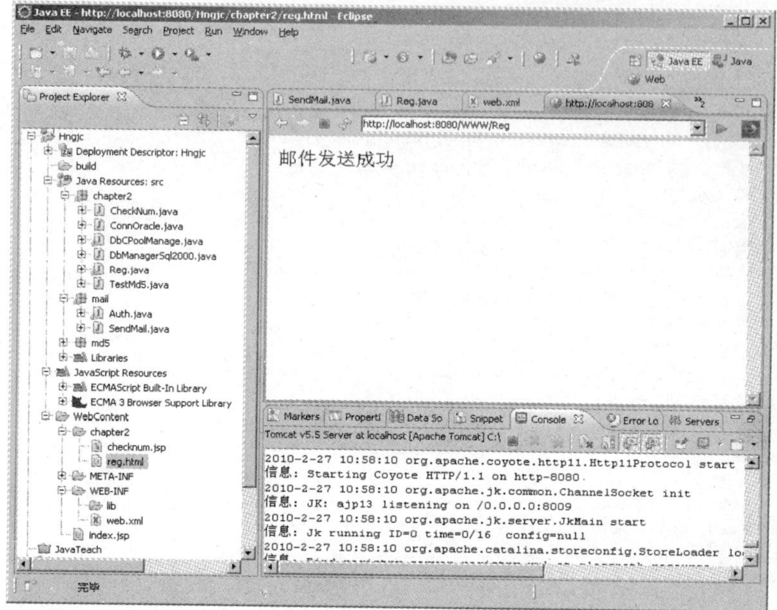

图 2-13　注册提交后的处理程序运行效果

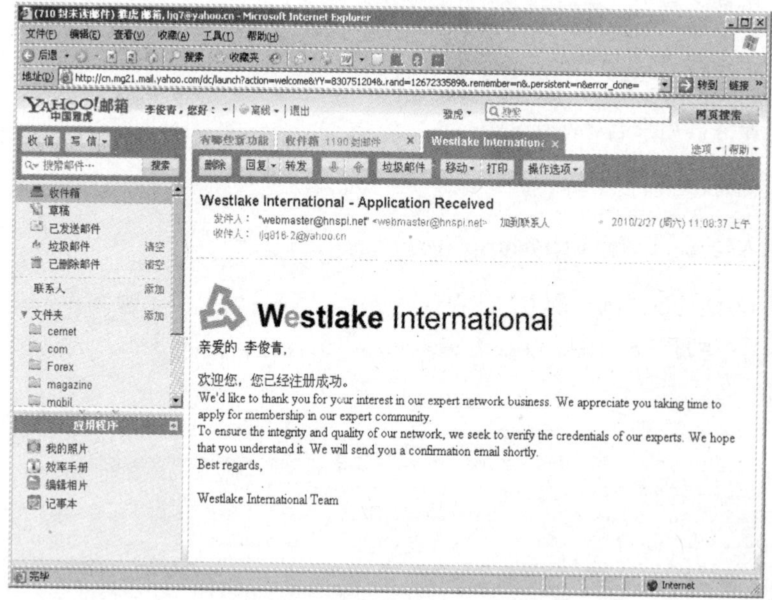

图 2-14　收到的邮件

2.7 Web 在线编辑器的使用

2.7.1 Web 在线编辑器简介

在线编辑器是指用于在线编辑的工具，编辑的内容是基于 HTML 的文档。Web 在线编辑器可用于在线编辑 HTML 的文档，因此，它经常被用于留言板留言、论坛发帖、Blog 编写日志、文章发布等需要用户输入普通 HTML 的地方。

目前 Web 在线编辑器有很多，比较常用的有如下几个。

1. FCKeditor

这是免费、开源、用户量庞大的在线编辑器，有良好的社区支持。

2. TinyMCE

这是免费、开源、轻量的在线编辑器，基于 JavaScript，高度可定制、跨平台。

3. YUI Editor

这是 Yahoo! YUI 的一部分，能输出纯净的 XHTML 代码。

4. eWebEditor

这是国产商业化的编辑器，不免费，功能丰富。

5. Free Rich Text Editor

这是非常容易部署的在线编辑器，输出 XHTML 代码，功能丰富。

2.7.2 CKeditor 在线编辑器的配置与使用

FCKeditor 创建于 2003 年，2009 年更名为 CKEditor，是目前市场使用非常广泛的一个在线编辑器。

官方网站：http://ckeditor.com。

官方下载地址：http://ckeditor.com/download。

CKEditor 目前的版本是 CKEditor 3.6.1，支持 Java 的版本为 ckeditor-java-core-3.5.3，最新更新时间为 2011 年 6 月 17 日。

CKEditor 运行效果如图 2-15 所示。

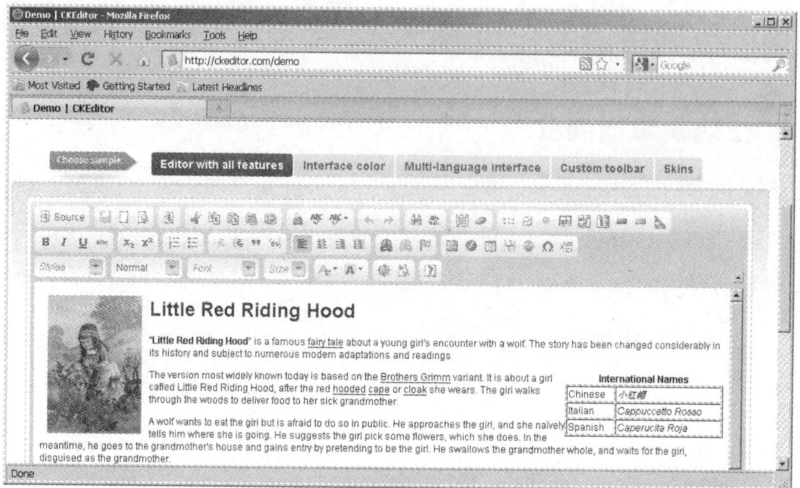

图 2-15 CKEditor 3.6.1 运行效果

本节实例实现在 JSP 页面表单中使用 CKeditor 在线编辑器，主要步骤如下。

(1) 在官方网站下载 CKeditor3.6.1，解压后将 ckeditor 目录复制到需要使用的编辑器的站点下面，如图 2-16 所示。

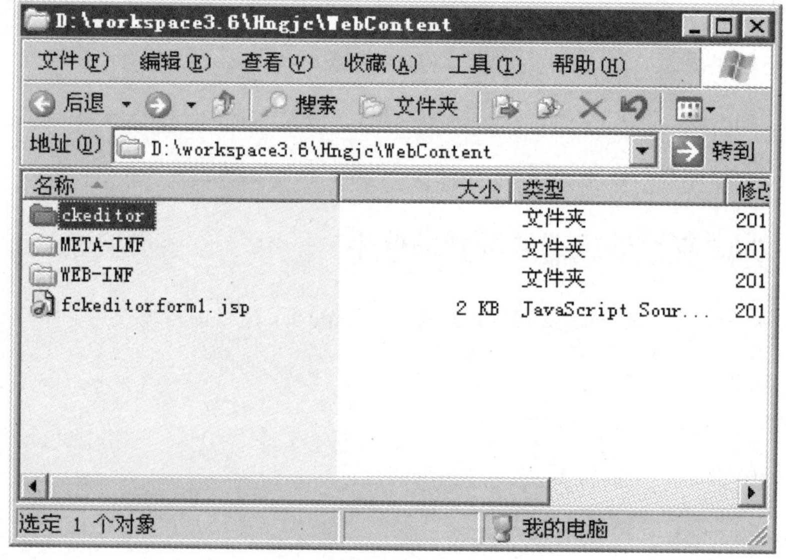

图 2-16 CKeditor 文件夹

(2) 将 CKeditor 使用到的 ckeditor-java-core-3.5.3.jar 复制到站点的 WEB-INF/lib 目录下。

至此，CKeditor 已经配置完成，在站点下就可以使用它了。

下面介绍在 JSP 程序中如何调用在线编辑器，如程序 2-24 所示。程序使用定义的 JSP 标记指令<ckeditor:editor />调用 ckeditor 在线编辑器。

程序 2-24 fckeditorform1.jsp

```
--------------------------------------------------
<%@ page contentType="text/html; charset=gb2312" language="java"
 import="java.sql.*" errorPage="" %>
<%@ taglib uri="http://ckeditor.com" prefix="ckeditor" %>
<%@page import="com.ckeditor.CKEditorConfig"%>
<%@page import="java.util.ArrayList"%>
<%@page import="java.util.List"%>
<%@page import="java.util.HashMap"%>
<%@page import="java.util.Map"%>
<!DOCTYPE html PUBLIC "-//W3C//DTD XHTML 1.0 Transitional//EN"
  "http://www.w3.org/TR/xhtml1/DTD/xhtml1-transitional.dtd">
<html xmlns="http://www.w3.org/1999/xhtml">
<head>
<meta http-equiv="Content-Type" content="text/html; charset=gb2312" />
<title>Fckedtor 测试</title>
</head>
<body>
<form id="form1" name="form1" method="post" action="fckeditorpost.jsp">
  文章标题:
    <input name="title" type="text" id="title" size="60" />
  <br />
  文章正文:
  <%         String value = "Ckeditor 测试";
             Map<String, String> attr = new HashMap<String, String>();
             attr.put("rows", "8");
             attr.put("cols", "50");
             CKEditorConfig settings = new CKEditorConfig();
             settings.addConfigValue("width", "850");
             //settings.addConfigValue("toolbar", "Basic");
        %>
        <ckeditor:editor textareaAttributes="<%=attr %>"
            basePath="ckeditor/" config="<%=settings %>"
            editor="ArtContent" value="<%= value %>"/>
    <input type="submit" name="Submit" value="提交" />
</form>
</body>
</html>
```

程序说明：该程序是一个使用了 JSP 标记调用在线编辑器的表单，程序中使用如下代码调用在线编辑器。

```
--------------------------------------------------
<ckeditor:editor textareaAttributes="<%=attr %>"
basePath="ckeditor/" config="<%=settings %>"
editor="ArtContent" value="<%= value %>"/>
```

其中，textareaAttributes 用于设置编辑器的属性，该属性可以指定显示在线编辑器的行数、列数；basePath 属性用于设置编辑器的位置；config 为编辑器的配置信息，可以用 CKEditorConfig

类定义；editor 为编辑器的名称，表示表单元素名，其后可以通过该属性值来获得内容；value 属性表示表单文本区的默认值。

程序运行效果如图 2-17 所示。

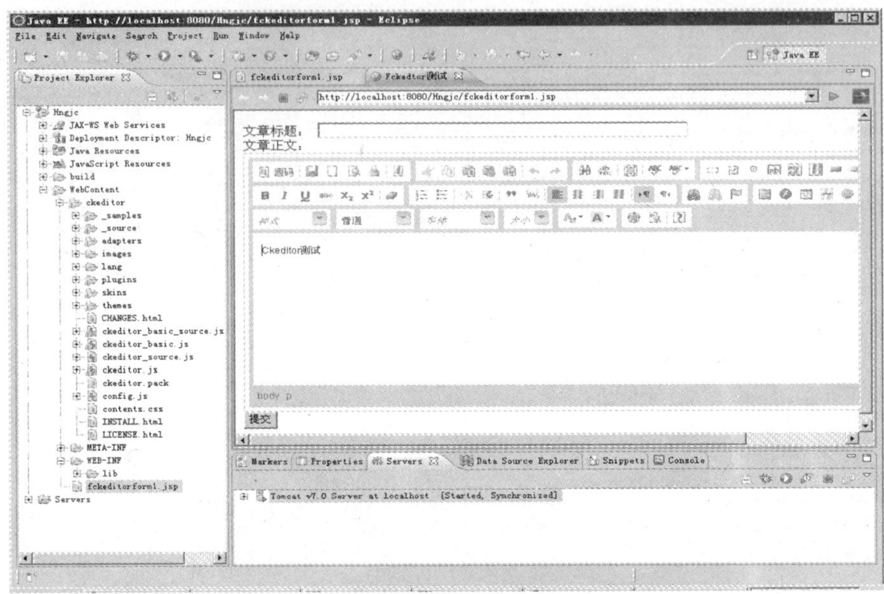

图 2-17　使用 CKeditor 在线编辑器的表单

2.8 在 Web 应用中实现文件上传

2.8.1 JspSmartUpload 组件简介

JspSmartUpload 是一个可免费使用的全功能的文件上传、下载组件，适于嵌入执行上传、下载操作的 JSP 文件中。该组件有以下几个特点。

- 使用简单、方便。在 JSP 文件中仅书写 3～5 行 Java 代码就可以实现文件的上传或下载。
- 能全程控制上传。利用 JspSmartUpload 组件提供的对象及其操作方法，可以获得全部上传文件的信息(包括文件名、大小、类型、扩展名、文件数据等)，方便存取。
- 能对上传的文件在大小、类型等方面进行限制。这样可以滤掉不符合要求的文件。
- 下载灵活。仅写 2 行代码，就能把 Web 服务器变成文件服务器。不管文件在 Web 服务器的目录下或在其他任何目录下，都可以利用 JspSmartUpload 进行下载。

JspSmartUpload 可以从网上下载。下载后，得到 jspsmartupload.jar 文件，将此文件放置于需要使用该组件的站点的 WEB/INF/lib/目录下，重新启动服务器就可以使用。

JspSmartUpload 组件的相关类和方法如图 2-18 所示，下面将对主要类和方法进行简单介绍。

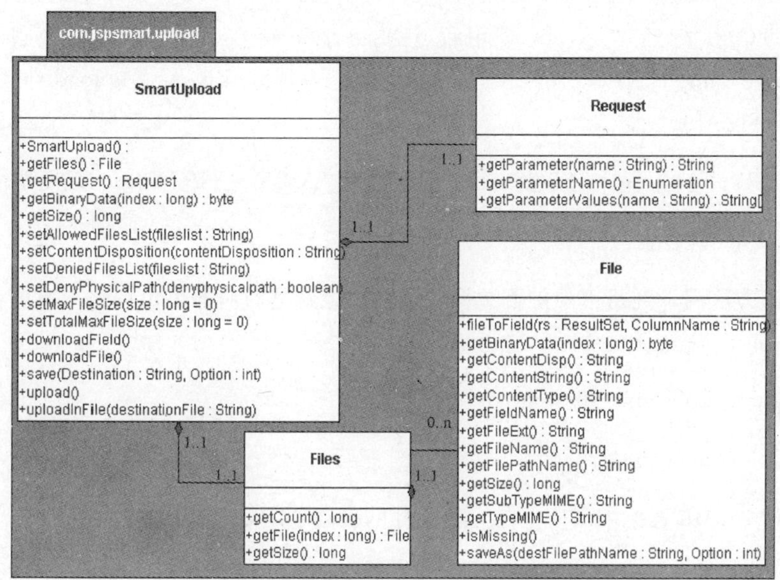

图 2-18 JspSmartUpload 相关方法

(1) File 类。

该类封装了一个上传文件的所有信息。通过它，可以得到上传文件的文件名、文件大小、扩展名、文件数据等信息。

File 类主要提供以下方法。

① saveAs()方法。

作用：将文件换名另存。

原型：public void saveAs(java.lang.String destFilePathName)，或者 public void saveAs(java.lang.String destFilePathName, int optionSaveAs)。

其中，destFilePathName 是另存的文件名，optionSaveAs 是另存的选项，该选项有 3 个值，分别为 SAVEAS_PHYSICAL、SAVEAS_VIRTUAL 和 SAVEAS_AUTO。SAVEAS_PHYSICAL 表明以操作系统的根目录为文件根目录另存文件；SAVEAS_ VIRTUAL 表明以 Web 应用程序的根目录为文件根目录另存文件；SAVEAS_AUTO 则表示让组件决定，当 Web 应用程序的根目录存在另存文件的目录时，它会选择 SAVEAS_VIRTUAL，否则会选择 SAVEAS_PHYSICAL。

例如，saveAs("/upload/sample.zip"，SAVEAS_PHYSICAL)执行后若 Web 服务器安装在 C 盘，则另存的文件名实际是 C:\upload\sample.zip 。而 saveAs("/upload/sample.zip"，SAVEAS_VIRTUAL)执行后若 Web 应用程序的根目录是 webapps/jspsmartupload，则另存的文件名实际是 webapps/jspsmartupload/upload/sample.zip。saveAs("/upload/sample. zip"，SAVEAS_AUTO)执行后若 Web 应用程序根目录下存在 upload 目录，则其效果同 saveAs("/upload/sample.zip"，SAVEAS_VIRTUAL)，否则同 saveAs("/upload/sample. zip"，SAVEAS_PHYSICAL)。

建议：对 Web 应用程序的开发来说，最好使用 SAVEAS_VIRTUAL，以便移植。

② isMissing()方法。

作用：该方法用于判断用户是否选择了文件，也就是对应的表单项是否有值。选择文件时，它返回 false；未选择文件时，它返回 true。

原型：public boolean isMissing()。

③ getFieldName()方法。

作用：取 HTML 表单中对应于此上传文件的表单项的名字。

原型：public String getFieldName()。

④ getFileName()方法。

作用：取文件名(不含目录信息)。

原型：public String getFileName()。

⑤ getFilePathName()方法。

作用：取文件全名(带目录)。

原型：public String getFilePathName()。

⑥ getFileExt()方法。

作用：取文件扩展名(后缀)。

原型：public String getFileExt()。

⑦ getSize()方法。

作用：取文件长度(以字节计)。

原型：public int getSize()。

⑧ getBinaryData()方法。

作用：取文件数据中指定位移处的 1 个字节，用于检测文件等处理。

原型：public byte getBinaryData(int index)。其中，index 表示位移，其值在 0 到 getSize()−1 之间。

(2) Files 类。

该类表示所有上传文件的集合，通过它可以得到上传文件的数目、大小等信息。

Files 类主要提供以下方法。

① getCount()方法。

作用：取得上传文件的数目。

原型：public int getCount()。

② getFile()方法。

作用：取得指定位移处的文件对象 File(是 com.jspsmart.upload.File，而不是 java.io.File，要注意区分)。

原型：public File getFile(int index)。其中，index 为指定位移，其值在 0 到 getCount()−1 之间。

③ getSize()方法。

作用：取得上传文件的总长度，可用于限制一次性上传的数据量大小。

原型：public long getSize()。

④ getCollection()方法。

作用：将所有上传文件对象以 Collection 的形式返回，以便其他应用程序引用，浏览上传文件信息。

原型：public Collection getCollection()。

⑤ getEnumeration()方法。

作用：将所有上传文件对象以 Enumeration(枚举)的形式返回，以便其他应用程序浏览上传文件信息。

原型：public Enumeration getEnumeration()。

(3) Request 类。

这个类的功能等同于 JSP 内置的对象 request。这里之所以提供这个类，是因为对于文件上传表单，通过 request 对象无法获得表单项的值，即必须通过 JspSmartUpload 组件提供的 Request 对象来获取。

Request 类主要提供以下方法。

① getParameter()方法。

作用：获取指定参数之值。当参数不存在时，返回值为 null。

原型：public String getParameter(String name)。其中，name 为参数的名字。

② getParameterValues()方法。

作用：当一个参数可以有多个值时，用此方法来取其值。它返回的是 1 个字符串数组。当参数不存在时，返回值为 null。

原型：public String[] getParameterValues(String name)。其中，name 为参数的名字。

③ getParameterNames()方法。

作用：获取 Request 对象中所有参数的名字，用于遍历所有参数。它返回的是一个枚举型的对象。

原型：public Enumeration getParameterNames()。

(4) SmartUpload 类。

该类完成上传、下载工作。

① 上传与下载共用的方法只有一个，即 initialize()方法。

作用：执行上传、下载的初始化工作，必须第一个执行。

原型：有多个，主要使用：public final void initialize(javax.servlet.jsp.PageContext pageContext)。其中，pageContext 为 JSP 页面内置对象(页面上下文)。

② 上传文件使用的方法如下。

- upload()方法。

作用：上传文件数据。对于上传操作，第一步执行 initialize()方法，第二步执行 upload()方法。

原型：public void upload()。

- save()方法。

作用：将全部上传文件保存到指定目录下，并返回保存的文件个数。

原型：public int save(String destPathName)和 public int save(String destPathName,int option)。

其中，destPathName 为文件保存目录，option 为保存选项，它有三个值，分别为 SAVE_PHYSICAL、SAVE_VIRTUAL 和 SAVE_AUTO(同 File 类的 saveAs()方法的选项之值类似)。SAVE_PHYSICAL 指示组件将文件保存到以操作系统根目录为文件根目录的目录下，SAVE_VIRTUAL 指示组件将文件保存到以 Web 应用程序根目录为文件根目录的目录下，而 SAVE_AUTO 则表示由组件自动选择。

注：save(destPathName)作用等同于 save(destPathName，SAVE_AUTO)的作用。

- getSize()方法。

作用：获取上传文件数据的总长度。

原型：public int getSize()。

- getFiles()方法。

作用：获取全部上传文件，以 Files 对象形式返回，可以利用 Files 类的操作方法来获得上传文件的数目等信息。

原型：public Files getFiles()。

- getRequest()方法。

作用：获取 Request 对象，以便由此对象获得上传表单参数之值。

原型：public Request getRequest()。

- setAllowedFilesList()方法。

作用：设定允许上传带有指定扩展名的文件，当上传过程中有文件名不允许时，组件将抛出异常。

原型：public void setAllowedFilesList(String allowedFilesList)。

其中，allowedFilesList 为允许上传的文件扩展名列表，各个扩展名之间以逗号分隔。如果想上传那些没有扩展名的文件，可以用两个逗号表示。例如，setAllowedFilesList ("doc,txt,,")将允许上传带 doc 和 txt 扩展名的文件，以及没有扩展名的文件。

- setDeniedFilesList()方法。

作用：用于限制上传那些带有指定扩展名的文件。若有文件扩展名被限制，则上传时组件将抛出异常。

原型：public void setDeniedFilesList(String deniedFilesList)。

其中，deniedFilesList 为禁止上传的文件扩展名列表，各个扩展名之间以逗号分隔。如果想禁止上传那些没有扩展名的文件，则可以用两个逗号来表示。例如，setDeniedFilesList("exe,bat,,")将禁止上传带 exe 和 bat 扩展名的文件，以及没有扩展名的文件。

- setMaxFileSize()方法。

作用：设定每个文件允许上传的最大长度。

原型：public void setMaxFileSize(long maxFileSize)。

其中，maxFileSize 为每个文件允许上传的最大长度，文件超出此长度将不被上传。

- setTotalMaxFileSize()方法。

作用：设定允许上传的文件的总长度，用于限制一次性上传的数据量大小。

原型：public void setTotalMaxFileSize(long totalMaxFileSize)。

其中，totalMaxFileSize 为允许上传的文件的总长度。

③ 下载文件常用的方法如下。

- setContentDisposition()方法。

作用：将数据追加到 MIME 文件头的 CONTENT-DISPOSITION 域。JspSmartUpload 组件会在返回下载信息时自动填写 MIME 文件头的 CONTENT-DISPOSITION 域，如果用户需要添加额外信息，请用此方法。

原型：public void setContentDisposition(String contentDisposition)。

其中，contentDisposition 为要添加的数据。如果 contentDisposition 为 null，则组件将自动添加“attachment;”，以表明将下载的文件作为附件，IE 浏览器就会提示另存文件，而不是自动打开这个文件(IE 浏览器一般根据下载的文件扩展名决定执行什么操作，扩展名为.doc 的文件将用 Word 程序打开，扩展名为.pdf 的文件将用 Acrobat 程序打开等)。

- downloadFile()方法。

作用：下载文件。

原型：共有以下三个原型可用，第一个最常用，后两个用于特殊情况下的文件下载(如更改内容类型，更改另存的文件名)。

public void downloadFile(String sourceFilePathName)

其中，sourceFilePathName 为要下载的文件名(带目录的文件全名)。

public void downloadFile(String sourceFilePathName,String contentType)

其中，sourceFilePathName 为要下载的文件名(带目录的文件全名)，contentType 为内容类型(MIME 格式的文件类型信息，可被浏览器识别)。

public void downloadFile(String sourceFilePathName,String contentType , String destFileName)

其中，sourceFilePathName 为要下载的文件名(带目录的文件全名)，contentType 为内容类型(MIME 格式的文件类型信息，可被浏览器识别)，destFileName 为下载后默认的另存文件名。

2.8.2 利用 JspSmartUpload 组件上传

文件上传的表单如程序 2-25 所示。

程序 2-25 uploadform.jsp

```
---------------------------------------------
<%@ page contentType="text/html; charset=gb2312" language=
  "java" import="java.sql.*" errorPage="" %>
<!DOCTYPE html PUBLIC "-//W3C//DTD XHTML 1.0 Transitional//EN"
  "http://www.w3.org/TR/xhtml1/DTD/xhtml1-transitional.dtd">
<html xmlns="http://www.w3.org/1999/xhtml">
<head>
<meta http-equiv="Content-Type" content="text/html; charset=gb2312" />
<title>文件上传</title>
</head>
<body>
<form action="upload.jsp" method="post" enctype="multipart/form-data"
  name="form1" id="form1">
  说明：
  <input name="intro" type="text" id="intro" size="50" />
  <p>
    文件：
      <input name="file" type="file" size="60" />
  </p>
  <p>
    <input type="submit" name="Submit" value="提交" />
  </p>
</form>
</body>
</html>
```

程序说明：该程序为文件上传的表单程序，表单元素分别为文件域和一个文本框，以提交文件上传的同时获取文本框的内容。

文本框：intro

文件域：file

表单提交目标：upload.jsp

上传表单程序运行后的结果如图 2-19 所示。

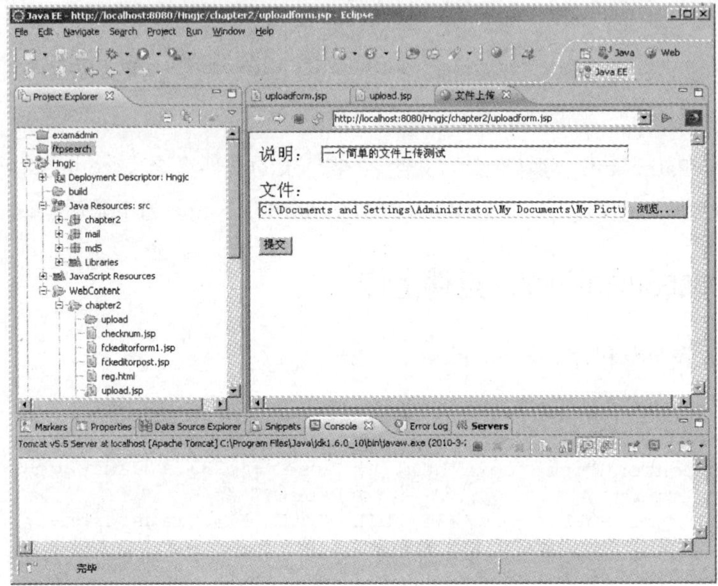

图 2-19 上传提交表单

上传文件提交处理后如程序 2-26 所示。

程序 2-26 upload.jsp

```
<%@ page contentType="text/html; charset=gb2312" language="java"
   import="java.sql.*,java.util.Date,java.text.SimpleDateFormat"
      errorPage="" %>
<!DOCTYPE html PUBLIC "-//W3C//DTD XHTML 1.0 Transitional//EN"
   "http://www.w3.org/TR/xhtml1/DTD/xhtml1-transitional.dtd">
<jsp:useBean id="mySmartUpload"
   class="com.jspsmart.upload.SmartUpload" scope="page"/>
<html xmlns="http://www.w3.org/1999/xhtml">
<head>
<meta http-equiv="Content-Type" content="text/html; charset=gb2312" />
<title>上传处理程序</title>
</head>
<%!
String sql;
String fileName,fileRealName,fileExt,
   path,pathsmall,pic_small_url,pathsmallReal;
int radomNumber=0;
```

```
long nowtime;
%>
<body>
<%
  Date nowTime=new Date();
  SimpleDateFormat matter=new SimpleDateFormat("yyyy-MM-dd HH:mm:ss");
  String addtime=matter.format(nowTime);
  int count=0;
  // Initialization
  mySmartUpload.initialize(pageContext);
  //1KB 为 1024 个字节
  mySmartUpload.setTotalMaxFileSize(10000000);
  // Upload
  mySmartUpload.upload();
  com.jspsmart.upload.Request getRequest=mySmartUpload.getRequest();
  //获取文本框 intro 的内容
  String intro=getRequest.getParameter("intro");
  long picsize=0;
  try {
    count=mySmartUpload.getFiles().getCount();
    for(int i=0;i<count;i++)
    {
      com.jspsmart.upload.File file =
         mySmartUpload.getFiles().getFile(i);
      if (file.isMissing())continue;
      radomNumber=(int)(Math.random()*100)+1;
      fileRealName=mySmartUpload.getFiles().getFile(i).getFileName();
      fileExt=mySmartUpload.getFiles().getFile(i).getFileExt();
      path="chapter2/upload/";
      nowtime=System.currentTimeMillis();
      //形成文件名，含目录
         fileName=path+nowtime+"_"+radomNumber+"."+fileExt;
         mySmartUpload.getFiles().getFile(i).saveAs(fileName,
            mySmartUpload.getFiles().getFile(i).SAVEAS_VIRTUAL);
     }
     out.println("<a href=uploadform.jsp>文件上传成功<br/>文件说明：
    "+intro+" <br/>继续上传</a>");
  } catch (Exception e){
    out.println(e.toString());
  }
%>
</body>
</html>
```

程序说明：该程序主要完成文件的上传和表单元素的获取。获取表单的其他元素，可以通过 com.jspsmart.upload.Request 对象获取，然后通过该对象的 getParameter ()方法获得，如本例中获取 intro 变量，可通过以下两行代码完成。

```
com.jspsmart.upload.Request getRequest=mySmartUpload.getRequest();
String intro=getRequest.getParameter("intro");
```

上传文件通过指定位置得到文件名，然后写入服务器。在本例中，文件名以“时间_随机数.扩展名”的格式构造，保存文件通过如下语句实现。

```
--------------------------------------------
mySmartUpload.getFiles().getFile(i).saveAs(fileName, mySmartUpload.
getFiles(). getFile(i). SAVEAS_VIRTUAL);
```

实现后的结果如图 2-20 所示。

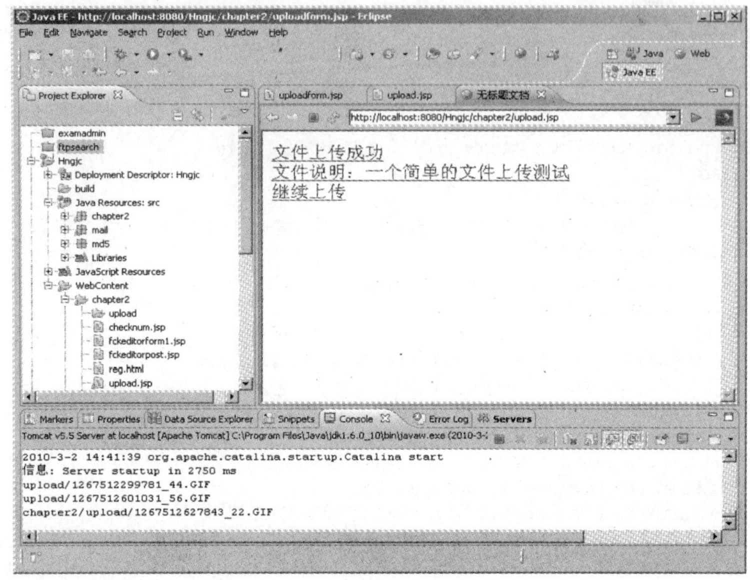

图 2-20　上传程序执行效果

2.9 Java EE 开发框架

什么是开发框架?

框架是一种特殊的软件，它在软件开发中有很高的重用性，同时它也需要高超的设计技巧。软件组织，使用框架来积累知识，对推动软件开发是一种有效的方式。在设计模式中，Gamma 等人为框架给出了一个定义：“框架就是一组协同工作的类，它们为特定类型的软件构筑了一个可重用的设计”。因此，框架是针对特定的问题领域而设置的。框架的核心价值是对知识的积累。

框架包括了一组抽象概念，这些抽象概念来源于问题领域。例如，Struts 是基于 MVC 模式进行设计的，因此它必须为 model、view、control 建立抽象概念。框架使得这些抽象概念相互协作，并提供了一种扩展的形式，以实现重用。这是框架的具体工作。框架在抽象概念上进行工作，定义抽象概念之间的协作方式。框架与普通软件或类库的区别就在于，用户可通过扩展框架来重用该框架。这些扩展点的设计称为框架设计的核心。例如，Struts 1.0 采用的是类继承的扩展方式(对 Action 进行扩展)。

J2EE 项目是通过框架、模式的设计运用，来达到控制软件质量的目的的。虽然这是大多数喜欢自由编程的程序员所不喜欢的，但是它带来了稳定的软件质量和可重用的组件，为规模生产创造了条件。不仅如此，它还降低了对开发框架以外其他开发人员的技术要求，使大多数开发人员无需有很高的技术，就能在已有的框架下进行开发，而且能大大缩短开发周期。根据项目领域的特点，在 J2EE 框架下设计自己领域的应用框架，不仅可以提高该领域软件开发的效率，而且可以节约开发成本和维护成本。

框架的特征如下：

(1) 框架包括大量类或组件，每一种类或组件都提供了某种概念的抽象。

(2) 框架定义了这些抽象如何协作解决问题。

(3) 框架组件可以重用。

(4) 框架在更高层次上组织模型。

下面介绍几个常用的 Java EE 框架：Struts、JSF、Spring、Hibernate。

2.9.1 Struts

Struts 最初是作为 Apache Jakarta 项目的组成部分来进行研发的，项目的创立者希望通过对该项目的研究，改进和提高 Java Server Pages(JSPs)、Servlet、标记库及面向对象的技术水准。它是一个用来创建 Java Web 应用的免费开源框架。

Apache Struts 框架遵循了 MVC 设计模式，充分展示了分离显示逻辑和业务逻辑的能力。Struts 的基本体系结构如图 2-21 所示。

由图 2-21 可以看出，Struts 的体系结构包括模型(Model)、视图(View)和控制器(Controller)三部分。下面将一一解析这三部分所包含的内容。

(1) 模型(Model)：在 Struts 的体系结构中，模型层由两部分组成，即处理业务逻辑的 Action 和表示系统内部状态的 ActionForm。

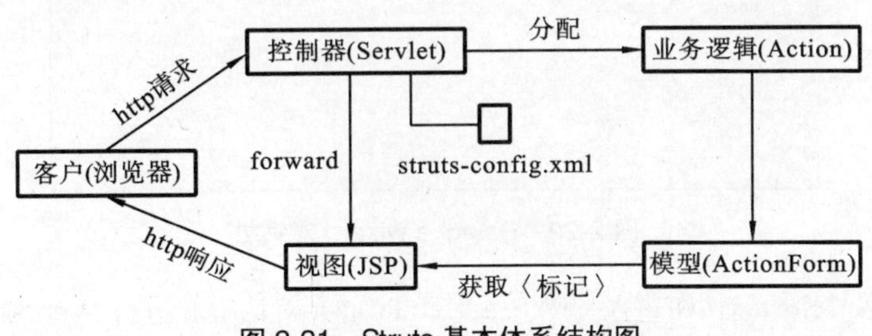

图 2-21　Struts 基本体系结构图

(2) 视图(View)：主要由 JSP 实现，Struts 包含扩展自定义标记库，通过这些标记可以很好地与模型层进行交互。

(3) 控制器(Controller)：接收来自客户端的请求，并为其分配相应的业务逻辑来执行用户的请求，然后再委派适当的视图组件来向用户显示响应结果。

在 Struts 中，通过 struts-config.xml 文件来配置控制器，在这个文件中配置了一系列的映射来定义控制器的处理行为。

下面将描述一个根据 Struts 框架编写的用户登录程序，通过此实例来进一步说明 Struts 框架的结构及组成。

由于 MyEclipse 包含了对 J2EE 等各种平台的专业支持，所以此处选取 MyEclipse 作为开发平台。下面将按步骤详细讲解如何使用 MyEclipse 7.0 来开发一个具有 Struts 框架的 Web 应用程序。

1. 创建一个 Web 项目

首先单击打开 File → New → Project 菜单，此时弹出 Select a wizard 对话框，然后在此对话框中选择 MyEclipse 目录下的 Java Enterprise Projects 的 Web Project 选项，如图 2-22 所示。

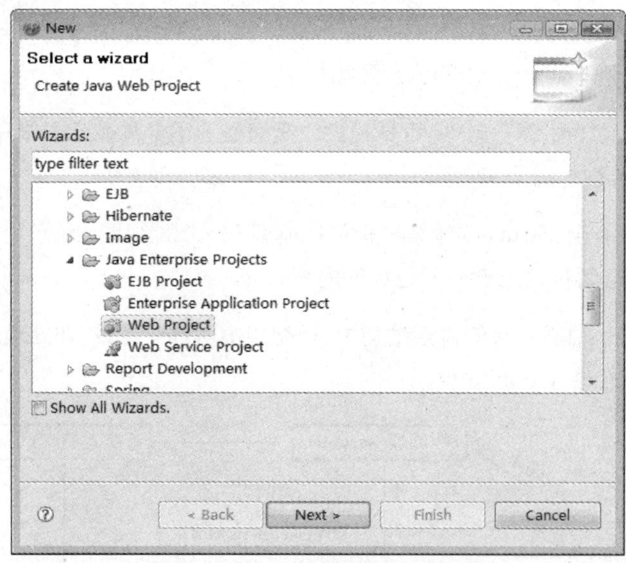

图 2-22 Select a wizard 对话框

然后，单击“Next”按钮进入 Create a Web Project 对话框，进行 Web 项目的相关配置，如图 2-23 所示。

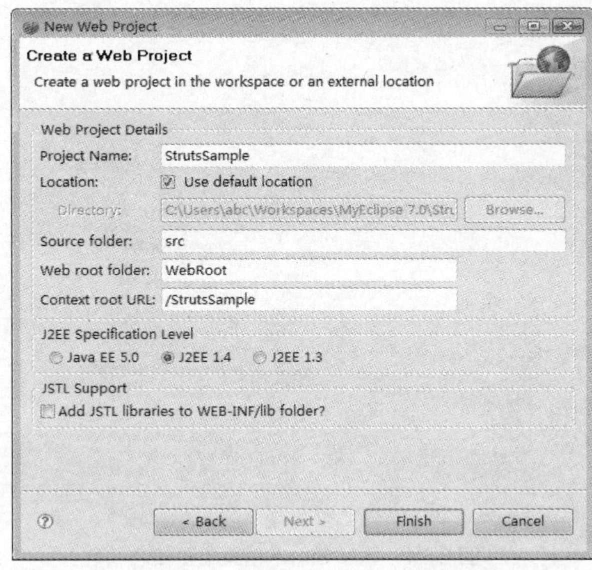

图 2-23 Create a Web Project 对话框

在“Create a Web Project”对话框中，Project Name 表示项目的名称，Location 表示项目的保存路径，Source folder 表示该项目的源文件夹，Web root folder 表示存放 Web 文件的根目录，Context root URL 则表示此项目在部署之后其上下文的根 url。在这些参数中，只需填入项目名称即可，其余均保持系统的默认设置，此处将项目命名为 StrutsSample 之后再单击“Finish”按钮来完成项目的创建工作。

2. 在项目中增加 Struts 组件

在以上步骤中已经创建好了一个 Web 项目，接下来要做的就是加入 Struts 属性，以便在此项目中使用 Struts 框架。

因为在 MyEclipse 中提供了对 Struts 框架的支持，所以此处并不需要单独安装 Struts 插件，只需在 MyEclipse 里对该项目添加 Struts 的相关配置信息即可。首先右击已经创建好的 Web 项目，在弹出的菜单中选择 MyEclipse，然后单击其中的 Add Struts Capabilities 选项，如图 2-24 所示。

随后会弹出一个配置 Struts 基本信息的对话框，如图 2-25 所示。在此对话框中，主要有如下几个配置项，其中 Struts config path 指 Struts 配置文件的保存路径及配置文件的名称，这里使用默认值/WEB-INF/struts-config.xml 即可；Struts specification 表示所要选取的 Struts 的版本，这里选择 Struts 1.3 版本；ActionServlet name 用来指定在 Web 应用文件中定义的 ActionServlet 的名称，此处也选用默认名称 action；URL pattern 表示 ActionServlet 响应的匹配 url 模式，此处选取默认值*.do；Base package for new classes 用来指明新建的类将要存放的

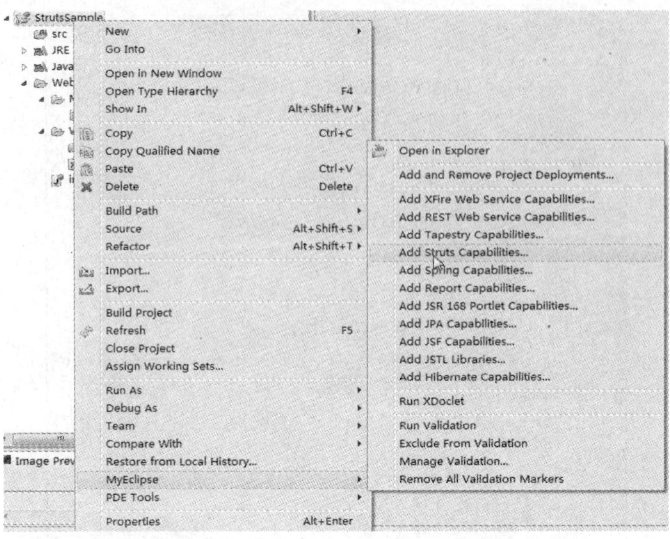

图 2-24 添加 Struts 相关配置信息

包，这里将默认值中的 yourcompany 改为 hnspi；修改默认的包名时，下面的资源文件的名字也会跟着改动。配置完以上信息后，单击“Finish”按钮将相应的 Struts 框架加入到本项目中。此时，MyEclipse 将会创建默认的 Struts 配置文件并建立相应的包，并且将需要使用的包复制到相应的目录中，web.xml 中的配置信息也会被自动修改。

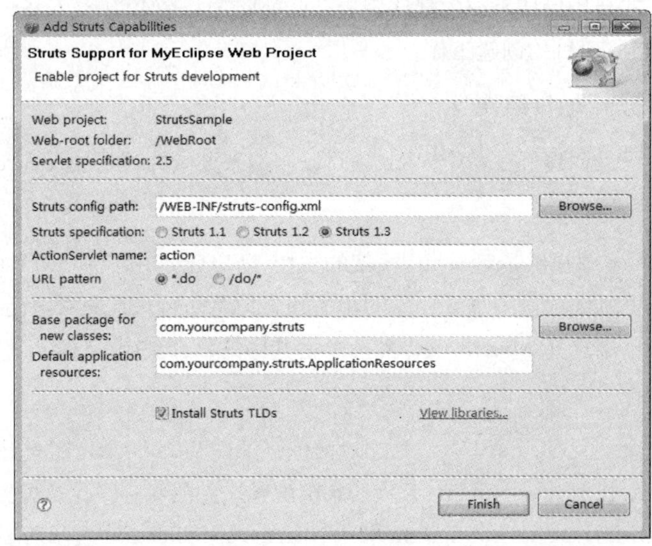

图 2-25 Struts Support for MyEclipse Web Project 对话框

3. 新建一个 ActionForm

通过以上步骤在项目中加入了 Struts 支持以后，便可以打开 Struts 的配置文件

struts-config.xml 来进行进一步的开发了，MyEclipse 提供了一种可视化的配置文件编辑界面，接下来在这个编辑界面中右击，在弹出的菜单项中选择 New→Form，这时将弹出如图 2-26 所示的 Form 配置信息页面。在此对话框中，所需填写的参数说明如下。

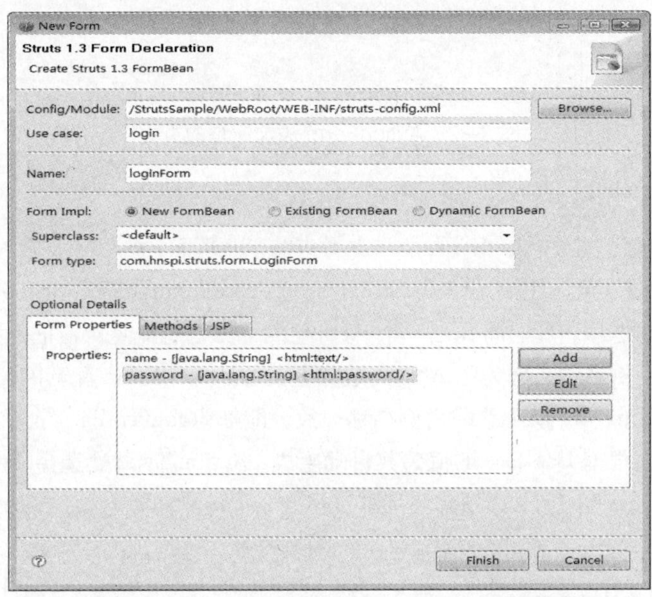

图 2-26 Struts 1.3 Form Declaration 对话框

Use case 指用例名称，因为这里将要做的是登录功能，所以将用例名称指定为 login；Name 指的是此对话框正在配置的 ActionForm 的名字，当输入 Use case 名称时，MyEclipse 已经将此参数的值自动设为 Use case 名称+Form 的形式，即此处 Name 的值将被自动设为 loginForm；Form Impl 表示 ActionForm 的实现方式，第一个选项表示新建 ActionForm，第二个选项表示使用已经存在的 ActionForm，第三个选项表示新建一个动态的 ActionForm，在这里选择第一个选项即新建 ActionForm；Superclass 指此类的父类，使用默认值即可；Form type 指 Form 类的全路径名称，使用默认值即可。此外，还有三种可选的配置细节，其中 Form Properties 用于配置此 ActionForm 的属性，可以单击右边的“Add”按钮来添加属性，因为这里要使用这个 ActionForm 来记录用户登录时所输入的用户名和密码，所以在此要添加属性 name 和 password。在如图 2-27 所示的添加页面中，Name 即属性的名字，分别填入 name 和 password 即可，Type 表示属性的数据类型，将这两种属性的类型都设为 String 类型，JSP input type 表示 JSP 输入控件的类型，将这两者的类型分别设为 text 和 password。在 Method 选项卡中可以选择是否需要创建 validate()和 reset()方法，并选择相应的参数类型，在此使用默认配置即可。在 JSP 选项卡中可以选择是否要创建一个与之相对应的 JSP 页面，该页面默认的名字是上面所配置的 Use case 的名字.jsp，这里选择创建相应的 JSP 页面，并使用默认的名字。

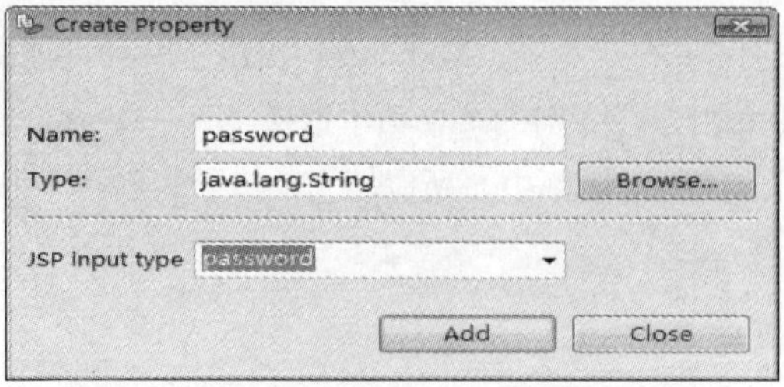

图 2-27 ActionForm 添加属性的页面

4. 新建一个 Action

上面步骤新建了一个 ActionForm 及与之对应的 JSP 页面，接下来要做的就是创建一个相对应的 Action，用来处理相应的业务逻辑。在 struts-config.xml 的可视化编辑页面中，右击，选择 New→Action 选项，此时将弹出一个 Action 的详细信息配置对话框，如图 2-28 所示。其中 Use case 指用例名称，因为此 Action 是与上面的 ActionForm 配套的，所以这里的用例名称要与上面 ActionForm 所配置的用例名称一致，即都为 login；Path 表示此 Action 的访问路径，MyEclipse 会根据 Use case 的值为其自动生成；Action Type 处选择 Type 来定义一个新的 Action；Superclass 和 Type 选项都使用默认值。

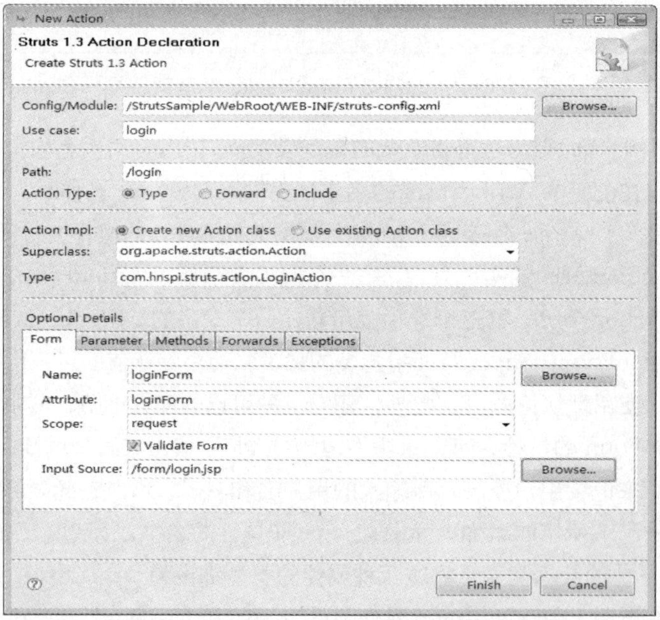

图 2-28 Struts 1.3 Action Declaration 对话框

在下面的可选配置选项卡中，Form 选项卡用来配置与之相关的 Form 类的信息；其余选项卡的配置值均使用默认值即可。

单击图 2-28 中的“Finish”按钮完成此 Action 的配置工作，这时在 struts-config.xml 的编辑窗口中会出现刚才所配置信息的图形化界面，如图 2-29 所示。

图 2-29　struts-config.xml 的可视化编辑窗口

5．创建登录响应页面

在本登录系统中，如果用户输入的用户名和密码正确，即登录成功，则转向到登录成功的页面；如果失败，则返回登录页面提示用户错误信息。所以现在还要建立一个登录成功的 JSP 响应页面。在 Struts 配置文件编辑窗口上右击，选择新建 JSP 页面，并在弹出的对话框中进行适当的配置即可，此处将登录成功的响应页面命名为 success.jsp，然后进入此 JSP 页面的编辑窗口，在其<body>标记内插入文字“恭喜您！登录成功！”。

创建好响应页面后，还需要建立此页面与 Action 之间的连接。在 Struts 编辑窗口的左侧工具栏中选择 Connection 图标，之后单击编辑界面上已经建立好的 login 图标，然后再单击新建的 success.jsp 图标，这时会弹出一个 Forward 的配置对话框，这里只需输入此连接的名字即可，此处填入 success 作为这个连接的名字。单击“Finish”按钮完成上述配置后，Struts 配置窗口如图 2-30 所示。

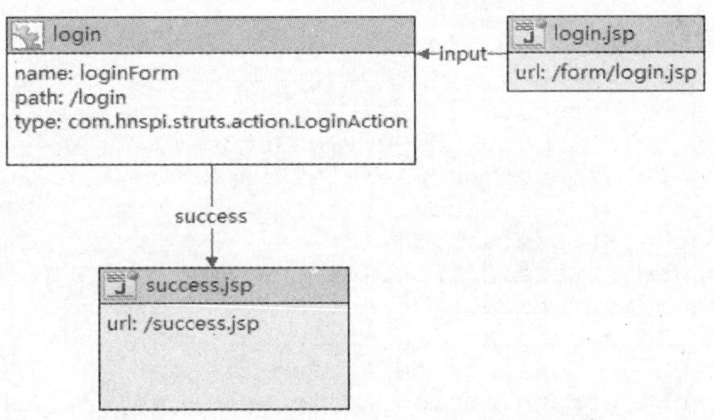

图 2-30　struts-config.xml 可视化编辑界面

6．补充登录页面

在完成上述步骤后，一个简单的登录系统的框架就已经成形了，下面只需将界面元素及实际业务处理方法补充完整即可。

在自动生成的 login.jsp 代码中，<html:form>标记处需要写入其所对应的 Action 的路径，即“/login”。然后在其中增加<html:errors>标记，用户在登录失败时提示错误信息。修改后的代码如程序 2-27 所示。

程序 2-27 login.jsp

```
---------------------------------------------
<%@ page language="java" pageEncoding="gb2312"%>
<%@ taglib uri="http://struts.apache.org/tags-bean" prefix="bean"%>
<%@ taglib uri="http://struts.apache.org/tags-html" prefix="html"%>

<html>
  <head>
    <title>用户登录页面</title>
  </head>
  <body>
    <html:form action="/login">
        <html:errors/><br/>
      name : <html:text property="name"/><html:errors
         property="name"/><br/>
      password : <html:password property="password"/><html:errors
         property="password"/><br/>
      <html:submit/><html:cancel/>
    </html:form>
  </body>
</html>
```

7. 完成 Action 的业务处理方法

因为本实例的主要目的是展示 Struts 框架，所以在此不做数据库的连接来验证用户登录成功与否，只是简单地判断用户输入的用户名和密码是否与特定字符串一致，如果一致就转向登录成功页面，如果不一致就返回登录页面报错。代码如程序 2-28 所示。

程序 2-28 LoginAction.java

```
---------------------------------------------
package com.hnspi.struts.action;
import javax.servlet.http.HttpServletRequest;
import javax.servlet.http.HttpServletResponse;
import org.apache.struts.Globals;
import org.apache.struts.action.Action;
import org.apache.struts.action.ActionForm;
import org.apache.struts.action.ActionForward;
import org.apache.struts.action.ActionMapping;
import org.apache.struts.action.ActionMessage;
import org.apache.struts.action.ActionMessages;
import com.hnspi.struts.form.LoginForm;
public class LoginAction extends Action {
  public ActionForward execute(ActionMapping mapping, ActionForm form,
      HttpServletRequest request, HttpServletResponse response){
    LoginForm loginForm = (LoginForm)form;
if(loginForm.getName().equals("hnspi")&&loginForm.getPassword().
    equals("123"))
       return mapping.findForward("success");
    ActionMessages messages=this.getMessages(request);
    messages.add(Globals.ERROR_KEY,
       ActionMessage("login.failed"));
    this.addErrors(request, messages);
```

```
        return mapping.getInputForward();
    }
}
```

完成上述所有步骤后，一个简单的以 Struts 为框架的登录系统就完成了，随后就可以发布此项目，并在浏览器上进行简单的测试。

首先，在浏览器地址栏中输入登录页面的地址，登录页面如图 2-31 所示。

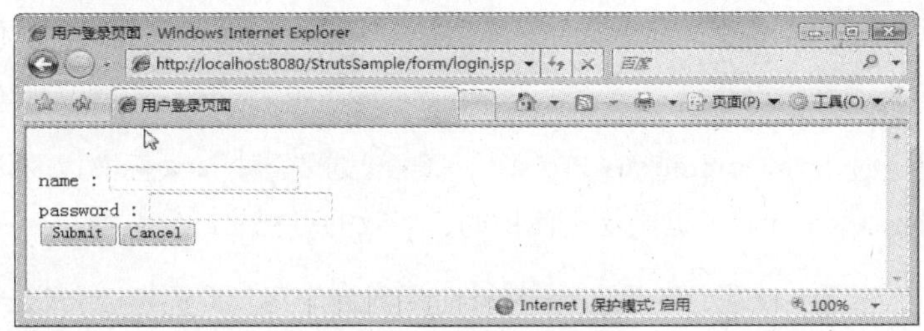

图 2-31　登录页面效果

如果输入正确的用户名(hnspi)和密码(123),则在提交后转向登录成功响应页面,如图 2-32 所示。

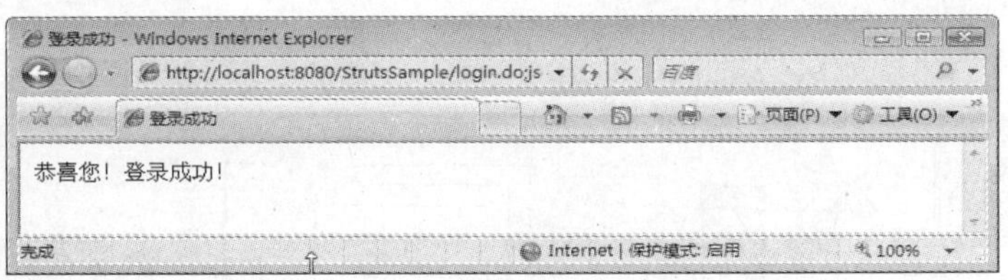

图 2-32　登录成功响应页面

如果输入的用户名或密码不正确，则返回登录页面，并在此页面上提示错误信息，如图 2-33 所示。

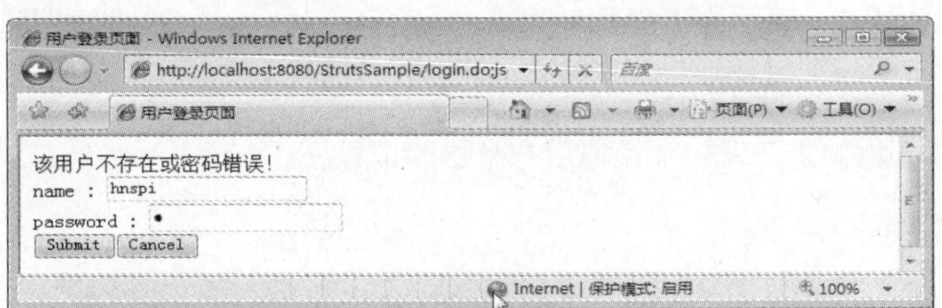

图 2-33　登录失败报错页面

2.9.2 JSF

JavaServer Faces (JSF)是一种用于构建 Web 应用程序的新标准 Java 框架。它提供了一种以组件为中心来开发 Java Web 用户界面的方法，从而简化了开发过程。

JavaServer Faces 1.0 版于 2004 年 3 月正式发布，清楚地将 Web 应用程序的开发者划分为三个角色：网页设计人员、应用程序设计人员和 UI 组件开发人员。从使用的角度来看，网页设计人员和应用程序设计人员可以用他们所熟悉的方式开发程序，而 UI 组件开发人员可以独立地开发个别组件。

JSF 还将通过良好的构建模型—视图—控制器(MVC)设计模式集成到它的体系结构中，确保应用程序具有更高的可维护性。

由于 JSF 是通过 Java Community Process (JCP)开发的一种 Java 标准，因此开发工具供应商完全能够为 JavaServer Faces 提供易于使用的、高效的可视化开发环境。

JSF 的主要优势之一就是它既是 Java Web 应用程序的用户界面标准，又是严格遵循 MVC 设计模式的框架。用户界面代码(视图)与应用程序数据和逻辑(模型)的清晰分离使 JSF 应用程序更易于管理。为了提供页面对应用程序数据访问的 JSF 上下文和防止对页面未授权或不正确的访问，所有与应用程序的用户交互均由一个前端 FacesServlet(控制器)来处理。

JSF 体系结构如图 2-34 所示。

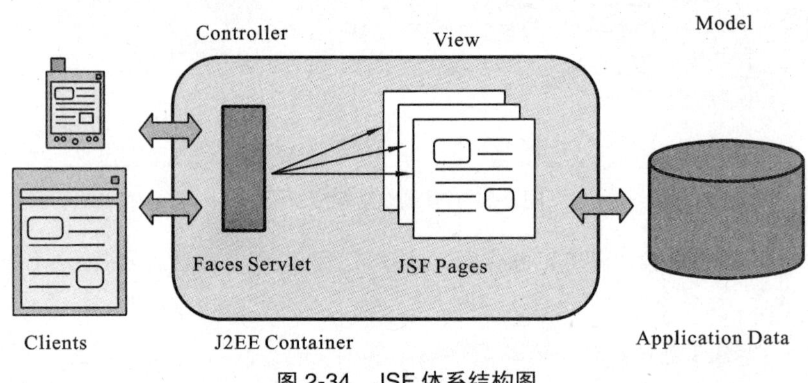

图 2-34 JSF 体系结构图

下面应用 JSF 框架来开发一个模拟用户身份验证程序。

1. 注册 JSF 库

下载 jakarta-taglibs-standard-1.1.2 和 jsf-1.2-b20-FCS，解压，然后增加 Sun JSF RI，其步骤为：在 Eclipse 中，选择菜单 Windows→Preferences，打开后选择 Web and XML→JavaServer Faces Tools→Libraries，然后单击“New”按钮，会出现如图 2-35 所示的窗口；在 Library Name 中填写 JSTL，然后选择“Add”按钮，找到 jakarta-taglibs- standard-1.1.2 的 lib 解压位置，添加 jakarta-taglibs-standard-1.1.2；以同样方法添加 SUN-RI-1.2，如图 2-36 所示，找到 jsf-1.2-b20-FCS 的 lib 位置，添加 jsf-1.2-b20-FCS，并选择选择框 is JSF Implementation；添加

成功后，如图 2-37 所示。

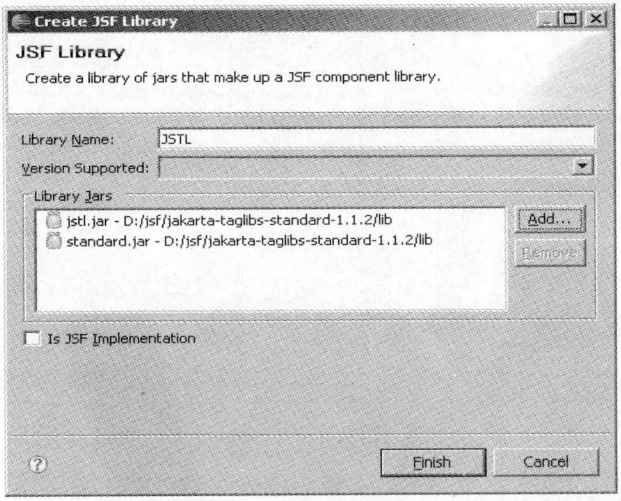

图 2-35 添加 JSF 库

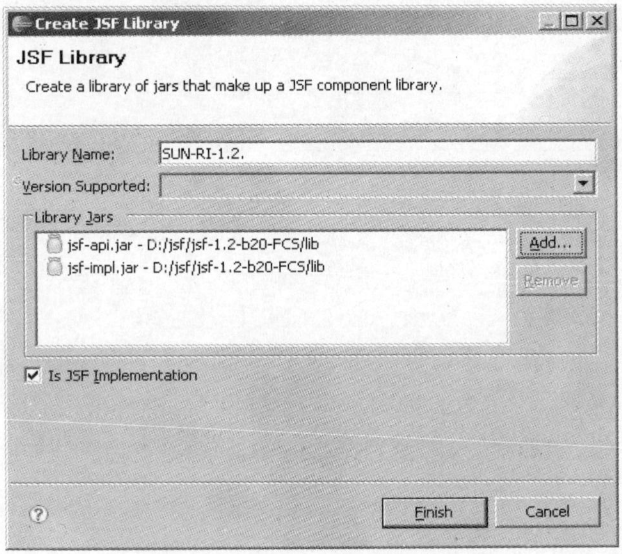

图 2-36 添加 jsf-1.2-b20-FCS

2. 创建 JSF 项目

创建动态 Web 项目时，项目名为 JSF Tru，选择 Target Runtime 为 Apache Tomcat v6.0，在 Configurations 选项中选择 JavaServer Faces v1.2 Project，如图 2-38~图 2-40 所示。创建项目成功后，项目文件结构如图 2-41 所示。

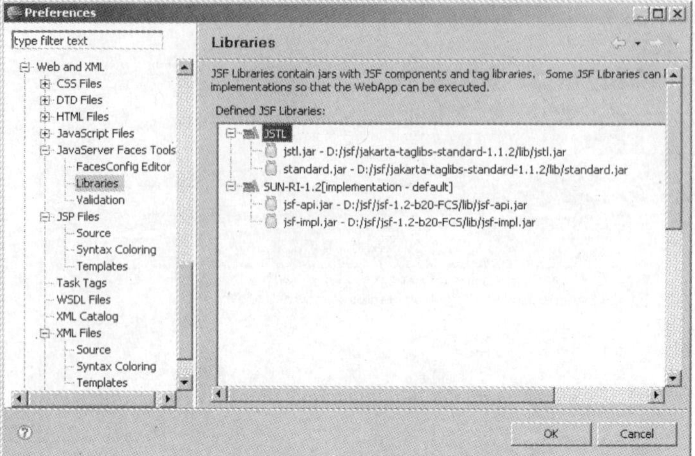

图 2-37 JSF Libraries

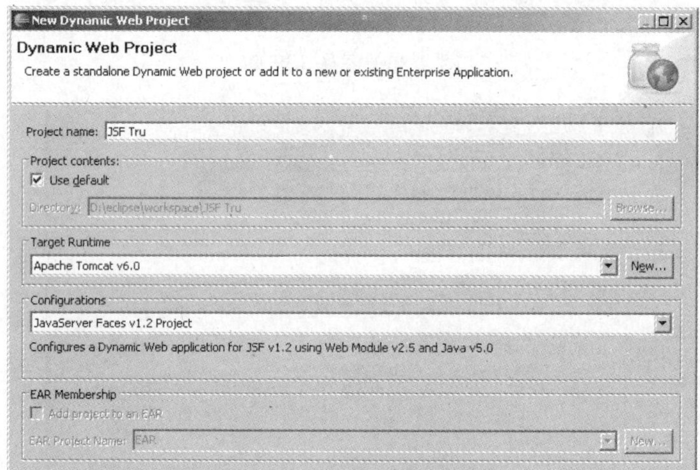

图 2-38 创建项目 JSF Tru

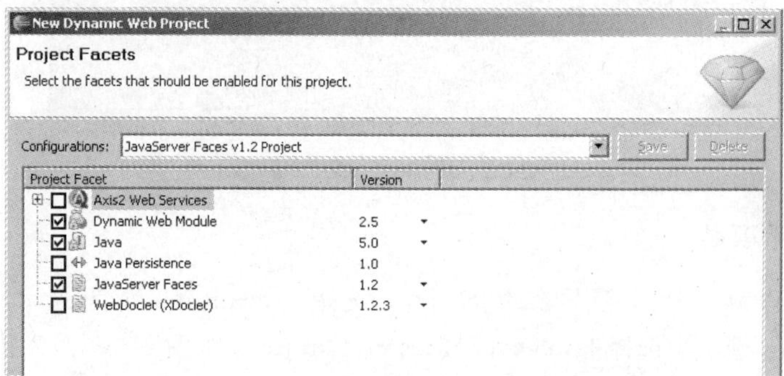

图 2-39 选择 Facets

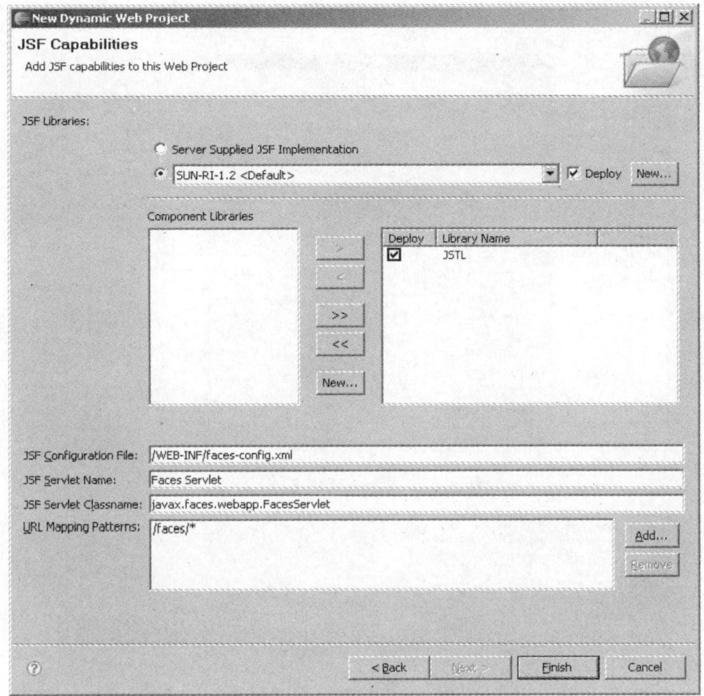

图 2-40 选择 JSTL

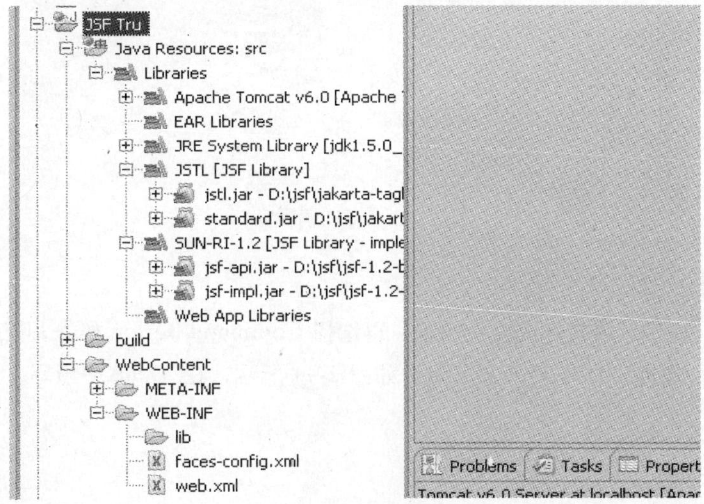

图 2-41 项目文件列表

3. 创建 JSF JSP 页面

在项目列表中右击创建 JSP 文件，命名为 login.jsp，并以 Web Page Editor 打开，如图 2-42 所示，打开后，如图 2-43 所示，选择右侧 JSF HTML 选项。

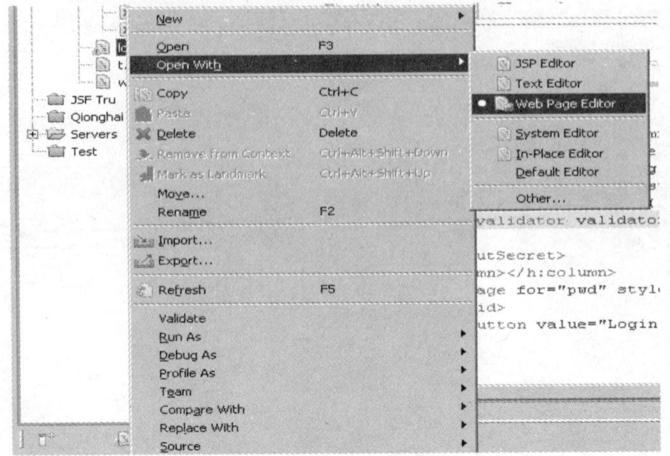

图 2-42 选择文件打开方式

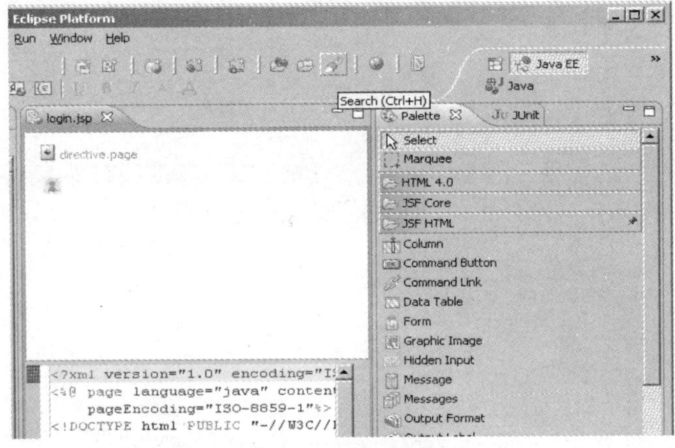

图 2-43 JSP 编辑窗口

4. 制作表单

查找 Form 标签，将其拖入左侧页面；再选择 Command Button 标签，拖入左侧 Form 区域，并选择右键属性，打开 Quick Edit，如图 2-44 所示，在 Value 中填写 Login，在 Action 中填写 login。

添加 Panel Grid。

找到 item2 标签，将其代码删除，代码如下。

```
<p:outputText value="item2"></p:outputText>
```

然后在其删除的位置插入 Text Input 标签。

找到 item4 标签，删除。然后在其删除的位置插入 Secret Input 标签。

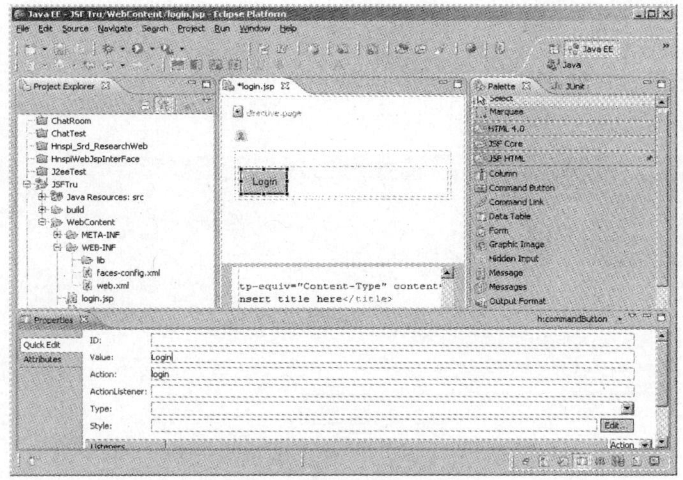

图 2-44 按钮的属性编辑

在源文件中，将 item1 设置为 Name；将 item3 设置为 Password。

打开输入文本框的属性，将其 Value 设置为#{loginBean.name}。

打开密码框的属性，将其 ID 设置为 pwd，Value 设置为#{loginBean.password}。

在密码框后增加 Column。

在 Column 后增加 Message 标签，打开 Quick Edit，将 For 设置为 pwd，Style 设置为 color: #FF0000。

完成后如图 2-45 所示。

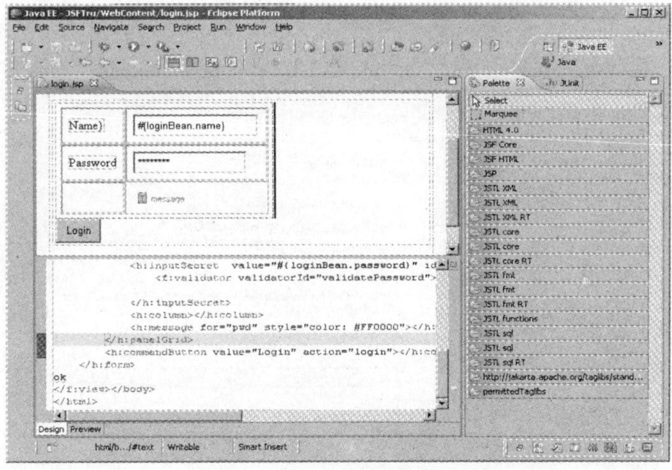

图 2-45 登录表单页面开发完成

打开 faces-config.xml，选择 ManagedBean 标签，打开后如图 2-46 所示；单击“Add”按钮，选择 Create a new Java class 选项，创建类为 LoginBean，如图 2-47 所示，完成后如图 2-48 所示。

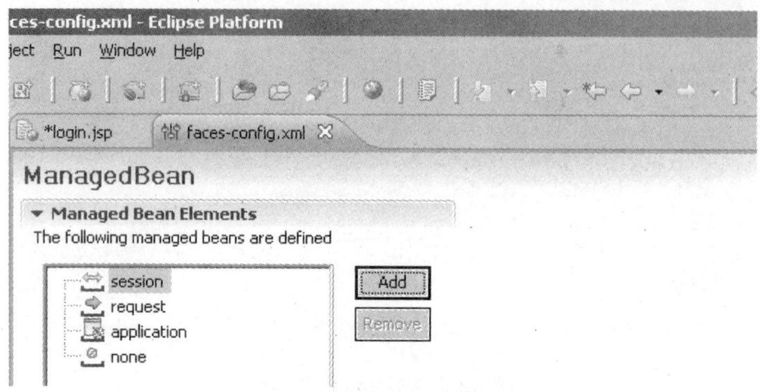

图 2-46 ManageBean

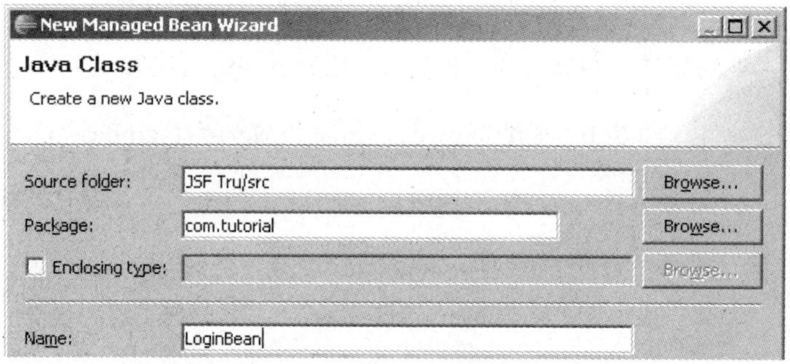

New Managed Bean Wizard

Java Class

Create a new Java class.

Source folder: JSF Tru/src Browse...

Package: com.tutorial Browse...

Enclosing type: Browse...

Name: LoginBean

图 2-47 创建类

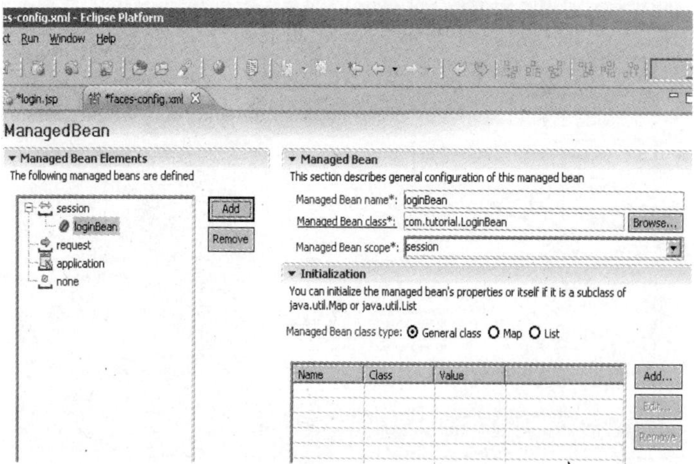

图 2-48 创建 LoginBean 成功

编写 LoginBean 源文件，代码如程序 2-29 所示。

程序 2-29 LoginBean.java

```
package com.tutorial;
public class LoginBean {
  String name;
  String password;
  public String getName(){
    return name;
  }
  public void setName(String name){
    this.name = name;
  }
  public String getPassword(){
    return password;
  }
  public void setPassword(String password){
    this.password = password;
  }
  }
```

创建密码校验类 com.tutorial.validatePassword，代码如程序 2-30 所示。

程序 2-30 validatePassword.java

```
package com.tutorial;
import javax.faces.application.FacesMessage;
import javax.faces.component.UIComponent;
import javax.faces.context.FacesContext;
import javax.faces.validator.Validator;
import javax.faces.validator.ValidatorException;
public class validatePassword implements Validator {
  public void validate(FacesContext arg0, UIComponent arg1,
    Object arg2)
      throws ValidatorException {
    String password=(String)arg2;
    if(!password.matches(".+[0-9]+"))
    {
      FacesMessage message = new FacesMessage(FacesMessage.
        SEVERITY_ERROR,"密码必须是字符和数字组合","密码必须是字符和数字组合");
      throw new ValidatorException(message);
    }
  }
}
```

程序说明：该程序校验输入密码是否含有数字，若不含数字，则在页面提示“密码必须是字符和数字组合”。

在 faces-config.xml 中选择 Component 标签，单击 Validators 的“Add”按钮，在 Validator ID*右侧填写 validatePassword，在 Validator Class*右侧填写 orial. validatePassword，如图 2-49 所示。

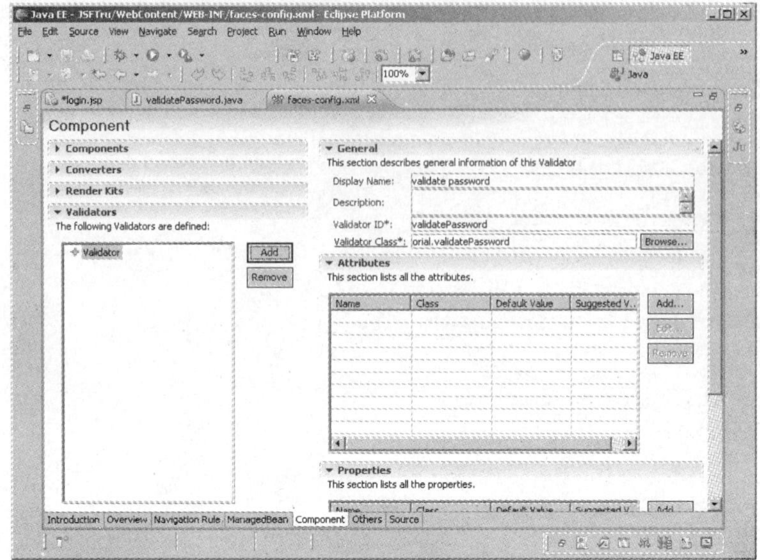

图 2-49 Validator

在 login.jsp 中添加如下 JSF 标签。

```
----------------------------------------------
<f:validator validatorId="validatePassword"></f:validator>
```

创建文件 messages.properties，并加入如下代码。

```
----------------------------------------------
name=Name
password=Password
login=Login
welcome=Welcome
```

表单完成后，代码如程序 2-31 所示。

程序 2-31 login.jsp

```
----------------------------------------------
<?xml version="1.0" encoding="ISO-8859-1" ?>
<%@ page language="java" contentType="text/html; charset=ISO-8859-1"
   pageEncoding="ISO-8859-1"%>
<%@taglib uri="http://java.sun.com/jsf/core" prefix="f"%>
<%@taglib uri="http://java.sun.com/jsf/html" prefix="h"%>
<!DOCTYPE html PUBLIC "-//W3C//DTD XHTML 1.0 Transitional//EN"
"http://www.w3.org/TR/xhtml1/DTD/xhtml1-transitional.dtd">
<html xmlns="http://www.w3.org/1999/xhtml"
  xmlns:h="http://java.sun.com/jsf/html"
  xmlns:f="http://java.sun.com/jsf/core">
<head>
<meta http-equiv="Content-Type" content="text/html;
charset=ISO-8859-1" />
<title>Insert title here</title>
<f:loadBundle basename="com.tutorial.messages" var="msg"></f:loadBundle>
```

```
</head>
<body>
<f:view><h:form>
   <h:panelGrid border="1" columns="2">
     <h:outputText value="Name}"></h:outputText>
     <h:inputText value="#{loginBean.name}"></h:inputText>
     <h:outputText value="Password"></h:outputText>
     <h:inputSecret  value="#{loginBean.password}" id="pwd">
       <f:validator
 validatorId="validatePassword"></f:validator>
     </h:inputSecret>
     <h:column></h:column>
     <h:message for="pwd" style="color: #FF0000"></h:message>
   </h:panelGrid>
   <h:commandButton value="Login"
 action="login"></h:commandButton>
 </h:form>
</f:view></body>
</html>
```

创建页面 welcome.jsp，如程序 2-32 所示。

程序 2-32 welcome.jsp

```
----------------------------------------------
<?xml version="1.0" encoding="ISO-8859-1" ?>
<%@ page language="java" contentType="text/html; charset=ISO-8859-1"
    pageEncoding="ISO-8859-1"%>
 <%@taglib  uri="http://java.sun.com/jsf/core" prefix="f"%>
<%@taglib  uri="http://java.sun.com/jsf/html" prefix="h"%>
<!DOCTYPE html PUBLIC "-//W3C//DTD XHTML 1.0 Transitional//EN"
"http://www.w3.org/TR/xhtml1/DTD/xhtml1-transitional.dtd">
<html xmlns="http://www.w3.org/1999/xhtml"
 xmlns:f="http://java.sun.com/jsf/core"
 xmlns:h="http://java.sun.com/jsf/html">
<head>
<meta http-equiv="Content-Type" content="text/html;
charset=ISO-8859-1" />
<title>Insert title here</title>
</head>
<body>
<f:view>
  <f:loadBundle basename="com.tutorial.messages"
var="msg"></f:loadBundle>
  <h:outputLabel value="#{msg.welcome}
#{loginBean.name}"></h:outputLabel>
  <h:outputText value="#{loginBean.password}"></h:outputText>
</f:view>
</body>
</html>
```

5．Faces Configuration Resource Editor

打开 faces-config.xml，切换 Navigation 标签，选择 Page，添加 login.jsp 和 welcome.jsp 到 Navigation tab，如图 2-50 所示。然后单击“Link”按钮，从 login.jsp 画线到 welcome.jsp，选择属性，在 From Outcome 中填写 login，Redirect 中填写 false，如图 2-51 所示。

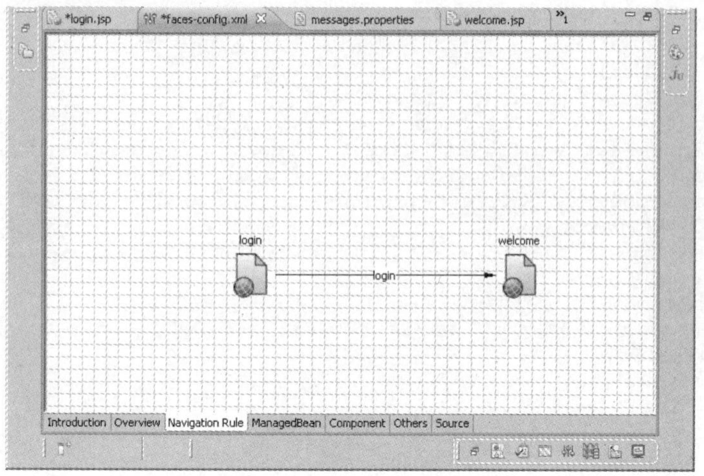

图 2-50 Navigation

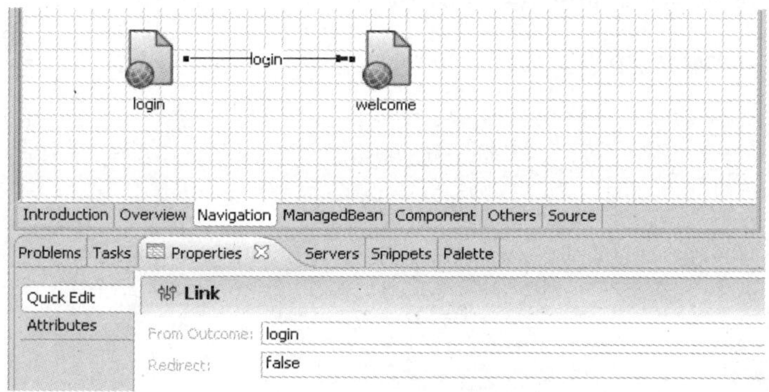

图 2-51 编辑 link 属性

6. 测试

运行后如图 2-52 所示。

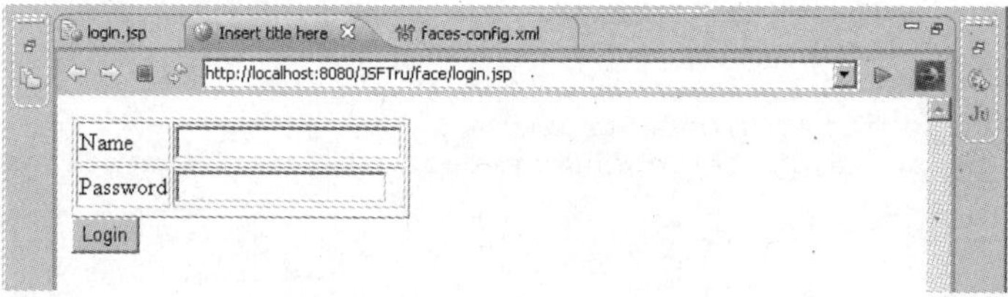

图 2-52 login.jsp 运行效果

在用户名框中输入 test，密码框中输入 test，提交后页面不跳转，提示效果如图 2-53 所示。

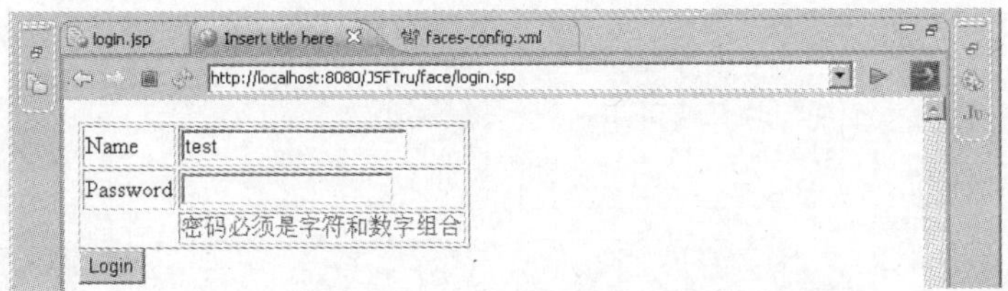

图 2-53　密码不含数字的情况

在用户名框中输入 test，密码框中输入 test123，单击，显示欢迎页面，效果如图 2-54 所示。

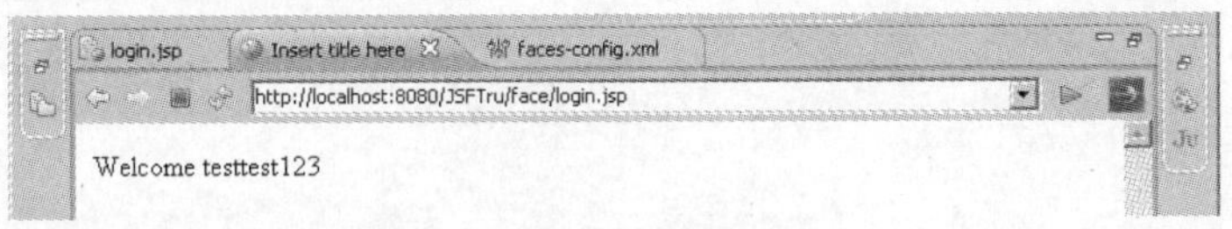

图 2-54　欢迎页面

2.9.3 Spring

Spring 是一个开源的框架，由 Rod Johnson 创建，它是为了解决企业应用开发的复杂性而创建的。Spring 使用基本的 JavaBean 来完成以前只可能由 EJB 完成的任务。然而，Spring 的用途不仅限于服务器端的开发。从简单性、可测试性和松耦合的角度而言，任何 Java 应用都可以从 Spring 中受益。并且它能够降低开发企业应用程序的复杂性，Spring 可以替代 EJB 开发企业级应用，而不用担心工作量太大、开发进度难以控制和复杂的测试过程等问题。它以 IoC（反向控制）和 AOP（面向切片编程）两种先进的技术为基础，完美地简化了企业级开发的复杂度。

Spring 框架是一个分层架构，主要由核心模块、上下文模块、AOP 模块、DAO 模块、Web 模块等 7 大模块组成，它们提供了企业级开发需要的所有功能，而且每个模块都可以单独使用，也可以和其他模块组合使用，灵活且方便的部署可以使开发的程序更加简洁灵活。Spring 的 7 个模块的部署如图 2-55 所示。

下面应用 Spring 框架来开发一个简单的显示“Hello World”的程序。

1. 配置开发环境

本例使用 Eclipse IDE 作为开发工具，并部署运行在应用服务器 Tomcat 6.0 中。要使用 Spring 框架，必须下载 Spring 框架对应的 JAR 包。下载地址为 http://www.springframework.org/download。下载 Spring 并解压后，将 Spring 框架对应的 JAR 包拷贝到 Eclipse Web 项目的 lib 文件夹下。其步骤为：在 Eclipse 中建立一个 Java Web 项目 firstspring，然后把拷贝的包粘贴到 lib 目录下，如图 2-56 所示。

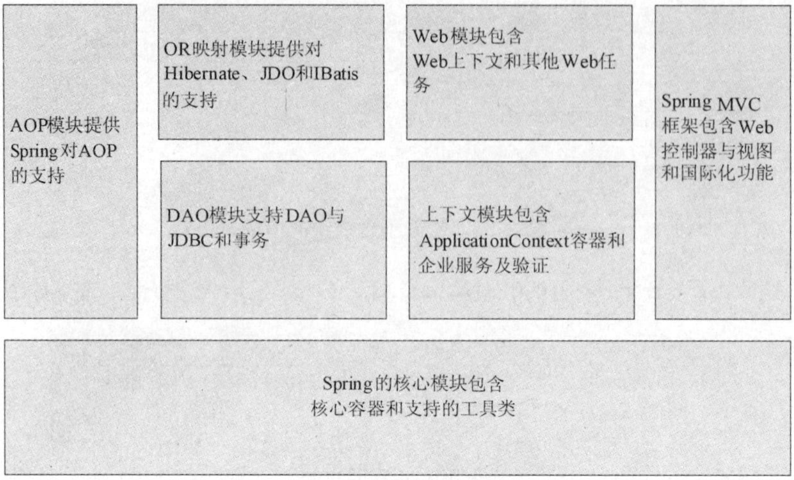

AOP模块提供
Spring对AOP
的支持
OR映射模块提供对
Hibernate、JDO和IBatis
的支持
Web模块包含
Web上下文和其他Web任
务
Spring MVC
框架包含Web
控制器与视图
和国际化功能
DAO模块支持DAO与
JDBC和事务
上下文模块包含
ApplicationContext容器和
企业服务及验证
Spring的核心模块包含
核心容器和支持的工具类

图 2-55 Spring 框架总体结构图

WebContent
META-INF
WEB-INF
lib
aopalliance.jar
aspectjrt.jar
aspectjweaver.jar
cglib-nodep-2.1_3.jar
common-annotations.jar
commons-dbcp.jar
commons-logging.jar
commons-pool.jar
mysql-connector-java-5.0.4-bin.jar
servlet-api.jar
spring.jar
web.xml

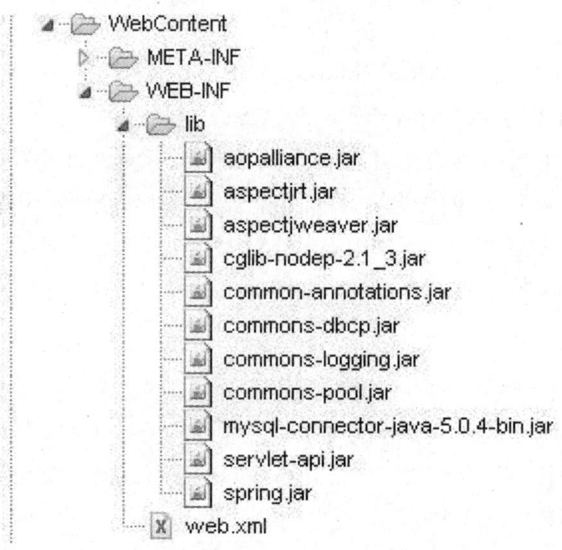

图 2-56 添加 Spring 的开发包

2. 创建一个 HelloWorld 类

在包 com.hnspi.spring 中创建一个类，名为“HelloWorld”，如图 2-57 所示，代码如程序 2-33 所示。

3. 在类路径中创建 bean 配置文件 bean.xml

bean 配置文件 bean.xml 的创建如图 2-58 所示，代码如程序 2-34 所示。

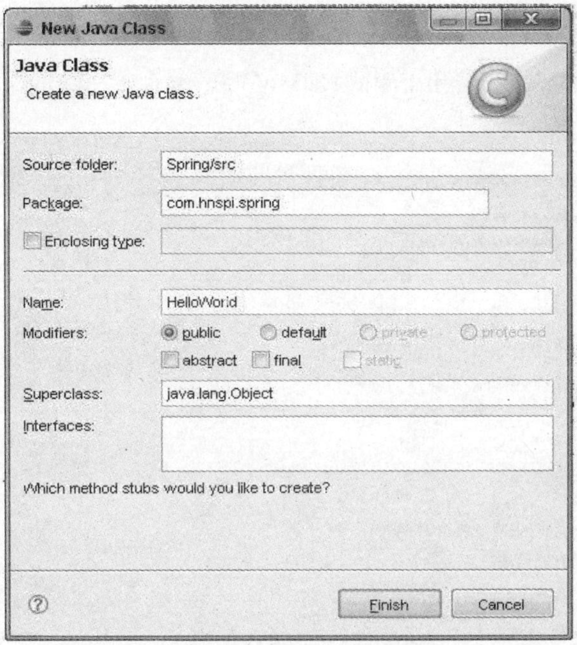

图 2-57 创建 HelloWorld 类

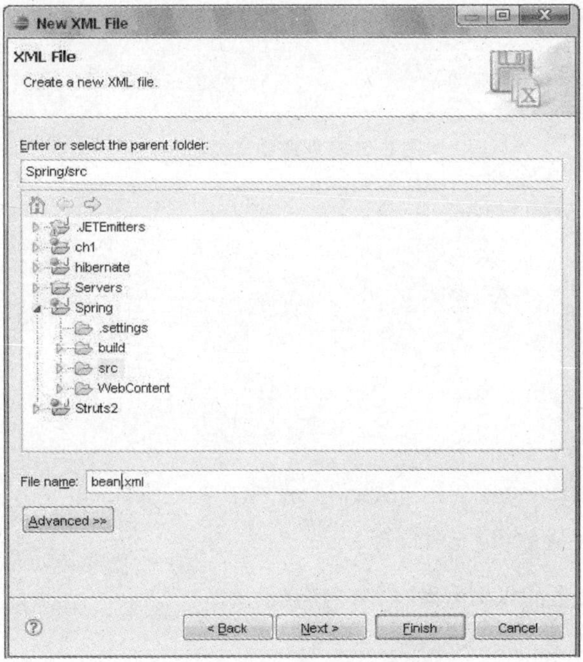

图 2-58 创建 bean.xml

4. 创建一个测试的 Servlet

Test.java 为测试的 Servlet，用于测试 HelloWorld。其创建过程如图 2-59 所示，其代码如程序 2-35 所示。

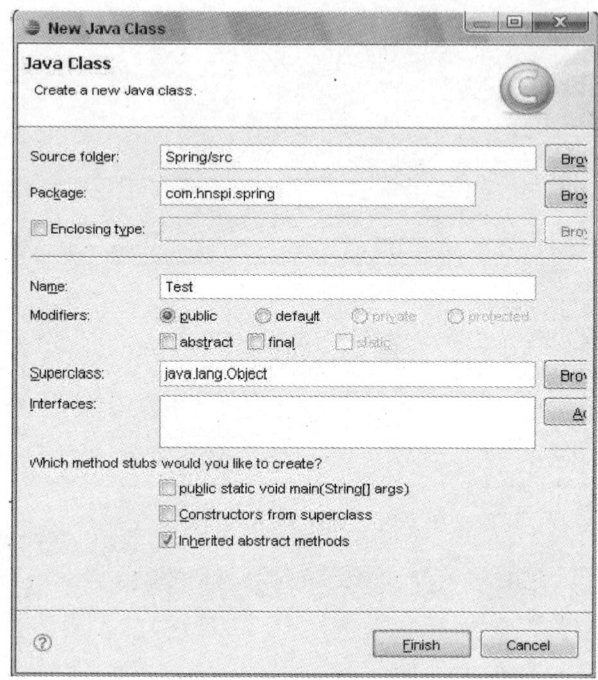

图 2-59 创建测试类 Test

程序 2-33 HelloWorld.java

```
------------------------------------------------------------
package com.hnspi.spring;
public class HelloWorld
{
public void sayHello()
{
    System.out.println("Hello World!");
}
}
```

程序说明：该程序为写一个 HelloWorld 类，写一个 sayHello()方法。该方法的作用是在服务器上显示“Hello World!”。

配置文件 bean.xml 的代码如程序 2-34 所示。

程序 2-34 bean.xml

```
------------------------------------------------------
<?xml version="1.0" encoding="UTF-8"?>
<beans xmlns="http://www.springframework.org/schema/beans"
```

```
 xmlns:xsi="http://www.w3.org/2001/XMLSchema-instance"
 xsi:schemaLocation="http://www.springframework.org/schema/beans
http://www.springframework.org/schema/beans/spring-beans-3.0.xsd">
   <bean name="helloWorld" class="com.hnspi.spring.HelloWorld"></bean>
</beans>
```

程序说明：配置文件 bean.xml 中的属性 name 标志该 bean 的名称，class 是指该 bean 的类路径。bean.xml 把所有的 bean 对象都写在里面，以通过 Spring 来管理，Spring 容器在启动时肯定会加在这个文件来管理 bean。

测试 HelloWorld 的代码如程序 2-35 所示。

程序 2-35 Test.java

```
-------------------------------------------------------------------------
package com.hnspi.spring;
import java.io.IOException;
import javax.servlet.ServletException;
import javax.servlet.http.HttpServletRequest;
import javax.servlet.http.HttpServletResponse;
import org.springframework.context.ApplicationContext;
import org.springframework.context.support.
ClassPathXmlApplicationContext;
import org.springframework.context.ApplicationContext;
import org.springframework.context.support.
ClassPathXmlApplicationContext;
 public class Test extends javax.servlet.http.HttpServlet implements
javax.servlet.Servlet {
   static final long serialVersionUID = 1L;
   protected void doGet(HttpServletRequest request, HttpServletResponse
response) throws ServletException, IOException {
      this.doPost(request, response);
   }
   protected void doPost(HttpServletRequest request, HttpServletResponse
response) throws ServletException, IOException {
      ApplicationContext context =
         new ClassPathXmlApplicationContext("bean.xml");
      HelloWorld hello = (HelloWorld)context.getBean("helloWorld");
      hello.sayHello();
   }
}
```

程序说明：Test.java 用于测试 HelloWorld。在这里用到接口 ApplicationContext 和 ClassPathXmlApplicationContext。

其中代码

ApplicationContext context = new ClassPathXmlApplicationContext("bean.xml");其功能是在类路径下寻找配置文件来实例化容器。

整个应用的目录结构如图 2-60 所示。

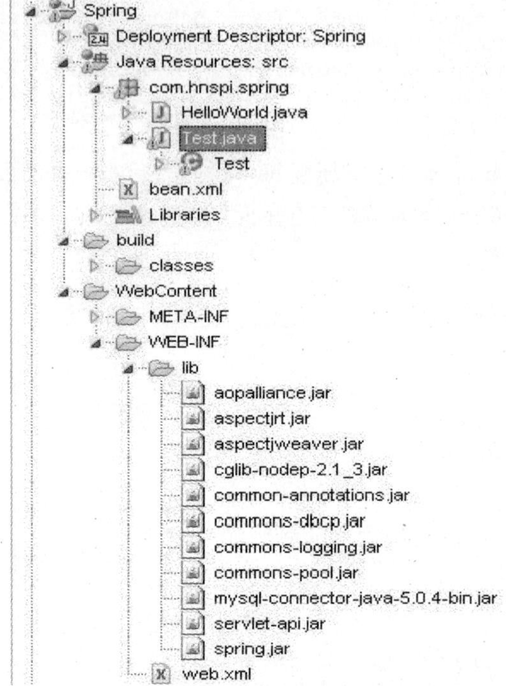

图 2-60 文件结构

5. 测试

完成上述所有步骤后，一个简单的以 Spring 为框架的测试用例就完成了。右击 Test.java，单击运行。成功执行后，就可以在服务器端显示“Hello World”，如图 2-61 所示。

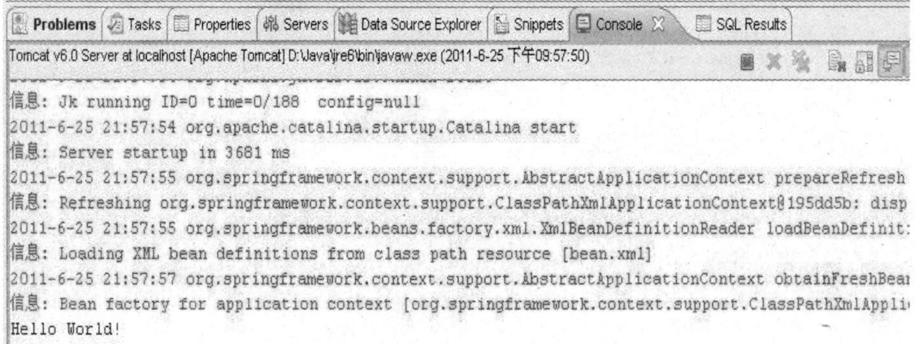

图 2-61 运行效果

2.9.4 Hibernate

Hibernate 是一个开放源代码的对象关系映射（Object Relational Mapping，简称 ORM）框

架，它对 JDBC 进行了非常轻量级的对象封装，是可以将对象模型映射为一种关系模型（通常为关系数据库）的技术，它使得 Java 程序员可以随心所欲地使用对象编程思维来操纵数据库。

Hibernate 作为一个对象关系映射框架，本身可以对 JDBC 进行简单的对象封装，可以使开发人员运用面向对象的观念来实现对数据库的操作。Hibernate 在任何 JDBC 的场合下都可以使用，也是 EJB 中 CMP 的一种替代方案。Hibernate 的体系结构如图 2-62 所示。

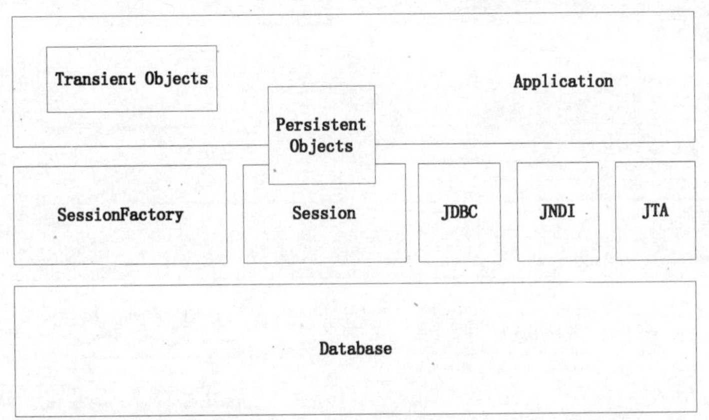

图 2-62 Hibernate 体系结构

下面应用 Hibernate 框架开发一个往 MySQL 数据库的表“users”中插入一行数据的测试用例，通过此实例来进一步说明 Hibernate 框架的结构和组成。

本例使用 Eclipse IDE 作为开发工具，并部署运行在应用服务器 Tomcat 6.0 中。要使用 Hibernate 框架，必须下载 Hibernate 框架对应的 JAR 包。下载地址为 http://www.hibernate.org/6.html。

下面详细讲解如何使用 Eclipse IDE 来开发一个具有 Hibernate 框架的 Web 应用程序。

1. 创建表 users

在 MySQL 的数据库 test 中创建表 users，其包含两个字段“id”和“name”，如图 2-63 所示。

名	类型	长度	十进位	允许空值 (	
id	int			☐	1
name	varchar	20		☑	

图 2-63 表 users 结构

2. 创建一个 Web 项目

首先打开 File → New → Dynamic Web Project 菜单，此时弹出 Dynamic Web Project

对话框，在 Project name 框内写入项目名称 Hibernate，如图 2-64 所示。然后单击“Next”按钮，之后再单击“Finish”按钮来完成项目的创建工作。

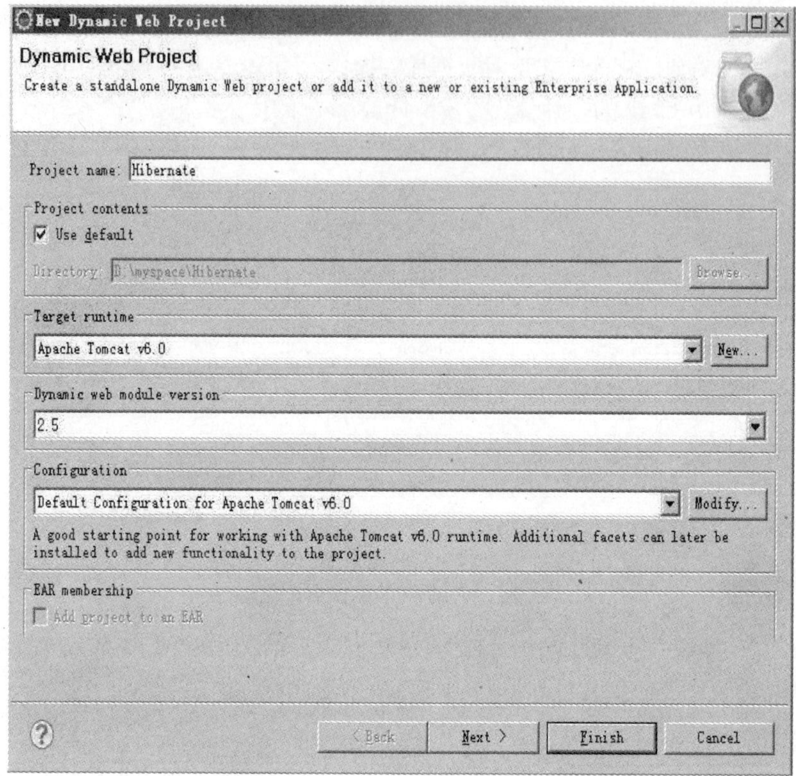

图 2-64 Dynamic Web Project 对话框

3. 在项目中增加 Hibernate 框架的包

在以上步骤已经创建好了一个 Web 项目后，接下来要做的就是加入 Hibernate 框架的包，以便在此项目中使用 Hibernate 框架。将之前下载的 Hibernate 框架对应的 JAR 包拷贝到 lib 目录下。添加过程为：首先打开 Web 项目 Hibernate，找到 WebContent 文件夹下的 lib。然后把必需的 jar 包拷贝到里面，如图 2-65 所示。

4. Hibernate 配置文件

Hibernate 的配置文件 hibernate.cfg.xml 包含了 Hibernate 与数据库的基本链接信息，在 Hibernate 工作的初始阶段，这些信息被先后加载到 Configuration 和 SessionFactory 实例中。

创建过程：在 Hibernate web 项目下的 src 右击，新建一个.xml 文件，弹出一个 New XML File 对话框，然后在 File name 处命名为：hibernate.cfg.xml，如图 2-66 所示。之后单击“Finish”按钮，完成 Hibernate 配置文件的创建工作。

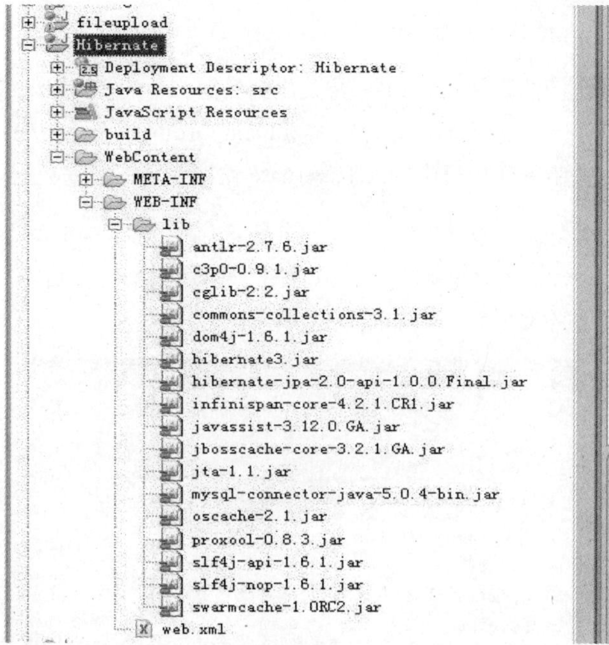

图 2-65 添加 Hibernate 开发包

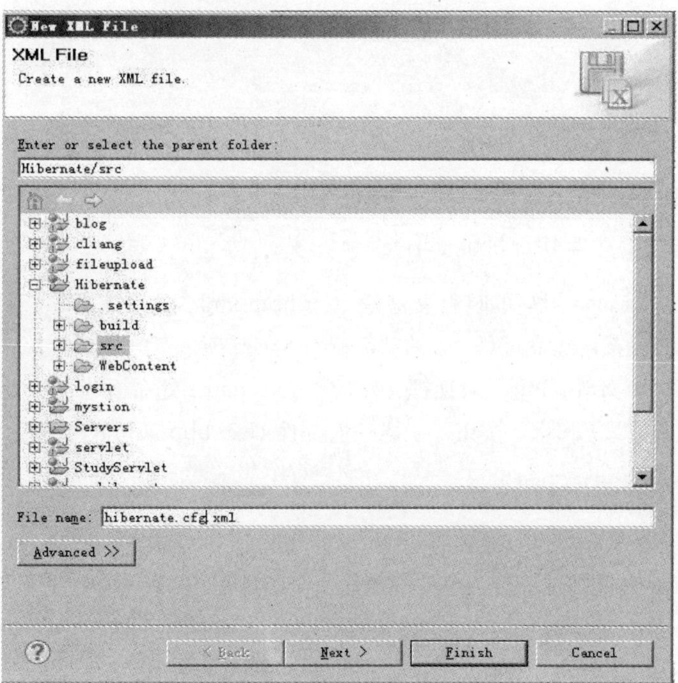

图 2-66 创建 hibernate.cfg.xml

5. 新建一个持久化类 User.java

持久化类是指其实例需要被 Hibernate 持久化到数据库中的类。Hibernate 使用简单的 Java 对象 POJOs (Plain Old Java Objects，有时也称为 Plain Ordinary Java Objects)这种编程模型来进行持久化。通过以上步骤在项目中加入 Hibernate 支持以后，根据数据表 users 中的字段生成持久化类 User.java。

建立过程：在 Hibernate web 项目下的 src 右击，新建一个包，名为“org.lxh”，接着在该包下新建一个类，名为 User.java，如图 2-67 所示。

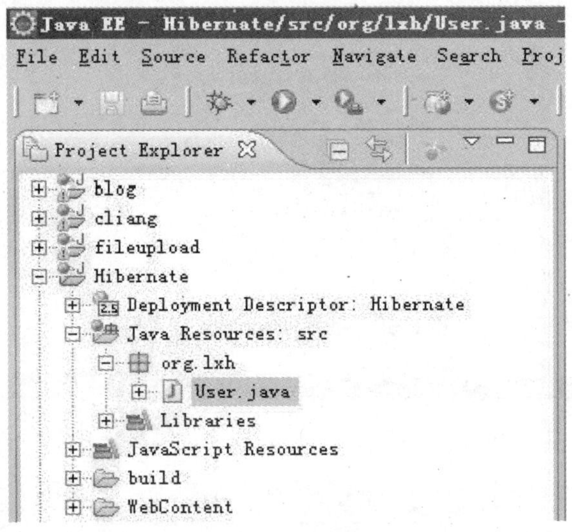

图 2-67　创建持久化类 User.java

6. 新建一个映射文件 User.hbm.xml

与持久化类 User.java 对应的映射文件是 User.hbm.xml。这个 XML 文件定义了对象属性映射到数据库表的关系。建立过程为：在 Hibernate web 项目下的 src 右击，新建一个.xml 文件，弹出一个“New XML File”对话框，然后在 File name 处命名为：User.hbm.xml，如图 2-68 所示。之后单击“Finish”按钮，完成映射文件 User.hbm.xml 的创建工作。

7. 新建一个测试程序 Test.java

前面已经把 Hibernate 的配置文件 hibernate.cfg.xml、持久化类 User.java 和相对应的映射文件 User.hbm.xml 创建好了。接下来就是创建一个测试程序 Test.java，主要功能是往表 users 中插入一行数据。

建立过程，在 Hibernate web 项目下的 src 右击，新建一个包，名为“org.test”，接着在该包下新建一个 servlet，名为 Test.java，如图 2-69 所示。

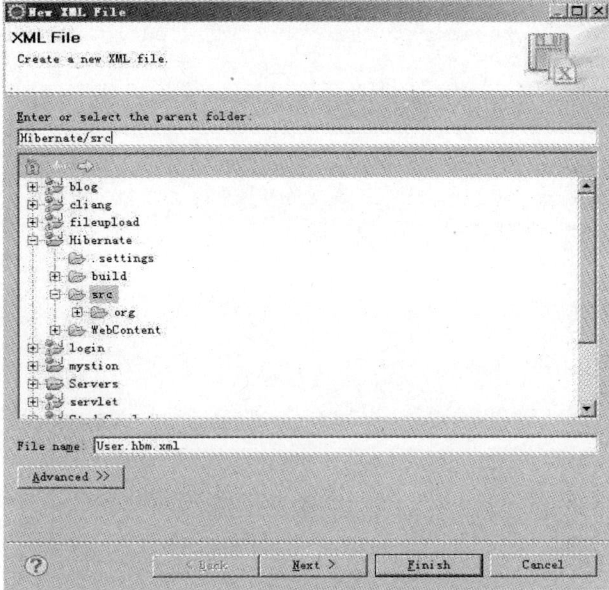

图 2-68 创建映射文件 User.hbm.xml

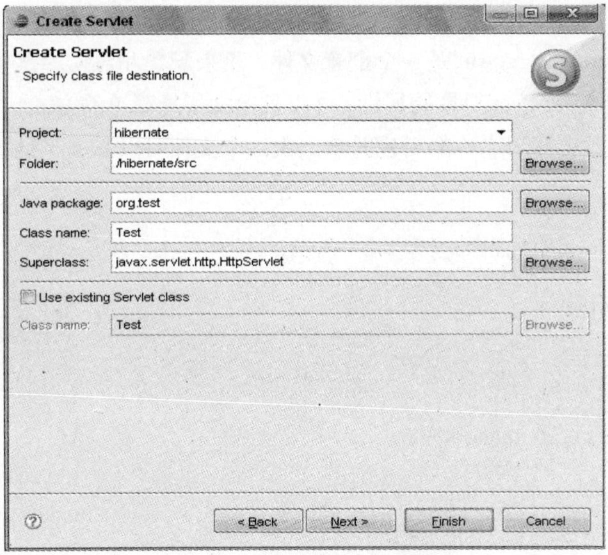

图 2-69 创建测试文件 Test.java

主要代码如程序 2-36 所示。

程序 2-36 hibernate.cfg.xml

```
<?xml version="1.0" encoding="UTF-8"?>
<!DOCTYPE hibernate-configuration PUBLIC
```

```
    "-//Hibernate/Hibernate Configuration DTD 3.0//EN"
    "http://www.hibernate.org/dtd/hibernate-configuration-3.0.dtd">
<hibernate-configuration>
    <session-factory name="factory">
    <!-- SQL 方言，这里设定的是 MySQL -->
<property
name="hibernate.dialect">org.hibernate.dialect.MySQLDialect</property>
        <!--为 true 表示将 Hibernate 发送给数据库的 sql 显示出来-->
<property name="show_sql">true</property>
<!--驱动程序-->
        <property
name="hibernate.connection.driver_class">com.mysql.jdbc.Driver</propert
y>
        <!-- JDBC URL -->
<property
name="hibernate.connection.url">jdbc:mysql://localhost:3306/test</prope
rty>
<!-- 数据库用户名-->
        <property name="hibernate.connection.username ">root</property>
<!-- 数据库密码-->
        <property name="hibernate.connection.password">123</property>
<!--映射文件-->
        <mapping resource="User.hbm.xml"/>
    </session-factory>
</hibernate-configuration>
```

程序说明：hibernate.cfg.xml 是一个配置文件，用来配置和数据库链接的相关信息；其中<property>标签用于定义 Java 对象的属性，这里只定义了最简单的方式，由 Hibernate 自动判断 Java 对象属性与数据库表名称的对应关系。由这个文件可以知道，链接 MySQL 数据库所需的基本信息。

持久化类 User.java 的代码如程序 2-37 所示。

程序 2-37 User.java

```
-------------------------------------------------------------
package org.lxh;
public class User {
    private int id;
    private String name;
    public int getId() {
        return id;
    }
    public void setId(int id) {
        this.id = id;
    }
    public String getName() {
        return name;
    }
    public void setName(String name) {
        this.name = name;
    }
    }
```

程序说明：User.java 是一个持久化类，用来定义变量和声明访问方法（get/set）。

映文件 User.bhm.xml 的代码如程序 2-38 所示。

程序 2-38 User.bhm.xml

```
<?xml version="1.0" encoding="UTF-8"?>
<!DOCTYPE hibernate-mapping SYSTEM
"http://www.hibernate.org/dtd/hibernate-mapping-3.0.dtd" >
<hibernate-mapping package="org.hibernate.test.exception" >
  <class name="org.lxh.User" table="users" >
    <id name="id" column="id" >
      <generator class="native"/>
    </id>
    <property name="name" type="string" column="name" />
  </class>
</hibernate-mapping>
```

程序说明：User.hbm.xml 是用来映射表“users”和类“User.java”之间的对应关系的；其中<class>标签是用来映射表的；<id>标签是用来映射表的主键的；属性 name 是指类中 set/get 方法后的名字；属性 column 是指表中的列名；属性 type 是指 hibernate 数据类型；<generator>标签是用来制定主键的生成方式的。

测试程序 Test.java 的代码如程序 2-39 所示。

程序 2-39 Test.java

```
package org.test;
import java.io.IOException;
import javax.servlet.ServletException;
import javax.servlet.http.HttpServletRequest;
import javax.servlet.http.HttpServletResponse;
import org.hibernate.Session;
import org.hibernate.SessionFactory;
import org.hibernate.Transaction;
import org.hibernate.cfg.Configuration;
import org.lxh.User;
import java.util.*;
 public class Test extends javax.servlet.http.HttpServlet implements
javax.servlet.Servlet {
  static final long serialVersionUID = 1L;
protected void doGet(HttpServletRequest request, HttpServletResponse
response) throws ServletException, IOException {
    this.doPost(request, response);
  }
  protected void doPost(HttpServletRequest request, HttpServletResponse
    response) throws ServletException, IOException {

    Configuration cfg=new Configuration();
      cfg.configure();
      SessionFactory sf=cfg.buildSessionFactory();
      Session ses=sf.openSession();
      Transaction ts=ses.beginTransaction();
```

```
            User user=new User();
            user.setName("hnspi");
        ses.save(user);
        ts.commit();
        ses.close();
        System.out.println("成功");
    }
}
```

程序说明：Test.java 是一个用于测试的 servlet，先用 Configuration 接口负责配置并启动 Hibernate，创建 SessionFactory 对象。在 Hibernate 的启动过程中，Configuration 类的实例首先定位映射文档位置、读取配置，然后创建 SessionFactory 对象。SessionFactory 接口负责初始化 Hibernate。它充当数据存储源的代理，并负责创建 Session 对象。Transaction 接口负责事务相关的操作。Save()方法主要用于将一个新实例化的对象持久化，保存到数据库中。

8. 测试

完成上述所有步骤后，一个简单的以 Hibernate 为框架的测试用例就完成了。右击 Test.java，单击运行。成功执行后，打开原先建立的表 users，就会发现数据已经添加进表里了，如图 2-70 所示。

图 2-70 程序执行后数据库显示

2.10 Ajax 框架

根据代码库封装代码的不同，Ajax 框架分为基于浏览器的 Ajax 框架和基于服务器端的 Ajax 框架。

基于浏览器的 Ajax 框架可以分为 Application Frameworks 和 Infrastructural Frameworks。Application Frameworks 框架提供了浏览器功能，而 Infrastructural Frameworks 框架提供了基本的框架功能和轻便式浏览器端操作功能，开发者应用它们就可创建具体的应用。基于服务器端的 Ajax 框架分为两种形式，一种是通过服务器端生成 HTML 和 JS 代码，再传递给浏览器端运行；另一种是利用 JavaScript 调用服务器端函数，并返回给 JavaScript 的回调句柄，或者请求服务器端数据信息，例如 session 信息、数据库查询等。

Dojo 是 Ajax 的框架之一，于 2004 年 9 月开始开发。Dojo 框架是一个具有许多功能的库，包括处理 HTML、字符串、样式、DOM、正则表达式和若干其他实用工具的通用库。这个项目的目标是建立充分利用 XHR 的 DHTML 工具包，并把重心放在可用性问题上。Dojo 只有几个文件，不用处理 XHR 的建立，只需调用 bind 方法，并传入想调用的 URL 和回调方法即可，还可以使用 bind 方法来提交整个表单。

Dojo 官方网站：http://dojotoolkit.org。Dojo 目前的版本为 1.6。

下面利用 Dojo 建立一个程序的主界面。

(1) 获得 Dojo 组件包。下载最新的 Dojo 组件包，下载地址为：http://dojotoolkit.org/download/，Dojo 下载界面如图 2-71 所示。

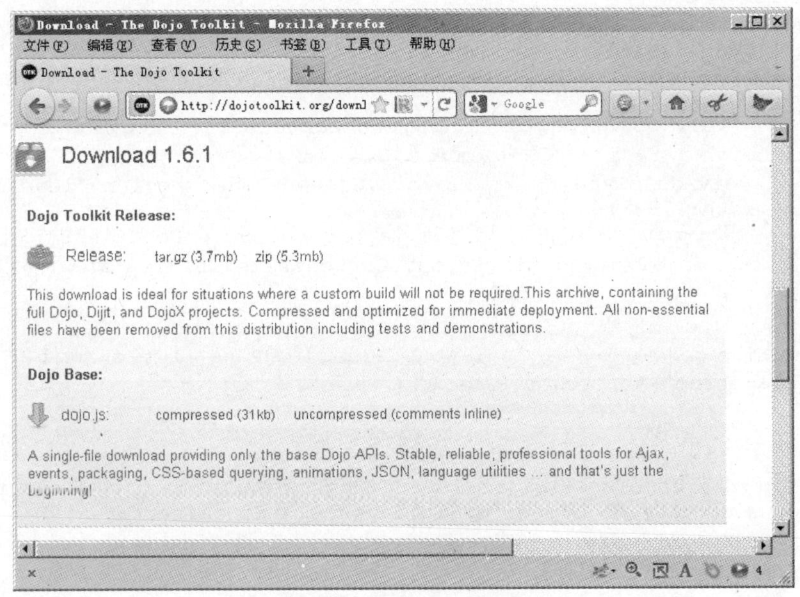

图 2-71　Dojo 下载界面

(2) 解压组件包到开发项目。

(3) 编写 zhubuju.html 代码如程序 2-40 所示。

程序 2-40　zhubuju.html

```
---------------------------------------------
<!DOCTYPE html PUBLIC "-//W3C//DTD XHTML 1.0 Transitional//EN"
"http://www.w3.org/TR/xhtml1/DTD/xhtml1-transitional.dtd">
<html xmlns="http://www.w3.org/1999/xhtml">
<head>
<meta http-equiv="Content-Type" content="text/html; charset=gb2312" />
<title>文件管理系统主界面</title>
 <link rel="stylesheet" type="text/css"
href="js/dijit/themes/soria/soria.css"/>
<style type="text/css">
        html, body { width: 100%; height: 100%; margin: 0; }
</style>
<style type="text/css">
        body, html { font-family:helvetica,arial,sans-serif;
```

```
font-size:90%; }
</style>
<script src="js/dojo/dojo/dojo.js" djConfig="parseOnLoad:
true"></script>
<script type="text/javascript">
      // 布局 borderContainer 容器 和 contentPane 界面
         dojo.require("dijit.layout.BorderContainer");
         dojo.require("dijit.layout.ContentPane");
         dojo.require("dijit.layout.AccordionContainer");
         dojo.require("dijit.layout.TabContainer");
</script>
</head>
<body class="soria">
<div dojoType="dijit.layout.BorderContainer" style="width: 100%; height:
100%">
         <div dojoType="dijit.layout.ContentPane" region="top"
style="height: 8%">***文件收发管理系统  </div>
        <div dojoType="dijit.layout.ContentPane" region="leading"
style="width: 15%;">
            <div dojoType="dijit.layout.AccordionContainer" >
      <div dojoType="dijit.layout.ContentPane" title="面板 1">
         accordion pane 编号 1
      </div>
      <div dojoType="dijit.layout.AccordionPane" title="面板 2"
closable="true">Accordion Pane 2
      </div>
            </div>
         </div>
        <div dojoType="dijit.layout.ContentPane" region="center">
            <div dojoType="dijit.layout.TabContainer">
                <div dojoType="dijit.layout.ContentPane" title="列表"
selected="true">文件主列表
                </div>
                <div dojoType="dijit.layout.ContentPane" title="文件名"
closable="true" >
                 文件详细页面
                </div>
             </div>
         </div>
       <div dojoType="dijit.layout.ContentPane" region="trailing">
             Trailing pane
         </div>
           <div dojoType="dijit.layout.ContentPane" region="bottom"
style="height: 3%;">
         <div dojoType="dijit.layout.ContentPane">
             软件研发中心 http://bbs.srd.hncst.net 文件收发系统 v0.1
         </div>
        </div>
      </div>
      <script type="text/javascript">
         dojo.addOnLoad(function() {
             if (document.pub) {
                 document.pub();
             }
```

```
        });
    </script>
</body>
</html>
```

程序说明：该程序段为采用 Dojo 的界面 html 程序，调用了 Dojo 的 BorderContainer、ContentPane、AccordionContainer、TabContainer 组件。在 Dojo 中使用组件、使用 dojo.require 方法调用需要的组件类即可。调用组件格式可以采用如<div dojoType="dijit.layout.BorderContainer">的格式。

程序运行效果如图 2-72 所示。

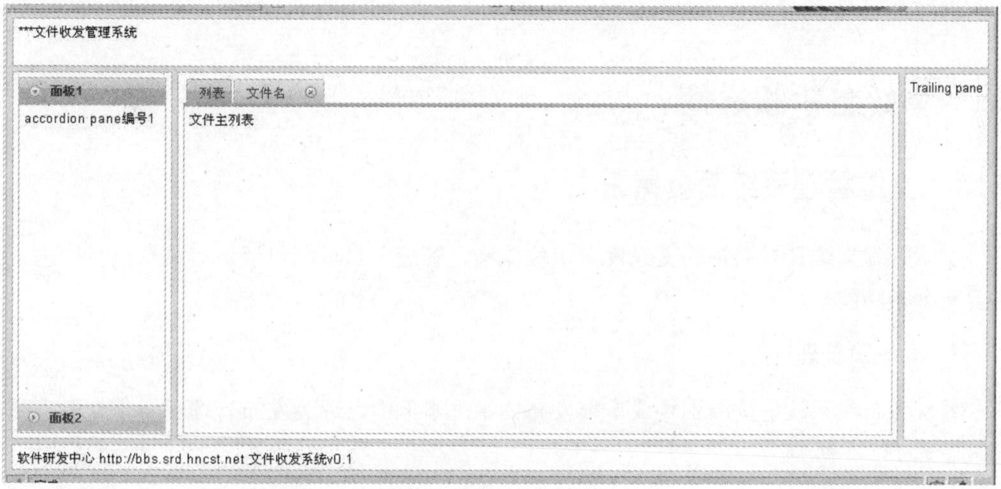

图 2-72 Dojo 布局效果

第3章

文章管理系统

文章管理系统是一般 Web 系统或网站管理都应用到的系统，本章将详细介绍文章管理系统的设计开发方法。

3.1 系统分析和设计

3.1.1 文章管理系统简要需求

文章管理系统具有完备的文章发布审核体系，管理人员可以灵活地对文章进行管理，其主要有如下功能。

1. 管理员管理

管理人员在系统中按级别构成审核发布体系。本例中，分为发布管理员、审核管理员和超级管理员 3 个级别。

超级管理员可以对其他两个身份的人员进行管理，管理功能有添加管理员、禁用管理员和修改管理员密码。

2. 文章分类管理

本例中文章有两级分类，即一级分类和二级分类，两级分类有级联关系，类型可以在线添加、修改和删除。

3. 文章管理

文章管理模块为文章管理系统的主要部分，文章管理主要包括文章的添加、修改、审核、删除和恢复等功能。

在文章管理状态下，各个级别权限的管理人员的区别为：发布人可以添加、修改文章(文章一旦被审核后，不能修改；不能修改别人的文章)，审核管理员和超级管理员可以添加、审核、修改、删除和恢复文章。

文章可以在线编辑，但需要有在线编辑器。

4．文章显示及调用功能

每个部门可以独立调用所属部门的文章，并且可以建立自己部门的模板，实现文章与本部门网站风格的一致性。

3.1.2 系统体系设计

系统程序结构如图 3-1 所示，添加文章页面为 addarticle.jsp，修改文章页面为 changeArticle.jsp，显示文章详细信息页面为 showArticle.jsp，文章列表页面为 articleList.jsp，Ajax 控制程序及相关校验 JavaScript 的文件为 article.js，文章管理后台调度程序为 ArticleManager.java。

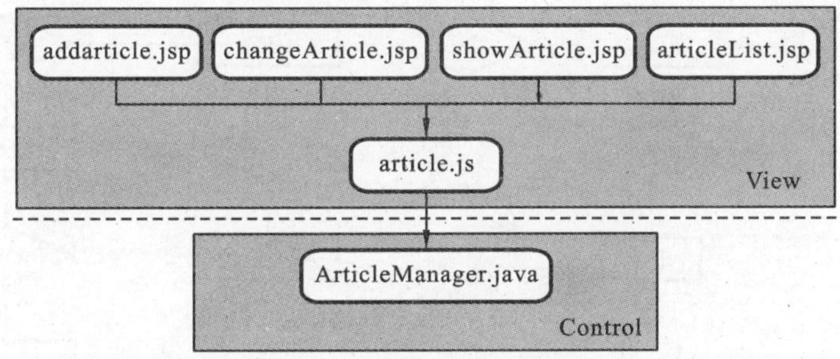

图 3-1 系统程序结构图

系统程序结构及方法调用流程如图 3-2 所示，每个流程分为五个步骤。1-1~1-5 为添加文章的流程，2-1~2-5 为编辑文章的流程，3-1~3-5 为审核文章的流程，4-1~4-5 为删除文章的流程。

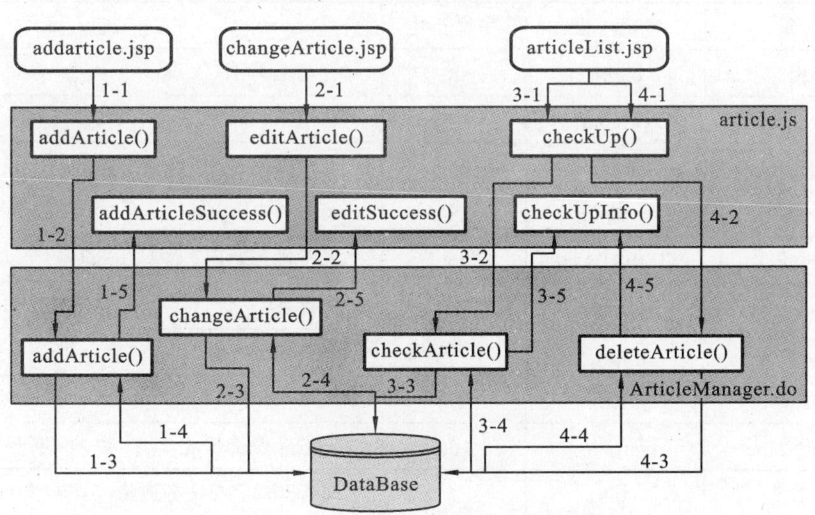

图 3-2 系统程序结构及方法调用流程

文章管理系统采用 Ajax+JSP+Servlet+JDBC 系统模式来实现。

3.2 数据库设计

3.2.1 E-R 图

根据文章管理系统的需求，设计出数据库 E-R 图，如图 3-3 所示。文章管理系统文章表结构说明如表 3-1 所示。其他表结构说明此处略，在建立表结构的 SQL 语句中有注释说明。

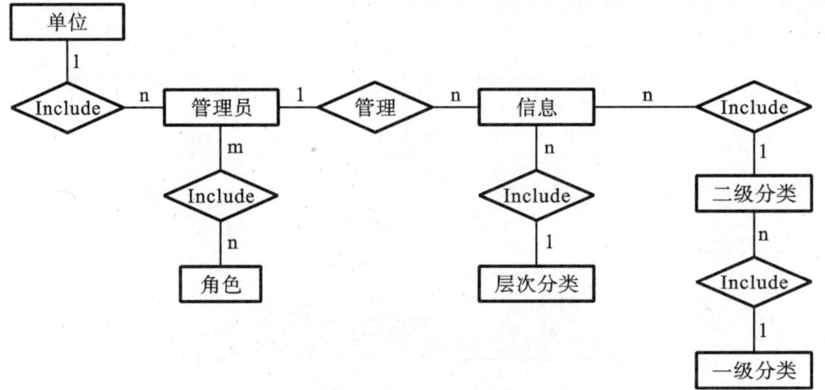

图 3-3 文章管理系统 E-R 图

表 3-1 文章管理系统文章表结构说明

字段名	字段类型	字段长度	说 明
ArtId	bigint	8	自动增加 1；主键
ArtTitColor	varchar	100	标题默认颜色
ArtTitle	varchar	255	文章标题
ArtAuthor	varchar	255	文章作者
Arttime	TIMESTAMP	—	文章添加时间，默认 now()
ArtKeywords	varchar	700	关键字
ArtContent	text	—	文章详细内容
ArtFrom	varchar	255	文章来源
SysUserName	varchar	100	发布管理员账号
ArtIsDel	bit	1	是否删除，0 没有删除，1 删除；默认 0
ArtIsCheck	bit	1	是否审核，0 没有审核；默认 0

续表

字段名	字段类型	字段长度	说　明
CSysUserName	varchar	100	审核管理员账号
viewTimes	int	4	浏览次数
ArtIsTuijian	bit	1	文章是否被推荐，1 推荐；默认 0
ArtIsTop	bit	1	文章是否置顶，1 置顶；默认 0

3.2.2 数据库表结构

创建数据表结构的代码如程序 3-1 所示。

程序 3-1　Article.sql

```
---------------------------------------------
-- 创建文章管理系统数据库表
-- 数据库 MySQL5
-- 创建时间：2010-03-01
-- 最后修改时间：2010-03-10
-- 建表人：Ljq
---------------------------------------------
......
......
-- 创建文章一级分类表
create table if not exists DocSort(
Sortid        varchar(100)  not null,      -- 文章一级分类号
SortName      varchar(255)  null,          -- 分类名称
Balance       int           default 0,     -- 显示顺序
SortIsDel     bit           default 0,     -- 是否删除，0 没有删除
Primary key(Sortid)
);

-- 创建文章二级分类表
create table if not exists DocSSort(
SSortid       varchar(100)  not null,      -- 文章二级分类号
SSortName     varchar(255)  null,          -- 分类名称
Sortid        varchar(100)  null,          -- 文章所属一级分类号，
                                              与 DocSort. Sortid 关联
Balance       int           default 0,     -- 显示顺序
SSortIsDel    bit           default 0,     -- 是否删除，0 没有删除
Primary key(SSortid)
);

-- 创建层次分类表
create table if not exists LevelSort(
```

```
leveid         varchar(100)   not null,        -- 文章层次分类编号
levename       varchar(255)   null,            -- 分类名称
Balance        int            default 0,       -- 显示顺序
leveIsDel      bit            default 0,       -- 是否删除，0没有删除
Primary key(leveid)
);

-- 创建文章表
create table if not exists Article(
ArtId          bigint         auto_increment,  -- 文章编号
ArtTitColor    varchar(100)   default '#000',  -- 标题默认颜色
ArtTitle       varchar(255)   null,            -- 文章标题
ArtAuthor      varchar(255)   null,            -- 文章作者
Arttime        TIMESTAMP      default now(),   -- 文章添加时间
SSortid        varchar(100)   null,            -- 分类编号，与
                                                  DocSSort.Sortid关联
ArtKeywords    varchar(700)   null,            -- 关键字
ArtContent     text           null,            -- 文章详细内容
ArtFrom        varchar(255)   null,            -- 文章来源
SysUserName    varchar(100)   null,            -- 发布管理员账号
ArtIsDel       bit            default 0,       -- 是否删除，0没有删除，1删除
ArtIsCheck     bit            default 0,       -- 是否审核，0没有审核
CSysUserName   varchar(100)   null,            -- 审核管理员账号
viewTimes      int            default 0,       -- 浏览次数
Leveid         varchar(100)    null,           -- 层次分类编号，
                                                 与LevelSort.leveid关联
ArtIsTuijian   bit            default 0,       -- 文章是否被推荐，1推荐
ArtIsTop       bit            default 0,       -- 文章是否置顶，1置顶
Primary key(ArtId)
);
......
......
```

程序说明：Article.sql 为创建数据库表的 SQL 语句。在程序中，创建了文章一级分类表 DocSort，文章二级分类表 DocSSort，文章层次分类表 LevelSort，文章表 Article；列出了文章系统涉及的主要表结构，其他表结构略。

3.3 系统主要功能实现

文章管理系统采用 Ajax+JSP+Servlet+JDBC 系统结构开发，本节主要分析 Ajax 的主程序结构和 Servlet 主程序。

3.3.1 文章管理主调度 Ajax 程序

文章管理主调度的代码如程序 3-2 所示。

程序 3-2 article.js

```
------------------------------------------------
var xmlHttp;
var articleId;//文章编号
var stmt;//操作
var shijian;//事件
var companyid;
var jibie;//级别
var shumu;
var CPid;
var bianhao;
var exits;
var showmodel;
var modelid;
var waitPic="<img src=\"./images/wait.gif\" alt=\"等待加载\"/>";
//创建 XHR 对象
function createXMLHttpRequest(){
  xmlHttp=false;
    if(window.XMLHttpRequest){
      xmlHttp=new XMLHttpRequest();
      if(xmlHttp.overrideMimeType){
        xmlHttp.overrideMimeType('text/xml');

        }
      }
    else if(window.ActiveXObject)
    {
    try{
      xmlHttp=new ActiveXObject("Msxml2.XMLHTTP");
      }catch(e){
      try{
        xmlHttp=new ActiveXObject("Microsoft.XMLHTTP");
      }catch(e){}
      }
    }
}
function GetRadioValue(RadioName){
    var obj;
  var i;
  var a;
      obj=document.getElementsByName(RadioName);
        for(i=0;i<obj.length;i++)
    {
            if(obj[i].checked)
      {
              a=obj[i].value;
            }
        }
```

```
    return a;
}

function getTextValueEncode(content){
  var s="";
   var value =document.getElementById(content).value;
   for(var i=0;i<=value.length;i++)
     {
      s+=value.charAt(i).replace("&","#38").replace("%","##25").
        replace("'","");
   }
  return encodeURI(encodeURI(s));
  }
function getEditorContents(id){
   var s="";
   var oEditor = FCKeditorAPI.GetInstance("ArtContent"+id);
    oEditor =oEditor.GetXHTML(true);
   for(var i=0;i<=oEditor.length;i++)
     {
      s+=oEditor.charAt(i).replace("&","#38").replace("%","##25");
   }
  return encodeURI(encodeURI(s));
}
function ischinese(content){
   var reg=/^[\u4e00-\u9fa5]+$/;
   for(var i=0;i<=content.length;i++)
     {
       if(reg.test(content.charAt(i))){
     return true;
     break;
     }
   }
}
//跳转分页
function tzym(pn,sortid,time1,time2){
  var tzpn=document.getElementById("tzym").value;
  var s="0123456789";
  if(tzpn.length==0){
    alert("请输入跳转页码！");
    document.getElementById("tzym").focus();
  }else if(parseInt(tzpn)>pn || tzpn=="0"){
    alert("对不起，您输入的跳转页码已超出范围！");
    document.getElementById("tzym").value="";
    document.getElementById("tzym").focus();
  }else{
    for(var i=0;i<tzpn.length;i++){
      if(s.indexOf(tzpn.substring(i,i+1))==-1){
        alert("对不起，您输入的跳转页码非法！");
        document.getElementById("tzym").value="";
        document.getElementById("tzym").focus();
        return;
      }
    }
    selectArticleList('manageLog',tzpn,sortid,time1,time2)
```

```
  }
}
//文章列表
function selectArticleList(qian,page,sortid,time1,time2)
{
  var url;
  if(page==""&&sortid==""&&time1==""&&time2==""){url=
    qian+".jsp?time="+new Date().getTime();}
  else
    if(page!=""&&sortid==""&&time1==""&&time2=="")
      {url=qian+".jsp?time="+new Date().getTime()+"&page="+page;}
  else
    if(page==""&&sortid!=""&&time1==""&&time2=="")
      {url=qian+".jsp?time="+new Date().getTime()+"&sortid="+sortid;}
  else
    if(page!=""&&sortid!=""&&time1==""&&time2=="")
      {url=qian+".jsp?time="+new Date().getTime()+"&page=
       "+page+"&sortid="+sortid;}
  else
    if(page==""&&sortid==""&&time1!=""&&time2!="")
      {url=qian+".jsp?time="+new Date().getTime()+"&time1=
      "+time1+"&time2="+time2;}
  else
    if(page!=""&&sortid==""&&time1!=""&&time2!="")
      {url=qian+".jsp?time="+new Date().getTime()+"&page=
       "+page+"&time1="+time1+"&time2="+time2;}
  else
    if(page==""&&sortid!=""&&time1!=""&&time2!="")
      {url=qian+".jsp?time="+new Date().getTime()+"&sortid=
      "+sortid+"&time1="+time1+"&time2="+time2;}
  else
    if(page!=""&&sortid!=""&&time1!=""&&time2!="")
      {url=qian+".jsp?time="+new Date().getTime()+"&page=
      "+page+"&sortid="+sortid+"&time1="+time1+"&time2="+time2;}
  createXMLHttpRequest();
  document.getElementById("rights").innerHTML=waitPic+"正在查询……";
  xmlHttp.open("GET", url, true);
    xmlHttp.onreadystatechange = parseArticleList;
    xmlHttp.send(null);
}
//文章搜索
function selectArticle(qian){
  var title=getTextValueEncode("biaoti");
  var url=qian+".jsp?time="+new Date().getTime()+"&title="+title;
  createXMLHttpRequest();
  document.getElementById("right").innerHTML=waitPic+"正在查询……"
  xmlHttp.open("GET",url,true);
  xmlHttp.onreadystatechange=parseArticleList;
  xmlHttp.send(null);
}
function parseArticleList()
{
  if(xmlHttp.readyState == 4){
    if(xmlHttp.status == 200){
```

```
            xmlDoc = xmlHttp.responseText;
      document.getElementById("rights").innerHTML=xmlDoc;
        }
    else
    {
      //alert("服务器异常");
      document.getElementById("rights").innerHTML="暂无数据";
    }
    }
}
//文章详细信息
function selecArticleInfo(articleIdtemp){
articleId=articleIdtemp;
  createArticleTable(articleIdtemp);
  document.getElementById("artShenhe-"+articleIdtemp).disabled=true;
  document.getElementById("ArtIdtemp-"+articleIdtemp).innerHTML=
    waitPic+"正在查询……";
  var url="showArticle.jsp?time=
    "+new Date().getTime()+"&ArtId="+articleIdtemp;
  createXMLHttpRequest();
  xmlHttp.open("GET", url, true);
    xmlHttp.onreadystatechange = parseArticleInfo;
    xmlHttp.send(null);
}
//文章详细信息的响应函数
function parseArticleInfo()
{
  if(xmlHttp.readyState == 4){
    if(xmlHttp.status == 200){
            xmlDoc = xmlHttp.responseText;
            document.getElementById("ArtIdtemp-
               "+articleId).innerHTML=xmlDoc;
            document.getElementById("artTitle-
               "+articleId).disabled=true;
        }
    else
    {
      alert("暂无数据");
  document.getElementById("ArtId-"+articleId).removeChild(document.
    getElementById("ArtIdtemp-"+articleId));
    }
    }
}
//创建DIV
function createArticleTable(jsh)
{
  var divArticle=document.createElement("div");
  divArticle.setAttribute("id","ArtIdtemp-"+jsh);
  document.getElementById("ArtId-"+jsh).appendChild(divArticle);
}
//对文章状态的操作
function checkUp(action,ArtId){
  var str="";
```

```
  if(action=="check"){str="审核";}
  if(action=="delete"){str="删除";}
  if(action=="huanyuan"){str="还原";}
  if(confirm("确认"+str+"该文章？"))
   {  articleId=ArtId;
      shijian=action;
    document.getElementById("checkart-"+ArtId).disabled=true;
    var url="../admin/ArticleManager.do?time="+new
       Date().getTime()+"&ArtId="+articleId+"&action="+action;
    createXMLHttpRequest();
    xmlHttp.open("GET", url, true);
    xmlHttp.onreadystatechange = checkUpInfo;
    xmlHttp.send(null);
   }
}
//文章状态修改的响应函数
function checkUpInfo(){
if(xmlHttp.readyState == 4){
    if(xmlHttp.status == 200){
        var status=xmlHttp.responseXML.getElementsByTagName(
          "status")[0].firstChild.data;
            if(status==1){
              if(shijian=="check"){
                alert("审核成功！");
                closeArticleInfo(articleId);
                document.getElementById("artShenhe-"+articleId).
                   innerHTML="已审核";
          document.getElementById("checkart-"+articleId).
             disabled=false;
              }else if(shijian=="delete"){alert("删除成功！");
                closeArticle(articleId);
              }else if(shijian=="huanyuan"){alert("已还原！")
                ;closeArticle(articleId);}

            }
            else{alert("修改状态失败！");}
        }
    else
    {
      alert("审核失败！");
      if(shijian=="check"){
              alert("审核失败！");
              closeArticleInfo(articleId);
            }else if(shijian=="delete"){alert("删除失败！");
            }else if(shijian=="huanyuan"){alert("还原失败！");}
    }
    }
}
//关闭文章详细信息
function closeArticleInfo(artbh)
{
articleId=artbh
```

```
    document.getElementById("ArtId-"+artbh).removeChild(
      document.getElementById("ArtIdtemp-"+artbh));
    document.getElementById("artTitle-"+articleId).disabled=false;
      document.getElementById("artShenhe-"+articleId).disabled=false;
  }
  function closeArticleeditor(artbh){
    document.getElementById("ArtId-"+artbh).removeChild(
      document.getElementById("ArtIdtemp-"+artbh));
    document.getElementById("artTitle-"+artbh).disabled=false;
    document.getElementById("changeA-"+artbh).disabled=false;
  }
  function closeArticle(aa){
    document.getElementById("article").removeChild(
      document.getElementById("ArtId-"+aa));
  }
  //编辑文章
  function changeArticleInfo(articleIdtemp){
    articleId=articleIdtemp;
    var url="changeArticle.jsp?time="+new
      Date().getTime()+"&ArtId="+articleIdtemp;
    createXMLHttpRequest();
    createArticleTable(articleIdtemp);
    document.getElementById("ArtIdtemp-"+articleIdtemp).innerHTML=
      waitPic+"正在查询……";
    xmlHttp.open("GET", url, true);
      xmlHttp.onreadystatechange = parseArticleInfo;
      xmlHttp.send(null);
  }
  function getPageNum(qian,leibie){
    var page=document.getElementById("ChangepageId").value;
    if(!isNaN(page)){
      selectArticleList(qian,page,leibie);
    }
    else{
      alert("请输入数字！");
      document.getElementById("ChangepageId").select();
    }
  }
  function getedtartKeyWord(id,artid){
  var ischeck=document.getElementById(id).checked;
  if(ischeck){
    document.getElementById("KW"+artid).value+=
      document.getElementById(id).value+",";
  }
  }
  function editArticle(artId){
    articleId=artId;
    document.getElementById("changeA-"+artId).disabled=true;
    document.getElementById("changeArticle"+artId).innerHTML=
      waitPic+"正在提交请稍后……";
    var wztjsj=document.getElementById("wztjsj"+artId).value;
    var wzbt=getTextValueEncode("wzbt"+artId);
    var wzbtys=GetRadioValue('titleColor'+artId);
    var artIsTop=GetRadioValue('artistop'+artId);
```

```
 var wzlbbh=getTextValueEncode("SSortId"+artId);
 var wzcengci=getTextValueEncode("cengciId"+artId);
 var wzpingtai=getTextValueEncode("pingtaiId"+artId);
 var xggz=getTextValueEncode("xggz"+artId);
 var wzly=getTextValueEncode("wzly"+artId);
 var gjz=getTextValueEncode("KW"+artId);
 var wzzz=getTextValueEncode("wzzz"+artId);
   var Artcontent=getEditorContents(artId);
 var Query="ArtId="+artId+"&title="+wzbt+"&titleColor="+wzbtys+
   "&SortId="+wzlbbh+"&Arttime="+wztjsj+"&ArtContent=
   "+Artcontent+"&artFrom="+wzly+"&Leveid="+wzcengci+"&Esiteid=
   "+wzpingtai+"&artIsTop="+artIsTop+"&wkid="+xggz;
 var url="../admin/ArticleManager.do?time="+new
Date().getTime()+"&ArtId="+artId+"&author="+wzzz+"&keyword=
   "+gjz+"&action=edit";
 createXMLHttpRequest();
 xmlHttp.open("POST", url, true);
   xmlHttp.onreadystatechange = editSuccess;
   xmlHttp.setRequestHeader("Content-Type","application/
     x-www-form-urlencoded");
   xmlHttp.send(Query);
}

function editSuccess(){
  if(xmlHttp.readyState == 4){
    if(xmlHttp.status == 200){
         var resxml= xmlHttp.responseXML;
var stat= resxml.getElementsByTagName(
   "status")[0].firstChild.data;
var title= resxml.getElementsByTagName(
   "info1")[0].firstChild.nodeValue;
var ssortname = resxml.getElementsByTagName(
   "info2")[0].firstChild.nodeValue;
          if(stat==1){
         alert("编辑文章成功！");
      document.getElementById("changeA-"+articleId).disabled=false;
              document.getElementById(
                 "artTitle-"+articleId).innerHTML=title;
     document.getElementById("ssortname-"+articleId).innerHTML=
        ssortname;closeArticleInfo(articleId);
             }
else
  {
    alert("编辑失败");
  }
        }
    else
    {
      alert("服务器异常");
    }
    }
 }
 function edit(artId){
 articleId=artId;
```

```
createArticleTable(artId);
document.getElementById("changeA-"+artId).disabled=true;
document.getElementById("ArtIdtemp-"+artId).innerHTML=
   waitPic+"正在加载……";
var url="changeArticle.jsp?time=
   "+new Date().getTime()+"&ArtId="+artId;
  createXMLHttpRequest();
  xmlHttp.open("GET", url, true);
    xmlHttp.onreadystatechange = parseArticleInfo;
    xmlHttp.send(null);
}

function searchArticle(model,page,guanjianzi){
var title=encodeURI(encodeURI(guanjianzi));
var url=model+".jsp?time=
   "+new Date().getTime()+"&page="+page+"&title="+title;
createXMLHttpRequest();
xmlHttp.open("GET",url,true);
xmlHttp.onreadystatechange=parseArticleList;
xmlHttp.send(null);
}
function getartKeyWord(id){
var ischeck=document.getElementById(id).checked;
if(ischeck){
  document.getElementById("artKeyWord").value+=
    document.getElementById(id).value+",";
}
}

/**
*添加文章的方法*
**/
function addArticle(){
  var arttpye=document.getElementById("SSortId").value;
  if(arttpye==""){
    alert("请选择文章类型");
  }
  else{
  document.getElementById("addartbutton").disabled=true;
  document.getElementById("showaddinfo").innerHTML=
    waitPic+"正在提交……";
  var wzbt=getTextValueEncode("title");
  var wzbtys=GetRadioValue('titleColor');
  var artIsTop=GetRadioValue("artistop");
  //alert(artIsTop);
  var wzlbbh=getTextValueEncode("SSortId");
  var wzcengci=getTextValueEncode("cengciId");
  var wzpingtai=getTextValueEncode("pingtaiId");
  var xggz=getTextValueEncode("xggz");
  var wzly=getTextValueEncode("artFrom");
  var gjz=getTextValueEncode("artKeyWord");
  var wzzz=getTextValueEncode("author");
  var Artcontent=getEditorContents('');
  var Query="title="+wzbt+"&titleColor="+wzbtys+"&SortId=
```

```
  "+wzlbbh+"&ArtContent="+Artcontent+"&artFrom="+wzly+"&author=
  "+wzzz+"&keyword="+gjz+"&Leveid="+wzcengci+"&Asiteid=
  "+wzpingtai+"&wkid="+xggz+"&artIsTop="+artIsTop;
 var url="../admin/ArticleManager.do?time=
  "+new Date().getTime()+"&action=add";
 createXMLHttpRequest();
 xmlHttp.open("POST", url, true);
  xmlHttp.onreadystatechange = addArticleSuccess;
  xmlHttp.setRequestHeader("Content-Type","application/
   x-www-form-urlencoded");
  xmlHttp.send(Query);
 }
}
function addArticleSuccess(){
if(xmlHttp.readyState == 4){
  if(xmlHttp.status == 200){
       var stat=xmlHttp.responseXML.getElementsByTagName(
        "status")[0].firstChild.data;
       if(stat==1){
      alert("添加文章成功！");
     selectArticleList('articleList','','');
          }
     }
  else
  {
    alert("服务器异常");
  }
  }
}
function checkParameters(model,action,id){
  showmodel=model;
  shijian=action;
  var patrn=/^[\s|]*$/;
  var reg=/^[u4E00-u9FA5]+$/;
  var canshu=document.getElementById(id).value;
  if(patrn.test(canshu)){
   if(action=="addunit")alert("请输入单位编号！");
   if(action=="addlinksort")alert("请输入类型编号！");
   if(action=="addlinks")alert("请输入链接编号！");
   if(action=="addsort")alert("请输入一级分类号！");
   if(action=="addSSort")alert("请输入二级分类号！");
   if(action=="addadmin")alert("请输入管理员账号！");
  }else if(ischinese(canshu)){
   if(action=="addunit")alert("单位编号不能为中文！");
   if(action=="addlinksort")alert("类型编号不能为中文！");
   if(action=="addlinks")alert("链接编号不能为中文！");
   if(action=="addsort")alert("一级分类号不能为中文！");
   if(action=="addSSort")alert("二级分类号不能为中文！");
   if(action=="addadmin")alert("管理员账号不能为中文！");
  }else{
  var canshu=getTextValueEncode(id);
  var url="../admin/checkManager?action="+action+"&CompanyName=
```

```
        "+canshu+"&time="+new Date().getTime();
      createXMLHttpRequest();
      xmlHttp.open("POST", url, true);
        xmlHttp.onreadystatechange = parseCheckParameters;
        xmlHttp.setRequestHeader("Content-Type",
           "application/x-www-form-urlencoded");
        xmlHttp.send(null);
      }
    }
    function parseCheckParameters()
    {
      if(xmlHttp.readyState == 4){
        if(xmlHttp.status == 200){
             var responsexml = xmlHttp.responseXML;
             var status = responsexml.getElementsByTagName(
                "status")[0].firstChild.nodeValue;
            if(status==-1){
    if(shijian=="addsort")document.getElementById(showmodel).innerHTML=
       " <font color='red'>该一级分类号已存在</font>";
      if(shijian=="addadmin")document.getElementById(showmodel).innerHTML=
         " <font color='red'>该账号已存在</font>";
            exits=true;
            }else{
          document.getElementById(showmodel).innerHTML="  
             <font color='green'>√</font>";
               exits=false;
            }
            }else
        {
          alert("服务器异常！");
        }
        }
    }
    function checkURL(param){
      var regExp=new RegExp("((^http)|(^https)|(^ftp)):\/\/(\\w)+
         \.(\\w)+");
      return  regExp.test(param)?true:false
    }
```

程序说明：本程序为文章管理系统的主调度程序，包括文章管理系统的添加、修改、审核、删除等相关功能。各个方法的调度顺序如图 3-2 所示。下面从几个主要功能分析该脚本程序。

(1) 添加文章模块。添加文章主界面由主页面调用 addarticle.jsp 程序显示，效果如图 3-4 所示，提交按钮的 OnClick 事件的方法为 addArticle()，它获取页面数据后，使用 POST 方法提交给后台处理程序 ArticleManager.do，主要代码如下。

```
-----------------------------------------
var url="../admin/ArticleManager.do?time=
   "+new Date().getTime()+"&action=add";
  createXMLHttpRequest();
  xmlHttp.open("POST", url, true);
```

```
xmlHttp.onreadystatechange = addArticleSuccess;
xmlHttp.setRequestHeader("Content-Type","application/
  x-www-form-urlencoded");
 xmlHttp.send(Query);
```

其过程如图 3-2 步骤 1-1、1-2 所示。

添加文章响应结果处理的方法为 addArticleSuccess()，此过程如图 3-2 步骤 1-5 所示。添加文章的效果页面如图 3-4 所示。ArticleManager.do 的 addArticle()方法反馈的 XML 结构代码如下。

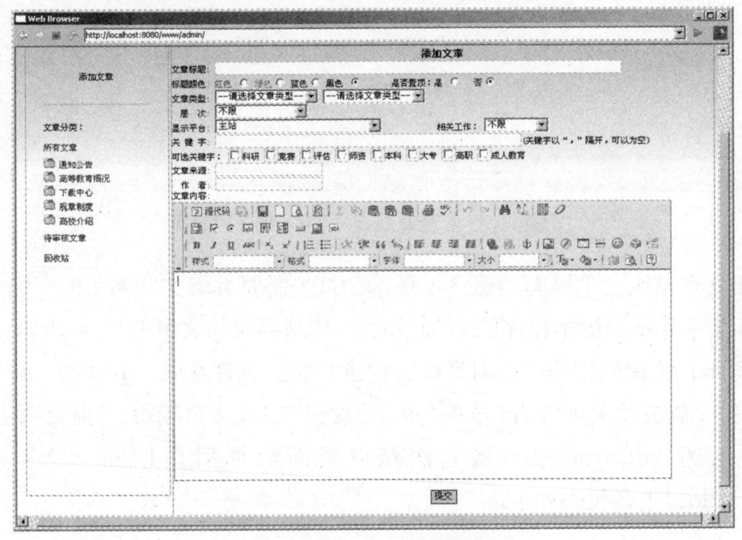

图 3-4　添加文章的效果页面

```
------------------------------------------------
<result>
<status>1 </status>
</result>
```

在 addArticleSuccess()方法中，通过取得 XML，判断 status 是否为 1，若为 1，则证明文章添加成功，否则失败，主要代码如下。

```
------------------------------------------------
var stat=xmlHttp.responseXML.getElementsByTagName(
    "status")[0].firstChild.data;
if(stat==1){
    alert("添加文章成功！");
selectArticleList('articleList','','');
}
```

文章添加成功后弹出对话框提示“添加文章成功！”，然后通过 selectArticleList()方法请求 articleList.jsp 显示列表页，效果如图 3-5 所示。该界面为文章管理系统的主界面。后面编辑、审核、删除文章都基于此界面进行。

图 3-5 文章管理系统主界面——列表页

(2) 编辑文章模块。主界面如图 3-5 所示，单击需要编辑文章名后的“编辑”按钮，该按钮的 OnClick 事件调用脚本程序的 edit()方法。请求编辑的文章的程序 changeArticle.jsp 效果如图 3-6 所示，编辑标题为“学习型社会构建与职业教育发展”的文章，显示该文章原有的相关信息表单。修改相关内容后，单击“提交”按钮，完成文章编辑。“提交”按钮的 OnClick 事件调用方法为 editArticle()，该方法获取页面数据后，使用 POST 方法提交给 ArticleManager.do，主要代码如下。

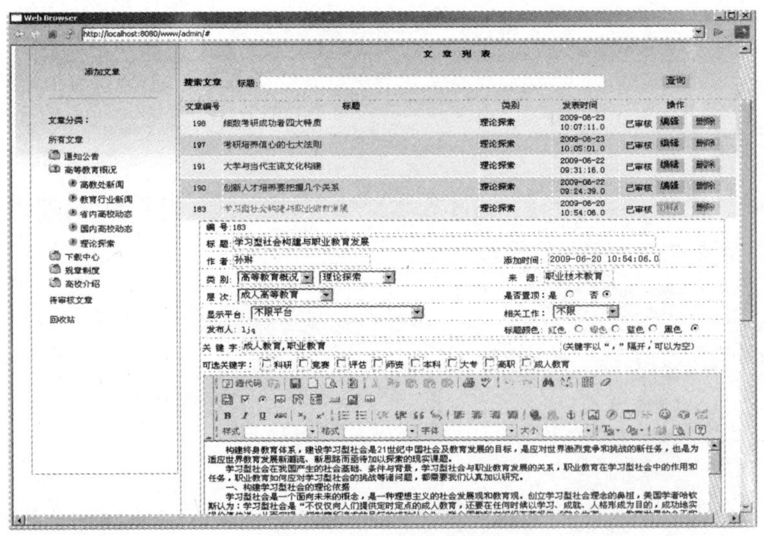

图 3-6 编辑文章时的界面

```
------------------------------------------
var Query="ArtId="+artId+"&title="+wzbt+"&titleColor="+wzbtys;
Query=Query+"&SortId="+wzlbbh+"&Arttime="+wztjsj+"&ArtContent=
   "+Artcontent;
Query=Query+"&artFrom="+wzly+"&Leveid="+wzcengci+"&Esiteid=
   "+wzpingtai;
Query=Query+"&artIsTop="+artIsTop+"&wkid="+xggz;
var url="../admin/ArticleManager.do?time="+new Date().getTime();
url=url+"&ArtId="+artId+"&author="+wzzz+"&keyword="+gjz+"&action=
   edit";
createXMLHttpRequest();
xmlHttp.open("POST", url, true);
xmlHttp.onreadystatechange = editSuccess;
xmlHttp.setRequestHeader("Content-Type","application/
   x-www-form-urlencoded");
xmlHttp.send(Query);
```

此过程如图 3-2 步骤 2-1、2-2 所示。

编辑文章服务器的结果反馈设计 XML 格式如下。

```
------------------------------------------
<result>
<status>1</status>
<info1>学习型社会构建与职业教育发展</info1>
<info2>理论探索</info2>
</result>
```

其中，<status>1</status>表示编辑时数据库操作状态，即是否成功，1 为成功，0 为不成功；<info1>学习型社会构建与职业教育发展</info1>，该部分反馈文章标题；<info2>理论探索</info2>，反映文章的归属分类。

编辑文章反馈结果由 editSuccess()方法来处理，主要代码如下。

```
------------------------------------------
var resxml= xmlHttp.responseXML;
var stat= resxml.getElementsByTagName("status")[0].firstChild.data;
var title=
  resxml.getElementsByTagName("info1")[0].firstChild.nodeValue;
var ssortname =
  resxml.getElementsByTagName("info2")[0].firstChild.nodeValue;
if(stat==1){
    alert("编辑文章成功！");
  document.getElementById("changeA-"+articleId).disabled=false;
      document.getElementById("artTitle-"+articleId).innerHTML=title;
      document.getElementById("ssortname-"+articleId).innerHTML=
        ssortname;
      closeArticleInfo(articleId);
}
else
{
    alert("编辑失败");
}
```

文章编辑成功后弹出“编辑文章成功！”的对话框，如图 3-7 所示。单击“确定”按钮，关闭显示编辑的界面，重新回到系统主界面，即列表页面。

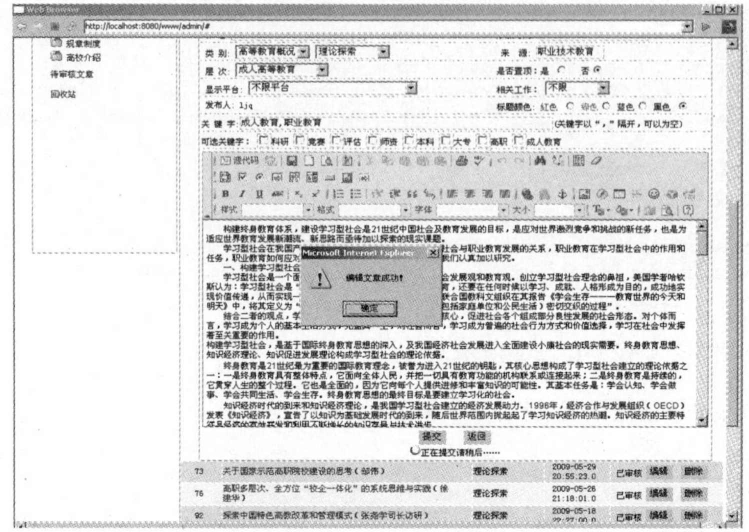

图 3-7 编辑文章成功界面

⑶ 审核文章模块。在主界面即全部文章列表页上，没通过审核的文章在操作栏显示审核按钮，通过审核的文章显示“已审核”；此外，在主界面可以单击“待审核文章”链接，列出所有没有审核的文章列表，如图 3-8 所示。

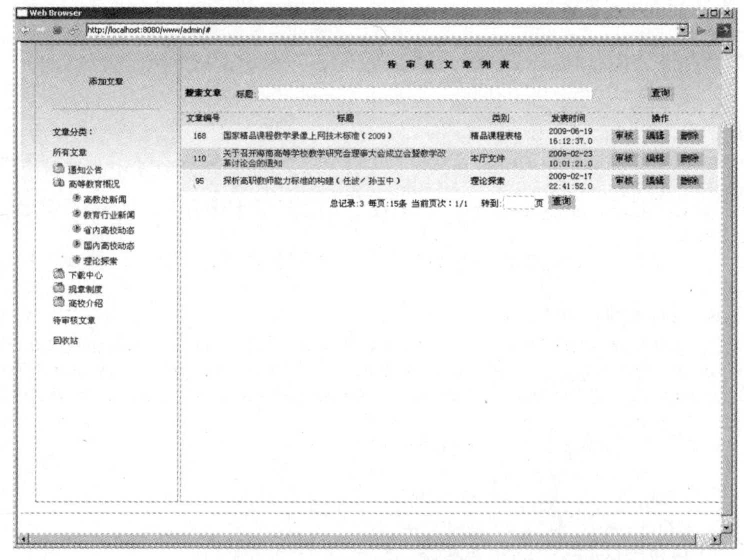

图 3-8 待审核列表页面效果

在列表页上，针对要审核的文章，单击“审核”按钮，展开显示文章的详细内容，如图3-9所示。即在articleList.jsp页面上，“审核”按钮的OnClick事件调用主脚本程序的checkUp()方法，通过GET方式请求ArticleManager.do，调用其checkArticle()方法，效果如图3-10所示，该执行过程如图3-2步骤3-1、3-2所示，主要代码如下。

```
----------------------------------------------
if(confirm("确认"+str+"该文章? "))
   {articleId=ArtId;
    shijian=action;
    document.getElementById("checkart-"+ArtId).disabled=true;
    var url="../admin/ArticleManager.do?time=
      "+new Date().getTime();
    url=url+"&ArtId="+articleId+"&action="+action;
    createXMLHttpRequest();
    xmlHttp.open("GET", url, true);
    xmlHttp.onreadystatechange = checkUpInfo;
    xmlHttp.send(null);
   }
```

审核文章的结果反馈处理方法为checkUpInfo()，主要代码如下。

```
----------------------------------------------
var status=xmlHttp.responseXML.getElementsByTagName(
   "status")[0].firstChild.data;
if(status==1){
     if(shijian=="check"){
        alert("审核成功! ");
        closeArticleInfo(articleId);
        document.getElementById("artShenhe-"+articleId).innerHTML=
          "已审核";
   document.getElementById("checkart-"+articleId).disabled=false;
      }
else if(shijian=="delete")
{alert("删除成功! ");
closeArticle(articleId);}
else if(shijian=="huanyuan")
{alert("已还原! ");closeArticle(articleId);}
}
else{alert("修改状态失败! ");}
        }
    else
    {
      alert("审核失败! ");
      if(shijian=="check"){
               alert("审核失败! ");
               closeArticleInfo(articleId);
            }else if(shijian=="delete"){alert("删除失败! ");
            }else if(shijian=="huanyuan"){alert("还原失败! ");}
    }
```

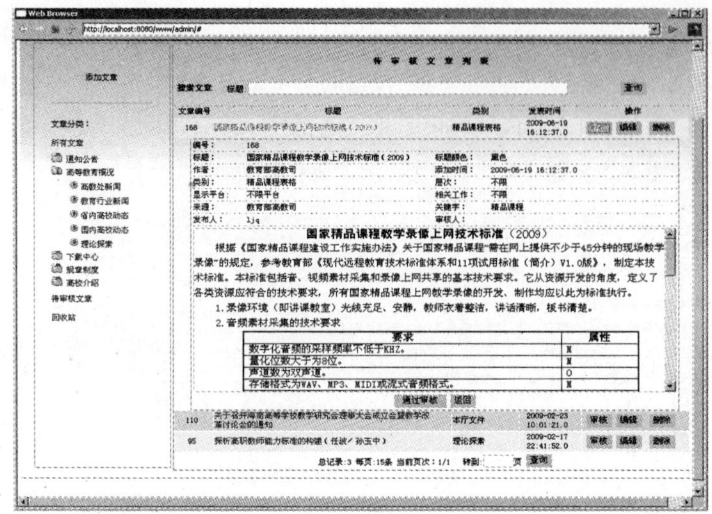

图 3-9 审核文章展开信息

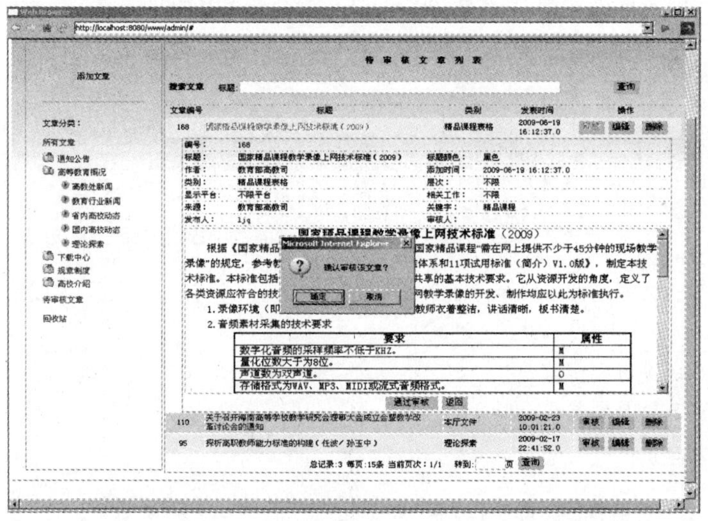

图 3-10 单击“审核”按钮提问是否确认审核效果

通过审核后会弹出“审核成功！”对话框，如图 3-11 所示，单击“确定”按钮，关闭详细文章信息界面，显示系统主界面。

(4) 删除文章模块。在主界面即全部文章列表页上，针对某个文章标题，在其操作栏上单击“删除”按钮，执行删除操作。程序执行流程如图 3-2 步骤 4-1、4-2 所示，在界面上为“删除”按钮的 OnClick 事件调用主脚本程序的 checkUp()方法，通过 GET 方式请求 ArticleManager.do，调用 deleteArticle()方法，其执行过程的方法与审核过程的 checkUp()方法相同，反馈方法也为同一个方法，只是传递的参数不同，此处不再作详细说明。

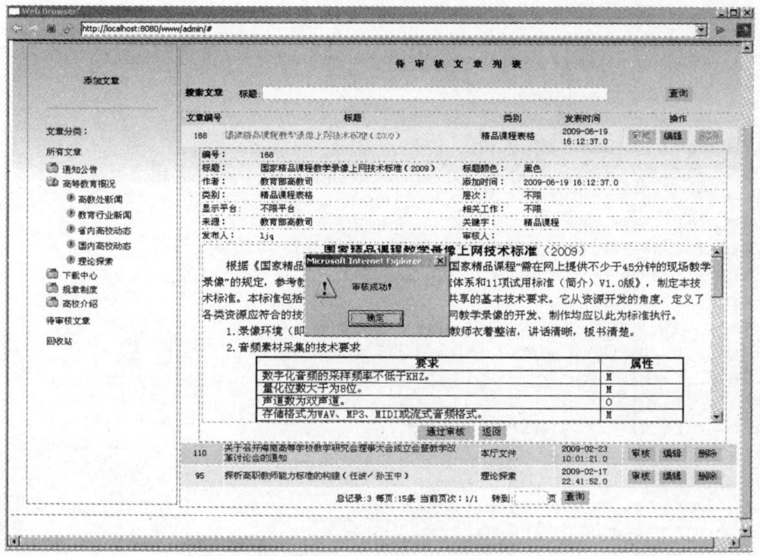

图 3-11 审核文章成功效果

3.3.2 文章管理主 Servlet 程序

文章管理系统后台处理的代码如程序 3-3 所示。

程序 3-3 ArticleManager.java

```
----------------------------------------------
package article;
import java.io.IOException;
import java.io.PrintWriter;
import java.io.UnsupportedEncodingException;
import java.net.URLDecoder;
import java.util.Date;
import java.sql.ResultSet;
import java.sql.SQLException;
import java.text.SimpleDateFormat;
import javax.servlet.ServletContext;
import javax.servlet.ServletException;
import javax.servlet.http.HttpServletRequest;
import javax.servlet.http.HttpServletResponse;
import javax.servlet.http.HttpSession;
import DB.DBManager;
import user.*;
import commmethod.*;
public class ArticleManager extends HttpServlet implements Servlet {
  /**
   *
   */
  private DBManager db = new DBManager();
  private AdminUser User = new AdminUser();
  private String ArtId = "";
  private String Title = "";
```

```
private String ArtTitColor = "";
private String SortId = "";
private String ArtAuthor = "";
private String ArtFrom = "";
private String keyword= "";
private String ArtContent = "";
private String action = "";
private String sql = "",Rsql="";
private ServletContext sc;
private String url = "";
private String ArttimeTemp = "";
private String istop="";
private long Arttime = 0;
private int MaxContent = 57000;
private String pageId = "1";
private String typeId = "0";
private String Leveid="";
private String Asiteid="";
private String Esiteid="";
private String wkid="";
StrReplace str=new StrReplace();
protected void doGet(HttpServletRequest request,
   HttpServletResponse response)throws ServletException,
     IOException { doPost(request, response);
}
protected void doPost(HttpServletRequest request,
   HttpServletResponse response)throws ServletException,
     IOException {
  HttpSession session = ((HttpServletRequest)
    request).getSession();
  User = (AdminUser)session.getAttribute("adminUser");
  sc = getServletContext();
  action = request.getParameter("action");
  if (action.equals("add")){
    addArticle(request, response);
  } else if (action.equals("delete")){
    deleteArticle(request, response);
  } else if (action.equals("edit")){
    changeArticle(request, response);
  } else if (action.equals("check")){
    checkArticle(request, response);
  } else if (action.equals("huanyuan")){
    backArticle(request, response);
  } else if (action.equals("yes")||action.equals("no")){
    xiugaiQTZT(request, response);
  }
}

private void checkArticle(HttpServletRequest request,
   HttpServletResponse response)throws IOException {
  // TODO 自动生成方法存根
  String status = "0";// 操作成功与否，1为成功
  getArticleForm(request, response);
  sql = "Update Article set ArtIsCheck=1,CSysUserName='"
     + User.getAdminUsername()+ "' where ArtId=" + ArtId;
  try {
```

```
    db.executeSql(sql);
    db.executeSql("insert into AdminOperateLog(Event,SysUserName)
      values('Artcheck:审核编号为"+ArtId+"的文章','"+User.
      getAdminUsername()+"')");
    status = "1";
    db.Release();
  } catch (Exception e){
    status = "0";
  }
  StringBuffer xml = new StringBuffer();
  xml.append("<result>");
  xml.append("<status>" + status + "</status>");
  xml.append("</result>");
  sendResponse(response, xml.toString());
}

private void addArticle(HttpServletRequest request,
    HttpServletResponse response)throws IOException, ServletException {
  String status = "0";
  getArticleForm(request, response);
  String sql = "insert into Article(ArtTitColor,ArtTitle,ArtAuthor,
    Arttime,SSortid,Leveid,ArtKeywords,ArtContent,ArtFrom,
    SysUserName,Siteid,ArtIsTop,wkid)values('"
     + ArtTitColor
     + "','"
     + Title
     + "','"
     + ArtAuthor
     + "',now(),'"
     + SortId+ "','"+Leveid+"','"+keyword+"','"+ ArtContent
     + "','"
     + ArtFrom
     + "','"
     + User.getAdminUsername()
     + "','"
     +Asiteid+"',"+istop+",'"+wkid+"')";
  if (compareLength(ArtContent)){
    url = "error.jsp?id=2";
  } else {
    try {
      db.executeSql(sql);
      status = "1";
      db.executeSql("insert into AdminOperateLog(Event,SysUserName)
        values('Artadd:添加标题为"+Title+"的文章','"+User.
        getAdminUsername()+"')");
      db.Release();
    } catch (SQLException e){
      e.printStackTrace();
    }
  }
  StringBuffer xml = new StringBuffer();
  xml.append("<result>");
  xml.append("<status>" + status + "</status>");
  xml.append("</result>");
  sendResponse(response, xml.toString());
}
```

```
private void changeArticle(HttpServletRequest request,
    HttpServletResponse response)throws IOException {
  // TODO 自动生成方法存根
  String status = "0",leibie="";
  ResultSet Ars=null;
  getArticleForm(request, response);
  ArtContent=ArtContent+"<br /><br /><span style=\"color:#CCCCCC;\">
    该信息由  "+User.getAdminRealName()+
    "  于 "+new SimpleDateFormat("yyyy-MM-dd
    HH:mm:ss").format(new Date())+" 编辑</span>";
  try {
    sql = "Update Article set ArtTitle='" + Title + "',SSortId=
        '"+ SortId + "',Leveid='"+Leveid+"',ArtKeywords='"
        +keyword+"',ArtContent='" + ArtContent + "',ArtFrom='"
        + ArtFrom + "',ArtTitColor='" + ArtTitColor
        + "',Arttime='"+ArttimeTemp+"',ArtAuthor='"
        +ArtAuthor+"',Siteid='"+Esiteid+"',ArtIsTop="+istop+",
          wkid='"+wkid+"' where ArtId=" + ArtId;
    if (compareLength(ArtContent)){
      url = "error.jsp?id=2";
    } else {
      db.executeSql(sql);
      Ars=db.getResult("select SSortName from v_article where SSortid='"
        +SortId+"'");
      if(Ars.next()){leibie=Ars.getString("SSortName");}
      status = "1";
      db.executeSql("insert into AdminOperateLog(Event,SysUserName)
         values('Artchange:修改标题为"+Title+"的文章
         ','"+User.getAdminUsername()+"')");
      Ars.close();
      db.Release();
    }
  } catch (Exception e){
    e.printStackTrace();
    status = "0";
  }
  StringBuffer xml = new StringBuffer();
  xml.append("<result>");
  xml.append("<status>" + status + "</status>");
  xml.append("<info1>" + Title + "</info1>");
  xml.append("<info2>" + leibie + "</info2>");
  xml.append("</result>");
  sendResponse(response, xml.toString());
}
private void deleteArticle(HttpServletRequest request,
    HttpServletResponse response)throws IOException {
  // TODO 删除文章
  String status = "0";// 操作成功与否，1 为成功
  getArticleForm(request, response);
  ResultSet rs=null;
  sql = "Update Article set ArtIsDel=1 where ArtId=" + ArtId;
  try {
    db.executeSql(sql);
    status = "1";
```

```
    rs=db.getResult("select ArtTitle from Article where ArtId=
      "+ArtId);
    if(rs.next()){
      db.executeSql("insert into AdminOperateLog(Event,SysUserName)
        values('Artdel删除编号为"+ArtId+",标题为"+rs.getString(
        "ArtTitle")+"的文章','"+User.getAdminUsername()+"')");
    }
    rs.close();
    db.Release();
  } catch (Exception e){
    status = "0";
  }
  // Create the response XML
  StringBuffer xml = new StringBuffer();
  xml.append("<result>");
  xml.append("<status>" + status + "</status>");
  xml.append("</result>");
  // Send the response back to the browser
  sendResponse(response, xml.toString());
}
// 还原文章
private void backArticle(HttpServletRequest request,
    HttpServletResponse response)throws IOException {
  String status = "0";// 操作成功与否，1为成功
  getArticleForm(request, response);
  sql = "Update Article set ArtIsDel=0 where ArtId=" + ArtId;
  try {
    db.executeSql(sql);
    status = "1";
    db.Release();
  } catch (Exception e){
    status = "0";
  }
  StringBuffer xml = new StringBuffer();
  xml.append("<result>");
  xml.append("<status>" + status + "</status>");
  xml.append("</result>");
  // Send the response back to the browser
  sendResponse(response, xml.toString());

}
// 获取表单文本
private void getArticleForm(HttpServletRequest request,
    HttpServletResponse response)throws UnsupportedEncodingException{
  request.setCharacterEncoding("GBK");
  ArtId = request.getParameter("ArtId");
  Title = request.getParameter("title");
  ArtTitColor = request.getParameter("titleColor");
  SortId = request.getParameter("SortId");
  Leveid = request.getParameter("Leveid");
  ArtAuthor = request.getParameter("author");
  ArtFrom = request.getParameter("artFrom");
  keyword = request.getParameter("keyword");
  ArttimeTemp = request.getParameter("Arttime");
  ArtContent = request.getParameter("ArtContent");
  pageId = request.getParameter("pageId");
```

```
  typeId = request.getParameter("typeId");
  istop = request.getParameter("artIsTop");
  Asiteid = request.getParameter("Asiteid");
  Esiteid = request.getParameter("Esiteid");
  wkid = request.getParameter("wkid");
  if (action.equals("add")|| action.equals("edit")){
    ArtTitColor = java.net.URLDecoder.decode(
      java.net. URLDecoder.decode(ArtTitColor, "UTF-8"), "UTF-8");
    SortId = str.Replace(URLDecoder.decode(
      URLDecoder.decode(SortId.replaceAll("#38",
      "&"),"UTF-8"))).replaceAll("##25", "%");
    Leveid = str.Replace(URLDecoder.decode(
      URLDecoder.decode(Leveid.replaceAll("#38",
      "&"),"UTF-8"))).replaceAll("##25", "%");
    ArtAuthor = str.Replace(URLDecoder.decode(
      URLDecoder.decode(ArtAuthor.replaceAll("#38",
      "&"),"UTF-8"))).replaceAll("##25", "%");
    if(keyword!=""&&keyword!=null&&keyword!="null"){
      keyword = str.Replace(URLDecoder.decode(
        URLDecoder.decode(keyword.replaceAll("#38",
        "&"),"UTF-8"))).replaceAll("##25", "%");
    }
    ArtFrom = str.Replace(URLDecoder.decode(
      URLDecoder.decode(ArtFrom.replaceAll("#38",
      "&"),"UTF-8"))).replaceAll("##25", "%");
    Title = str.Replace(URLDecoder.decode(
      URLDecoder.decode(Title.replaceAll("#38",
      "&"),"UTF-8"))).replaceAll("##25", "%");
    Title=Title.replaceAll("'", "’");
    if (ArttimeTemp != null){
      ArttimeTemp = java.net.URLDecoder.decode(
        java.net.URLDecoder.decode(ArttimeTemp, "UTF-8"), "UTF-8");
    }
    if (ArtContent != null){
      ArtContent = ArtContent.replaceAll("#38", "&");
      ArtContent = java.net.URLDecoder.decode(
        java.net.URLDecoder.decode(ArtContent.replaceAll("#38",
        "&"),"UTF-8")).replaceAll("##25", "%");
      ArtContent =ArtContent.replaceAll("'","’");
    }
  }
}

private void out(HttpServletRequest request,
  HttpServletResponse response,
    String temp)throws IOException {
  PrintWriter out = response.getWriter();
  out.print(temp);
}

/*
 * 输出 XML
 */
private void sendResponse(HttpServletResponse response,
  String responseText)
    throws IOException {
  response.setContentType("text/xml");
```

```
    response.setCharacterEncoding("UTF-8");
    response.getWriter().write(responseText);
  }

  private boolean compareLength(String str){
    if (str.length()> MaxContent){
      return true;
    } else {
      return false;
    }
  }
}
```

程序说明：该程序为文章管理系统后台处理的主程序，完成从前台提交的关于文章管理的相关请求，即添加、修改、审核、删除、恢复文章等操作功能。

程序的入口方法为 doPost()。然后，根据传递的不同参数，调用不同的方法，完成系统的功能。方法调度流程如图 3-12 所示。

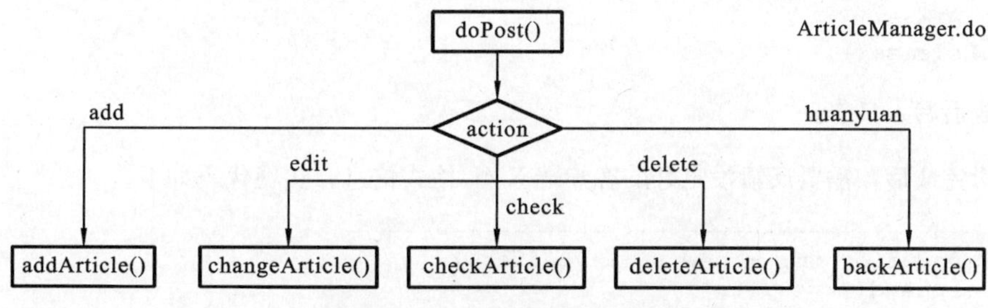

图 3-12 后台主程序执行结构

下面根据文章管理系统的主要功能，对程序 3-3 的实现作如下说明。

(1) 添加文章。此功能由 addArticle()方法完成，写入数据库并产生反馈结果的 XML。其中，getArticleForm(request, response)方法为获取由 Ajax 程序客户端发送来的数据。写入数据库的代码如下。

```
-----------------------------------------------
try {
db.executeSql(sql);
status = "1";
db.executeSql("insert into AdminOperateLog(Event,SysUserName)values(
   'Artadd:添加标题为"+Title+"的文章','"+User.getAdminUsername()+"')");
db.Release();
}
catch (SQLException e){
   e.printStackTrace();
}
```

将文章信息写入数据库后，同时写入操作日志。

需要响应到客户端的 XML 生成代码如下。

```
---------------------------------------------
StringBuffer xml = new StringBuffer();
xml.append("<result>");
xml.append("<status>" + status + "</status>");
xml.append("</result>");
sendResponse(response, xml.toString());
```

添加文章服务器端执行为图 3-2 步骤 1-3、1-4 所示。

(2) 编辑文章。该功能由 changeArticle ()方法完成，修改数据库的主要代码如下。

```
---------------------------------------------
db.executeSql(sql);
Ars=db.getResult("select SSortName from v_article where
  SSortid='"+SortId+"'");
if(Ars.next()){leibie=Ars.getString("SSortName");}
status = "1";
db.executeSql("insert into AdminOperateLog(
  Event,SysUserName)values('Artchange:
  修改标题为"+Title+"的文章','"+User.getAdminUsername()+"')");
Ars.close();
db.Release();
```

完成后写入日志。

编辑完成后，需要反馈设定好的客户端 XML 格式信息，实现代码如下。

```
---------------------------------------------
StringBuffer xml = new StringBuffer();
xml.append("<result>");
xml.append("<status>" + status + "</status>");
xml.append("<info1>" + Title + "</info1>");
xml.append("<info2>" + leibie + "</info2>");
xml.append("</result>");
sendResponse(response, xml.toString());
```

编辑文章服务器端执行过程如图 3-2 步骤 2-3、2-4 所示。

(3) 审核文章。该功能由 checkArticle()方法完成，主要代码如下。

```
---------------------------------------------
try {
db.executeSql(sql);
db.executeSql("insert into AdminOperateLog(Event,SysUserName)
  values('Artcheck:审核编号为"+ArtId+"的文章
   ','"+User.getAdminUsername()+"')");
status = "1";
db.Release();
}
 catch (Exception e){
   status = "0";
}
StringBuffer xml = new StringBuffer();
xml.append("<result>");
xml.append("<status>" + status + "</status>");
```

```
xml.append("</result>");
sendResponse(response, xml.toString());
```

(4) 删除文章。该功能由 deleteArticle()方法完成。

(5) 恢复文章。恢复文章功能是指删除文章后，可以再恢复回来的功能，被删除的文章在系统的文章回收站中，恢复功能由 backArticle()方法实现。

ArticleManager.java 程序在 web.xml 中的 XML 配置如下。

```
------------------------------------------
<servlet>
    <servlet-name>ArticleManager</servlet-name>
    <servlet-class>article.ArticleManager</servlet-class>
</servlet>
<servlet-mapping>
    <servlet-name>ArticleManager</servlet-name>
    <url-pattern>/admin/ArticleManager.do</url-pattern>
</servlet-mapping>
```

3.4 小结

本章根据 Web 系统开发的流程，介绍了文章管理系统的设计与开发方法。在系统实现中采用 Ajax+Servlet+JDBC 的模式开发程序，遵循 MVC 模式设计系统，主要包括系统体系结构设计、数据库设计、主要模块代码设计与实现等。

通过本章的学习，读者可以将完整的系统进行改编后再应用到实际的开发程序中。

第 4 章

文件收发在线管理系统

文件收发在线管理系统是目前无纸化办公系统的重要组成部分，该系统主要应用文档的在线处理与共享功能。文档的在线分享应用非常广泛，如在线互动式文档分享平台的应用——百度文库、道客巴巴文库等，本章介绍文件在线管理系统的设计与开发方法。

4.1 系统分析和设计

4.1.1 文件收发管理系统需求

文件收发管理系统需求主要包括以下几方面。

1．发文

发文是具有发文权限的用户的权限，是针对特定用户群进行文件的发送功能。发文支持 HTML 文件，如 Word、PPT、Excel 等，此类文件可支持发文后在线 Flex 预览，其他格式以压缩文件格式附件发送。

发文时指定是否要求收文方答复，只有要求答复，收文方才可以进行回文处理。

2．收文

收文是接收发文人发出的文件的操作。可在线查阅，可下载打印。

3．回文

回文是收文人接收文件后，根据发文要求进行文件答复的操作。

4．转发

转发为收文人根据需要，对收到的文件进行转发的操作。

5．其他功能

其他功能是以上前四个主要功能的辅助功能，主要包括部门管理、人员管理、授权管理、权限管理、系统日志、用户日志等。

本系统的特点是可以提供在线文件传阅，用户可以在特定范围内进行文件的收发与转发，类似于邮件系统，但比邮件系统简洁、安全。

4.1.2 系统体系设计

在软件体系结构方面，本系统将基于 J2EE 架构建立系统体系结构，如图 4-1 所示。数据库使用 MySQL5 数据库，前台调度采用 Ajax 成熟的框架之一——Dojo 框架，在本例中，采用 Dojo1.6 框架。

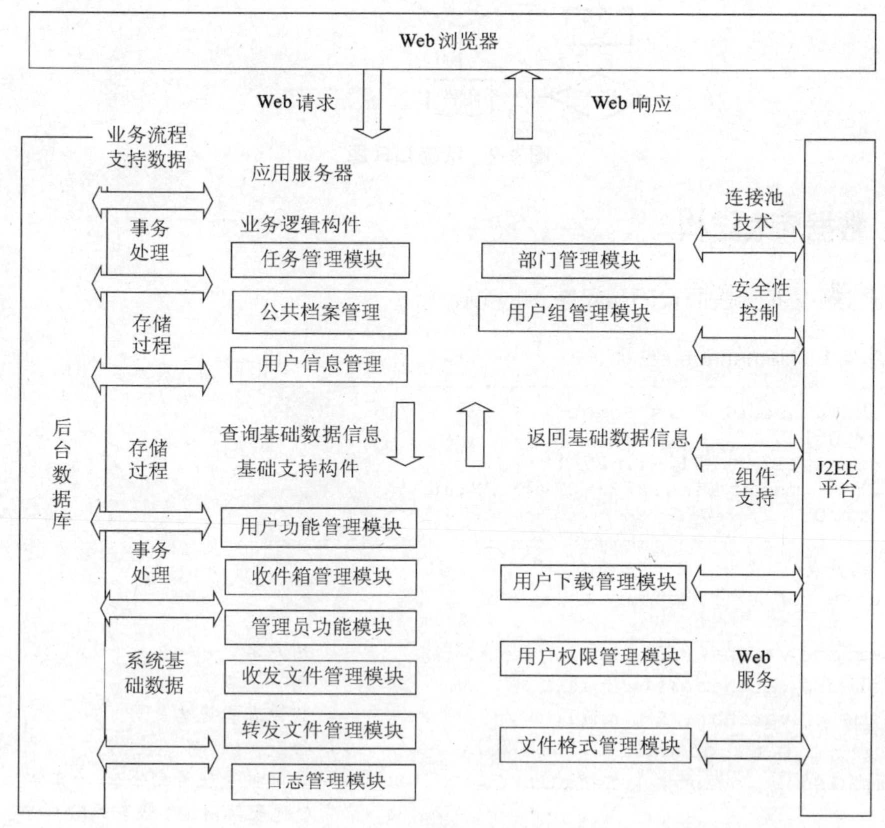

图 4-1 系统体系结构图

4.2 数据库设计

4.2.1 E-R 图

根据文件收发系统的基本需求，设计出数据库的 E-R 图，如图 4-2 所示。

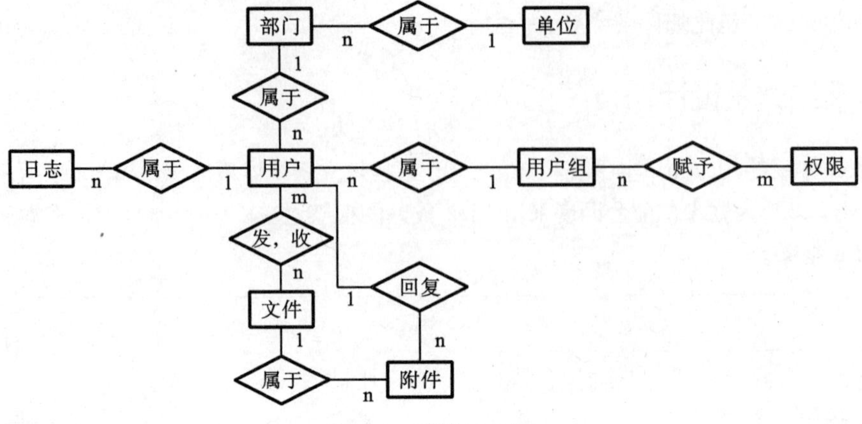

图 4-2 系统 E-R 图

4.2.2 数据库表结构

创建文件数据库表的代码如程序 4-1 所示。

程序 4-1 filemanage.sql

```
----------------------------------------------
-- DataBase of FileManage
-- MySql 5
-- createTime:2010-11-27 19:22
-- Last modifyTime:2011-02-26 22:46
-- v1.0
----------------------------------------------
-- 用户表
create table  fileuser
(
username varchar(200) null,                -- 用户名
password varchar(34)  null,                -- 用户密码
rname    varchar(255) null,                -- 用户真实姓名
sex      bit   default 0,                  -- 性别，0，男  1，女
adminIsdel    int    default 0,            -- 是否被管理员删除(0 为正常,
                                              1 代表禁用，2 代表删除)
orgid    int   null,                       -- 机构 id，与 organization.orgid
                                              关联
sysltime TIMESTAMP    null,                -- 上次登录系统时间
information   varchar(5000) null,          -- 个人介绍
telphone varchar(50)  null,                -- 个人电话
email    varchar(50)  null,                -- 个人邮箱
QQ       varchar(50)  null,                -- 个人 QQ
address  varchar(255) null,                -- 通信地址
addname  varchar(50)  null,                -- 添加者账号
addtime  TIMESTAMP    default now(),       -- 添加时间
primary key(username)
```

```
);
-- 权限组表
create  table  Rolegroup
(
Rgid     int   auto_increment,              -- 权限组编号
rgname   varchar(100) null,                 -- 权限组名
rgIsdel  bit   default 0,                   -- 权限组是否被删除
primary key(Rgid)
);
-- 权限表
create table role(
rid      varchar(100) not null,             -- 权限编号
rolename varchar(100) null,                 -- 权限名称
roledetail    varchar(255) null,            -- 权限描述
roleIsDel     bit     default 0,            -- 权限是否被删除
primary key(rid)
);
-- 权限组授权表
create table rgrole(
Rgid     int   null,                        -- 权限组编号,与 Rolegroup.Rgid
                                               相关联
rid      varchar(100) null,                 -- 权限编号,与 role.rid 相关联
addname  varchar(200) null,                 -- 添加者账号,与
                                               fileuser.username 相关联
addtime  TIMESTAMP    default now()         -- 添加时间
);
-- 用户权限组对应表
create  table  AdminRole
(
Rgid     int   null,                        -- 权限组编号,与 Rolegroup.Rgid
                                               相关联
username varchar(200) null,                 -- 用户名 ，与 fileuser.username
                                               相关联
addname  varchar(200) null,                 -- 添加者账号,fileuser
addtime  TIMESTAMP    default now()         -- 添加时间
);
-- 文章信息表
create table  article
(
ArtId    bigint       auto_increment,       -- 文章 id
ArtType  int   null,                        -- 发文类型（普通 HTML 文件、文件）
                                              （0 代表 THML，1 代表 word 文件）
Artdescr varchar(1000)  null,               -- 文章简短描述
ArtAuthor     varchar(255)    null,         -- 文章作者
ArtContent    text   null,                  -- 文章内容
filenum  varchar(100) null,                 -- 文件号（如软件工程系 5 号文件）
filetitle     varchar(255) null,            -- 文件标题
orgid    int   null,                        -- 发文部门，与 organization 表中的
```

```
                                                   orgid 相关联
filekey  varchar(100) null,                     -- 文件关键字
isreply  bit   default 1,                       -- 是否要求回文（0 代表不需要，
                                                   1 代表需要回文）
Arttime  TIMESTAMP    default now(),            -- 发文时间
typeId   int   null,                            -- 分类编号，与 arttype.typeId
                                                   相关联
username varchar(200) null,                     -- 添加者账号，
                                                   与 fileuser.username 相关联
ArtIsCheck     bit     default 0,               -- 文章是否被审核
ArtIsdel bit            default 0,              -- 文章是否被删除
ViewTimes      int     default 0,               -- 文章被浏览过的次数
primary key(ArtId)
 );
-- 资料信息表
create table  files
(
fileId   bigint        auto_increment,          -- 文件 id
ArtId    bigint        null,                    -- 文章 id,与 article.ArtId 相关联
username varchar(50)   null,                    -- 用户名，与 fileuser.username
                                                   相关联
filename varchar(255) null,                     -- 文件名称
filepath varchar(500) null,                     -- 文件存储路径
filesize int   null,                            -- 文件大小
addTime  TIMESTAMP    default now(),            -- 录入时间
infotype int   default 0,                       -- 资料类型（0 代表发文附件，1 代表发
                                                   文正文，2 代表回文）
fileIsDel      bit     default 0,               -- 文件是否删除
primary key(fileId)
);
-- 发文目标
create table fileto
(
ArtId    bigint        default 0,               -- 文章编号，与 article.ArtId 关联
orgid    int   default 0,                       -- 发文目标机构，0 为所有机构，
                                                   与 orgid 关联
username varchar(200) default 'al',             -- 发文目标人，al 为所有人
addtime  TIMESTAMP    default now()             -- 时间
);
-- 用户收件箱
create   table filebox(
boxid    bigint        auto_increment,          -- 收件箱编号
username   varchar(200) null,                   -- 用户名，与 fileuser.username
                                                   相关联
ArtId    bigint        null,                    -- 文件 id，与 article.ArtIdd
                                                   相关联
isread   bit   default 0,                       -- 是否已读（0 为未读，1 为已读）
```

```
transmitName  varchar(200) null,           -- 转发人
newTime  TIMESTAMP  default now(),         -- 操作时间
istransmit    bit    default 0,
isdel   bit   default 0,                   -- 对应是否删除primary key(boxid)
);
......
......
```

程序说明：filemanage.sql 为创建文件收发系统数据库表的 SQL 语句。在程序中，创建了公文收发系统的主要的表及其结构。其他表结构略。系统中使用视图建立 SQL 程序，存储过程的建立等在此处略。

4.3 系统主要功能实现

文件收发管理系统采用 Java EE+Dojo 框架开发，本节分析该系统主要功能的实现，包括系统主体结构、发文、文件查阅等。

4.3.1 系统主体结构

实现文件收发的主体界面代码如程序 4-2 所示。

程序 4-2 index.jsp

```
-----------------------------------------
<%@ page contentType="text/html; charset=utf-8" language="java"
import="java.sql.*,filemanage.user.User" errorPage="" %>
<jsp:useBean id="db" class="filemanage.db.DBManager" scope="page"/>
<%
  String sql="select unitname from unit where unitIsdel=0 ";
  String unitname="";
  User user = (User)request.getSession().getAttribute("user");
  String ltTime=user.getSysltime();
  if(ltTime==null||ltTime==""){
    ltTime="";
  }else{
    ltTime=ltTime.substring(0,ltTime.lastIndexOf("."));
  }
  ResultSet res=null;
  try{
    res=db.getResult(sql);
    if(res.next()){
      unitname=res.getString("unitname");
    }
  }catch(Exception e){
    out.print("数据库异常!");
  }finally{
    res.close();
    db.Release();
  }
%>
```

```
<!DOCTYPE html PUBLIC "-//W3C//DTD XHTML 1.0 Transitional//EN"
"http://www.w3.org/TR/xhtml1/DTD/xhtml1-transitional.dtd">
<html xmlns="http://www.w3.org/1999/xhtml">
<head>
<meta http-equiv="Content-Type" content="text/html; charset=utf-8" />
<title>文件收发管理系统</title>
 <link rel="stylesheet" type="text/css"
href="../js/dijit/themes/soria/soria.css"/>
 <link rel="stylesheet" type="text/css" href="../style/filemanage.css"/>
<style type="text/css">
        html, body { width: 100%; height: 100%; margin: 0; }
</style>
<style type="text/css">
        body, html { font-family:helvetica,arial,sans-serif;
font-size:90%; }
        li{cursor:pointer;}
</style>
<script src="../js/dojo/dojo.js" djConfig="parseOnLoad: true"></script>
<script type="text/javascript" src="../js/main.js"
language="javascript"></script>
</head>
<body class="soria">
<div dojoType="dijit.layout.BorderContainer" style="width: 100%; height:
100%">
        <div dojoType="dijit.layout.ContentPane" region="top"
style="height: 8%">
            <div class="toplogo">
               <img src="images/logo.gif" alt="logo" height="50px"/>
            </div>
             <div class="unitlogo">
               <div class="unitFont"><%=unitname %>文件收发管理系统</div>
            <div class="unitWelcome">欢迎您：<%=user.getRname() %>    所属
机构：<%=user.getOrgname() %>    上次登录时间：<%=ltTime %> </div>
            </div>
        </div>
         <div dojoType="dijit.layout.ContentPane" region="leading"
style="width: 15%;">
            <div dojoType="dijit.layout.AccordionContainer" >
      <%--左侧个人管理导航开始--%>
    <div dojoType="dijit.layout.AccordionPane" title="个人管理">
        <jsp:include page="left_personal.jsp" flush="true"/>
      </div>
    <%--左侧系统管理导航开始--%>
      <div dojoType="dijit.layout.AccordionPane" title="系统管理"
closable="true">
       <jsp:include page="left_system.jsp" flush="true"/>
      </div>
            </div>
         </div>
       <%--左侧导航结束--%>
       <%--中间正文开始--%>
        <div dojoType="dijit.layout.ContentPane" region="center"
id="main">
```

```
        <div dojoType="dijit.layout.TabContainer" id="main_tab">
                <div dojoType="dijit.layout.ContentPane" title="最新更新
" selected="true" id="main_tab_first">
                 <jsp:include page="main_new.jsp" flush="true"/>
                </div>
                <div dojoType="dijit.layout.ContentPane" title="收件箱"
href="receive_list.jsp" region="center" id="main_tab_second">
              </div>
            </div>
          </div>
          <%--中间正文结束--%>
        <%--中间右侧开始--%>
        <div dojoType="dijit.layout.ContentPane" region="trailing">
            Trailing pane
          </div>
        <%--中间右侧结束--%>
            <div dojoType="dijit.layout.ContentPane" region="bottom"
style="height: 3%;">
          <div dojoType="dijit.layout.ContentPane">
              <div class="bottomc">软件研发中心 <a
href="http://bbs.srd.hncst.net"
target="_blank">http://bbs.srd.hncst.net</a> 文件收发系统 v0.26 电话:
8005</div>
        </div>
         </div>
        </div>
        <script type="text/javascript">
          dojo.addOnLoad(function() {
              if (document.pub) {
                  document.pub();
              }
          });
        </script>
</body>
</html>
```

程序说明：本程序为实现文件收发的主体界面程序，页面布局采用 Dojo 组件，如 dijit.layout.TabContainer、dijit.layout.ContentPane、dijit.layout.AccordionContainer、dijit.layout.AccordionPane 实现。

页面左侧用 dijit.layout.AccordionContainer 实现折叠菜单，该组件的模式为 Dojo 可折叠的布局模式，包含一组 AccordionPane 组件，显示每个 AccordionPane 组件的标题。但是在同一时间，只能有一个 AccordionPane 可用。在该程序中，左侧存在两个折叠菜单，分别为个人管理和系统管理。为了程序便于维护，分别将菜单内容写入 JSP 文件中。其代码段如下。

```
---------------------------------
<div dojoType="dijit.layout.AccordionContainer" >
        <%--左侧个人管理导航开始--%>
      <div dojoType="dijit.layout.AccordionPane" title="个人管理">
            <jsp:include page="left_personal.jsp" flush="true"/>
        </div>
```

```
        <%--左侧系统管理导航开始--%>
          <div dojoType="dijit.layout.AccordionPane" title="系统管理"
closable="true">
            <jsp:include page="left_system.jsp" flush="true"/>
          </div>
</div>
```

页面中间部分用 dijit.layout.TabContainer 实现标签显示模式，该部分为主体显示区域，在本程序中，默认初始化两个显示标签，即“最新更新”和“收件箱”，分别用 main_new.jsp 和 receive_list.jsp 来读取数据库中的内容，实现过程用 ContentPane 包含 main_new.jsp 文件，而 receive_list.jsp 采用 dojo 链接的方式。其代码段如下。

```
-----------------------------------
<%--中间正文开始--%>
 <div dojoType="dijit.layout.ContentPane" region="center" id="main">
<div dojoType="dijit.layout.TabContainer" id="main_tab">
         <div dojoType="dijit.layout.ContentPane" title="最新更新"
selected="true" id="main_tab_first">
         <jsp:include page="main_new.jsp" flush="true"/></div>
         <div dojoType="dijit.layout.ContentPane" title="收件箱"
href="receive_list.jsp" region="center" id="main_tab_second">
          </div>
       </div>
</div>
<%--中间正文结束--%>
```

其他部分为辅助显示部分。整体程序运行结果如图 4-3 所示。

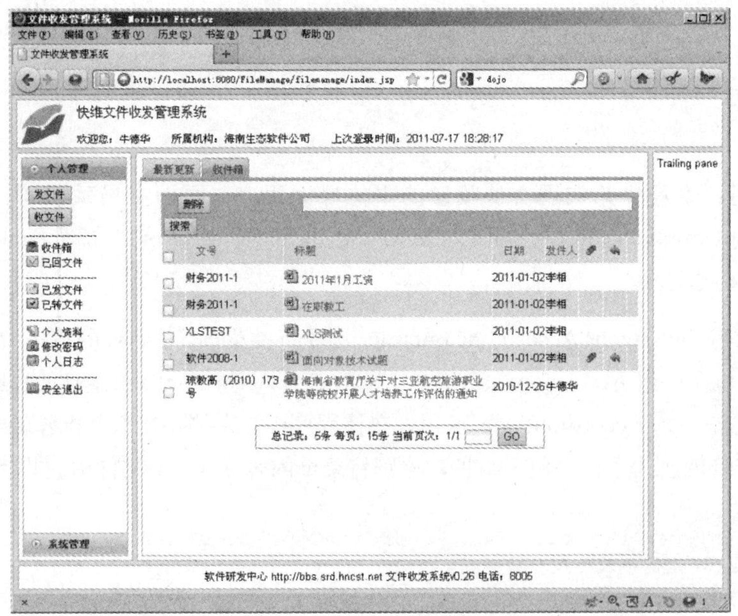

图 4-3 系统主体界面效果图

4.3.2 发文

发文可以直接以文本框中输入的文本格式发送，也可以直接以文件的格式发送。发文时表单收集数据，由 Dojo 控制提交表单给 Servlet 程序处理。

1. 发文表单

发文表单效果如图 4-4 所示。发文部门和收文部门根据被分配的用户的权限选择性显示，其以树形菜单显示，采用 dijit.Tree 实现。发文类型的选择采用下拉菜单，用 dijit.form.FilteringSelect 实现。摘要和正文的采集采用可编辑的文本区实现，用 dijit.Editor 组件完成。主要代码如程序 4-3 所示。

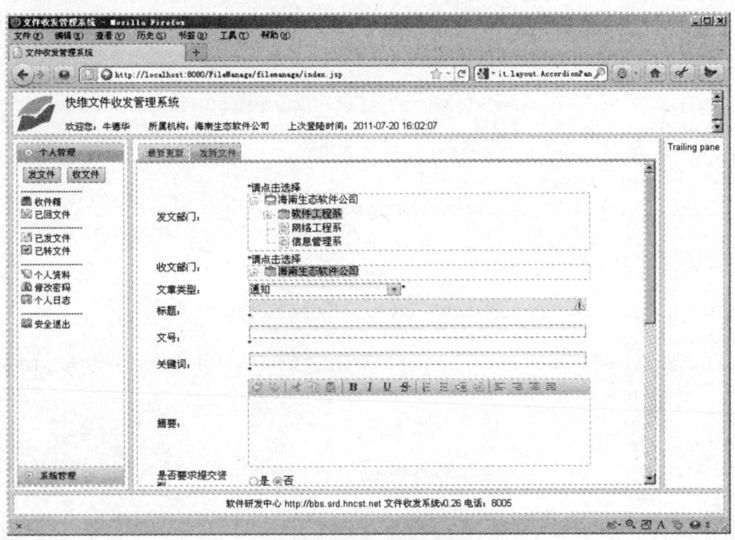

图 4-4 发文界面效果图

程序 4-3 sendfile_form.jsp

```
------------------------------------
......
......
<form method="post" name="add_aticle_form"
id="add_aticle_form_<%=time_temp %>" enctype="multipart/form-data">
<table style="width:90%; font-size:14px;">
   <tr>
   <td><label for="name">发文部门: </label></td>
   <td> <input name="sendunit" type="hidden" id="sendunit_<%=time_temp %>"
/>*请单击选择<div dojoType="dojo.data.ItemFileWriteStore"
jsId="BumenStore"  url="../BumenTree.json?action=getHTMLtree"></div>
   <div style="border: 1px solid #ccc;" dojoType="dijit.Tree"
id="sendtree_<%=time_temp %>" store="BumenStore"  query="{type:'0'}"
dndController="dijit._tree.dndSource" >
  <script type="dojo/method" event="onClick" args="item">
```

```
<%--如果选中就给隐藏域赋值--%>
   if(item){
    dojo.byId("sendunit_<%=time_temp %>").value=
BumenStore.getValue(item, "id");
   }else{
     alert("Execute on root node");
   }
  </script>
</div>
        </td>
    </tr>
    <%--根据权限判断是否是全局发文--%>
   <%if(power.indexOf("sf")>-1){
      nodelevel = "0";
   %>
      <div dojoType="dojo.data.ItemFileWriteStore"
jsId="BumenStoreAvantar"
url="../BumenTree.json?action=getHTMLtree"></div>
   <%}else {
      sql_org = "select nodelevel from organization where orgid =
'"+user.getOrgid()+"'";
      rsorg = db.getResult(sql_org);
      while(rsorg.next()){
         nodelevel = rsorg.getString("nodelevel");
      }
      rsorg.close();
   %>
      <div dojoType="dojo.data.ItemFileWriteStore"
jsId="BumenStoreAvantar"
url="../BumenTree.json?action=getHTMLtree&rootid=<%=user.getOrgid() %>"
></div>
   <%} %>
    <tr>
      <td><label for="name">收文部门：</label></td>
      <td>
      <input name="receiveunit" type="hidden"
id="receiveunit_<%=time_temp %>" />
      *请单击选择<div style="border: 1px solid #ccc;" dojoType="dijit.Tree"
id="recivetree_<%=time_temp %>" store="BumenStoreAvantar"
query="{type:'<%=nodelevel %>'}" dndController="dijit._tree.dndSource" >

  <script type="dojo/method" event="onClick" args="item">
    if(item){    dojo.byId("receiveunit_<%=time_temp %>").value=
BumenStoreAvantar.getValue(item, "id");
    }else{alert("Execute on root node");   }
  </script>
</div>
      </td></tr>
  <tr><td><label for="name">文章类型：</label></td>
      <td><select  dojoType="dijit.form.FilteringSelect"
      id="arttypeid_<%=time_temp %>"  name="arttypeid"
invalidMessage="请选择文章类型"     required="true">
    <%try {sql_arttype = "select typeId,typename from arttype where
typeIsDel = 0 order by typeId ASC";
      rs = db.getResult(sql_arttype);
```

```
        while (rs.next()) {%>
        <option value="<%=rs.getString("typeId")%>"><%=
rs.getString("typename")%></option>
        <%}
           rs.close();
        } catch (Exception e) {
             e.printStackTrace();
           }
        %></select>*</td></tr>
    <tr ><td><label for="name">标题: </label></td>
      <td><input name="title" type="text" id="title_<%=time_temp %>"
style="width:470px;" size="80" ojoType="dijit.form.ValidationTextBox"
onkeyup="limitMaxLength('title_<%=time_temp %>','200')"
required="true"/>*
      </td> </tr>
......
......
    <tr>
      <td><label for="doc">正文</label>
        <input name="action" type="hidden" id="action_<%=time_temp %>"
/></td>
      <td colspan="5"><input name="articlediv" type="hidden"
id="articlediv_<%=time_temp %>" />
      <div id="filecontextdiv" style="border: 1px solid #ccc;">
           <div id="textareadiv_<%=time_temp %>" style="display:
block;"><textarea name="articletext" id="articletext_<%=time_temp %>"
dojoType="dijit.Editor" styleSheets="../js/dojo/resources/dojo.css">
          </textarea></div>
          <input type="file" style="display: none;"
id="uploadword_<%=time_temp %>" name="uploadword" length="50" value="上
传word文件" />
      </div>
   </td>
    </tr>
  </table>
 ......
       <button dojoType="dijit.form.Button" name="subb" type="button"
id="subb_<%=time_temp %>" onClick="addArticle('<%=time_temp %>')">提交
</button>
......
......
```

2. 发文提交 JS

发文通过 Dojo 提交，主要代码如下。

```
-----------------------------------
function addArticle(time_temp)
{   var id1 = "articlediv_"+time_temp;
   var id2 = "articletext_"+time_temp;
   var id3 = "add_aticle_form_"+time_temp;
   var id4 = "artabstractdiv_"+time_temp;
   var id5 = "artabstract_"+time_temp;
```

```
   dojo.byId(id1).value=dijit.byId(id2).getValue();//为隐藏域赋值，以便能够
使其获取数据
   dojo.byId(id4).value=dijit.byId(id5).getValue();
   if(checkAll()&&checkSendFileForm(time_temp))
   {
      dojo.io.iframe.send({
          url:"ArticleManage.do?time="+new
Date().getTime()+"&action=addarticle&affixnum="+num,
          load: null,
          error:editInfoError,
          form:id3,
          method:"POST",
          encoding:"utf-8",
          timeout: 5000 //5秒超时
      });
   }
   else{
      alert("带*号的项必须按规则填写");
   }
}
function checkSendFileForm(time_temp){
   var flag=false;
//   alert("sendunit:"+dojo.byId("sendunit_"+time_temp).value);
   var value1 = dojo.byId("sendunit_"+time_temp).value;
   var value2 = dojo.byId("receiveunit_"+time_temp).value;
   var value3 = dojo.byId("arttypeid_"+time_temp).value;
   if(value1==""||value2==""||value3==""){
      flag=false;
   }else{
      flag=true;
   }
   return flag;
}
/**
 * 发文返回
 *
 */
function setAlert(upmsg){
   alert(decodeURI(decodeURI(upmsg)));
}
function setAlertRefresh(upmsg){
   alert(decodeURI(decodeURI(upmsg)));
   requestTabSendPage('main_tab','main_tab_second','发新文件
','sendfile_form.jsp','true');
}
```

addArticle()方法为 Dojo 表单的处理方法，将表单提交给 ArticleManage.do 处理，采用 POST 方式提交。提交前，要进行完整性检查。

3. 发文处理的 Servlet 程序

发文处理主要代码如程序 4-4 所示。

程序 4-4 ArticleManage.java

```
--------------------------------------
/**
   * 发文
   *
   */
  private synchronized void addArticle(HttpServletRequest request,
HttpServletResponse response) throws SQLException, IOException {
     HttpSession session=request.getSession();
     User user=(User)session.getAttribute("user");
     String username = user.getUsername();
     String ip = request.getRemoteAddr();
     PrintWriter out = response.getWriter();
     //获得附件个数
     int affixnum=1,i=0;
     affixnum = Integer.parseInt(request.getParameter("affixnum"));
     request.setCharacterEncoding("UTF-8");
     // 上传文件保存的目录和缓存目录
     String year="",uploadPath="",tempPath="",fileid =
"",sendunit="",receiveunit="",copyunit="",typeId="",title="",articlenum
="",keyword="",artabstract="",needupload="",texttype="",articlediv="",u
ploadtextfile="",suffix="",fileName="",affixfileName="",str="0",newWord
Name="",newFileName="",sql="",sqllog="",sqlfiles="",sqlwordfiles="",sql
filebox="",sqlartid="",sqlreceive="",ArtId="",filesize="",fileaffixsize
="",str_org="";
     // 获得当前年份
     Calendar calendar = new GregorianCalendar();
     year = String.valueOf(calendar.get(Calendar.YEAR));
     try {
        uploadPath = request.getRealPath("") + "/files/sendfiles/" + year;
        tempPath = request.getRealPath("") + "/files/sendfiles/" + year
+"/buffer/";
        File uploadFile = new File(uploadPath);
        File tempPathFile = new File(tempPath);
        // 如果目录和缓存目录不存在就创建
        if (!uploadFile.exists()) {
          uploadFile.mkdirs();
        }else if (!tempPathFile.exists()) {
          tempPathFile.mkdirs();
        }
        DiskFileItemFactory factory = new DiskFileItemFactory();
        // 设置最多在内存中存储的数据,大于 1MB 存储到硬盘
        factory.setSizeThreshold(1048576);
        // 设置文件大小一旦超过 getSizeThreshold()的值，数据就存放在硬盘的缓冲区
目录
        factory.setRepository(new File(tempPath));
        ServletFileUpload sfu = new ServletFileUpload(factory);
        List<FileItem> fileItems = null;
        // 设置允许用户上传单个文件大小,单位:字节，这里是 4MB
  sfu.setFileSizeMax(4194304);
        try{
          fileItems = sfu.parseRequest(request);
        }catch (FileSizeLimitExceededException e) {
          //提示文件大小错误信息并返回空
```

```
   out.println("<script>parent.setAlert('"+java.net.URLEncoder.
encode(java.net.URLEncoder.encode("提交失败! 单个文件不能超过 4M","UTF-8"),
"UTF-8")+"')</script>");
            return;
        }
        // 依次处理每个上传的文件，遍历所有表单项
        Iterator<FileItem> iter = fileItems.iterator();
        DBManager db = new DBManager();
        Statement stmt = db.CreatStat();
        ResultSet rshtml=null,rsreceive=null;
        HashMap<Integer, String> namehash = new HashMap<Integer, String>();
        HashMap<Integer, String> newnamehash = new HashMap<Integer,
          String>();
        HashMap<Integer, String> affixsizehash = new HashMap<Integer,
          String>();
        while(iter.hasNext()){
           FileItem fi = (FileItem) iter.next();
           //取得表单的文本输入域 name
           fileid = fi.getFieldName();
           //如果是普通表单域，逐个获取信息
           if(fi.isFormField()&& fileid != null && fileid != ""){
              if(fileid.equals("sendunit")){
                 sendunit = fi.getString();
              }else if(fileid.equals("receiveunit")){
                 receiveunit = fi.getString();
              }
              else if(fileid.equals("arttypeid")){
                 typeId = fi.getString();
              }else if(fileid.equals("title")){
                 title = changeEncode(fi.getString());
              }else if(fileid.equals("articlenum")){
                 articlenum = changeEncode(fi.getString());
              }else if(fileid.equals("keyword")){
                 keyword = changeEncode(fi.getString());
              }else if(fileid.equals("artabstractdiv")){
                 artabstract = changeEncode(fi.getString());
              }else if(fileid.equals("needupload")){
                 needupload = fi.getString();
              }else if(fileid.equals("texttype")){
                 texttype = fi.getString();
              }else
if(fileid.equals("articlediv")&&texttype.equals("0")){
                 articlediv = changeEncode(fi.getString());
              }
           }
           //如果是文件表单域，则重命名文件并上传
           else if(!fi.isFormField()&& fileid != null && fileid != ""){
              //如果是 word
if(texttype.equals("1")&&fileid.equals("uploadword")){
   fileName = fi.getName().substring(fi.getName().lastIndexOf("\\") + 1);
suffix = fileName.substring(fileName.lastIndexOf('.') + 1);
   filesize = String.valueOf(fi.getSize());
   if (accept(suffix) && (!fileName.equals(null))&&
(!fileName.equals(""))) {
         fileName = fileName.substring(0,fileName.lastIndexOf('.'));
```

```
        newWordName =
String.valueOf(System.currentTimeMillis())+"."+suffix;
        File savedFile1 = new File(uploadPath,newWordName);
           fi.write(savedFile1);
        } else {   //提示错误信息并返回空
out.println("<script>parent.setAlert('"+java.net.URLEncoder.encode(java
.net.URLEncoder.encode("提交失败！请检查上传文件","UTF-8"),
"UTF-8")+"')</script>");
                    return;
                 }
              }
              //如果是附件
              if(fileid.equals("uploadtextfile")){
                 affixfileName =
fi.getName().substring(fi.getName().lastIndexOf("\\") + 1);
                 suffix =
affixfileName.substring(affixfileName.lastIndexOf('.') + 1);
                 fileaffixsize = String.valueOf(fi.getSize());
                 if (acceptAffix(suffix) &&
(!affixfileName.equals(null))&& (!affixfileName.equals(""))) {
                    //如果附件数大于等于1，则文件名放入hash表
                    affixfileName =
affixfileName.substring(0,affixfileName.lastIndexOf('.'));
                    if(affixnum>=1){
                       i++;
                       newFileName =
String.valueOf(System.currentTimeMillis()+i)+"."+suffix;
                       namehash.put(i, affixfileName);
                       newnamehash.put(i, newFileName);
                       affixsizehash.put(i, fileaffixsize);
                    }
   File savedFile = new File(uploadPath,newFileName);
                    fi.write(savedFile);
} else if(!(acceptAffix(suffix)) && (!affixfileName.equals(null))&&
(!affixfileName.equals(""))){
out.println("<script>parent.setAlert('"+java.net.URLEncoder.encode
(java.net.URLEncoder.encode("提交失败！请检查上传附件","UTF-8"),
"UTF-8")+"')</script>");
                    return;
                 }
              }
           }
        }
   //如果文章是html形式
   if(texttype.equals("0")){
   //写入article表相关信息
   sql = "insert into article
(ArtType,Artdescr,ArtContent,filenum,filetitle,orgid,filekey,isreply,ty
peId,username)values("+ texttype+ ",'"+ artabstract+ "','"+articlediv+
"','"+ articlenum+ "','"+ title+ "',"+ sendunit+ ",'"+ keyword+ "',"+
needupload+ ","+ typeId  + ",'"+ username+ "')";
   //写入日志
sqllog= "insert into operlog (event,ip,username)values('"
             + "User_file_add_发文: "+title+" "+ "','"+ ip+ "','"
             + username+ "')";
```

```
            stmt.addBatch(sqllog);
            //先写入数据，以便取得 ArtId
            try{
              db.executeSql(sql);
            }catch(Exception e){
              System.out.println("数据写入异常！");
            }
            //查询到 ArtId 的最大值，这是线程加锁的作用点
            sqlartid = "select max(ArtId) from article";
            rshtml = db.getResult(sqlartid);
            if(rshtml.next()){
              ArtId = String.valueOf(rshtml.getInt("max(ArtId)"));
            }
            rshtml.close();
            //将附件循环写入 files 表相关信息
            for(int j=1;j<=i;j++){
            sqlfiles = "insert into files
(ArtId,username,filename,filepath,filesize,infotype)values("
              + ArtId+ ",'"+ username+ "','"+ namehash.get(j)
       + "','"+ "files/sendfiles/"+year+"/"+newnamehash.get(j)
              + "'," + affixsizehash.get(j)+ ",0)";
            stmt.addBatch(sqlfiles);
            }
            //取得收文部门所有人员
            str_org=receiveunit+",";
            str_org=str_org+getNode(db, receiveunit);
            str_org=str_org.substring(0,str_org.lastIndexOf(","));
            sqlreceive="select username from v_fileuser where adminIsdel=0
and orgid in("+str_org+")";
            rsreceive = db.getResult(sqlreceive);
            while(rsreceive.next()){
              //写入 filebox 表相关信息
              sqlfilebox = "insert into filebox (username,ArtId)values('"+
rsreceive.getString("username") + "'," + ArtId+ ")";
              stmt.addBatch(sqlfilebox);
            }
            rsreceive.close();

         }
         //如果文章是 word 形式
         else if(texttype.equals("1")&& (!fileName.equals(null))&&
(!fileName.equals(""))){
   sql="insert into article
(ArtType,Artdescr,filenum,filetitle,orgid,filekey,isreply,typeId,userna
me)values("+ texttype+ ",'"+ artabstract+ "','"+ articlenum
+ "','"+ title+ "'," + sendunit+ ",'"+ keyword+ "'," + needupload+ ","+
typeId+ ",'"+ username+ "')";
   //写入日志
sqllog= "insert into operlog (event,ip,username)values('"
              + "User_file_add_发文: "+title+" "+ "','"+ ip
              + "','"+ username+ "')";
   stmt.addBatch(sqllog);
            //先写入数据
            try{
```

```
            db.executeSql(sql);
          }catch(Exception e){
            System.out.println("数据写入异常! ");
          }
          //查询到 ArtId 的最大值
          sqlartid = "select max(ArtId) from article";
          rshtml = db.getResult(sqlartid);
          if(rshtml.next()){
            ArtId = String.valueOf(rshtml.getInt("max(ArtId)"));
          }
          rshtml.close();
          //写入上传 word 信息
          sqlwordfiles = "insert into files
(ArtId,username,filename,filepath,filesize,infotype)values("
            + ArtId+ ",'"+ username+ "','"+ fileName
            + "','"+ "files/sendfiles/"+year+"/"+newWordName
            + "'," + filesize+ ",1)";
          //将附件循环写入 files 表相关信息
          for(int j=1;j<=i;j++){
          sqlfiles = "insert into files
(ArtId,username,filename,filepath,filesize,infotype)values("
          + ArtId+ ",'"+ username+ "','"+ namehash.get(j)
          + "','"+ "files/sendfiles/"+year+"/"+newnamehash.get(j)
          + "'," + affixsizehash.get(j)+ ",0)";
          stmt.addBatch(sqlfiles);
          }
          str_org=receiveunit+",";
          str_org=str_org+getNode(db, receiveunit);
          str_org=str_org.substring(0,str_org.lastIndexOf(","));
          sqlreceive="select username from v_fileuser where adminIsdel=0
and orgid in("+str_org+")";
          rsreceive = db.getResult(sqlreceive);
          while(rsreceive.next()){
  //写入 filebox 表相关信息
  sqlfilebox = "insert into filebox (username,ArtId)values('"+
rsreceive.getString("username") + "'," + ArtId+ ")";
  stmt.addBatch(sqlfilebox);
          }
          stmt.addBatch(sqlwordfiles);
          rsreceive.close();
        }
        try {
          stmt.executeBatch();
          str="1";
        } catch (Exception e) {
          str="0";
          System.out.println(new Date());
          e.printStackTrace();
        }
        finally
        {   stmt.close();
          db.Release();
          if(str=="1"){
out.println("<script>parent.setAlertRefresh('"+java.net.URLEncoder.enco
de(java.net.URLEncoder.encode("提交成功!
```

```
","UTF-8"),"UTF-8")+"')</script>");
        }else
if(str=="0"){            out.println("<script>parent.setAlertRefresh('
"+java.net.URLEncoder.encode(java.net.URLEncoder.encode("提交失败!
","UTF-8"),"UTF-8")+"')</script>");
        }else{           out.println("<script>parent.setAlertRefres
h('"+java.net.URLEncoder.encode(java.net.URLEncoder.encode("服务器异常!
","UTF-8"),"UTF-8")+"')</script>");
        }
        responseHtml(response,str);
      }
    } catch (Exception e) {
      // TODO Auto-generated catch block
      e.printStackTrace();

out.println("<script>parent.setAlertRefresh('"+java.net.URLEncoder.enco
de(java.net.URLEncoder.encode("提交失败!
","UTF-8"),"UTF-8")+"')</script>");
    }
  }
```

程序说明：addArticle()方法为发文处理的主要方法。程序分文件格式和文本格式两种处理方式。若为文件格式，则通过 commons-fileupload 组件上传，上传过程将文件进行重命名，并将上传的路径写入 files 表，同时将其他信息写入 article 表。若为文本格式，则直接将获取的数据写入 article 表。addArticle()方法在写入 article 表时需要获取发文号并返回，以便写入 files 表，因此采用 synchronized 进行线程同步。

4.3.3 文档在线自动格式转换为 Flash 预览

本系统采用文档在线自动转换格式，即直接在线查阅 Word 文件，查阅时，以 Flash 显示 Word 文件，不必下载后查阅。查阅过程通过 Servlet 调用文件格式自动转换 JavaBean 来完成。主要代码如程序 4-5 所示。

程序 4-5 WordToFlashServlet.java

```
----------------------------------------------------
package filemanage.read;
import java.io.IOException;
import java.sql.*;
import javax.servlet.*;
import filemanage.db.DBManager;
public class WordToFlashServlet extends HttpServlet {
  private static final long serialVersionUID = 1L;
  protected void doGet(HttpServletRequest request, HttpServletResponse
response) throws ServletException, IOException {
    doPost(request, response);
  }
  protected void doPost(HttpServletRequest request, HttpServletResponse
response) throws ServletException, IOException {
    try {
      zhuanhuan(request, response);
```

```
        } catch (SQLException e) {
            e.printStackTrace();
        }
    }
    private String getPath(HttpServletRequest request, HttpServletResponse
response) throws SQLException
    {
        String path="";
        DBManager db=new DBManager();
        String sql="";
        ResultSet res=null;
        String artId=request.getParameter("id");
        String type=request.getParameter("type");
        if(type.equals("file")){
            sql="select filepath from v_filesend where infotype=1 and
ArtId="+artId;
        }else if(type.equals("affix")){
            sql="select filepath from v_filesend where fileId="+artId;
        }
        try{
            res=db.getResult(sql);
            if(res.next()){
            path=res.getString("filepath");//获取文件在数据库中所存的路径
            }
        }catch (Exception e) {
            e.printStackTrace();
        }finally{
            if(res!=null){
                res.close();
                db.Release();
            }
        }
        return path;
    }
    private void zhuanhuan(HttpServletRequest request, HttpServletResponse
response) throws IOException, SQLException {
        String swfname=null,filepath="";
        String
swftoolsPath=getServletConfig().getInitParameter("FilePath");
        filepath=this.getPath(request, response);
        swfname=filepath.substring(filepath.lastIndexOf("/")+1,
filepath.indexOf("."));  //swf 名，截取到文件名.号之前
        String inputfile=request.getRealPath("/")+filepath;//Word 文件路径
        String outputfile=request.getRealPath("/")+"fileReader/";
//输出 PDF 路径
        String
filename=request.getRealPath("/")+"fileReader/"+swfname+".pdf";
//PDF 名称路径
        WordToFlashBean wtf=new WordToFlashBean();
        if(wtf.wordToPdf(inputfile,filename)){
            WordToFlashBean.ConvertPdfToSwf(swftoolsPath,filename,
outputfile);
        }else{
            System.out.println("失败！");
        }
```

```
    String swfpath=swfname+".swf";        //Flash 名称
  response.sendRedirect(contextPath+"/fileReader/
    FlexPaperViewer.jsp?path="+swfpath);
  }
}
```

程序说明:该程序为显示Word文件的Servlet程序。该程序中含有getPath()和zhuanhuan()两个主要的方法。getPath()方法用来获取需要以Flash预览的Word文件的路径，该路径存储于数据库中，通过建立的视图 v_filesend 查询。zhuanhuan()方法用来进行文件预览及转换方法调用，生成 swf 的文件，然后在浏览器中查阅。实现过程为首先将获取路径所在的文件调用wordToPdf()方法转换为PDF,然后再将PDF文件调用ConvertPdfToSwf()方法转换为Flash。代码实现如下。

```
WordToFlashBean wtf=new WordToFlashBean();
wtf.wordToPdf(inputfile,filename);
WordToFlashBean.ConvertPdfToSwf(swftoolsPath,filename, outputfile);
```

最后，通过 FlexPaperViewer.jsp 预览程序进行预览。

下面，介绍 Word 文件转换为 Flash 的 JavaBean，如程序 4-6 所示。

程序 4-6 WordToFlashBean.java

```
------------------------------------------------
package filemanage.read;
import java.io.*;
import java.net.ConnectException;
import com.artofsolving.jodconverter.DocumentConverter;
import com.artofsolving.jodconverter.openoffice.connection.*;
public class WordToFlashBean {
  public boolean wordToPdf(String inputfile,String outfile) throws
ConnectException{
    try{
      File inputFile = new File(inputfile);
      File outputFile = new File(outfile);
      OpenOfficeConnection connection = new
SocketOpenOfficeConnection(8100);
      try {
        connection.connect();
        } catch (ConnectException e) {
      e.printStackTrace();
        }
  DocumentConverter converter = new
OpenOfficeDocumentConverter(connection);
      converter.convert(inputFile, outputFile);
      connection.disconnect();
      return true;
    }catch(Exception e){
      e.printStackTrace();
      return false;
    }
  }
public static  int ConvertPdfToSwf(String swftoolsPath,String
fileName,String destPath) throws IOException{
```

```
    String destName = "",fileExt = "";
    StringBuffer command = new StringBuffer();
    fileExt =
fileName.split("\\.")[fileName.split("\\.").length-1].toLowerCase();
    try{
        File file = new File(fileName);
        if(!file.exists()){                  //判断源文件是否存在
          return 1;
        }else if(!fileExt.equals("pdf")){ //判断文件是否是 pdf 格式的文件
            return 2;
        }
        else{
            if(!swftoolsPath.substring(swftoolsPath.length()-1,
swftoolsPath.length()).equals("\\")){
                swftoolsPath = swftoolsPath+"\\";    //在目录后加 "\"
            }
            if(!destPath.substring(destPath.length()-1,
destPath.length()).equals("\\")){
                destPath = destPath+"\\";    //在目录后加 "\"
            }
            File destFile = new File(destPath);
            if(!destFile.exists()){ //目标文件路径如果不存在，则创建目录
                destFile.mkdirs();
            }
            destName = file.getName().substring(0,
file.getName().length()-4)+".swf";//目标文件名称
            command.append(swftoolsPath).append("pdf2swf.exe
").append(fileName).append(" -o ").append(destPath).append(destName);
            Process pro = Runtime.getRuntime().exec(command.toString());
            BufferedReader buffer = new BufferedReader(new
InputStreamReader(pro.getInputStream()));
            while(buffer.readLine()!=null);
            return pro.exitValue();
        }
    }catch (Exception e){
        e.printStackTrace();
        return 3;
      }
    }
}
```

程序说明：该程序为转换 Flash 格式的 JavaBean 程序。该 JavaBean 程序包含 wordToPdf() 和 ConvertPdfToSwf() 两个方法，wordToPdf() 方法将 Word 文件转换为 PDF 文件，ConvertPdfToSwf() 方法将 PDF 文件转换为 Flash。

wordToPdf() 方法说明：采用 SocketOpenOfficeConnection 建立链接对象 OpenOfficeConnection，链接后用 OpenOfficeDocumentConverter(connection) 方法建立 DocumentConverter 对象，采用该对象调用 convert() 方法，即可将 Word 文件转换为 PDF 文件。

ConvertPdfToSwf() 方法说明：该方法通过调用 pdf2swf.exe 程序，将给定路径的 pdf 格式文件转换为 swf 格式的文件。

4.4 小结

本章介绍了文件收发系统的设计与实现方法，介绍了采用 Ajax 框架 Dojo 进行布局及异步处理调用方法，重点介绍了 Dojo 进行主体程序部署和文件格式转换方法。分析了发文过程的处理，即 Dojo 表单提交和 Java EE Servlet 配合处理，使用 Apache commons-fileupload 组件进行文件上传。

通过本章的学习，读者可以学会使用 Dojo 进行程序主体布局及调用处理，掌握将文档自动转换为 Flash 等技术。

第 5 章

图片网站

5.1 系统分析和设计

5.1.1 系统分析

随着互联网和相关多媒体设备的发展，人们对资源共享的需求也越来越多。作为一个面向特定群体的校园网站，资源共享显得尤为重要。由于图片在网页上出现的频率仅次于文字，因此如何将图片进行有效地收集、整理、发布等一系列的管理，以实现图片共享，就成为一个很重要的问题，也就诞生了图片网站系统。

下面以海软图片库为例进行介绍。

海软图片库是基于 Java EE 开发的一个 Web 系统，它可以实现以下功能。

⑴ 按时间显示最新图片缩略图，用户可以很方便地获得学校的最新动态。

⑵ 将图片进行分类，图文链接，用户可以选择感兴趣的图片类型来查看相关的图片内容，可以很方便地进行不同模块图片间的切换。

⑶ 按模块显示图片缩略图，用户可以很方便地查看该系列和其他系列的图片。

⑷ 图片的随机显示，以选项卡的形式随机显示图片库的图片。

⑸ 允许用户执行操作，例如，按关键字搜索图片，查看最新的图片排行，上传、下载图片等。

⑹ 自动进行站内各类统计，如照片总数、校内照片数、其他图片数、浏览总数、图片的随机显示次数等。

5.1.2 系统设计

根据以上的需求分析，海软图片库主要采用模块嵌套的形式将各个模块进行链接管理、合理布局。具体而言，海软图片库主要分为前台浏览和后台管理两大模块。其中，前台浏览模块主要包括首页，图片分类浏览，图片详细信息浏览，图片搜索，如何上传、下载，站内统计等六个页面；后台管理模块需要管理员使用用户名和密码登录，包括管理员登录，首页图片管理，图片上传编辑，图片信息编辑，图片删除还原等五个页面。该网站的主要模块划分如图 5-1 所示(个别模块没有画出)。

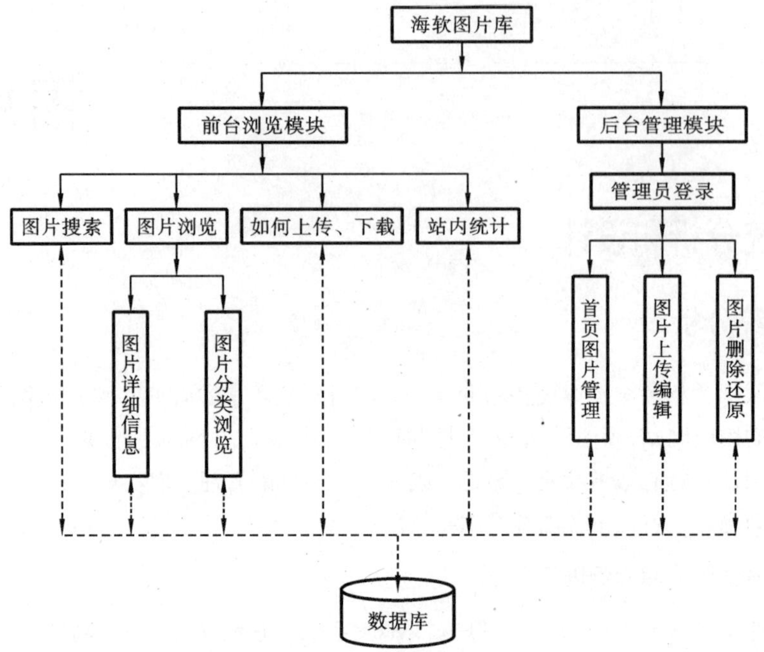

图 5-1 海软图片库主要模块划分图

要访问海软图片库，一般用户可以通过 url 地址进入主页，浏览图片分类，浏览最新图片，浏览近期热点，浏览随机图片，浏览站内统计，进行图片搜索，了解如何下载，了解如何上传等操作。这些具体的操作是相互平行的，具体的 UML 活动关系如图 5-2 所示。

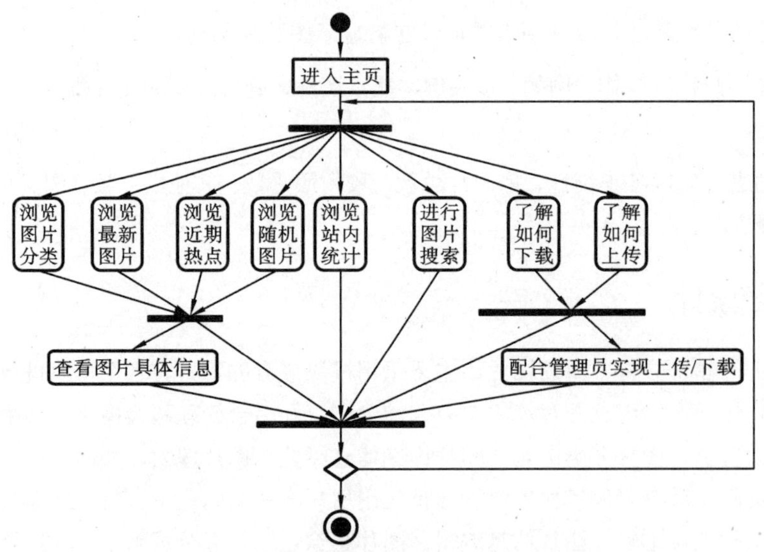

图 5-2 海软图片库一般用户 UML 活动图

作为海软图片库管理员，在进入主页之后不仅可以进行浏览图片分类、浏览最新图片、浏览近期热点、浏览随机图片、浏览站内统计、进行图片搜索等一系列普通用户可以进行的操作，还可以进入网站后台，上传用户通过 E-mail 发送的图片，并为用户提供图片下载所用的密码，具体的 UML 活动关系如图 5-3 所示。

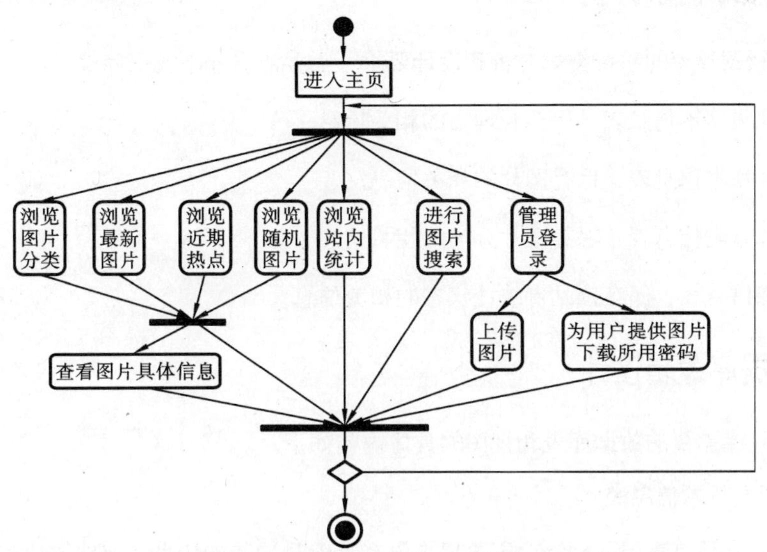

图 5-3 海软图片库管理员 UML 活动图

整个网站组成如表 5-1 所示，包括页面名称、对应的 JSP 文件的清单。

表 5-1 海软图片库系统组成

页面名称	页面 JSP 文件
网站主页	index.jsp
新闻图片页面	picnew.jsp
如何上传图片页面	howupload.jsp
如何下载图片页面	howdownload.jsp
搜索图片页面	search.jsp
随机图片页面	focuspic.jsp
管理员登录页面	login.jsp
图片添加页面	picadd.jsp
图片还原页面	del_back.jsp
图片删除页面	del_window.jsp
图片修改页面	photo_change.jsp
图片信息处理页面	pic_editor.jsp
浏览图片页面	view.jsp

5.2 数据库设计

5.2.1 数据库需求分析

根据海软图片库的系统需求分析和设计要求，需要建立如下数据库表。

(1) 管理员基本信息表：保存管理员的相关信息。

(2) 图片基本信息表：保存图片的相关信息。

(3) 图片分类信息表：保存图片分类的相关信息。

(4) 状态信息表：保存该站点统计状态的相关信息。

5.2.2 数据库逻辑设计

海软图片库需要的数据库表和视图的具体内容如下。

1. 管理员基本信息表

管理员基本信息表(tbl_admin)主要用来保存管理员的基本信息，海软图片库中的管理员登录模块就是基于这张表制作的。在这张表中，通过 isdel 字段来区别管理员权限是否存在。表 5-2 列出了管理员基本信息表各字段的详细信息。

表 5-2 管理员基本信息表

字段名	描　述	类型	长度	是否允许为空	主键
adminuser	管理员用户名	varchar	50	否	是
adminpws	管理员密码	varchar	50	是	否
adminRealName	管理员真实名字	varchar	50	是	否
adminPower	管理员权限	int	—	是	否
isdel	管理员权限是否被删除	bit	—	是	否

2. 图片基本信息表

图片基本信息表(tbl_pic)是图片管理库的基本数据库表，主要用来保存图片的基本信息，只有进入网站的后台管理，才能进行对这张表的修改、更新、添加和删除等操作。表 5-3 列出了图片基本信息表各字段的详细信息。

表 5-3 图片基本信息表

字段名	描 述	类型	长度	是否允许为空	主键
id	图片 id 号	bigint	—	否	是
pictitle	图片标题	varchar	250	是	否
picurl	图片地址	varchar	255	是	否
pic_small_url	图片缩略图地址	varchar	255	是	否
picaddtime	图片添加时间	decimal	18,0	是	否
pictype	图片分类	int	—	是	否
picxilie	图片系列	varchar	255	是	否
pickeyword	图片关键字	varchar	255	是	否
picischeck	图片是否经过审批	bit	—	是	否
picisdel	图片是否已删除	bit	—	是	否
piczuozhe	图片作者	varchar	255	是	否
picform	图片格式	varchar	255	是	否
picpath	图片路径	varchar	255	是	否
picviewtimes	图片浏览次数	bigint	—	是	否
picw	图片宽度	int	—	是	否
pich	图片高度	int	—	是	否
picsize	图片大小	bigint	—	是	否
picistuijian	图片是否被推荐	bit	—	是	否
picrandomtimes	图片随机次数	bigint	—	是	否
adminuser	管理员用户名	varchar	50	是	否

3. 图片分类信息表

图片分类信息表(tbl_pictype)是用来保存图片分类的有关信息的数据库表。表 5-4 列出了图片分类信息表各字段的详细信息。

表 5-4 图片分类信息表

字段名	描 述	类型	长度	是否允许为空	主键
pictypeid	图片分类 id 号	int	—	否	是
pictype	图片分类	varchar	50	是	否
picpath	图片路径	varchar	250	是	否
num	数目	bigint	—	是	否
isschool	是否为学校图片	bit	—	是	否

4. 站内统计信息表

站内统计信息表(tbl_stat)是用来保存网站所统计的基本信息的数据库表。表 5-5 列出了站内统计信息表各字段的详细信息。

表 5-5 站内统计信息表

字段名	描　述	类型	长度	是否允许为空	主键
id	状态 id 号	int	—	否	是
allpicnum	所有图片总数	bigint	—	是	否
schoolpicnum	校内图片总数	bigint	—	是	否
viewtimes	浏览次数	bigint	—	是	否

5. 数据库视图

在以上四个数据库表的基础上，创建 View_Title、viewpicbanner、VIEW_ PHOTO_INDEX 三个视图，具体的视图结构分别如图 5-4、图 5-5、图 5-6 所示。

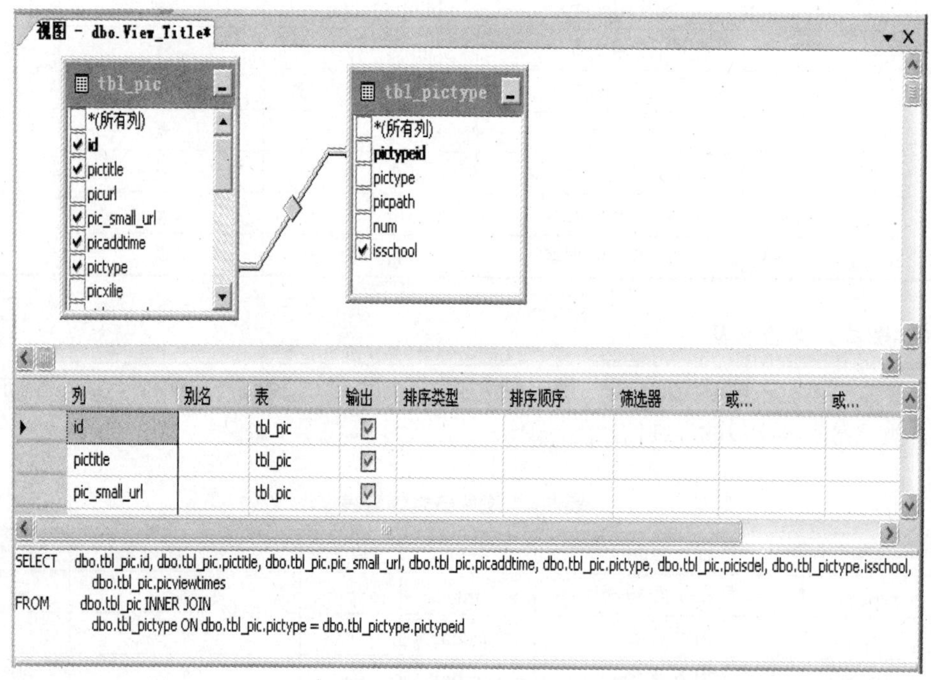

图 5-4 视图 View_Title 的结构

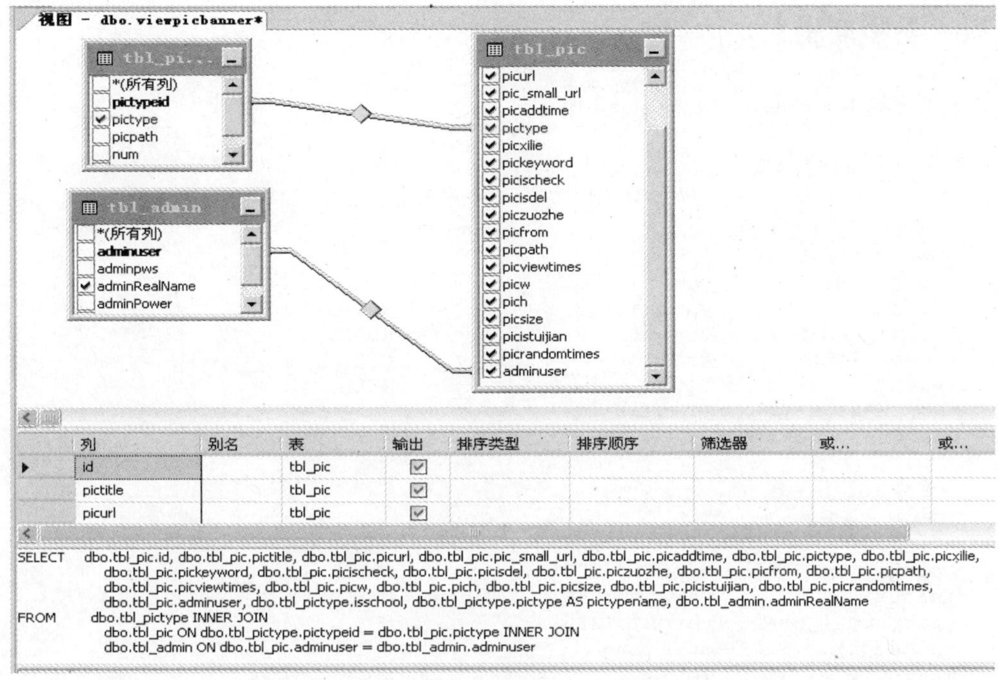

图 5-5 视图 viewpicbanner 的结构

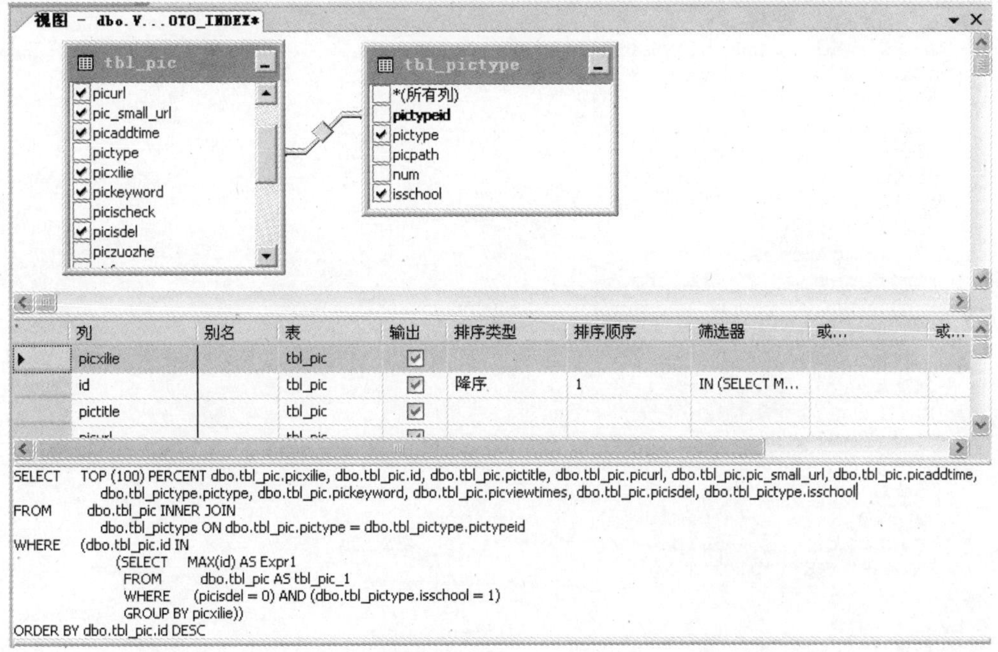

图 5-6 视图 VIEW_PHOTO_INDEX 的结构

5.2.3 数据库脚本文件

数据库脚本文件的代码如程序 5-1 所示。

程序 5-1 photo.sql

```
---------------------第一批执行代码-----------------
--创建 tbl_admin 表
CREATE TABLE tbl_admin
(  adminuser        varchar(50)                NOT NULL ,
   adminpws         varchar(50)                NULL ,
   adminRealName    varchar(50)                NULL ,
   adminPower       int                        NULL ,
   sdel             bit                        NULL
   PRIMARY KEY("adminuser")
)

--创建 tbl_pic 表
CREATE TABLE tbl_pic
 (  id              bigint IDENTITY (1, 1) NOT NULL ,
  pictitle          varchar(250)               NULL ,
  picurl            varchar(255)               NULL ,
  pic_small_url     varchar(255)               NULL ,
  picaddtime        datetime                   NULL ,
  pictype           int                        NULL ,
  picxilie          varchar (255)              NULL ,
  pickeyword        varchar (255)              NULL ,
  picischeck        bit                        NULL ,
  picisdel          bit                        NULL ,
  piczuozhe         varchar (255)              NULL ,
  picfrom           varchar (255)              NULL ,
  picpath           varchar (255)              NULL ,
  picviewtimes      bigint                     NULL ,
  picw              int                        NULL ,
  pich              int                        NULL ,
  picsize           bigint                     NULL ,
  picistuijian      bit                        NULL ,
  picrandomtimes    bigint                     NULL ,
  adminuser         varchar (50)               NULL
    PRIMARY KEY("id")
)

--创建 tbl_pictype 表
CREATE TABLE tbl_pictype(
  pictypeid         int   IDENTITY (1, 1)     NOT NULL ,
  pictype           varchar(50)                NULL ,
  picpath           varchar(250)               NULL ,
  num               bigint                     NULL ,
  isschool          bit                        NULL
  PRIMARY KEY("pictypeid")
)

--创建 tbl_stat 表
CREATE TABLE tbl_stat
(   id              int IDENTITY (1, 1)       NOT NULL ,
```

```
 allpicnum        bigint                     NULL ,
 schoolpicnum     bigint                     NULL ,
 viewtimes        bigint                     NULL
   PRIMARY KEY("id")
)

--添加图片类型
insert into tbl_pictype (pictype)values ('新闻图片');
insert into tbl_pictype (pictype)values ('文化生活');
insert into tbl_pictype (pictype)values ('校园风光');
insert into tbl_pictype (pictype)values ('课堂内外');

------------------第二批执行代码--------------------
--创建VIEW_PHOTO_INDEX视图
CREATE VIEW VIEW_PHOTO_INDEX
AS
SELECT TOP 100 PERCENT tbl_pic.picxilie, tbl_pic.id, tbl_pic.pictitle,
     tbl_pic.picurl, tbl_pic.pic_small_url, tbl_pic.picaddtime,
     tbl_pictype.pictype, tbl_pic.pickeyword, tbl_pic.picviewtimes,
     tbl_pic.picisdel, tbl_pictype.isschool
FROM tbl_pic INNER JOIN
     tbl_pictype ON tbl_pic.pictype = tbl_pictype.pictypeid
WHERE (tbl_pic.id IN
         (SELECT MAX(id)
        FROM tbl_pic
        WHERE picisdel = 0 AND isschool = 1
        GROUP BY picxilie))
ORDER BY tbl_pic.id DESC

--------------------第三批执行代码------------------
--创建View_Title视图
CREATE VIEW View_Title
AS
SELECT tbl_pic.id, tbl_pic.pictitle, tbl_pic.pic_small_url,
     tbl_pic.picaddtime, tbl_pic.pictype, tbl_pic.picisdel,
     tbl_pictype.isschool, tbl_pic.picviewtimes
FROM tbl_pic INNER JOIN
     tbl_pictype ON tbl_pic.pictype = tbl_pictype.pictypeid

--------------------第四批执行代码------------------------
--创建viewpicbanner视图
CREATE VIEW viewpicbanner
AS
SELECT tbl_pic.*, tbl_pictype.isschool, tbl_pictype.pictype AS
pictypename,
     tbl_admin.adminRealName
FROM tbl_pictype INNER JOIN
     tbl_pic ON tbl_pictype.pictypeid = tbl_pic.pictype INNER JOIN
     tbl_admin ON tbl_pic.adminuser = tbl_admin.adminuser
```

程序说明：该 SQL 脚本文件创建了四个数据库表(tbl_admin、tbl_pic、tbl_pictype 和 tbl_stat)，并在此基础上创建了三个视图(VIEW_PHOTO_INDEX、View_Title 和 viewpicbanner)。

5.2.4 数据库的链接

链接文件的代码如程序 5-2 所示。

程序 5-2 opendb.java

```
-----------------------------------------
package opendb;
import java.sql.*;
public class opendb {
  private String sDBDriver  =
    "com.microsoft.sqlserver.jdbc.SQLServerDriver";
  private String sConnStr  =
    "jdbc:sqlserver://localhost:1433;DatabaseName=photo";
  private String user="aaa";
  private String password="123";
  private Connection conn = null;
  private Statement stmt = null;
  private ResultSet rs = null;
  public opendb()
  {
    try{
      Class.forName(sDBDriver);
    }
    catch(java.lang.ClassNotFoundException e){
      System.err.println("opendb(): " + e.getMessage());
    }
  }
  //  返回数据库链接对象
  public Connection Creatconn(){
    conn = null;
        try{
  conn=DriverManager.getConnection(sConnStr,user,password);
            return conn;
        }
        catch(Exception fe){
          System.err.println("Creatconn(): " + fe.getMessage());
          return null;
    }
    }
  //  返回状态集对象
  public Statement CreatStat(){
    stmt = null;
      try{
          conn=this.Creatconn();
    stmt=conn.createStatement(ResultSet.TYPE_SCROLL_SENSITIVE,
              ResultSet.CONCUR_UPDATABLE);
            return stmt;
        }
      catch(Exception fe){
          System.err.println("CreatStat(): " + fe.getMessage());
          return null;
    }
    }
  //  返回记录集对象
```

```
public ResultSet getResult(String sql){
    rs = null;
  try{
    stmt=this.CreatStat();
    rs = stmt.executeQuery(sql);
    return rs;
        }
  catch(SQLException ex){
    System.err.println("getResult: " + ex.getMessage());
    return null;
  }
}
//执行更新/删除语句
public boolean executeSql(String sql)
{
  try{
    stmt=this.CreatStat();
    stmt.executeUpdate(sql);
    conn.commit();
    return true;
  }
  catch(Exception e)
  {
    System.err.println("exectueSql: "+e.toString());
    return false;
  }
}
}
```

程序说明：opendb.java 为链接 SQL Server 2005 数据库的 JavaBean 程序，初始化数据库的链接驱动、链接字段、数据库的用户名和密码等；opendb()方法为构造方法，通过 Class.forName()方法加载驱动程序，SQL Server 2005 的数据库驱动代码如下。

```
com.microsoft.sqlserver.jdbc.SQL ServerDriver
```

该驱动需要提前加载到 Tomcat 安装目录的 common/lib 目录下，或者开发项目的 WEB-INF/lib 目录下。

Creatconn()方法通过返回 conn 获得链接对象；CreatStat()方法通过 stmt 获得状态集对象；getResult()方法为执行查询 SQL 语句并返回记录集；executeSql()方法为执行 SQL 更新或修改数据库操作的方法。这几个方法都用 try{}catch{}语句来实现对出现异常情况时的处理。

JSP 调用该 JavaBean 链接数据库的代码如下。

```
-----------------------------------------------
<jsp:useBean id="db" class="opendb.opendb" scope="page"/>
```

在 Servlet 中调用该程序链接数据库的代码如下。

```
-----------------------------------------------
private opendb db=new opendb();
```

5.3 站点模块具体设计

5.3.1 前台浏览模块

前台浏览模块主要包括首页，图片分类浏览，图片详细信息浏览，图片搜索，如何上传、下载，站内统计等 6 个页面。

1. 首页

进入海软图片库首页后，可以看到首页是一个分模块显示的页面，如图 5-7 所示。

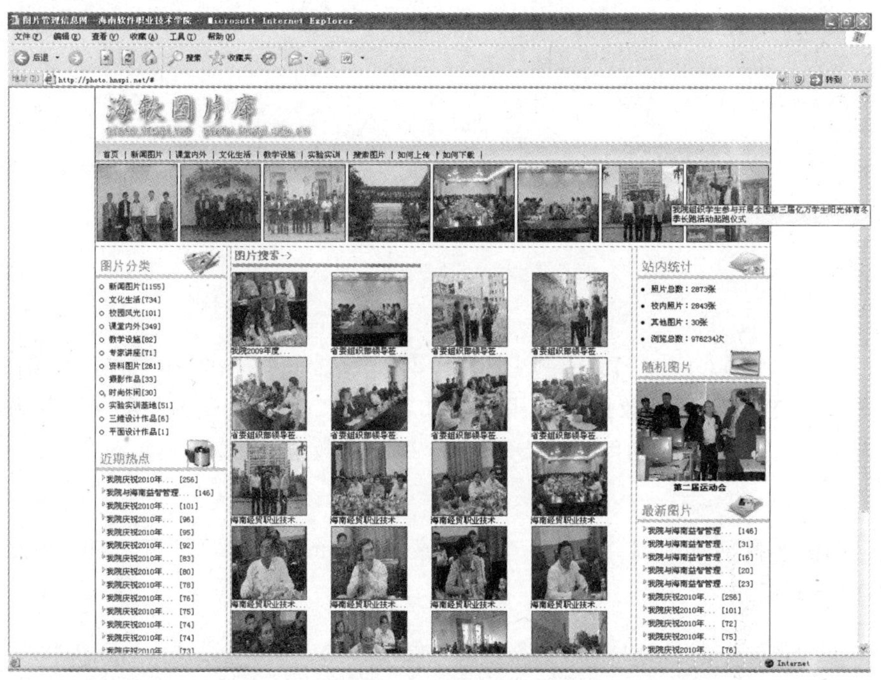

图 5-7 海软图片库首页

海软图片库采用了模块嵌套的形式实现了模块间的分布管理，这类形式主要表现在首页的分布布局上，首页的分布布局及相应的代码文件如图 5-8 所示。

在图 5-8 中，阴影部分为热点部分，白色部分为动态调用部分，可以通过点击图片分类或网站栏目中的分类链接到相应的模块。在首页中，此部分分别从不同的图片分类中选取了前 5 张图片的缩略图作为列表显示，用户可以通过列表方式查看图片，并通过单击列表中的某张图片进入详细查看页面。

图 5-8 网站首页分布图

2. 图片分类浏览页面

新闻图片、课堂内外、文化生活、教学设施、实验实训等各图片分类模块都有类似的布局，下面将所有分类的布局集中加以说明。

以新闻图片模块为例，其代码如程序 5-3 所示。

程序 5-3 picnew.jsp

```
-------------------------------------------------
<%@ page contentType="text/html; charset=gb2312" language="java"
  import="java.sql.*" errorPage="" %>
<jsp:useBean id="db" class="opendb.opendb" scope="page"/>
<%
String id=request.getParameter("id");
ResultSet rs;
String sql="select top 10 * from viewpicbanner where isschool=1 and
   picisdel=0 order by id desc";

rs=db.getResult(sql);
String pictitle,picalltitle;
int idt=1,picviewtimes=1;
%>
str=""
        <%while(rs.next())
       {
        idt=rs.getInt("id");
        picalltitle=rs.getString("pictitle");
        pictitle=rs.getString("pictitle");
       if(pictitle.length()>9)
```

```
        {pictitle=pictitle.substring(0,9)+"...";}
         picviewtimes=rs.getInt("picviewtimes");
       %>
str=str+"<font size=\"2\"> </font><img src=
   \"images/icon_01.gif\" border=\"0\" height=\"10\"><a
   href=\"http://photo.hnspi.net/Photo?id=<%=idt%>\"
   title=\"<%=picalltitle%>\" target=\"_blank\" ><%=pictitle%> <font
   color=\"#ff9999\" >[<%=picviewtimes%>]</font></a><br>"
        <%}%>
     document.write (str)
<%
rs.close();
%>
```

程序说明：在这段代码中，先用 SQL 查询语句从数据库视图 viewpicbanner 中查找出新闻图片分类中的图片，再以缩略图+标题的固定格式列表显示在图 5-8 的白色部分中。另外，白色部分最下方加载了 picsort.jsp 页面，以实现分页显示、分页访问、页间转换、统计浏览总次数等功能。

新闻图片页面的分布示意图如图 5-9 所示。

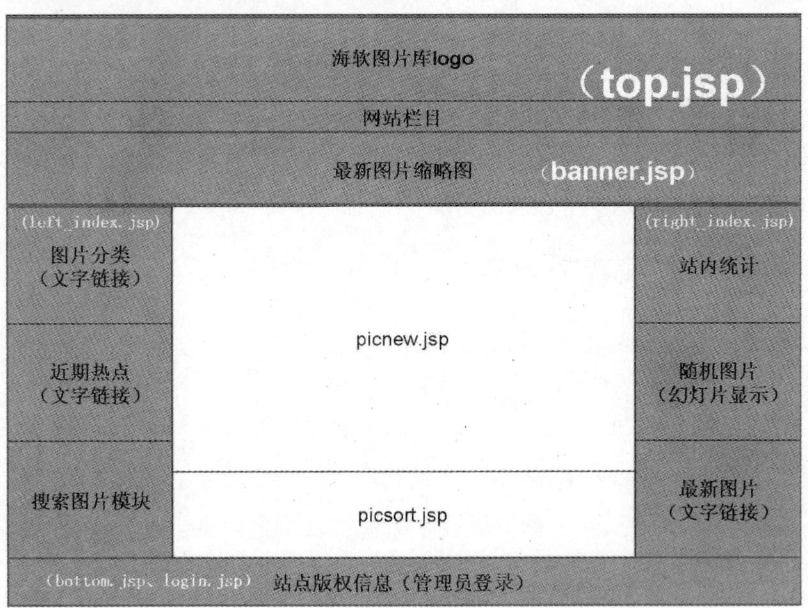

图 5-9 新闻图片页面的分布示意图

新闻图片页面如图 5-10 所示。

其他分类页面的设计过程与新闻图片页面的类似，此处略。

3. 图片详细信息浏览页面

当用户单击某一图片的缩略图时，将转入大图浏览页面(bigphotowindow.jsp)，该页面实现了图片固定尺寸的放大浏览、图片信息说明、图片浏览地址、同系列的图片链接、不同系列的图片浏览等功能。其主要代码如程序 5-4 所示。

图 5-10 新闻图片页面

程序 5-4 view.jsp

```
---------------------------------------------
<%@ page contentType="text/html; charset=gb2312" language="java"
  import="java.sql.*" errorPage="" %>
<jsp:useBean id="db" class="opendb.opendb" scope="page"/>
<%
ResultSet rs=null,rsxgy=null,rsxgv=null;
String  id=request.getParameter("id").trim();
String sqlxgy,sqlxgv;
int i=0;
String downPasswordChecked=
   (String)session.getAttribute("downPasswordChecked");
if(id==null||id=="")
{id="1";}
int intid=0;
try
{
intid=Integer.parseInt(id);
String sql="select * from viewpicbanner where id="+intid;
```

```
String sqlupdate="update tbl_pic set picviewtimes=picviewtimes+1
  where id="+intid;
String sqlupdateallview="update tbl_stat set viewtimes=viewtimes+1 ";
rs=db.getResult(sql);
%>
<!DOCTYPE html PUBLIC "-//W3C//DTD XHTML 1.0 Transitional//EN"
  "http://www.w3.org/TR/xhtml1/DTD/xhtml1-transitional.dtd">
<html xmlns="http://www.w3.org/1999/xhtml">
<head>
<meta http-equiv="Content-Type" content="text/html; charset=gb2312" />
<title>无标题文档</title>
</head>
<body>
<%
  if(rs.next())
  {
    db.executeSql(sqlupdate);
    db.executeSql(sqlupdateallview);
    %>
    <div id="viewPhoto" class="divcenter">
    <!--显示图片-->
    <input name="ButtonViewPhoto" type="image"  class="viewphoto"
       disabled="disabled"  src="<%=rs.getString("picurl")%>"
     hspace="1" vspace="2" border="1"
       value="<%=rs.getString("picurl")%>"
     <%if(rs.getInt("picw")>580)
     out.print("width=580");%>
       alt="<%=rs.getString("pictitle")%>" /><input name="photourl"
       type="hidden"
       value="<%=rs.getString("picurl")%>" />
     <table>
     <tr>
       <td>
       <form id="form1" name="form1" method="post" target="_blank"
         action="PhotoRealSize.jpg"><input name="id" type="hidden"
         id="id" value="<%=rs.getString("id")%>" />
         <img src="images/fangda.jpg"  alt="放大图片" width="125"
           height="123" onclick="submit()"  class="smallPic"/>
           </form>     </td>
       <td class="PhotoInfo">
       <li>图片说明：<%=rs.getString("pictitle")%></li>
       <li>图片尺寸：
       <%=rs.getString("picw")%>¡Á<%=rs.getString(
         "pich")%>    图片大小：
         <%=rs.getInt("picsize")/1024%>K</li>
       <li>图片系列：<%=rs.getString("picxilie")%></li>
       <li>图片来源：<%=rs.getString("picfrom")%>     
         添加时间：<%=rs.getString("picaddtime")%></li>
       <li>正常浏览次数：<%=rs.getInt("picviewtimes")+1%>次    
          随机抽取：<%=rs.getString("picrandomtimes")%>次</li>

       </td>
     </tr>
     </table>
```

```
        <li class="PhotoInfo">
        该系列其他图片:
        <%
      sqlxgy="select id from tbl_pic where
        picxilie='"+rs.getString("picxilie")+"' order by id asc";
      rsxgy=db.getResult(sqlxgy);
      i=1;
      while(rsxgy.next())
      {
        if(rsxgy.getInt("id")==rs.getInt("id"))
        {
          out.print(" <font color=#FF0000 size=3>["+i+"]</font> ");
        }
        else
        {
          out.print(" <a href=#
onclick=\"requestViewPhoto("+rsxgy.getInt("id")+")\" title=第"+i+"
  页>["+i+"]</a> ");
        }
        i++;
      }
      rsxgy.close();
      %>
      </li>
      <li class="PhotoInfo">本图片浏览地址:
      <a href="Photo?id=<%=rs.getInt("id")%>" target="_blank" title=
        "新窗口打开">http://<%=request.getServerName()%><%=
          request.getContextPath()%>/Photo?id=<%=rs.getInt("id")%></a>
      </li>
      <li class="PhotoInfo" id="downloadPhoto">
      <%
      if(downPasswordChecked==null)
      {
        downPasswordChecked="";
      }
      if(downPasswordChecked.equals("Yes"))
      {
      %>
      本图片下载地址:
      <a href="<%=rs.getString("picurl")%>" title="新窗口打开后下载">
      http://<%=request.getServerName()%><%=
        request.getContextPath()%>/<%=rs.getString("picurl")%></a>
      <%
      }
      else
      {
        %>
        <jsp:include page="downloadform.jsp?error=N" flush="true"/>
        <%
      }
      %>
      </li>
      <%
        sqlxgv="select top 5 * from tbl_pic where id<"+rs.getInt("id")+"
          order by id desc";
```

```
        rsxgv=db.getResult(sqlxgv);
        %>
      <li class="PhotoInfo">其他系列图片：</li>
      <div>
      <%
      while(rsxgv.next())
       {
       %>
      <img src="<%=rsxgv.getString("pic_small_url")%>" height="110"
          width="110" border="1" vspace="1" alt="<%=
          rsxgv.getString("picxilie")%>_<%=rsxgv.getString(
          "pictitle")%>" hspace="0" onclick="requestViewPhoto(<%=
          rsxgv.getInt("id")%>)" class="smallPic"/>
      <%}
      rsxgv.close();
      %></div>
      </div>
      <%
    }
    else
    {
      out.print("访问异常，无法获取图片！");
    }
    rs.close();

%>

<%
}
catch(NumberFormatException e)
{out.print("参数错误,无法正常获取图片！");}

%>
</body>

</html>
```

程序说明：在这段代码中，可以用 SQL 查询语句从数据库视图中查找出图片相应的细节信息，并以一定的格式显示在图 5-8 的白色部分中。

图片详细信息浏览页面效果如图 5-11 所示。

4．如何上传、下载页面

在这个网站中，上传、下载页面都很简单，只是简单地提示用户如何上传、下载即可，因此将二者集中说明。上传页面效果如图 5-12 所示，下载页面效果如图 5-13 所示。

获得下载的密码之后，在图 5-11 所示的密码框中输入密码，验证通过后就可以下载图片了。

5．图片搜索页面

图片搜索页面可以根据用户所输入的关键字来搜索站内图片，代码如程序 5-5 所示。

图 5-11　图片详细信息浏览页面

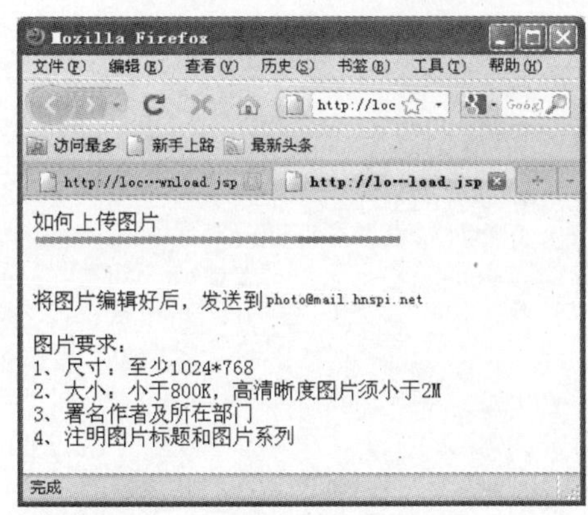

图 5-12　如何上传图片页面

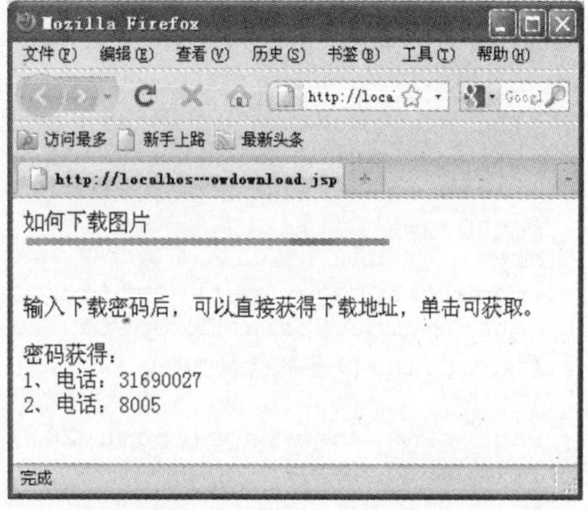

图 5-13　如何下载图片页面

程序 5-5　search.jsp

```
<%@ page contentType="text/html; charset=gb2312" language="java"
   import="java.sql.*" errorPage="" %>
<jsp:useBean id="db" class="opendb.opendb" scope="page"/>
<%@ page import="page.Page"%>
```

```
<%
ResultSet rs=null,rsall=null;
String sqla,Stype="",SqlSelect,pictitle,searchkeywords;
String isschool="1";
int intid=1,startid,endid,i;
long stattime,endtime,usetime;
int pageId=0;
int count=0;
stattime=System.currentTimeMillis();


searchkeywords=request.getParameter("searchkeywords");
searchkeywords=new String(
   searchkeywords.getBytes("ISO-8859-1"),"gb2312");

if(searchkeywords==null||searchkeywords==""||searchkeywords=="null")
{searchkeywords="";}
else
{
  if(searchkeywords.length()>20)
  {searchkeywords=searchkeywords.substring(0,20);}
  if(searchkeywords.length()==0)
  {Stype="";}
  else
  {Stype=" and pictitle like '%"+searchkeywords+"%' ";}
}

  sqla="select count(*)from  viewpicbanner where picisdel=0 "+Stype;
  rsall= db.getResult(sqla);
  rsall.next();
  count=rsall.getInt(1) ;
  rsall.close();


  //获得页码
  String getpage=request.getParameter("pageId");
  //如果 getPage 为 null 值, 则赋值为 1
  if(getpage==""||getpage==null||getpage=="null")
  {getpage="1";}
  try
  {pageId=Integer.parseInt(getpage);}
  catch(NumberFormatException e)
  {out.print("参数错误");
  }
  Page sPage=new Page(count,20);
  if(pageId<=0)
  {
    pageId=1;
  }
  if(pageId>sPage.pageCount)
  {
    pageId=sPage.pageCount;
  }

  startid=sPage.getStartId(pageId);
```

```
  if(count==0)
  {
    startid=0;
  }
  endid=sPage.getEndId(pageId);
  SqlSelect="Select  top "+sPage.pageSize+"  * from viewpicbanner
     where picisdel=0 "+Stype+" and id not in (select top "+startid+" id
     from  viewpicbanner where picisdel=0 "+Stype+" order by id
     desc )order by id desc";
  rs=db.getResult(SqlSelect);

%>
<!DOCTYPE html PUBLIC "-//W3C//DTD XHTML 1.0 Transitional//EN"
  "http://www.w3.org/TR/xhtml1/DTD/xhtml1-transitional.dtd">
<html xmlns="http://www.w3.org/1999/xhtml">
<head>
<meta http-equiv="Content-Type" content="text/html; charset=gb2312" />
<title>无标题文档</title>
</head>

<body>
<div id="sortfont">
图片搜索-><%=searchkeywords%>
</div>
<img src="images/windowsortda.jpg" alt="导航" />
  <table width="100%" border="0" align="center" cellpadding="0"
   cellspacing="0">
       <!--DWLayoutTable-->
       <tr>
        <%
      i=0;
      while(rs.next())
       {
        pictitle=rs.getString("pictitle");
       if(pictitle.length()>8)
       {pictitle=pictitle.substring(0,8)+"...";}
        if(i%4==0)
       {out.print("<tr>");}
      %>

       <td width="120" height="113" valign="top"><img
src="<%=rs.getString("pic_small_url")%>" height="110"
  onclick="requestViewPhoto('<%=rs.getInt("id")%>')"
  alt="<%=rs.getString("picxilie")%>_<%=rs.getString("pictitle")%>"
  width="110" border="1" class="smallPic" vspace="1" hspace="1"><br>
     <%=pictitle%></td>
       <%
       i++;
       }
       rs.close();
       endtime=System.currentTimeMillis();
       usetime=endtime-stattime;
       %>
           </tr>
</table>
```

```
搜索关键字：<%=searchkeywords%> 搜索时间：<%=usetime%>毫秒<br />
        <img src="images/win16.gif" width="16" height="16"
          align="absmiddle">总记录：<font
          color="#FF6600"><%=sPage.recordCount%></font> <img
          src="images/s_tixing.gif" width="16" height=
          "16" align="absmiddle">每页：
          <font color="#FF6600"><%=sPage.pageSize%></font> <img
          src="images/xin.GIF" width=
          "14" height="16" align="absmiddle">页次：
          <font color="#FF0000"><%=sPage.pageId%><font
          color="#000000">/</font></font><font
          color="#FF6600"><%=sPage.pageCount%></font>

        <%if(sPage.pageId!=1)
        {
        %> <a href="#" onclick="searchPhoto('<%=searchkeywords%>',1)"
          title="第一页" >首页
          </a> 
         <a href="#"
         onclick="searchPhoto('<%=searchkeywords%>',<%=
           sPage.pageId-1%>)"
           title="前一页">前一页</a>
         <%}%>


     <%if(sPage.pageId!=sPage.pageCount)
        {%> <a href="#"
         onclick="searchPhoto('<%=searchkeywords%>',
         <%=sPage.pageId+1%>)"
         title="后一页">后一页
          </a>
         <a href="#"
         onclick="searchPhoto('<%=searchkeywords%>',
           <%=sPage.pageCount%>)"
           title="最后一页">尾页</a>
         <%}%>
           转到
         <input name="SearchpageId" type="text" id=
           "SearchpageId" size="3" maxlength="6" >
         页
         <img src="images/gobutton.jpg" alt="换页" class=
           "smallPic" onclick="changeSearchPhotoPage('<%=
           searchkeywords%>')" width="45" height="21" />

</body>
</html>
```

图片搜索页面效果如图 5-14 所示。

至此，海软图片库的前台浏览模块都已经设计完毕，接下来详细介绍后台管理模块。与普通用户相比，管理员增加了对图片的上传、编辑、删除、还原等权限。

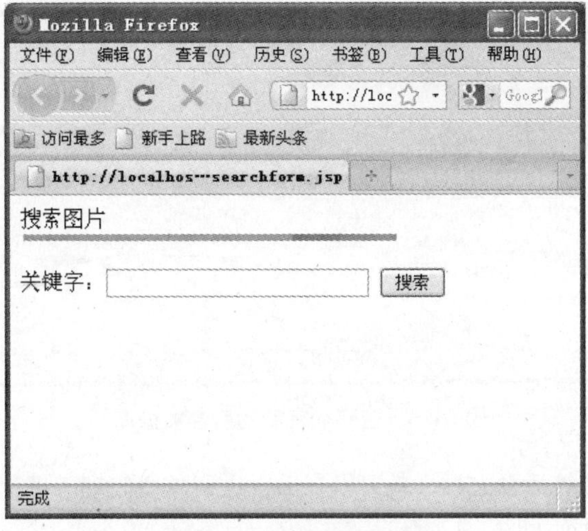

图 5-14　图片搜索页面

5.3.2　后台管理模块

后台管理模块需要管理员使用用户名和密码登录，主要包括管理员登录、首页图片管理、图片上传编辑、图片信息编辑、图片删除还原等 5 个页面。

1．管理员登录页面

管理员可以在此页面输入用户名、密码和随机产生的验证码进入管理后台，效果如图 5-15 所示。

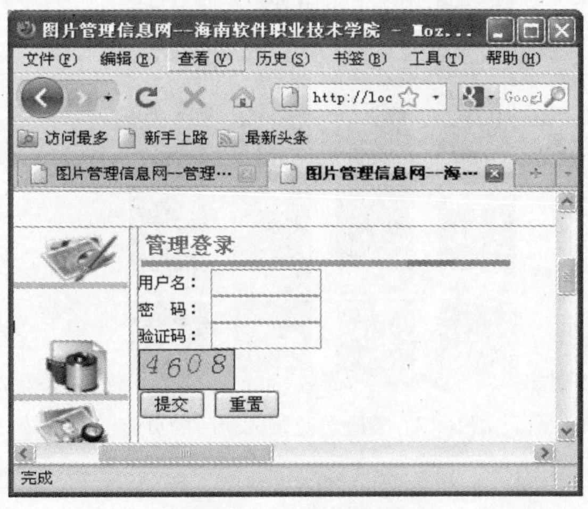

图 5-15　管理登录页面

在这个登录页面的代码中，使用了 Md5 登录密码加密功能，效果如图 5-16 所示。

Microsoft SQL Server Management Studio

文件(F)　编辑(E)　视图(V)　项目(P)　查询设计器(R)　工具(T)　窗口(W)　社区(C)　帮助(H)

表 - dbo.tbl_admin　表 - dbo.tbl_pictype　表 - dbo.tbl_pictype　摘要

	adminuser	adminpws	adminRealName	adminPower	isdel
	cm	qbBA540CBE4F1...	caimei	0	NULL
	cm2	qbBA540CBE4F1...	caimein	0	False
▶*	NULL	NULL	NULL	NULL	NULL

3 /3

就绪

图 5-16　密码加密后的后台数据库

管理员顺利进入系统后台之后，就可以在后台进行首页管理、图片上传和还原等操作。管理员登录成功后的页面如图 5-17 所示。

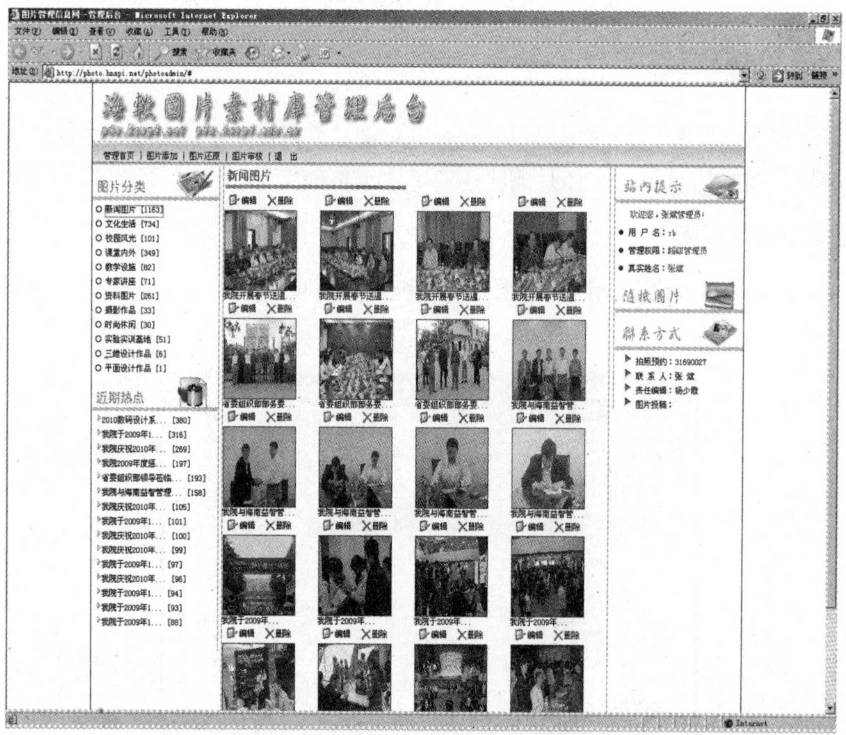

图 5-17　管理员登录成功后的页面

2. 图片上传页面

图片上传页面可实现一次最多上传 19 张图片，以及继续上传的功能。所添加的图片信息可自动同步更新至数据库。图片上传页面及上传成功页面如图 5-18 所示。

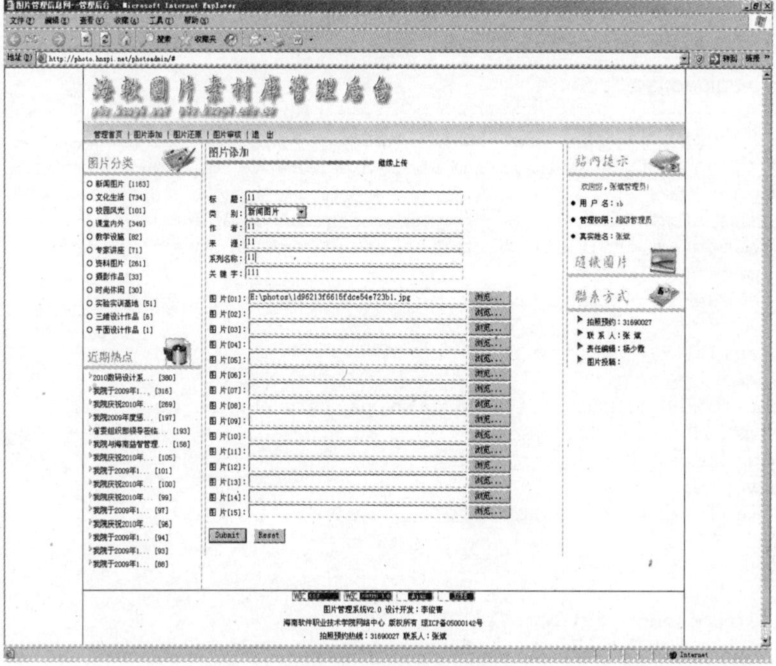

(a)

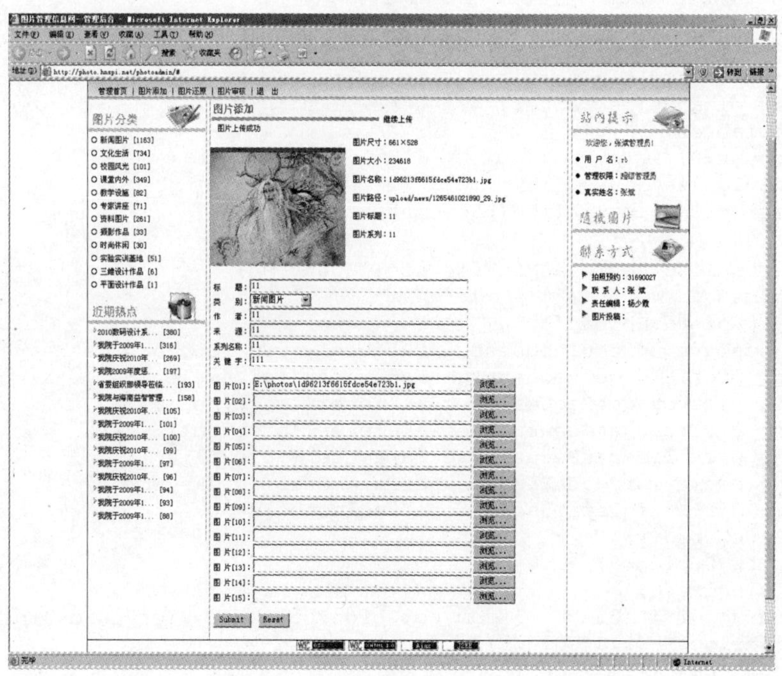

(b)

图 5-18　图片上传页面和上传成功页面

图片添加后同步更新相应数据库的代码如程序 5-6 所示。

程序 5-6 upload.jsp

```
--------------------------------------------------
<%@ page contentType="text/html; charset=gb2312" language="java"
import="java.sql.*,java.util.Date,java.text.SimpleDateFormat"
errorPage="" %>
<jsp:useBean id="db" class="opendb.opendb" scope="page"/>
<jsp:useBean id="mySmartUpload" class="com.jspsmart.upload.SmartUpload"
scope="page"/>
<jsp:useBean id="jpg" class="jpegtool.JpegTool" scope="page"/>
<%!
String sql;
String
fileName,fileRealName,fileExt,path,pathsmall,pic_small_url,
   pathsmallReal,pathbigReal;
int radomNumber=0;
long nowtime;
String Realpath="D:/webapp/photo_hnspi/";
%>

<%
String ip=request.getRemoteAddr();
if(!ip.equals("222.17.244.19")
{
%><jsp:forward page="error.jsp?id=1" /><%
}
  Date nowTime=new Date();
  SimpleDateFormat matter=new SimpleDateFormat("yyyy-MM-dd HH:mm:ss");
  String picaddtime=matter.format(nowTime);
  // Variables
  int count=0;
  // Initialization
  mySmartUpload.initialize(pageContext);
  //1KB 为 1024 个字节
  mySmartUpload.setTotalMaxFileSize(10000000);
  // Upload
  mySmartUpload.upload();
  com.jspsmart.upload.Request getRequest=mySmartUpload.getRequest();
  String pictitle=getRequest.getParameter("pictitle");
  String pictype=getRequest.getParameter("pictype");
  String picfrom=getRequest.getParameter("picfrom");
  String picxilie=getRequest.getParameter("picxilie");
  String pickeyword=getRequest.getParameter("pickeyword");
  String dir="",sqlstat,sqlallstat,sqlschoolstat;
  ResultSet rsdir;
  int picw=0,pich=0;
  long picsize=0;
  String sqldir="select * from tbl_pictype where pictypeid="+pictype;
  rsdir=db.getResult(sqldir);
  if(rsdir.next())
  {dir=rsdir.getString("picpath");}
  try {
    count=mySmartUpload.getFiles().getCount();
```

```
for(int i=0;i<count;i++)
{

  com.jspsmart.upload.File file =mySmartUpload.getFiles().getFile(i);
  if (file.isMissing())continue;
  radomNumber=(int)(Math.random()*100)+1;
  fileRealName=mySmartUpload.getFiles().getFile(i).getFileName();
  fileExt=mySmartUpload.getFiles().getFile(i).getFileExt();
  path="upload/"+dir+"/";
  pathsmall="upload/small/"+dir+"/";
  nowtime=System.currentTimeMillis();
  fileName=path+nowtime+"_"+radomNumber+"."+fileExt;
  pic_small_url=pathsmall+nowtime+"_"+radomNumber+"."+fileExt;
  pathsmallReal=Realpath+pic_small_url;
  pathbigReal=Realpath+fileName;
  mySmartUpload.getFiles().getFile(i).saveAs(pathbigReal,0);

  try{
    jpg.SetSmallWidth(200);
    jpg.SetSmallHeight(180);
    picsize=mySmartUpload.getFiles().getFile(i).getSize();
    //生成小图片
    jpg.doFinal(pathbigReal,pathsmallReal);
    picw=jpg.getsrcw();
    pich=jpg.getsrch();

  }
  catch(Exception e){
    e.printStackTrace();
  }
  sql="insert into
     tbl_pic(pictitle,picurl,pic_small_url,
     picaddtime,pictype,picxilie,
     pickeyword,picfrom,picw,pich,picsize)
     values('"+pictitle+"','"+fileName+"',
     '"+pic_small_url+"','"+picaddtime+"','"+pictype+"',
     '"+picxilie+"','"+pickeyword+"','"+picfrom+"','"+
     picw+"','"+pich+"','"+picsize+"')";
  db.executeSql(sql);
  //out.print(sql+"<br>"+"<img src="+pic_small_url+">");
  %>
<table width="574" border="0" cellpadding="0" cellspacing="0">
<!--DWLayoutTable-->
<tr>
 <td height="21" colspan="2" valign="top">图片上传成功</td>
</tr>
<tr>
 <td width="182" rowspan="7" valign="top"><%out.print("<img
    src=../"+pic_small_url+">");%></td>
 <td width="392" height="20" valign="top">图片尺寸:
    <%=picw%>×Á<%=pich%></td>
</tr>
<tr>
 <td height="20" valign="top">图片大小: <%=picsize%></td>
```

```
  </tr>
  <tr>
    <td height="20" valign="top">图片名称：<%=fileRealName%></td>
  </tr>
  <tr>
    <td height="20" valign="top">图片路径：<%=fileName%></td>
  </tr>
  <tr>
    <td height="20" valign="top">图片标题：<%=pictitle%></td>
  </tr>
  <tr>
    <td height="20" valign="top">图片系列：<%=picxilie%></td>
  </tr>
  <tr>
    <td height="19"> </td>
  </tr>
</table>
      <%
    }
    sqlstat="UPDATE tbl_pictype SET num =(SELECT COUNT(*)AS num
      FROM tbl_pic        WHERE pictype="+pictype+" AND picisdel =
      0)WHERE
     (pictypeid = "+pictype+")";
    sqlallstat="update tbl_stat set allpicnum=(select count(*)as num
       from tbl_pic where picisdel=0)";
    sqlschoolstat="update tbl_stat set schoolpicnum=(select count(*)as
      num from viewpicbanner where picisdel=0 and isschool=1)";
    db.executeSql(sqlstat);
    db.executeSql(sqlallstat);
    db.executeSql(sqlschoolstat);
    rsdir.close();
    out.println("<a href=picadd.jsp>继续上传</a>");
  } catch (Exception e){
    out.println(e.toString());
  }

%>
```

程序说明：在这段代码中，系统根据用户添加图片时所输入的信息，自动获取图片信息并分段地写入相应数据库字段来完成数据库的同步更新。同时还将上传的图片按尺寸生成相应的小图，填入 tbl_pic 数据库中。上传成功后，从已更新的数据库中提取图片大小、名称、路径、标题、系列等信息，并按一定的格式显示出来。

具体的图片上传过程的代码如程序 5-7 所示，缩略图的生成请参见 5.4 节中的程序 5-8。

程序 5-7 photoupload.java

```
------------------------------------------------
package photo;

import java.io.IOException;
import java.sql.ResultSet;
```

```
import java.sql.SQLException;
import java.text.SimpleDateFormat;
import java.util.Date;
import javax.servlet.ServletException;
import javax.servlet.http.HttpServletRequest;
import javax.servlet.http.HttpServletResponse;
import jpegtool.JpegTool;
import jpegtool.JpegToolException;
import opendb.opendb;
import com.jspsmart.upload.SmartUpload;
import com.jspsmart.upload.SmartUploadException;

/**
 * Servlet implementation class for Servlet: PhotoUpload
 *
 */
 public class PhotoUpload extends javax.servlet.http.
     HttpServlet implements javax.servlet.Servlet {
    /* (non-Java-doc)
    * @see javax.servlet.http.HttpServlet#HttpServlet()
    */
  private String sql;
  private String
    fileName,fileRealName,fileExt,path,pathsmall,
     pic_small_url,pathsmallReal,pathbigReal;
  private int radomNumber=0;
  private long nowtime;
  private String Realpath;
  private String dir="",sqlstat,sqlallstat,sqlschoolstat;
  private ResultSet rsdir;
  private int picw=0,pich=0;
  private long picsize=0;
  private SmartUpload mySmartUpload=new SmartUpload();
  private opendb db=new opendb();
  private JpegTool jpg=new JpegTool();
  private int error=1; //1有错误，0无错误
  private String errorText="";
  private int status=0;//0为不成功，1为成功

  protected void doGet(HttpServletRequest request,
     HttpServletResponse response)throws ServletException, IOException {
    // TODO Auto-generated method stub
    this.doPost(request, response);
  }

  /* (non-Java-doc)
   * @see
      javax.servlet.http.HttpServlet#doPost(
      HttpServletRequest request, HttpServletResponse response)
   */
  protected void doPost(HttpServletRequest request,
     HttpServletResponse response)throws ServletException, IOException {
    // TODO Auto-generated method stub
```

```
    //    获取初始化参数
    Realpath = getServletConfig( ).getInitParameter("Realpath");
    this.upload(request, response);
    this.sendResponse(response);
  }
  private void upload(HttpServletRequest request,
     HttpServletResponse response)throws IOException
  {
    Date nowTime=new Date();
    SimpleDateFormat matter=new SimpleDateFormat("yyyy-MM-dd
       HH:mm:ss");
    String picaddtime=matter.format(nowTime);
    //Variables
    int count=0;
    // Initialization
    try {
      mySmartUpload.initialize(getServletConfig(), request, response);
    } catch (ServletException e1){
      setStatus(0,1,"初始化错误");
    }
    //1KB为1024个字节
    mySmartUpload.setTotalMaxFileSize(10000000);
    // Upload
    try {
      mySmartUpload.upload();
    } catch (ServletException e){
      setStatus(0,1,"Servlet产生错误");
    } catch (IOException e){
      setStatus(0,1,"写文件发生错误");
    } catch (SmartUploadException e){
      setStatus(0,1,"上传错误");
    }
    com.jspsmart.upload.Request
       getRequest=mySmartUpload.getRequest();
    String pictitle=getRequest.getParameter("pictitle");
    String pictype=getRequest.getParameter("pictype");
    String picfrom=getRequest.getParameter("picfrom");
    String picxilie=getRequest.getParameter("picxilie");
    String pickeyword=getRequest.getParameter("pickeyword");

    String sqldir="select * from tbl_pictype where pictypeid="+pictype;
    rsdir=db.getResult(sqldir);
    try {
      if(rsdir.next())
      {dir=rsdir.getString("picpath");}
    } catch (SQLException e){
      setStatus(0,1,"数据库没有连接或异常");
    }
    finally{
      try {
        if(rsdir!=null)
          {rsdir.close();}
      } catch (SQLException e){
```

```
        setStatus(0,1,"记录集异常");
      }
    }
    count=mySmartUpload.getFiles().getCount();
    for(int i=0;i<count;i++)
    {

        com.jspsmart.upload.File file =
          mySmartUpload.getFiles().getFile(i);
        if (file.isMissing())continue;
        radomNumber=(int)(Math.random()*100)+1;
        fileRealName=mySmartUpload.getFiles().getFile(i).
          getFileName();
        fileExt=mySmartUpload.getFiles().getFile(i).getFileExt();
        path="upload/"+dir+"/";
        pathsmall="upload/small/"+dir+"/";
        nowtime=System.currentTimeMillis();
        fileName=path+nowtime+"_"+radomNumber+"."+fileExt;
        pic_small_url=pathsmall+nowtime+"_"+radomNumber+"."+fileExt;
        pathsmallReal=Realpath+pic_small_url;
        pathbigReal=Realpath+fileName;
        try {
          mySmartUpload.getFiles().getFile(i).saveAs(pathbigReal,0);
          System.out.println(pathbigReal);
        } catch (IOException e){
          setStatus(0,1,"保存文件异常");
        } catch (SmartUploadException e){
          setStatus(0,1,"上传保存文件异常");
        }

        try {
            jpg.SetSmallWidth(200);
            jpg.SetSmallHeight(180);
          } catch (JpegToolException e){
            setStatus(0,1,"缩略图比例计算异常");
          }
        picsize=mySmartUpload.getFiles().getFile(i).getSize();
          //生成小图片
          try {
            jpg.doFinal(pathbigReal,pathsmallReal);
          } catch (JpegToolException e){
            setStatus(0,1,"缩略图生成异常");
          }
        picw=jpg.getsrcw();
        pich=jpg.getsrch();
        sql="insert into
          tbl_pic(pictitle,picurl,pic_small_url,
          picaddtime,pictype,picxilie,pickeyword,picfrom,picw,pich,
          picsize)values('"+pictitle+"','"+fileName+"',
          '"+pic_small_url+"','"+picaddtime+"','"+pictype+"',
          '"+picxilie+"','"+pickeyword+"','"+picfrom+"','"+picw+"',
          '"+pich+"','"+picsize+"')";
        db.executeSql(sql);
    }
```

```
    sqlstat="UPDATE tbl_pictype SET num =(SELECT COUNT(*)AS num
      FROM tbl_pic        WHERE pictype="+pictype+" AND picisdel =
      0)WHERE (pictypeid = "+pictype+")";
    sqlallstat="update tbl_stat set allpicnum=(select count(*)as num
       from tbl_pic where picisdel=0)";
    sqlschoolstat="update tbl_stat set schoolpicnum=(select count(*)as
       num from viewpicbanner where picisdel=0 and isschool=1)";
    db.executeSql(sqlstat);
    db.executeSql(sqlallstat);
    db.executeSql(sqlschoolstat);
    setStatus(1,0,"上传成功");
  }
  private void setStatus(int status, int error, String errorText){
    // TODO 自动生成方法存根
    this.error=error;
    this.status=status;
    this.errorText=errorText;
  }

  /*
   * 输出
   */
    private void sendResponse(HttpServletResponse response)
    throws IOException {
        response.setContentType("text/xml");
        response.setCharacterEncoding( "UTF-8" );
        StringBuffer xml = new StringBuffer();
        xml.append("<result><error>");
        xml.append(this.error);
        xml.append("</error>");
        xml.append("<errorText>"+this.errorText+"</errorText>");
        xml.append("<status>"+status+"</status>");
        xml.append("</result>");
        response.getWriter().write(xml.toString());
    }

}
```

程序说明：本程序段使用了 try...catch 语句捕获图片上传过程中所出现的初始化错误、数据库没有连接或异常、记录集异常、保存文件异常、上传保存文件异常、缩略图比例计算异常、缩略图生成异常等各类异常并给出相应的文字提示。

3. 图片信息编辑/删除页面

图片信息编辑/删除页面可以实现对已上传图片的信息进行更改和删除。更改的信息包括标题、关键字、系列、作者、时间等内容，但不包括图片的尺寸、大小、路径，也不能更换图片。具体的图片信息编辑/删除页面及图片编辑详细页面如图 5-19 所示。

(a) 图片信息编辑/删除页面

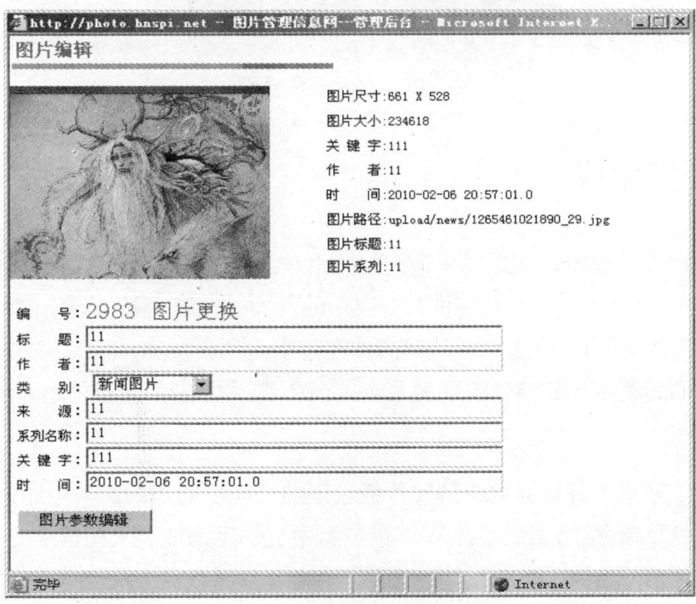

(b) 图片编辑详细页面

图 5-19　图片编辑/删除页面及图片编辑详细页面

4. 图片还原页面

系统删除的图片都存放在还原图片中，图片还原页面通过解锁实现了对系统中已删除图片的还原。图片还原页面如图 5-20 所示。

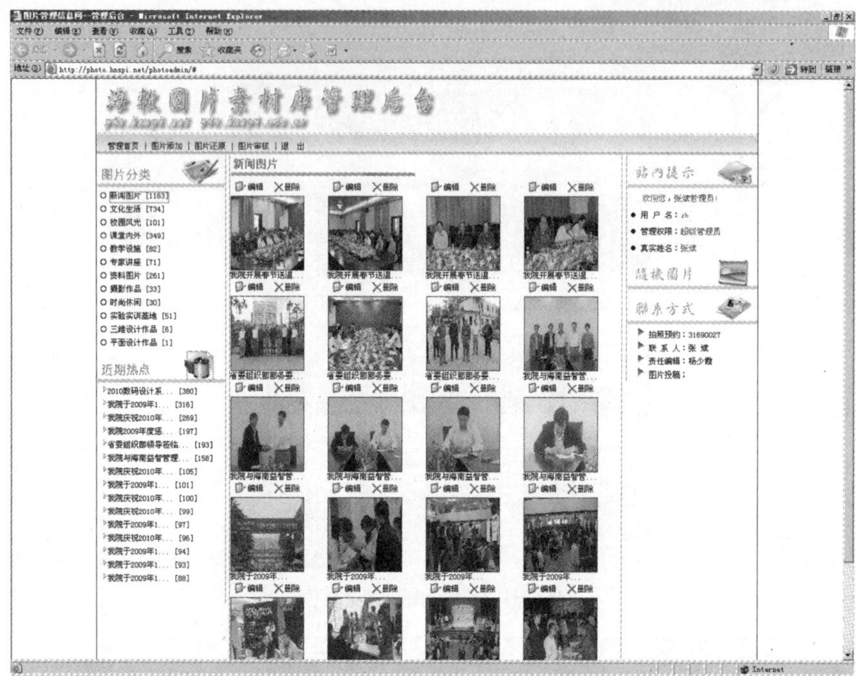

图 5-20 图片还原界面

5.4 缩略图的生成

在本网站的设计过程中，使用频率最高的技术是缩略图的生成，如首页中导航栏下的 8 张最新图片缩略图（banner.jsp）及各图片分类中的前 5 张缩略图(index.jsp)和幻灯片自动放映的 5 张焦点图(focuspic.jsp)；各个模块下的图片缩略图列表(picsort.jsp)；进入某一系列的图片集后，所链接的其他系列的缩略图列表（view.jsp）等。因此，笔者在此单独分析缩略图的生成过程。

缩略图代表了网页上或计算机中的图片经过压缩处理后的小图，其中通常会包含指向完整大小的图片的超链接。缩略图用于在 Web 浏览器中更加迅速地装入图形或图片较多的网页。因其小巧，加载速度非常快，故用于快速浏览。相当于图片文件预览及目录的作用。

本网站的设计过程中，使用 jspsmart 组件上传原始图片，加载并利用所上传原始图片的数据按比例来生成缩略图。具体的缩略图生成过程如图 5-21 所示。具体代码如程序 5-8 所示。

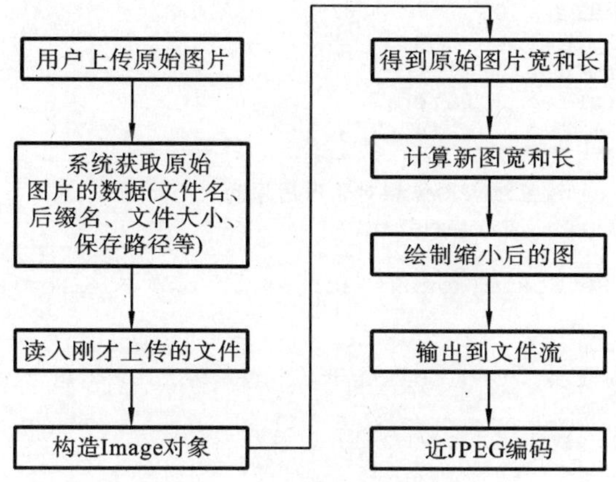

图 5-21 缩略图生成过程

程序 5-8 jpegtool.java

```
------------------------------------------------
package jpegtool;

import java.awt.geom.AffineTransform;
import java.awt.image.AffineTransformOp;
import java.awt.image.BufferedImage;
import java.io.File;
import java.io.IOException;
import javax.imageio.ImageIO;

public class JpegTool {
   private boolean isInitFlag = false;              // 对象是否已经初始化
   private String pic_big_pathfilename = null;    // 定义源图片所在的带路径
                                                     目录的文件名
   private String pic_small_pathfilename = null; // 生成小图片的带存放路径
                                                     目录的文件名
   private int smallpicwidth = 0; //定义生成小图片的宽度和高度，给其一个即可
   private int smallpicheight = 0;
   private int pic_big_width=0;
   private int pic_big_height=0;
   private double picscale = 0; //定义小图片的相比源图片的比例
   /**
   * 构造函数
   * @param 没有参数
   */
   public JpegTool(){
      this.isInitFlag = false;
   }
   /**
   * 私有函数，重置所有的参数
   * @param 没有参数
   * @return 没有返回参数
   */
   private void resetJpegToolParams(){
```

```
        this.picscale = 0;
        this.smallpicwidth = 0;
        this.smallpicheight = 0;
        this.isInitFlag = false;
    }
    /**
    * @param scale 设置缩影图像相对于源图像的大小比例如 0.5
    * @throws JpegToolException
    */
    public void SetScale(double scale) throws JpegToolException
    {
        if(scale<=0){
            throw new JpegToolException(" 缩放比例不能为 0 和负数! ");
        }
        this.resetJpegToolParams();
        this.picscale = scale;
        this.isInitFlag = true;
    }
    /**
    * @param smallpicwidth 设置缩影图像的宽度
    * @throws JpegToolException
    */
    public void SetSmallWidth(int smallpicwidth) throws JpegToolException
    {
        if(smallpicwidth<=0)
        {
            throw new JpegToolException(" 缩影图片的宽度不能为 0 和负数! ");
        }
        this.resetJpegToolParams();
        this.smallpicwidth = smallpicwidth;
        this.isInitFlag = true;
    }

    /**
    * @param smallpicheight 设置缩影图像的高度
    * @throws JpegToolException
    */

    public void SetSmallHeight(int smallpicheight) throws JpegToolException
    {
        if(smallpicheight<=0)
        {
            throw new JpegToolException(" 缩影图片的高度不能为 0 和负数! ");
        }
        this.resetJpegToolParams();
        this.smallpicheight = smallpicheight;
        this.isInitFlag = true;
    }

    /**
     *返回大图片路径
     */
    public String getpic_big_pathfilename()
    {
        return this.pic_big_pathfilename;
```

```
    }
    /**
     * 返回小图片路径
     */
    public String getpic_small_pathfilename()
    {
      return this.pic_small_pathfilename;
    }

    public int getsrcw()
    {
      return this.pic_big_width;
    }
    public int getsrch()
    {
      return this.pic_big_height;
    }
    /**
    * 生成源图像的缩影图像
    * @param pic_big_pathfilename 源图像文件名，包含路径（如 windows 下
C:\\pic.jpg ； Linux 下 /home/abner/pic/pic.jpg ）
    * @param pic_small_pathfilename 生成的缩影图像文件名，包含路径（如 windows 下
C:\\pic_small.jpg ； Linux 下 /home/abner/pic/pic_small.jpg ）
    * @throws JpegToolException
    */
    public void doFinal(String pic_big_pathfilename,String
pic_small_pathfilename) throws JpegToolException {
      if(!this.isInitFlag){
         throw new JpegToolException(" 对象参数没有初始化！ ");
      }
      if(pic_big_pathfilename==null || pic_small_pathfilename==null){
         throw new JpegToolException(" 包含文件名的路径为空！ ");
      }
      if((!pic_big_pathfilename.toLowerCase().endsWith("jpg")) &&
(!pic_big_pathfilename.toLowerCase().endsWith("jpeg"))){
         throw new JpegToolException(" 只能处理 JPG/JPEG 文件！ ");
      }
      if((!pic_small_pathfilename.toLowerCase().endsWith("jpg"))
&& !pic_small_pathfilename.toLowerCase().endsWith("jpeg")){
         throw new JpegToolException(" 只能处理 JPG/JPEG 文件！ ");
      }
      this.pic_big_pathfilename=pic_big_pathfilename;
      this.pic_small_pathfilename=pic_small_pathfilename;
      int smallw = 0;
      int smallh = 0;
      // 新建源图片和生成的小图片的文件对象
      File fi = new File(pic_big_pathfilename);
      File fo = new File(pic_small_pathfilename);
      //生成图像变换对象
      AffineTransform transform = new AffineTransform();
      //通过缓冲读入源图片文件
      BufferedImage bsrc = null;
      try {
      bsrc = ImageIO.read(fi);
```

```
        }catch (IOException ex) {
            throw new JpegToolException(" 读取源图像文件出错! ");
        }
        this.pic_big_width= bsrc.getWidth();// 源图像的长度
        this.pic_big_height = bsrc.getHeight();// 源图像的宽度
        double scale = (double)pic_big_width/pic_big_height;// 图像的长宽比例
        if(this.smallpicwidth!=0)
        {// 根据设定的宽度求出长度
           smallw = this.smallpicwidth;// 新生成的缩略图像的长度
           smallh = (smallw*pic_big_height)/pic_big_width;  // 新生成的缩略
                                                               图像的宽度
        }
        else if(this.smallpicheight!=0)
        {// 根据设定的长度求出宽度
           smallh = this.smallpicheight;// 新生成的缩略图像的长度
           smallw = (smallh*pic_big_width)/pic_big_height;  // 新生成的缩略
                                                               图像的宽度
        }
        else if(this.picscale!=0)
        {// 根据设置的缩小比例设置图像的长和宽
           smallw = (int)((float)pic_big_width*this.picscale);
           smallh = (int)((float)pic_big_height*this.picscale);
        }
        else
        {
            throw new JpegToolException(" 对象参数初始化不正确! ");
        }
        double sx = (double)smallw/pic_big_width;//小/大图像的宽度比例
        double sy = (double)smallh/pic_big_height;//小/大图像的高度比例
        transform.setToScale(sx,sy);// 设置图像转换的比例
        //生成图像转换操作对象
        AffineTransformOp ato = new AffineTransformOp(transform,null);
        //生成缩小图像的缓冲对象
        BufferedImage bsmall = new
    BufferedImage(smallw,smallh,BufferedImage.TYPE_3BYTE_BGR);
        //生成小图像
        ato.filter(bsrc,bsmall);
        //输出小图像
        try{
           ImageIO.write(bsmall, "jpeg", fo);
        }
        catch (IOException ex1)
        {
           throw new JpegToolException(" 写入缩略图像文件出错! ");
        }
    }
}
```

程序说明：在这段程序中，JpegTool 类共声明了原始图片和缩略图片的长宽、存储路径以及缩略图的缩放比例等 8 个变量，定义了以上参数的重置方法共 10 个。

具体的方法结构和功能描述如下。

(1) JpegTool()：无参数，此方法为公有函数，通过调用直接构造一个 JpegTool 实例，方法结构为 public JpegTool()。

(2) resetJpegToolParams()：无参数，此方法为私有函数，可重置所有的参数。方法结构为 private void resetJpegToolParams()。

(3) SetScale(double scale)：以 scale 作为参数，可以设置缩略图相对于原始图片的大小比例。方法结构为：public void SetScale(double scale) throws JpegToolException，如发现相关的异常可即刻抛出。

(4) SetSmallWidth(int smallpicwidth)：以 smallpicwidth 作为参数，可以设置缩略图相对于原始图片的宽度。方法结构为：public void SetSmallWidth(int smallpicwidth) throws JpegToolException，如发现相关的异常可即刻抛出。

(5) SetSmallHeight(int smallpicheight)：以 smallpicheight 作为参数，可以设置缩略图的长度。方法结构为：public void SetSmallHeight(int smallpicheight) throws、JpegToolException，如发现相关的异常可即刻抛出。

(6) getpic_big_pathfilename()：无参数，返回当前原始图片的路径，返回类型为 string。方法结构为：public String getpic_big_pathfilename()。

(7) getpic_small_pathfilename()：无参数，返回当前缩略图的路径，返回类型为 string。方法结构为：public String getpic_small_pathfilename()。

(8) getsrcw()：无参数，返回当前原始图片的宽度。方法结构为：public int getsrcw()。

(9) getsrch()：无参数，返回当前原始图片的长度。方法结构为：public int getsrch()。

(10) doFinal(String pic_big_pathfilename，String pic_small_pathfilename)：以原始图片和缩略图所在的带路径目录的文件名为参数，可生成原始图像的缩略图。方法结构为：public void doFinal(String pic_big_pathfilename，String pic_small_pathfilename) throws JpegToolException，如发现相关的异常可即刻抛出。

下面具体分析 doFinal 方法。

首先通过对象是否初始化 isInitFlag 变量以及原始图片和缩略图的存储路径 pic_big_pathfilename 和 pic_small_pathfilename 这三个变量来对缩略图的对象进行限制，排除要产生的缩略图对象参数没有初始化、包含文件名的路径为空、非 JPE/JPEG 类型文件等情况。

其次，在保证用户上传的图片符合系统所要求的条件的情况下，调用 file 函数新建原始图片和生成的小图片的文件对象，调用 AffineTransform 函数生成图像变换对象并通过缓冲读入原始图片文件，获取原始图片的长度且在对象参数初始化正确的情况下，可有三种方法设置缩略图的长和宽：①如果用户设定缩略图的宽度为 smallpicwidth，则新生成的缩略图的宽度 smallw= smallpicwidth，长度 smallh =(smallw*pic_big_height)/pic_big_width。②如果用户设定缩略图的长度为 smallpicheight，则新生成的缩略图的长度 smallh= smallpicheight，宽度 smallw =(smallh*pic_big_width)/pic_big_height。③如果用户设定缩略图的缩放比例为 picscale，则新生成的缩略图的宽度 smallw = (int)((float)pic_big_width*this.picscale)；长度 smallh = (int)((float)pic_big_height*this.picscale)。

再次通过以上三种方法之一获取新生成的缩略图的宽度和长度后，可计算出缩略图/原始图片的高度比和宽度比，并以此参数通过调用 setToScale 方法来设置图像转换的比例，通过调用 AffineTransformOp 方法生成图像转换操作对象 ato，再利用 BufferedImage 方法生成缩略图的缓冲对象 bsmall。

最后利用 ato 对象的 filter 方法生成小图像并利用 ImageIO 的 write 方法将 bsmall 以 JPEG 的格式输出到缩略图文件对象 fo 中。

至此，缩略图主要的生成过程 JpegTool 类已结束定义，可以在其他类中生成该类的对象并调用该类的内部成员。在本网站的设计中，JpegTool 类的使用主要发生在图片上传过程中，JpegTool 类的使用过程如下：

(1) 声明 JpegTool 类对象 jpg。

```
-----------------------------------------------
private JpegTool jpg=new JpegTool();
```

(2) 初始化相关的变量。

```
-----------------------------------------------
Realpath = getServletConfig( ).getInitParameter("Realpath");
radomNumber=(int)(Math.random()*100)+1;              //获取随机数
fileRealName=mySmartUpload.getFiles().getFile(i).getFileName();
                                                     //获取文件实名
fileExt=mySmartUpload.getFiles().getFile(i).getFileExt();
                                                     //获取文件扩展名
path="upload/"+dir+"/";                              //原始图片上传路径
pathsmall="upload/small/"+dir+"/";                   //缩略图上传路径
nowtime=System.currentTimeMillis();                  //获取系统当前时间值
fileName=path+nowtime+"_"+radomNumber+"."+fileExt;  //完整的文件名格式
pic_small_url=pathsmall+nowtime+"_"+radomNumber+"."+fileExt;
                                                     //缩略图的地址
pathsmallReal=Realpath+pic_small_url;                //缩略图真实路径
pathbigReal=Realpath+fileName;                       //原始图片真实路径
```

⑶ 用户上传原始图片后没生成缩略图之前，先保存原始图片。

```
----------------------------------------------
mySmartUpload.getFiles().getFile(i).saveAs(pathbigReal,0);
```

⑷ 生成缩略图。

```
----------------------------------------------
jpg.doFinal(pathbigReal,pathsmallReal);
```

⑸ 获取缩略图的大小、长和宽。

```
----------------------------------------------
picsize=mySmartUpload.getFiles().getFile(i).getSize();
picw=jpg.getsrcw(); pich=jpg.getsrch();
```

⑹ 将图片的信息写入 tbl_pic 数据表中。

```
----------------------------------------------
sql="insert into
tbl_pic(pictitle,picurl,pic_small_url,picaddtime,pictype,picxilie,picke
yword,picfrom,picw,pich,picsize)
values('"+pictitle+"','"+fileName+"','"+pic_small_url+"','"+picaddtime+
"','"+pictype+"','"+picxilie+"','"+pickeyword+"','"+picfrom+"','"+picw+
"','"+pich+"','"+picsize+"')";
db.executeSql(sql);
```

5.5 小结

本章主要遵循Web应用开发的整个流程来阐述一个图片网站的例子,其中包括系统设计、数据库设计和实现、代码的设计及模块功能的实现等内容。通过这个例子的讲解，希望读者在了解 Web 应用开发流程的同时，能运用更多的理论知识和实践经验去编写一个更为完善的图片管理系统，加入图片用户的注册登录、一般用户的权限限制、针对某张图片的评论、网站留言板等内容，丰富图片网站的内容和功能。

第 6 章

交友网站

6.1 系统分析与设计

本章将阐述一个交友网站的设计与实现过程。该系统的主要功能是为用户提供一个交友平台，用户能够通过这个平台来寻找符合自己条件的朋友，也能够通过这个平台将自己的信息或征友文章等发布出去。下面将围绕这个功能分析所产生的系统需求。

6.1.1 功能说明

本网站是一个商业收费网站，根据用户缴费级别的不同，可将用户分为普通用户和 VIP 用户两类，VIP 用户在多方面有高于普通用户的待遇。根据职责的不同，管理员也可分为两类：一类是超级管理员，负责进行网站的全面管理工作；另一类是财务人员，负责管理财务的相关工作。

对于用户模块，用户注册后能拥有修改自己资料的权限，包括密码的修改；每个注册用户拥有自己的相册空间，能够上传一定数量的照片；用户可以发表日志，日志分为公开日志和私密日志；每个用户拥有自己的留言板；各用户还可以发表寻友文章或寻友成功后的感想，此处分别称为真情广播及梦已成真；用户可以进行短信的管理；用户可以发布普通寻友信息，或者缴费后发布特别寻友信息。当然，每个用户都可以浏览其他用户的公开信息，可以对他人的日志进行评论或回复他人的评论，可以在其他用户的留言板上留言或者对他人进行留言回复等；用户还拥有查看自己账户情况的权限，并且能够在通过银行汇款缴费后对自己的账户提交新的缴费记录等财务申请。图 6-1 所示为用户模块功能结构示意图。

对于管理员模块，管理员登录后能够修改自己的资料；超级管理员能够查看管理员列表，并进行添加或删除管理员的操作；管理员需要进行添加、修改或删除省、市、街区等备用地址选项的工作，同时也要负责对文章类型及友情类型进行管理；对于厂商提出的合作提案，管理员可以查看或选择删除；用户举报的管理也要由管理员完成；另外，管理员比较重要的一项功能是对用户发布的寻友信息、真情广播等进行管理。财务管理员需要专门对用户的账户进行管理，要确认用户的存款管理及 VIP 用户的账户管理等工作。以上所述管理员模块功能结构示意图如图 6-2 所示。

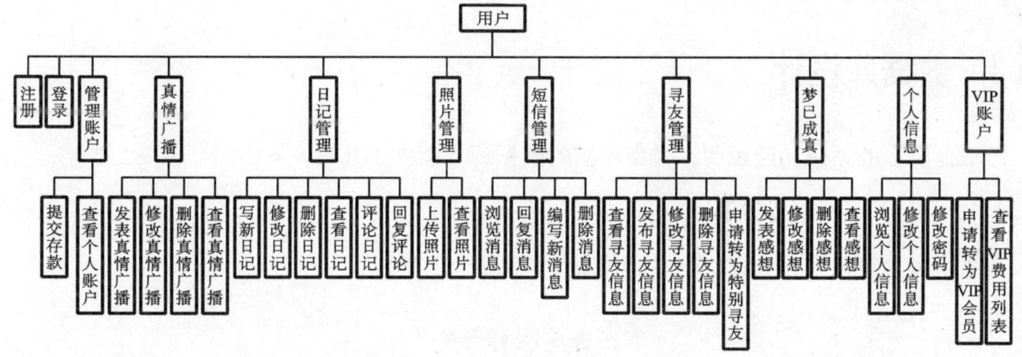

图 6-1 用户模块功能结构示意图

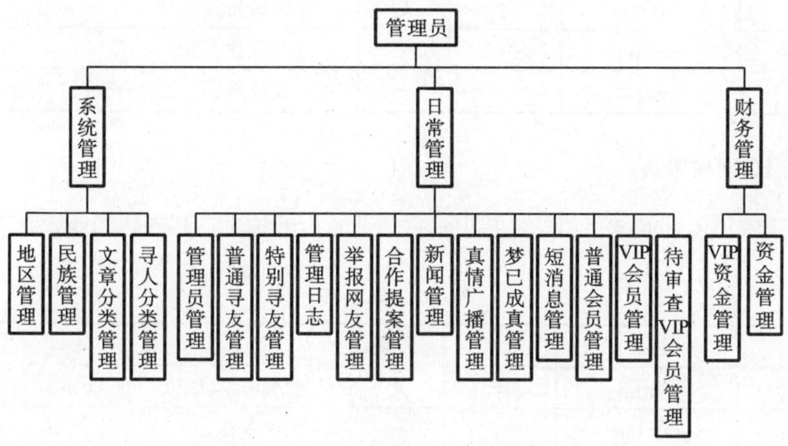

图 6-2 管理员模块功能结构示意图

6.1.2 系统体系设计

本系统将选择以JSP为中心的开发模型(Model1)，即使用JSP+JavaBean的方式来实现。此处，我们在JSP页面中结合了业务逻辑(jsp:useBean)，即在JSP页面中同时实现显示、业务逻辑和流程控制，以快速地完成应用开发。其体系结构如图6-3所示。

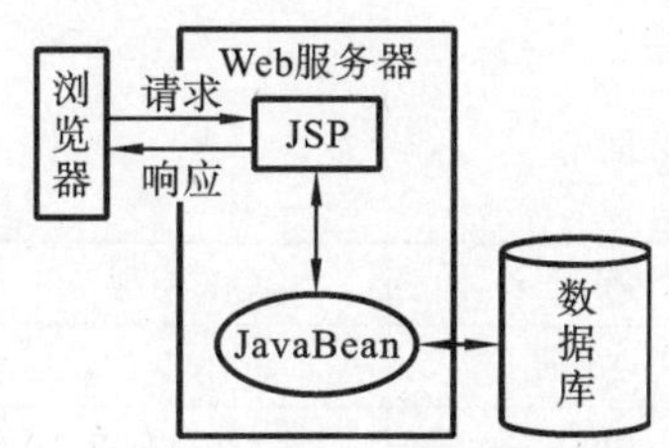

图 6-3 系统框架结构图

本系统的大部分内容是采用上述框架结构来完成的，但是对于用户及管理员登录部分的实现，采用了JSP+Servlet+JavaBean的三层结构模型。

6.2 数据库设计

根据以上的系统功能说明，得出所需的数据库表有如下几种。

1. Tbl_FProvince(省份表)

省份表主要用来存储省份信息。其表结构如表 6-1 所示。

表 6-1 省份表

字段名	数据类型	长度	主键	描　述
FPShort	varchar	5	是	省份的简写
FPCName	varchar	50	—	省份名称
FPIsdel	bit	1	—	是否被删除，0 未删除，1 删除

2. Tb1_FCity(城市表)

城市表主要用来存储城市信息，其中包含所在省份的信息。其表结构如表 6-2 所示。

表 6-2 城市表

字段名	数据类型	长度	主键	描　述
FCityId	int	—	是	城市编号(自动)
FCityName	varchar	50	—	城市名称
FPShort	varchar	5	—	所在省份，与 Tbl_FProvince.FPShort 关联
FCIsDel	bit	1	—	是否被删除，0 未删除，1 删除

3. Tb1_FStreet(街区表)

街区表主要用来存储街道信息，其中包含所属省份及城市的信息。其表结构如表 6-3 所示。

表 6-3 街区表

字段名	数据类型	长度	主键	描　述
FStrId	INT	—	是	街道编号(自动)
FPShort	VARCHAR	5	—	所属省份，与 Tbl_FProvince.FPShort 关联
FCityId	INT	—	—	所属城市，与 Tb1_FCity.FCityId 关联
FStreet	VARCHAR	50	—	街道名称
FStrIsDel	bit	1	—	是否被删除，0 未删除，1 删除

4. Tb1_FNation(民族表)

民族表主要用来存储民族信息。其表结构如表 6-4 所示。

表 6-4 民族表

字段名	数据类型	长度	主键	描述
FNID	INT	—	是	民族编号
FNName	VARCHAR	10	—	民族

5. Tb1_FWork(职业表)

职业表主要用来存储各类职业信息。其表结构如表 6-5 所示。

表 6-5 职业表

字段名	数据类型	长度	主键	描述
FWId	INT	—	是	职业编号(自动)
FWork	VARCHAR	100	—	职业名称

6. Tb1_FMember(会员表)

会员表主要用来存储已注册会员的相关信息。其表结构如表 6-6 所示。

表 6-6 会员表

字段名	数据类型	长度	主键	描述
FMId	BIGINT	—	是	用户编号(自动)
FMUId	VARCHAR	20	—	用户编号，格式为 F1，F2，F3......加触发器与 FMId 对应
FMUserName	VARCHAR	30	—	用户名
FMPassword	VARCHAR	34	—	密码，采用 MD5 加密
FMRealName	VARCHAR	50	—	真实姓名
FMNiName	VARCHAR	50	—	用户昵称
FNID	INT	—	—	民族，与 Tb1_FNation.FNID 关联
FMSex	BIT	1	—	性别，0 男，1 女
FMMarry	CHAR	1	—	婚姻状况，0 未婚，1 已婚，2 离婚，3 保密
FWId	INT	—	—	职业，与 Tbl_FWork.FWId 关联
FStrId	INT	—	—	街区，与 Tbl_Street.FStrId 关联
FMScAge	VARCHAR	50	—	学历

续表

字段名	数据类型	长度	主键	描　述
FMIntro	VARCHAR	2000	—	自我介绍
FMEMail	VARCHAR	50	—	用户邮箱
FMidcard	VARCHAR	50	—	身份证号
FMMoPhone	VARCHAR	12	—	用户手机号码
FMBirth	BIGINT	—	—	用户生日，用 Long 型表示
FMLastLogin	BIGINT	—	—	用户上次登录时间，用 Long 型表示
FMLoginCount	INT	—	—	用户登录次数
FMSFace	VARCHAR	300	—	用户上传头像自动生成小图片，存入路径
FMFace	VARCHAR	300	—	用户上传头像原始图片，存入路径
FMIsVip	CHAR	1	—	用户是否为 VIP 用户，0 不是，1 是，2 等待审查
FMIsLock	BIT	1	—	是否被锁定，0 为未锁定，1 为锁定
FMVIPEndTime	BIGINT	—	—	VIP 会员截止日期，用 Long 型表示
FMAccount	float	—	—	账户余额
FMIsDel	BIT	1	—	是否被删除，0 未删除，1 删除

7．Tb1_FVipFee(用户交费表)

用户交费表主要用来记录用户所交的 VIP 费用。其表结构如表 6-7 所示。

表 6-7　用户交费表

字段名	数据类型	长度	主键	描　述
FVFId	BIGINT	—	是	流水号(自动)
FMUId	VARCHAR	20	—	用户号，与 Tb1_FMember.FMUId 关联
FWMoney	float	—	—	应收金额
FMoney	float	—	—	实际交纳金额
FVipDay	Int	—	—	购买天数
FAddMTime	BIGINT	—	—	交费时间
FVMIsCheck	BIT	—	—	是否收到汇款
FVMCTime	BIGINT	—	—	确认收款日期
FAdUser	VARCHAR	20	—	确认管理员，与 Tb1_FAdmin.FAdUser 关联
FVIsDel	BIT	—	—	是否被删除，0 未删除，1 删除

除了以上所列出的 7 个数据库表之外，本系统还包括管理员表、特别寻友表、真情广播文章表等 18 个表，在此就不一一详述各表的结构，仅在表 6-8 中列出数据库表的说明。

表 6-8 各数据库表的说明

数据库表	说 明
Tbl_FMVIPLog	会员的 VIP 交费记录表
Tbl_FFType	存储寻友类型的表
Tbl_FSearch	寻友表，用于记录与所发布的寻友信息的相关内容
Tbl_FSPFee	特别寻友交费表，与寻友表的每一条记录相对应
Tbl_FMAccount	会员账户表，记录会员所存款项的相关信息
Tbl_FAType	真情广播文章类型表
Tbl_Article	真情广播文章表，记录会员所发布的真情广播的相关信息
Tbl_Marticle	梦想成真文章列表，记录会员所发布的梦想成真文章的相关信息
Tbl_Fphoto	记录会员相册里相片的相关信息
Tbl_Fguestbook	留言表，记录用户在留言板上所发表的留言的相关信息
Tbl_FreGuestbook	留言回复表，记录留言回复的相关信息
Tbl_Fmessage	短消息表，记录每条短消息的相关信息
Tbl_Fdiary	日记表，记录会员所发表的日记的相关信息
Tbl_FreDiary	日记评论表，记录每一条日记评论的相关信息
Tbl_Faffiche	公告表，记录管理员所发布的公告
Tbl_Fadmin	管理员表，记录管理员信息
Tbl_FAEvent	管理员日志表，记录管理员所进行的管理事件
Tbl_FenvetType	事件类型表，用于存储管理事件的类型

为了降低查询复杂度，并且方便维护，还将在以上表的基础上创建了一些常用视图，程序 6-1 将给出 6.3 节中涉及的几个视图的代码。

程序 6-1 视图创建代码

```
-----------------------------------------------
--创建城市视图 1-View_City
create view View_City
(FCityId,FCityName,FPCName,FPShort)
as select
  Tbl_FCity.FCityId,Tbl_FCity.FCityName,Tbl_FProvince.FPCName,
  Tbl_FProvince.FPShort from
Tbl_FProvince,Tbl_FCity
where Tbl_FCity.FPShort=Tbl_FProvince.FPShort and Tbl_FCity.FCIsDel=0

--创建日记视图 4-View_FDiary
create view View_FDiary
(FDId,FDTitle,FMUId,FMNiName,FDAddtime,FDContent,FDWeather,FDView,
```

```
    FDIsSecret,FDPicUrl,FDIsDel)
as select
    FDId,FDTitle,Tbl_FMember.FMUId,FMNiName,FDAddtime,FDContent,
    FDWeather,FDView,FDIsSecret,FDPicUrl,FDIsDel
from Tbl_FDiary,Tbl_FMember
where Tbl_FDiary.FMUId=Tbl_FMember.FMUId

--创建日记列表视图 5-View_FDiaryTitle
create view View_FDiaryTitle
(FDId,FDTitle,FDAddtime,FDView,FMUId)
as select
    Tbl_FDiary.FDId,Tbl_FDiary.FDTitle,Tbl_FDiary.FDAddtime,
    Tbl_FDiary.FDView,Tbl_FDiary.FMUId from
Tbl_FDiary
where Tbl_FDiary.FDIsDel=0

--创建评论日记视图 6-View_FReDiary
create view View_FReDiary
(FReId,FDId,FREAddTime,FMUId,FMNiName,FReContent,FStrId,FPShort,
    FPCName)
as select
     Tbl_FReDiary.FReId,Tbl_FReDiary.FDId,Tbl_FReDiary.FREAddTime,
     Tbl_FReDiary.FMUId,Tbl_FMember.FMNiName,Tbl_FReDiary.FReContent,
     Tbl_FMember.FStrId,Tbl_FStreet.FPShort,Tbl_FProvince.
     FPCName from
Tbl_FReDiary,Tbl_FMember,Tbl_FStreet,Tbl_FProvince
where Tbl_FReDiary.FReIsDel=0 and Tbl_FMember.FMUId=
     Tbl_FReDiary.FMUId and Tbl_FStreet.FStrId=
       Tbl_FMember.FStrId and Tbl_FStreet.FPShort=Tbl_FProvince.FPShort
```

6.3 系统主要功能实现

本节将描述该交友网站主要系统功能的实现，对于网站简介、网站头部、网站底部等静态功能内容在此将不再描述，这里仅说明实现系统各项动态功能的内容。

6.3.1 JavaBean

除了登录模块外，系统采用的都是以 JSP 为核心的框架结构，因此系统大部分的业务逻辑及流程控制将在 JSP 中实现，只有与数据库交互的数据库操作部分等少数业务逻辑是在 JavaBean 中实现的。本节将对这些 JavaBean 进行说明。

管理数据库连接的代码如程序 6-2 所示。

程序 6-2 DBManager.java

```
----------------------------------------
package db;
import java.sql.*;

public class DbManager {
```

```
String sDBDriver = "com.microsoft.jdbc.sqlserver.SQLServerDriver";
String sConnStr =
  "jdbc:sqlserver://localhost:1433;DatabaseName=
  SearchOldFriends";
String user="sa";
String password="123";
Connection conn = null;
Statement stmt = null;
ResultSet rs = null;
public DbManager()
{
  try{
    Class.forName(sDBDriver); //加载数据库驱动
    }
  catch(java.lang.ClassNotFoundException e){
    System.out.println("opendb(): " + e.getMessage());
  }
}
//  返回数据库连接对象
public Connection Creatconn(){
    conn = null;
      try{
          conn=DriverManager.getConnection(sConnStr,user,password);
          return conn;
      }
      catch(Exception fe){
        System.out.println("Creatconn(): " + fe.getMessage());
        return null;
      }
  }
  //  返回状态集对象
  public Statement CreatStat(){
  stmt = null;
    try{
        if(conn==null)
        {
          conn=this.Creatconn();
        }
        stmt=conn.createStatement(ResultSet.TYPE_SCROLL_SENSITIVE,
          ResultSet.CONCUR_UPDATABLE);
          return stmt;
      }
    catch(Exception fe){
        System.out.println("CreatStat(): " + fe.getMessage());
        return null;
  }
  }
  //  返回记录集对象
  public ResultSet getResult(String sql){
     rs = null;
  try{
    stmt = this.CreatStat();
    rs = stmt.executeQuery(sql);
    return rs;
        }
  catch(SQLException ex){
```

```
        System.out.println("getResult: " + ex.getMessage());
        return null;
      }
    }
    //执行更新/删除语句
    public boolean executeSql(String sql)
    {
      try{
        stmt=this.CreatStat();
        stmt.executeUpdate(sql);
        conn.commit();
        return true;
      }
      catch(Exception e)
      {
        System.out.println("exectueSql: "+e.toString());
        return false;
      }
    }
}
```

程序说明：该类主要用来管理数据库的连接，并向数据库执行相应的数据库操作。因为本系统选择 SQL Server 2005 作为数据库引擎，所以此处需要选择主要数据库驱动程序。有了该类后，在 JSP 中处理业务时只要调用该类的相应方法，就可以完成数据库操作业务。

设置页面的代码如程序 6-3 所示。

程序 6-3　Page.java

```
package page;
public class Page {
  public int recordCount;//总记录
  public int pageSize;//每页显示记录数
  public int pageCount;//页数
  public int pageId;//当前页码
  int startId;//当前页的开始位置
  int endId;//当前页的结束位置

  public Page(int recordCount,int pageSize)
  {
    this.recordCount=recordCount;
    this.pageSize=pageSize;
    if(recordCount%pageSize>0)
    {
      this.pageCount=recordCount/pageSize+1;
    }
    else
    {
      this.pageCount=recordCount/pageSize;
    }
  }
  public void setStartEndId()
  {
    if(pageId<=pageCount&&pageId>0)
```

```
    {  startId=(pageId-1)*pageSize;
      endId=pageId*pageSize;
    }
    else
    {  pageId=pageCount;
      startId=(pageId-1)*pageSize;
      endId=pageId*pageSize;
    }
  }
  public int getStartId(int pageId)
  {
    this.pageId=pageId;
    this.setStartEndId();
    return this.startId;
  }
  public int getEndId(int pageId)
  {
    this.pageId=pageId;
    this.setStartEndId();
    return this.endId;
  }
}
```

程序说明：当 JSP 页面中需要显示多条记录时，可以使用该类来设置页面的显示方式，即设置每页显示多少条记录及显示页码等信息。

用户登录 session 的代码如程序 6-4 所示。

程序 6-4 UserSession.java

```
--------------------------------------------
package user;
import java.text.SimpleDateFormat;
import java.util.Date;
public class UserSession {
  private boolean FUserIsLogin=false;  //用户是否登录标记
  private String FMUId;                //用户号
  private String FMUserName;           //用户名
  private String FMPassword;           //用户密码
  private String FMEMail;              //注册邮箱
  private String FMRealName;           //用户真实姓名
  private String FMNiName;             //用户昵称
  private String FMIsVip="0";          //用户是否为 VIP 会员标记
  private long LastLoginTime=0;        //上次登录时间
  private int LoginCount=0;            //登录次数
  private long FMEndVipTime=0;         //VIP 到期时间

  //......此处省略一些属性的简单 get 和 set 方法

  public String getFMIsVipStr()
  {
    String str="普通会员";
    if(this.FMIsVip.equals("0"))
      str="普通会员";
```

```
        if(this.FMIsVip.equals("1"))
          str="VIP会员";
        if(this.FMIsVip.equals("2"))
          str="待审核VIP会员";
        return str;
      }
      public long getLastLoginTime()
      {
        return this.LastLoginTime;
      }
      public String getLastLoginTimeStr()
      {
        String Time="";
        Date loginTime=new Date(this.LastLoginTime);
        SimpleDateFormat Matt=new SimpleDateFormat("yyyy-MM-dd HH:mm:ss");
        Time=Matt.format(loginTime);
        return Time;
      }
      public String getThisLoginTimeStr()
      {
        String Time="";
        Date loginTime=new Date();
        SimpleDateFormat Matt=new SimpleDateFormat("yyyy-MM-dd HH:mm:ss");
        Time=Matt.format(loginTime);
        return Time;
      }
      public int getLoginCount()
      {
        return this.LoginCount;
      }
      public long getVipEndTime()
      {
        return this.FMEndVipTime;
      }
      public String getVipEndTimeStr()
      {
        String Time="";
        Date vipTime=new Date(this.FMEndVipTime);
        SimpleDateFormat Matt=new SimpleDateFormat("yyyy-MM-dd");
        Time=Matt.format(vipTime);
        return Time;
      }
    }
```

程序说明：用户登录session，这是一个实体JavaBean，可以用来表示当前session中的用户对象，它具有与用户相对应的一些属性。

管理员登录session的代码如程序6-5所示。

程序6-5 AdminUserSession.java

```
package user;
public class AdminUserSession {
  private boolean FAdminLogin=false;  //管理员登录标记
```

```
    private String FAdUser;                    //管理员用户名
    private String FARealName;                 //管理员真实姓名
    private String FAPower;                    //管理员权限
    //……以下省略各属性的 get()和 set()方法
}
```

程序说明：管理员登录 session，可以表示当前 session 中的管理员对象的实体 JavaBean。

6.3.2 JSP 页面

除了登录模块的实现稍微不同(此功能的实现将在 6.3.3 节中单独说明)，这里的 JSP 页面承担了本系统的大部分工作。在图 6-1 及图 6-2 中列出的每一个功能的实现模式基本上都是一致的，在此就不一一详述每个功能是如何实现的。此处将以用户的日记管理为例，展示各功能的实现模式。

显示用户日记列表的代码如程序 6-6 所示。

程序 6-6　user_diary.jsp

```
-----------------------------------------------
<%@ page contentType="text/html; charset=gb2312" language="java"
import="java.sql.*" errorPage="" %>
<!DOCTYPE html PUBLIC "-//W3C//DTD XHTML 1.0 Transitional//EN"
"http://www.w3.org/TR/xhtml1/DTD/xhtml1-transitional.dtd">
<html xmlns="http://www.w3.org/1999/xhtml">
<jsp:useBean id="db" class="db.DbManager" />
<%@ page import="user.UserSession"%>
<%@ page import="page.Page"%>
<%@ page import="java.util.Date"%>
<%@ page import="java.text.SimpleDateFormat"%>
<%!String sql="",diaryid="",biao="",biaos="",userId="",misvip="";
ResultSet rs=null;
int len,count,pageId,i=1;
long startid,endid;
%>
<%
//获取当前 session 中的用户对象
UserSession user=new UserSession();
user=(UserSession)session.getAttribute("User");
userId=user.getFMUId();
misvip=user.getFMIsVip();
%>
<%
String getpage=request.getParameter("page");
if(getpage==""||getpage==null||getpage=="null")
{getpage="1";}

//获取当前用户所拥有的日志
String sqlr="select count(*)from View_FDiaryTitle where
FMUId='"+userId+"'";
ResultSet rsr=db.getResult(sqlr);
rsr.next();
```

```
count=rsr.getInt(1) ;
try
{pageId=Integer.parseInt(getpage);}
catch(NumberFormatException e)
{response.sendRedirect("error.jsp");
}
Page sPage=new Page(count,20);
startid=sPage.getStartId(pageId);
if(count==0)
{
startid=0;
}
endid=sPage.getEndId(pageId);
//将日志分页显示
sql="select top "+sPage.pageSize+" * from View_FDiaryTitle where FMUId=
'"+userId+"' and FDId not in (select top "+startid+" FDId from
View_FDiaryTitle where FMUId='"+userId+"' order by FDId desc)order
by FDId desc";
rs=db.getResult(sql);
%>

<head>
<meta http-equiv="Content-Type" content="text/html; charset=gb2312" />
<title>寻友网站</title>
<link href="../main.css" rel="stylesheet" type="text/css" />
<script src="../main.js" language="javascript"
type="text/javascript"></script>

<script language="javascript">
  function jian()
  {
  if(confirm("确定要删除吗? "))
  {return true;}
  else
  return false;
  }
</script>

<style type="text/css">
<!--
a:link {
  color: #000000;
  text-decoration: none;
}
a:visited {
  color: #000000;
  text-decoration: none;
}
a:hover {
  color: #0000FF;
  text-decoration: underline;
}
a:active {
  color: #000000;
  text-decoration: none;
}
```

```
.STYLE1 {color: #FF0000}
-->
</style></head>

<body onload="showPage('top','top')">
<div align="center">
<div id="top" ></div>
<div id="main">
  <div id="leftbar">
  <jsp:include flush="true" page="userleft.jsp" />

  </div>
  <div id="rightmain">
  <jsp:include page="user_tool.jsp" flush="true" />
  <table width="564" border="0" cellspacing="0" cellpadding="0">

          <tr>
            <td height="30"><table width="560" border="0" cellspacing=
              "0" cellpadding="0">


              <tr>
                <td colspan="2" align="left"> </td>
              </tr>
              <tr>
                <td width="397" height="34" align="left" background=
                    "../images/uxbj.jpg" class="rr1Copy"><strong>
                    我的日记</strong></td>
                <td width="163" align="center" background=
                    "../images/uxbj.jpg" class="rr1Copy">
<%
if(misvip.equals("1"))
{
%>
        <a href="user_diary_add.jsp"><img src=
          "../images/dir.gif" width="80" height="20" border="0"></a>
<%
}else
{
%>
<a href="../error.jsp?id=13"><img src=
   "../images/dir.gif" width="80" height="20" border="0"></a>
<%
}
%>
        </td>
              </tr>
              <tr>
                <td height="20" colspan="2" align="left" class=
                   "20"><table width="560" border="0" cellspacing=
                   "0" cellpadding="0">
                  <tr>
                    <td height="27" align="center" class="20">
<%
if(misvip.equals("0"))
{out.print("<br><br>");
%>
```

```
<span class="STYLE1">你不是 VIP 会员不能写日记!
   <a href="user_changevip.jsp">申请为 VIP 用户</a></span>
<%
}else if(misvip.equals("2"))
{
  out.print("<br><br>");
%>
<span class="STYLE1">你还不是 VIP 会员不能写日记! </span>
<%
}
else
{
%>
          <table width="560" border="0" cellpadding="0" cellspacing=
             "1" bgcolor="#DEECCE">
                      <tr align="center" bgcolor="#CDE4A0" class="20">
                        <td width="244" height="26"><strong>
                          日记标题</strong></td>
                        <td width="149"><strong>时间</strong></td>
                        <td width="40"><strong>浏览</strong></td>
                        <td colspan="3"><strong>管理</strong></td>
                        </tr>
            <%while(rs.next())
            {
            diaryid=rs.getString("FDId");

            long time=Long.parseLong(rs.getString("FDAddtime"));
            Date date=new Date(time);
            SimpleDateFormat thistime=new SimpleDateFormat("yyyy/MM/dd");
            String times=thistime.format(date);
            %>

                      <tr bgcolor="#F7F7F7" class="20">
                        <td align="left">
            <%biao=rs.getString("FDTitle");
            len=biao.length();
            if(len>18)
            {biaos=biao.substring(0,18)+"..";}
            else
            {biaos=biao;}
            out.print(biaos);%></td>
                        <td align="center"><%=times%></td>
                        <td align="center"><%=
                           rs.getString("FDView")%></td>
                        <td width="46" align="center"><a href=
                           "user_diary_edit.jsp?id=<%=diaryid%>&amp;
                           pageid=<%=pageId%>">修改</a></td>
                        <td width="38" align="center"><a href=
                           "user_diary_delsave.jsp?id=<%=diaryid%>&amp;
                           pageid=<%=pageId%>" onclick="return jian();">
                           删除</a></td>
                        <td width="36" align="center"><a href=
                           "../dirarydetail.jsp?id=<%=diaryid%>" target=
                           "_blank">浏览</a></td>
```

```
                    </tr>
            <%}rs.close();%>


                    <tr align="center" bgcolor="#F7F7F7" class="20">
                      <td colspan="6">
                <div align="right">总记录:<%=count%> 每页: <%=
                  sPage.pageSize%> 页次:<%=pageId%>/<%=sPage.pageCount%>
                  <%if(pageId!=1&&pageId>1)
        {%>
                  [<a href="user_diary.jsp?page=1">最前页</a>] [<a href=
                     "user_diary.jsp?page=<%=pageId-1%>">上一页</a>]
                  <%}%>
                  <%if(sPage.pageId!=sPage.pageCount)
        {%>
                  [<a href="user_diary.jsp?page=<%=pageId+1%>">下一页
                      </a>] [<a href="user_diary.jsp?page=<%=
                      sPage.pageCount%>">最末页</a>]
                  <%}if(sPage.pageCount>1)
    {out.print(" ");
    i=1;
     while(i<=sPage.pageCount)
     {
     if(pageId==i)
       {
       out.print("[");
       }
     %>
                <a href="user_diary.jsp?page=<%=i%>"><%=i%></a>
                      <%
      if(pageId==i)
         {
         out.print("]");
         }
      i++;
      }
      %>
                  <%}rsr.close();%>
                  </div></td>
                  </tr>
                  </table>
<%
}
%>
          </td>
                  </tr>
                </table></td>
              </tr>
              <tr align="center">
                <td height="28" colspan="2" class="20"> </td>
              </tr>
            </table></td>
          </tr>
          <tr>
            <td align="center"> </td>
```

```
        </tr>
      </table>
  </div>
</div>
<div id="bottom">
<jsp:include page="../bottom.jsp" flush="true"/></div>
</div>
</body>
</html>
```

程序说明：该 JSP 页面用来显示用户的日记列表。首先，此程序从 session 中获得当前用户对象，并从中提取用户 ID 及是否为 VIP 等信息；然后从当前 request 中获取页面的页码，如果获取的页码为空，则将当前页码置为 1，同时从数据库视图 View_FDiaryTitle 中获取该用户总的日记数目；最后根据所获取的当前页码，按照一页 20 条记录的页面设置来向用户显示日记列表。注意，如果检测到该用户不是 VIP 用户，则提示“你不是 VIP 会员不能写日记”，并提供申请成为 VIP 会员的页面链接。此 JSP 页面的显示效果如图 6-4 所示，由于空间限制，此处只截取了中间显示用户日记列表的核心块，其头部、底部及左边的视图不再给出。

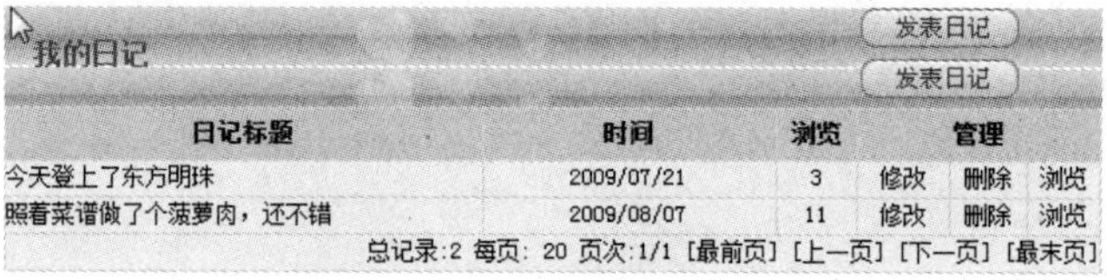

图 6-4　用户日记列表

在图 6-4 中有“发表日记”的按钮，单击此按钮，会链接到 user_diary_add.jsp 页面上，此页面为写新日记的页面，其代码如程序 6-7 所示。

程序 6-7　user_diary_add.jsp

```
--------------------------------------------
<%@ page contentType="text/html; charset=gb2312" language=
   "java" import="java.sql.*" errorPage="" %>
<!DOCTYPE html PUBLIC "-//W3C//DTD XHTML 1.0 Transitional//EN"
   "http://www.w3.org/TR/xhtml1/DTD/xhtml1-transitional.dtd">
<html xmlns="http://www.w3.org/1999/xhtml">
<head>
<meta http-equiv="Content-Type" content="text/html; charset=gb2312" />
<title>寻友网站</title>
<link href="../main.css" rel="stylesheet" type="text/css" />
<script src="../main.js" language="javascript"
type="text/javascript"></script>
<script language="javascript">
function check()
{
  if(add_diary.title.value=="")
  {
    alert("日记标题不能为空！");
    return false;
  }else if(add_diary.content.value=="")
```

```
    {
      alert("日记内容不能为空！");
      return false;
    }
   return true;
  }
</script>
</head>

<body onload="showPage('top','top')">
<div align="center">
<div id="top" ></div>
<div id="main">
  <div id="leftbar">
  <jsp:include flush="true" page="userleft.jsp" />
  </div>
  <div id="rightmain">
    <jsp:include page="user_tool.jsp" flush="true" />
  <table width="564" border="0" cellspacing="0" cellpadding="0">
          <tr>
            <td height="30"><table width="560" border="0" cellspacing=
              "0" cellpadding="0">
              <tr>
                <td colspan="2" align="left"> </td>
              </tr>
              <tr>
                <td width="397" height="34" align="left" background=
                  "../images/uxbj.jpg" class="rr1Copy"><strong>
                  新增日记</strong></td>
                <td width="163" align="center" background=
                  "../images/uxbj.jpg" class="rr1Copy"> </td>
              </tr>
              <tr bgcolor="#FFFBFF">
                <td height="20" colspan="2" align="left" class=
                  "20"><form action="user_diary_addsave.jsp" method=
                  "post" enctype="multipart/form-data" name="add_diary"
                  onsubmit="return check()">
                  <table width="560" border="0" cellpadding=
                    "0" cellspacing="1" bgcolor="#FFFBFF">
                   <tr bgcolor="#FFFBFF">
                     <td width="109" height="27" align="center" bgcolor=
                       "#FFEFF7" class="20">日记标题：</td>
                     <td width="448" align="left" class="20"><input name=
                       "title" type="text" id="title" />
                        *</td>
                   </tr>
                   <tr bgcolor="#FFFBFF">
                     <td height="27" align="center" bgcolor="#FFEFF7"
                         class="20">今天天气：</td>
                     <td align="left" class="20"><input name="tq" type=
                         "radio" title="今天天气晴" value=
                         "1" checked="checked" />
                         <img src="../images/tq/1.gif" alt=
                           "今天天气晴" width="13" height="13" align=
                           "absmiddle" />
```

```
            <input title="阴啦，有云" type="radio" name=
              "tq" value="2" />
            <img src="../images/tq/2.gif" alt="晴转多云"
              width="15" height="14" align="absmiddle" />
            <input title="雨一直下" type="radio" name=
              "tq" value="3" />
            <img src="../images/tq/3.gif" alt="多云" width=
              "19" height="11" align="absmiddle" />
            <input type="radio" name="tq" value="4" />
            <img src="../images/tq/4.gif" alt="雨一直下"
              width="13" height="14" align="absmiddle" />
            <input type="radio" name="tq" value="5" />
            <img src="../images/tq/5.gif" alt="闪电" width=
              "13" height="16" align="absmiddle" /> <br />
            <input type="radio" name="tq" value="6" />
            <img src="../images/tq/6.gif" alt="今天天气晴"
               width="11" height="13" />
            <input type="radio" name="tq" value="7" />
            <img src="../images/tq/7.gif" alt="今天天气晴"
               width="13" height="12" />
            <input type="radio" name="tq" value="8" />
            <img src="../images/tq/8.gif" alt="今天天气晴"
               width="20" height="12" />
            <input  type="radio" name="tq" value="9" />
            <img src="../images/tq/9.gif" alt="今天天气晴"
               width="13" height="12" />
            <input type="radio" name="tq" value="0" />
            <img src="../images/tq/0.gif" alt="今天天气晴"
               width="18" height="17" /></td>
        </tr>
        <tr bgcolor="#FFFBFF">
          <td height="219" align="center" bgcolor="#FFEFF7"
            class="20">日记内容：</td>
          <td align="center" class="20"><textarea name=
             "content" cols="60" rows="15" id=
             "content"></textarea></td>
        </tr>
        <tr bgcolor="#FFFBFF">
          <td height="27" align="center" bgcolor=
             "#FFEFF7" class="20">今天心情:</td>
          <td align="left" class="20"><input name="xq" type=
             "radio" title="今天天气晴" value="1" checked=
             "checked" />
            <img src="../images/tq/em1.gif" alt="今天天气晴"
              width="31" height="35" align="absmiddle" />
            <input title="阴啦，有云" type="radio" name=
              "xq" value="2" />
            <img src="../images/tq/em2.gif" alt="晴转多云"
              width="43" height="36" align="absmiddle" />
            <input title="雨一直下" type="radio" name="xq"
              value="3" />
            <img src="../images/tq/em3.gif" alt="多云" width=
```

```
          "29" height="35" align="absmiddle" />
        <input type="radio" name="xq" value="4" />
        <img src="../images/tq/em4.gif" alt="雨一直下"
           width="48" height="45" align="absmiddle" />
        <input type="radio" name="xq" value="5" />
        <img src="../images/tq/em5.gif" alt="闪电" width=
          "39" height="35" align="absmiddle" /> <br />
        <input type="radio" name="xq" value="6" />
        <img src="../images/tq/em6.gif" alt="今天天气晴"
          width="38" height="35" />
        <input type="radio" name="xq" value="7" />
        <img src="../images/tq/em7.gif" alt="今天天气晴"
          width="29" height="35" />
        <input type="radio" name="xq" value="8" />
        <img src="../images/tq/em8.gif" alt="今天天气晴"
          width="29" height="34" />
        <input  type="radio" name="xq" value="11" />
        <img src="../images/tq/em11.gif" alt="今天天气晴"
          width="29" height="35" />
        <input type="radio" name="xq" value="10" />
        <img src="../images/tq/em10.gif" alt="今天天气晴"
          width="41" height="35" /></td>
    </tr>
    <tr bgcolor="#FFFBFF">
      <td height="27" align="center" bgcolor="#FFEFF7"
        class="20">上传图片: </td>
      <td align="left" class="20">
        <input type="file" name="filepic" />
        (图片大小在 200KB 以内)</td>
    </tr>
    <tr bgcolor="#FFFBFF">
      <td height="27" align="center" bgcolor="#FFEFF7"
        class="20"> 日记状态: </td>
      <td align="left" class="20">  公开
       <input type="radio" checked="checked" value="0"
         name="display" />
       保密
       <input type="radio" value="1"
         name="display" /></td>
    </tr>
    <tr bgcolor="#FFFBFF">
      <td height="40" colspan="2" align="center" class=
        "20"><input type="submit" name="Submit" value=
        "提交" />

       <input type="reset" name="Submit" value=
         "取消" /></td>
    </tr>
  </table>
              </form>
 </td>
</tr>
<tr align="center">
```

```
                <td height="28" colspan="2" class="20">
              </td>
              </tr>
            </table></td>
          </tr>
          <tr>
            <td align="center"> </td>
          </tr>
        </table>
  </div>
</div>
<div id="bottom">
<jsp:include page="../bottom.jsp" flush="true"/></div>
</div>
</body>
</html>
```

程序说明：该 JSP 页面为编写新日记的页面，其主要部分显示效果如图 6-5 所示。其中包含一段 JS 脚本，用来检测日记标题和内容为空时的错误情况，并提示用户进行改正。此页面中天气和心情处使用相应图片代替文字供用户进行选择。

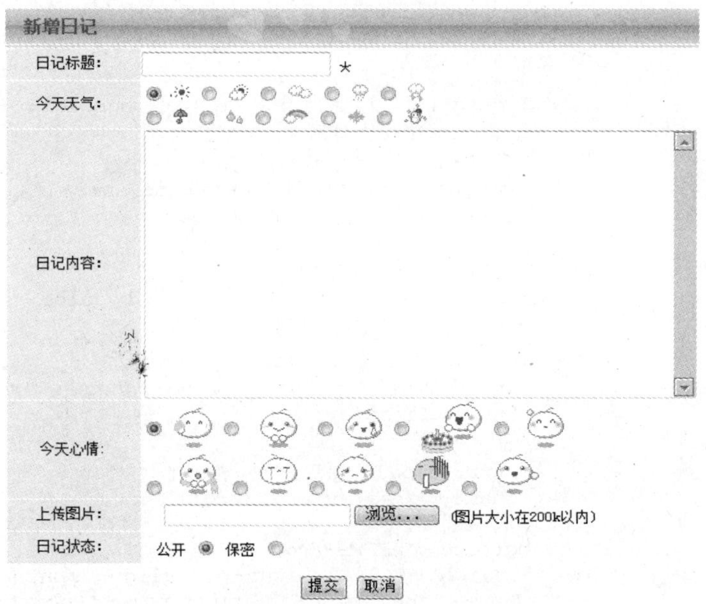

图 6-5 新增日记页面

当用户在图 6-5 所示的页面中写好新日记并单击“提交”按钮后，将由 user_diary_addsage.jsp 来处理相应的保存日记的业务逻辑，其代码如程序 6-8 所示。

程序 6-8 user_diary_addsage.jsp

```
----------------------------------------------
<%@ page contentType="text/html; charset=gb2312" language=
   "java" import="java.sql.*,java.util.Date,
```

```
  java.text.SimpleDateFormat" errorPage="" %>
<!DOCTYPE html PUBLIC "-//W3C//DTD XHTML 1.0 Transitional//EN"
  "http://www.w3.org/TR/xhtml1/DTD/xhtml1-transitional.dtd">
<html xmlns="http://www.w3.org/1999/xhtml">
<jsp:useBean id="db" class="db.DbManager" />
<jsp:useBean id="mySmartUpload" scope="page"
class="com.jspsmart.upload.SmartUpload" />
<%@ page import="check.CheckLetter"%>
<%@ page import="user.UserSession"%>

<%!String sql="",title="",xq="",content="",tq="",Fuserid="",display=
  "",fileName="",fileurl="",oldname="";
long time=0,nowtime;
boolean ispic;%>
<%
//此段为操作图片
 int count=0;
 mySmartUpload.initialize(pageContext);
  //mySmartUpload.setIsCover(false);//设定是否允许覆盖服务器上的同名文件
 mySmartUpload.setTotalMaxFileSize(5000000);//设定允许上传文件的总大小
 mySmartUpload.setMaxFileSize(1000000000);//设定单个文件大小的限制

  try
 {
 mySmartUpload.upload();
 //图片重命名,创建对象
 com.jspsmart.upload.File file=mySmartUpload.getFiles().getFile(0);
 ispic=file.isMissing();
 //判断用户是否有上传文件，以便下面写到数据库的时候,图片路径字段是否添加数据
 oldname=file.getFileName();
 //获取文件大小,若大于200KB就提示出错
 int filesize=mySmartUpload.getFiles().getFile(0).getSize();
 if(filesize>200000)
 {
 %>
 <jsp:forward page="error.jsp">
 <jsp:param name="id" value="52"/>
 </jsp:forward>
 <%
 }
 //获取后缀名
  String last=file.getFileExt();
 last=last.toLowerCase();
 if(filesize!=0)
 {
  if(last!=null)
  {
   if((!last.equals("gif"))&&(!last.equals("bmp"))&&(!last.equals(
     "jpg")))
   {
   %>
   <jsp:forward page="error.jsp">
   <jsp:param name="id" value="53"/>
   </jsp:forward>
   <%
```

```
        }
      }
    }

    //以图片的新名字生成图片路径
    nowtime=System.currentTimeMillis();
    fileName=fileName.valueOf(nowtime);
    fileName=fileName+"."+last;
    fileurl="diarypic/"+fileName;
    }
    catch(Exception e){out.println(e.toString());}
    if(oldname.equals(""))
    {}
    else
    {
      try {
        //保存为新的以毫秒命名的文件名,fileurl 包括路径和文件名
        mySmartUpload.getFiles().getFile(0).saveAs(fileurl,0);
        //上传成功,完毕
      } catch (Exception e){
        out.println(e.toString());
      }
    }
%>

<%
//内容:content,天气:tq,心情:xq,作者 ID:Fuserid,标题:title,发布时间:time
com.jspsmart.upload.Request getRequest=mySmartUpload.getRequest();
CheckLetter checks=new CheckLetter();
title=getRequest.getParameter("title");
if(title=="")
{
%>
<jsp:forward page="error.jsp">
<jsp:param name="id" value="50"/>
</jsp:forward>
<%
}
title=checks.checkl(title);
tq=getRequest.getParameter("tq");
xq=getRequest.getParameter("xq");
display=getRequest.getParameter("display");
content=getRequest.getParameter("content");
if(content=="")
{
%>
<jsp:forward page="error.jsp">
<jsp:param name="id" value="51"/>
</jsp:forward>
<%
}
content=checks.checkl(content);
content=content.replaceAll("\n","<br>");
UserSession user=new UserSession();
user=(UserSession)session.getAttribute("User");
Fuserid=user.getFMUId();
```

```
time=System.currentTimeMillis();
if(!ispic)
{
sql="insert into Tbl_FDiary
(FDTitle,FMUId,FDAddtime,FDContent,FDWeather,FDSpirit,FDIsSecret,
   FDPicUrl)values('"+title+"','"+Fuserid+"',"+time+",'"+content+"',
   "+tq+","+xq+","+display+",'"+fileurl+"')";
}
else
{
sql="insert into Tbl_FDiary
(FDTitle,FMUId,FDAddtime,FDContent,FDWeather,FDSpirit,FDIsSecret)
   values('"+title+"','"+Fuserid+"',"+time+",'"+content+"',"+tq+",
   "+xq+","+display+")";
}
db.executeSql(sql);
response.sendRedirect("user_diary.jsp");
%>
```

程序说明：此段 JSP 代码中首先嵌入了 SmartUpload 组件进行文件的上传操作，当图片符合此上传对象的规定时将该图片文件上传至服务器，并且以当时的毫秒数作为名字重新命名该文件，然后获取该文件在服务器上的路径以备存入数据库。在上一个 JSP 页面获取的标题及日记内容等字符串经过 CheckLetter 类的字母校验方法更正后，将此日记的内容存入数据库中，存储内容包括日记标题、用户 id、发表日记时间、日记内容、天气状况、心情、日记状态(是否公开)。

对已经写好的日记，可以在日记列表处选择“编辑”选项，此时系统将会把页面链接到 user_diary_edit.jsp 页面上。此 JSP 页面与 user_diary_add.jsp 类似，都包含编写新日记页面上的那些元素，不同的是 user_diary_edit.jsp 首先要从数据库中读取该日记的存储内容，然后将这些内容填充在相应的地方，用户只需在要改动的地方进行修改即可，在图片上传时，如果重新上传一张图片，则会覆盖原有图片。在完成该日记的修改工作后，用户单击“提交”按钮提交修改过的日记。此时将由 user_diary_ editsave.jsp 来完成相应的上传及存储日记业务，此 JSP 代码与 user_diary_addsave.jsp 的基本一样，在此不再赘述。

从图 6-4 中可以看到，对于日记列表中的日记还可以选择“删除”操作，当用户单击“删除”按钮之后，将由 user_diary_delsave.jsp 来处理相关的业务逻辑。代码如程序 6-9 所示。

程序 6-9 user_diary_delsave.jsp

```
-----------------------------------------------
<%@ page contentType="text/html; charset=gb2312" language=
   "java" import="java.sql.*,user.UserSession" errorPage="" %>
<!DOCTYPE html PUBLIC "-//W3C//DTD XHTML 1.0 Transitional//EN"
   "http://www.w3.org/TR/xhtml1/DTD/xhtml1-transitional.dtd">
<jsp:useBean id="db" class="db.DbManager" />
<%!String titleid="",sql="",pageid="",fmuid;
UserSession user=new UserSession();
%>
<%
```

```
user=(UserSession)session.getAttribute("User");
fmuid=user.getFMUId();
titleid=request.getParameter("id");
pageid=request.getParameter("pageid");
try
{
int id=Integer.parseInt(titleid);
int pageids=Integer.parseInt(pageid);

}
catch(Exception e)
{
  %>
  <jsp:forward page="error.jsp">
  <jsp:param name="id" value="54"/>
  </jsp:forward>
  <%
}
sql="update Tbl_FDiary set FDIsDel=1 where FDId="+titleid+" and
FMUId='"+fmuid+"'";
db.executeSql(sql);
response.sendRedirect("user_diary.jsp?page="+pageid);
%>
```

程序说明：此段程序的主要功能是获取当前请求中日记的id和其所属用户的id两个属性，然后通过调用 DBManager 类中的方法执行 SQL 语句，这里的删除操作并不是真正把该日记从数据库中删除，而是将该日记的 FDIsDel 属性置为 1，即表示该日记已经删除。

对一篇写好的日记，除了进行编辑、删除操作外，还必须有浏览的功能，此业务将在 diarydetail.jsp 中进行实现。其代码如程序 6-10 所示。

程序 6-10 diarydetail.jsp

```
----------------------------------------------------
<%@ page contentType="text/html; charset=gb2312" language=
  "java" import="java.sql.*,user.UserSession" errorPage="" %>
<!DOCTYPE html PUBLIC "-//W3C//DTD XHTML 1.0 Transitional//EN"
  "http://www.w3.org/TR/xhtml1/DTD/xhtml1-transitional.dtd">
<html xmlns="http://www.w3.org/1999/xhtml">
<jsp:useBean id="db" class="db.DbManager" />
<%@ page import="java.util.Date"%>
<%@ page import="java.text.SimpleDateFormat"%>
<%!String
sql="",diaryid="",title="",content="",picurl="",sql2="",sql3="",
  fmuid="",refmuid="";
ResultSet rs=null,rs3=null;
int tq=10;
%>
<%
diaryid=request.getParameter("id");
try
{
int id=Integer.parseInt(diaryid);

}
```

```
catch(Exception e)
{
  %>
  <jsp:forward page="error.jsp">
  <jsp:param name="id" value="54"/>
  </jsp:forward>
  <%
}
sql2="update Tbl_FDiary set FDView=FDView+1 where FDId="+diaryid+"";
db.executeSql(sql2);
sql="select * from View_FDiary where FDId="+diaryid+"";
rs=db.getResult(sql);
sql3="select * from View_FReDiary where FDId=
   "+diaryid+" order by FReId desc";
rs3=db.getResult(sql3);
%>
<%if(rs.next())
      {
        fmuid=rs.getString("FMUId");
        long time=Long.parseLong(rs.getString("FDAddtime"));
        Date date=new Date(time);
        SimpleDateFormat thistime=new SimpleDateFormat(
   "yyyy-MM-dd HH:mm");
        String times=thistime.format(date);
        tq=rs.getInt("FDWeather");
      %>
<head>
<meta http-equiv="Content-Type" content="text/html; charset=
   gb2312" />
<title>寻找初恋情人|初恋情人|寻友网|感情|情侣|恋人|情人|初恋|寻找朋友|
   寻找我的爱|<%=rs.getString("FDTitle")%></title>
<link href="main.css" rel="stylesheet" type="text/css" />
<script src="main.js" language="javascript"
type="text/javascript"></script>
<script language="javascript">
function jian()
  {
  if(form1.content.value=="")
    {alert("评论内容不能为空!");
    return false;
    }
  return true;
  }
</script>
</head>
<body onload="showPage('top','top')">
<div align="center">
<div id="top" ></div>
<div id="main">
<div id="leftbar">
  <jsp:include flush="true" page="left.jsp" />
  </div>
  <div id="rightmain">
    <table width="564" border="0" cellspacing="0" cellpadding="0">
         <tr>
           <td height="125" valign="bottom"><img src=
```

```
        "images/dir.jpg" width="564" height="121"></td>
      </tr>
      <tr>
        <td align="center" background="images/qbj.jpg">
  <table width="553" border="0" cellpadding="0" cellspacing=
    "1" bgcolor="#FFFFFF">
          <tr align="center">
            <td height="14" colspan="5" class="20"><span class=
              "top"><%=rs.getString("FDTitle")%></span><br>
              <hr width="400" size="1" noshade></td>
            </tr>
          <tr>
            <td width="130" height="30" align="center" background=
              "images/ibj.gif" class="20">作者： <a href=
              "user_infoview.jsp?fmuid=<%=fmuid%>" target=
              "_blank"><font color="#990066"><%=rs.getString(
              "FMNiName")%></font></a>  </td>
            <td width="171" align="center" background=
              "images/ibj.gif"><span class="20">时间：<%=
              times%></span></td>
            <td width="71" align="center" background=
              "images/ibj.gif" class="20">天气：<img src=
              "images/tq/<%=tq%>.gif" width="18" height="17" align=
              "absmiddle"></td>
            <td width="96" align="center" background=
              "images/ibj.gif" class="20">浏览：<%=
              rs.getString("FDView")%>次</td>
            <td width="85" align="center" background=
              "images/ibj.gif" class="20"><img src="images/io1.gif"
              width="17" height="16" align="absmiddle"><a href=
              "#bottom">评论日记</a></td>
          </tr>
          <tr align="center">
            <td colspan="5" valign="top"><table width="540" border=
              "0" cellspacing="0" cellpadding="0">
              <tr>
                <td height="10" align="center"><div id=
                  "leftsearchdetail">
      <%picurl=rs.getString("FDPicUrl");
        if(picurl!=null)
        {
        %><a href="<%=picurl%>" target="_blank"><img src=
          "<%=picurl%>" border="0" align="right"/></a> <%}%><%=
          rs.getString("FDContent")%></div></td>
              </tr>
              <tr>
                <td valign="top"><div align="left"></div></td>
              </tr>
              <tr>
                <td><table width="540" border="0" cellspacing=
                  "0" cellpadding="0">
                  <tr>
                    <td height="34" background=
                        "images/uxbj.jpg"><span class=
                        "rr1Copy"><strong>◎评论列表：
```

```
                </strong></span></td>
            </tr>
            <tr>
              <td height="3" align="center" bgcolor="#FFFFF7">
<%while(rs3.next())
{
refmuid=rs3.getString("FMUId");
long time2=Long.parseLong(rs3.getString("FREAddTime"));
Date date2=new Date(time2);
SimpleDateFormat thistime2=new SimpleDateFormat(
  "yyyy-MM-dd HH:mm");
String times2=thistime2.format(date2);
%>
<table width="520" border="0" cellspacing=
   "0" cellpadding="0">
              <tr>
                <td bgcolor="#FDF0F8" class="20">
                  由 <a href="user_infoview.jsp?fmuid=<%=
                  refmuid%>" target="_blank"><font color=
                  "#990066"><%=rs3.getString(
                  "FMNiName")%></font></a>(<%=rs3.getString(
                  "FPCName")%>)  评论 时间：<%=times2%>
  <%
    UserSession user=new UserSession();
 user=(UserSession)session.getAttribute("User");
    if(user!=null)
    {
      if(user.getFMUId().equals(fmuid))
      {
        out.print("<a href=user/user_Rediary_delsave.
          jsp?reid="+rs3.getInt("FReId")+"&id="+diaryid+">
          删除此条评论</a>");
      }
    }
  %>
  </td>
              </tr>
              <tr>
                <td><div id="leftsearchdetail"><%=
                  rs3.getString("FReContent")%></div></td>
              </tr>
            </table>
<%}rs3.close();%>
</td>
            </tr>
            <tr>
              <td height="5" bgcolor="#FFFFF7"> </td>
            </tr>
            <tr>
              <td bgcolor="#F7CFE7" class="rr1Copy"><strong>
                ◎评论日记：</strong></td>
            </tr>
            <tr>
              <td height="89" align="center"><form id=
                "form1" name="form1" method="post" action=
                "user/user_rediary_addsave.jsp">
```

```
                        <a name="bottom" id="bottom"></a>
                        <textarea name="content" cols="70" rows=
                          "5" id="content"></textarea>
                        <input name="diaryid" type="hidden" id=
                          "diaryid" value="<%=diaryid%>" />
                      </td>
                    </tr>
                    <tr>
                      <td height="30" align="center" bgcolor=
                        "#FCEFF7"><input type="submit" name="Submit"
                        value="提交" onclick="return jian();">
                        <input type="submit" name="Submit" value=
                          "取消"> </form>
</td>
                    </tr>
                  </table></td>
                </tr>
              </table></td>
            </tr>
          </table>
      <%rs.close();}%>
          </td>
        </tr>
        <tr>
          <td><img src="images/q2.jpg" width="564" height="12"></td>
        </tr>
      </table>
  </div>
</div>
<div id="bottom">
<jsp:include page="bottom.jsp" flush="true"/></div>
</div>
</body>
</html>
```

程序说明：此段 JSP 代码首先获取该请求中日记的 id，并将该 id 所对应日记的 FDView 字段的值加 1，即将其浏览次数的值加 1；其次将该日记内容从数据库中读取出来，并且从数据库中获取与该日记 id 相关联的日记评论表中的评论，评论按其 id 降序排列；再次把在数据库中以长整形表示的时间进行格式化；最后就可以将日记按照一定的样式显示出来，最下方具有评论日记的空间，用户在此处写好评论并单击“提交”按钮后，将由 user_rediary_addsave.jsp 实现添加评论的相关业务逻辑。上述日记浏览页面如图 6-6 所示。

以上内容详细说明了用户对其日记进行增、删、改、查等操作的实现过程，从中容易看出，对每一步操作的实现基本上都分为两部分来完成，首先是提供给用户进行操作的交互页面，其次是在用户提交其请求后，将由另外一个相对应的 JSP 页面来完成相应的逻辑业务，此处主要是对数据库中的数据进行改动。本系统中所涉及的其他功能的实现，基本上都是按照这种模式来实现的，所以此处不再一一赘述。

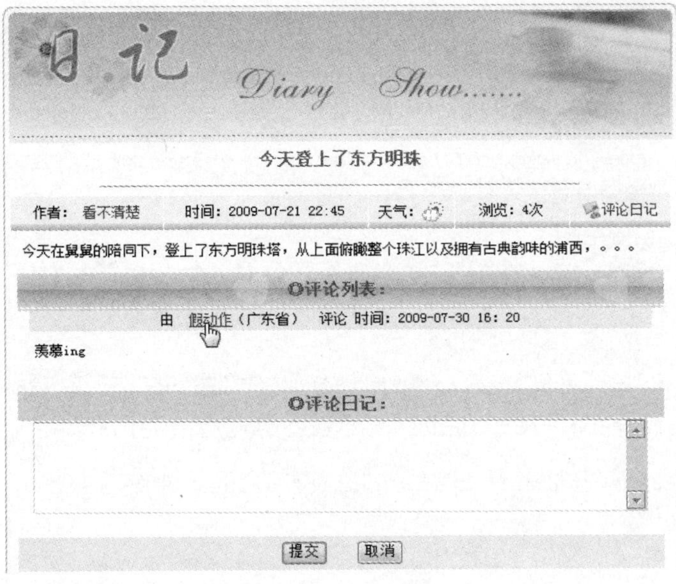

图 6-6 日记浏览页面

6.3.3 登录模块

登录模块使用 MVC 三层结构的形式实现，使用 JSP 页面实现与用户交互的视图层，使用 Servlet 实现控制器层，采用 JavaBean 来完成登录的业务逻辑。这里将以管理员登录模块的实现为例来说明实现方法。

1. 管理员登录 JSP 页面

管理员登录 JSP 页面的代码如程序 6-11 所示。

程序 6-11 admin_login.jsp

```
<%@ page contentType="text/html; charset=gb2312" language=
   "java" import="java.sql.*" errorPage="" %>
<!DOCTYPE html PUBLIC "-//W3C//DTD XHTML 1.0 Transitional//EN"
   "http://www.w3.org/TR/xhtml1/DTD/xhtml1-transitional.dtd">
<html xmlns="http://www.w3.org/1999/xhtml">
<head>
<meta http-equiv="Content-Type" content="text/html; charset=gb2312" />
<title>管理员登录</title>
<style type="text/css">
<!--
body {
  background-color: #CCCCCC;
}
-->
</style></head>
```

```
<body>
<div align="center">管理员登录
  <form id="form1" name="form1" method="post" action="CheckAdminLogin.do"
target="_top">
    用户名：
    <input name="username" type="text" id="username" size=
      "20" maxlength="20" />
    <br />
    密  码：
    <input name="password" type="password" id="password" size=
      "20" maxlength="20" />
    <br />
    验证码：
    <input name="checknum" type="text" id="checknum" size=
      "10" maxlength="4" />
     <img src="img.jsp" border="1" align="absmiddle"/><br />
    <br />
    <input type="submit" name="Submit" value="提交" />
        </form>
</div>
</body>
</html>
```

程序说明：本段代码实现了与用户交互的管理员登录的视图层，主要包含用户名、密码及验证码三个输入框，如图 6-7 所示。其中的验证码由 img.jsp 来给出。

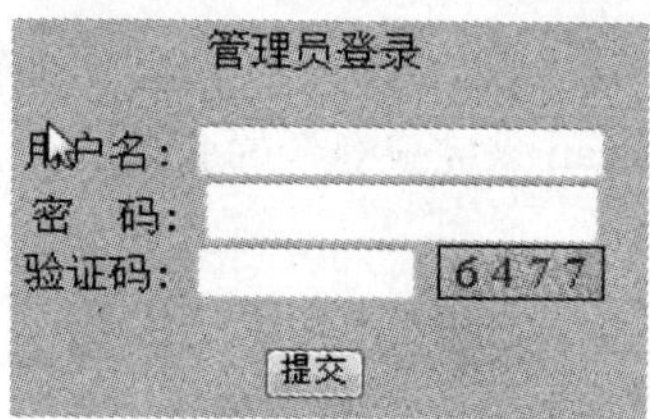

图 6-7　管理员登录界面

img.jsp 的代码如程序 6-12 所示。

程序 6-12　img.jsp

```
-----------------------------------------------
<%@ page language="java" import="java.sql.*" errorPage="" %>
<%@ page contentType="image/jpeg"
import="java.awt.*,java.awt.image.*,java.util.*,javax.imageio.*" %>

<%!
Color getRandColor(int fc,int bc){ //给定范围获得随机颜色
       Random random = new Random();
       if(fc>255)fc=255;
       if(bc>255)bc=255;
       int r=fc+random.nextInt(bc-fc);
       int g=fc+random.nextInt(bc-fc);
       int b=fc+random.nextInt(bc-fc);
       return new Color(r,g,b);
```

```
        }
%>
<% //设置页面不缓存
response.setHeader("Pragma","No-cache");
response.setHeader("Cache-Control","no-cache");
response.setDateHeader("Expires", 0);
//在内存中创建图像
int width=60, height=20;
BufferedImage image = new BufferedImage(width, height,
BufferedImage.TYPE_INT_RGB);
// 获取图形上下文
Graphics g = image.getGraphics();
//生成随机类
Random random = new Random();
//设定背景颜色
g.setColor(getRandColor(200,250));
g.fillRect(0, 0, width, height);
//设定字体
g.setFont(new Font("Times New Roman",Font.PLAIN,18));
//随机产生155条干扰线，使图像中的验证码不易被其他程序探测到
g.setColor(getRandColor(160,200));
for (int i=0;i<155;i++)
{
 int x = random.nextInt(width);
 int y = random.nextInt(height);
        int xl = random.nextInt(12);
        int yl = random.nextInt(12);
 g.drawLine(x,y,x+xl,y+yl);
}
// 取随机产生的验证码(4位数字)
String sRand="";
for (int i=0;i<4;i++){
    String rand=String.valueOf(random.nextInt(10));
sRand+=rand;
//将验证码显示到图像中
    g.setColor(new Color(20+random.nextInt(110),
      20+random.nextInt(110), 20+random.nextInt(110)));
    g.drawString(rand,13*i+6,16);
}
// 将验证码存入session
session.setAttribute("rand",sRand);
g.dispose();
 // 输出图像到页面
ImageIO.write(image, "JPEG", response.getOutputStream());
out.clear();

out = pageContext.pushBody();
%>
```

程序说明：此段 JSP 代码可以生成一个带 4 个随机数字的验证码图像，该图像的背景色及数字的颜色也是随机生成的，此外还在该验证码图像中加入了 155 条随机的干扰线以防止其他程序的探测；之后再将该验证码放在一个字符串对象中存入 session，当用户登录时就可

以以此来检测用户输入的验证码的正确性。

2. 管理员登录 Servlet

管理员登录 Servlet 的代码如程序 6-13 所示。

程序 6-13 CheckAdminLogin.java

```
---------------------------------------------
package check;

import java.io.IOException;
import java.sql.ResultSet;
import java.sql.SQLException;
import javax.servlet.RequestDispatcher;
import javax.servlet.ServletContext;
import javax.servlet.ServletException;
import javax.servlet.http.HttpServlet;
import javax.servlet.http.HttpServletRequest;
import javax.servlet.http.HttpServletResponse;
import javax.servlet.http.HttpSession;
import md5.Md5;
import db.DbManager;
import user.AdminUserSession;

/**
 * 校验管理员用户名,密码
 */
public class CheckAdminLogin extends HttpServlet {
  private String checkNum;
  private String UserName;
  private String PassWord;
  private String url;
  private String Sql,SqlInsert;
  private String DataBasePassWord;
  private ResultSet rs=null;
  private CheckLetter checkLetter=new CheckLetter();
  private DbManager db=new DbManager();
  private Md5 md5=new Md5();

  protected void doGet(HttpServletRequest request,
      HttpServletResponse response)throws ServletException, IOException {
    doPost(request, response);

  }

  protected void doPost(HttpServletRequest request,
      HttpServletResponse response)throws ServletException, IOException {
    AdminUserSession AdminUser=new AdminUserSession();
    HttpSession session=((HttpServletRequest)request).getSession();
    String checkNumSession=(String)session.getAttribute("rand");
    UserName=request.getParameter("username");
    PassWord=request.getParameter("password");
    checkNum=request.getParameter("checknum");

    UserName=checkLetter.checkl(UserName);
```

```
    PassWord=checkLetter.checkl(PassWord);

    ServletContext sc=getServletContext();

    //定义检索用户名的 SQL 语句
    Sql="select * from Tbl_FAdmin where FAIsDel=0 and
FAdUser='"+UserName+"'";
    //定义更新管理日志的 SQL 语句
    SqlInsert="Insert into Tbl_FAEvent (FAdUser,FEvent,FETypeId,
       FAddTime)values ('"+UserName+"','管理登录 From Ip:"+request.
       getRemoteAddr()+"',1,"+System.currentTimeMillis()+")";

    if(checkNum!=null)
    {
      if(!checkNum.equals(""))
      {
        if(checkNum.equals(checkNumSession))
        {//验证码正确,检查账户/密码

          try {
            rs=db.getResult(Sql);
            if(rs.next())
            {//账户存在
              DataBasePassWord=rs.getString("FAdPassword");
              if(md5.checkPWD(DataBasePassWord,PassWord))
              {//密码正确,Session 对象赋值并跳转
                AdminUser.setFAdminLogin(true);
                AdminUser.setFAdUser(UserName);
                AdminUser.setFARealName(rs.getString("FARealName"));
                AdminUser.setFAPower(rs.getString("FAPower"));
                session.setAttribute("FAdmin",AdminUser);
                //更新管理日志
                db.executeSql(SqlInsert);
                //跳转
                url="fadmin/index.html";
                response.sendRedirect(url);
              }
              else
              {//密码错误
                url="/error.jsp?id=102";
                RequestDispatcher rd=sc.getRequestDispatcher(url);
                rd.forward(request,response);
              }
            }
            else
            {//账户不存在
              url="/error.jsp?id=101";
              RequestDispatcher rd=sc.getRequestDispatcher(url);
              rd.forward(request,response);
            }
          }
          catch (SQLException e){
            url="/error.jsp?id=102";
            RequestDispatcher rd=sc.getRequestDispatcher(url);
```

```
            rd.forward(request,response);
            e.printStackTrace();
          }
          finally
          {
            if(rs!=null)
            {
              try {
                rs.close();
              } catch (SQLException e1){
                // TODO 自动生成 catch 块
                e1.printStackTrace();
              }
            }
          }
        }
        else
        {//验证码错误
          url="/error.jsp?id=100";
          RequestDispatcher rd=sc.getRequestDispatcher(url);
          rd.forward(request,response);
        }
      }
      else
      {//验证码错误
        url="/error.jsp?id=100";
        RequestDispatcher rd=sc.getRequestDispatcher(url);
        rd.forward(request,response);
      }
    }
    else
    {//没有输入验证码
      url="/error.jsp?id=100";
      RequestDispatcher rd=sc.getRequestDispatcher(url);
      rd.forward(request,response);
    }
  }
}
```

程序说明：此 Servlet 首先判断用户验证码输入是否为空，如果为空，则进入报错页面提示用户没有输入验证码；如果不为空，则将该输入的验证码与 session 中的验证码进行比较。如果验证码不正确，则进入报错页面提示用户验证码错误；如果验证码正确，则检索数据库中与该输入用户名一致的用户账户，若该账户不存在，则转向报错页面进行报错，若该账户存在，则提取数据库中所存的此账户的密码，使用 Md5 类中的 checkPWD 检验密码。如果密码正确，则对当前管理员的 session 对象进行赋值，并在数据库中更新管理员的管理日志，再转向管理员的主页面 fadmin/index.html；如果密码错误，则转向报错页面进行提示。

3. 管理员登录过滤器

管理员登录过滤器的代码如程序 6-14 所示。

程序 6-14 FAdminLoginFilter.java

```
-----------------------------------------------------
package filter;

import java.io.IOException;
import java.io.PrintWriter;
import javax.servlet.Filter;
import javax.servlet.FilterChain;
import javax.servlet.FilterConfig;
import javax.servlet.ServletException;
import javax.servlet.ServletRequest;
import javax.servlet.ServletResponse;
import javax.servlet.http.HttpServletRequest;
import javax.servlet.http.HttpSession;
import user.AdminUserSession;

public class FAdminLoginFilter implements Filter {

  public void init(FilterConfig config)throws ServletException {
  }

  public void doFilter(ServletRequest request, ServletResponse
     response,
      FilterChain chain)throws IOException, ServletException {

    HttpSession session=((HttpServletRequest)request).getSession();
AdminUserSession checkLogin=
   (AdminUserSession)session.getAttribute("FAdmin");
    if(checkLogin!=null)
    {
      if(checkLogin.getFAdminLogin())
      {
        chain.doFilter(request,response);
      }
      else
      {
        outPrint(response);
      }
    }
    else
    {
      outPrint(response);
    }

  }
  public void outPrint(ServletResponse response)
  {
    PrintWriter out = null;
    try {
      out = response.getWriter();
    } catch (IOException e){
      e.printStackTrace();
    }

    response.setContentType("text/html; charset=gb2312");
```

```
    out.println("<html>");
    out.println("<head>");
    out.println("<meta http-equiv=Content-Type content=
      text/html; charset=gb2312 />");
    out.println("<title>Error</title></head>");
    out.println("<frameset rows=\"0,*\" frameborder=\"no\" border=
      \"0\" framespacing=\"0\">");
    out.println("<frame src=\"#\" name=\"topFrame\" scrolling=
      \"No\" noresize=\"noresize\" id=\"topFrame\" />");
    out.println("<frame src=\"../admin_login.jsp?id=
      103\" name=\"mainFrame\" id=\"mainFrame\" />");
    out.println("</frameset>");
    out.println("<noframes>");
    out.println("<body>");
    out.println("<br><br><br><br><center><font color=
      #ff0000>Error:<br>Please Login now.
      <br><br>Thank you!</font><br></center>");
    out.println("<center><a href=http://www.hnspi.edu.cn target=
      _blank>http://www.hnspi.edu.cn</a></center>");
    out.println("</body>");
    out.println("</noframes>");
    out.println("</html>");
    out.flush();
  }

  public void destroy(){
  }

  public FilterConfig getFilterConfig(){
    return null;
  }

  public void setFilterConfig(FilterConfig config){
  }
}
```

程序说明：在请求进入管理员主页面之前，为了安全控制，此处采用一个 Servlet 过滤器判断 session 中是否有用户信息对象。如果有，则说明用户已经登录，可以转向相应的页面；如果没有，则说明用户还没有登录，显示出报错页面并请用户进行登录。

4. 登录 JavaBean

从程序 6-13 中的 Servlet 可以看到，要完成管理员的登录，需要 DBManager.java 及 Md5.java 这两个 JavaBean 的协助来实现相应的业务逻辑。其中 DBManager 的代码已经由程序 6-2 给出，程序 6-15 将给出 Md5.java 的代码。

程序 6-15 Md5.java

```
------------------------------------------------
package md5;

public class Md5
{
   //......此处省略 Md5 中其余的方法
```

```
  //校验密码是否正确
  public boolean checkPWD(String dbPWD,String inputPWD)
  {
    dbPWD=dbPWD.trim();
    inputPWD=inputPWD.trim();
    String Str=dbPWD.substring(0,2);
    Str=Str+calcMD5(Str+inputPWD); // calcMD5(String str)方法将其参数
      //中的字符串转换成其相应的十六进制形式的字符串表示
    Str=toUpperStr(Str); //将字符串除去前两位后的字母变成大写

    if(Str.equals(dbPWD))
    {
      return true;
    }
    else
    {
      return false;
    }
  }
}
```

上面对管理员登录功能的实现进行了详细说明，用户登录模块的实现与此类似，所以此处不再讲述用户登录模块的实现。

6.3.4 配置文件

配置文件的代码如程序 6-16 所示。

程序 6-16 web.xml

```
-----------------------------------------------------
<?xml version="1.0" encoding="UTF-8"?>
<!-- Copyright (c)2002 by ObjectLearn. All Rights Reserved. -->
<web-app>

<filter>
<filter-name>AdminLoginFilter</filter-name>
<display-name>ALogin</display-name>
<description>Admin Login</description>
<filter-class>filter.FAdminLoginFilter</filter-class>
</filter>
<filter-mapping>
<filter-name>AdminLoginFilter</filter-name>
<url-pattern>/fadmin/*</url-pattern>
</filter-mapping>

<servlet>
    <description>
    </description>
    <display-name>
    CheckAdminLogin</display-name>
    <servlet-name>CheckAdminLogin</servlet-name>
    <servlet-class>check.CheckAdminLogin</servlet-class>
```

```
  </servlet>
  <servlet-mapping>
    <servlet-name>CheckAdminLogin</servlet-name>
    <url-pattern>/CheckAdminLogin</url-pattern>
  </servlet-mapping>
    <servlet-mapping>
    <servlet-name>CheckAdminLogin</servlet-name>
    <url-pattern>/CheckAdminLogin.do</url-pattern>
  </servlet-mapping>
<welcome-file-list>
    <welcome-file>index.jsp</welcome-file>
  </welcome-file-list>
  <error-page>
    <error-code>404</error-code>
    <location>/error.jsp?id=404</location>
  </error-page>
</web-app>
```

程序说明：以上配置文件仅列出了管理员登录过滤器的配置，如<filter-name>配置过滤器的名字和实现类，而＜filter-mapping＞配置过滤器的路径匹配模式，其余过滤器的配置代码与之类似，此处省略。Servlet 的配置文件也仅给出了 CheckAdminLogin 的一个 Servlet。

6.4 小结

本章主要介绍了一个商业性质的交友网站的主要功能的设计与实现。在该系统功能的实现中主要采用了两种框架结构，首先对用户和管理员登录模块部分采用 MVC 框架，即按照三层结构使用 JSP+Servlet+JavaBean 实现该功能；其余部分的开发工作基于快速便捷开发的原则，采用以 JSP 为核心并辅以 JavaBean 的开发模型，在 JSP 中实现了大部分的业务逻辑和流程控制工作。

第7章

美容行业门户网站

7.1 系统分析和设计

7.1.1 系统分析

随着个人计算机的普及、信息技术的高速发展，电子商务走进了各家各户。由于网络上的信息从形成、传播、互动到共享，这一系列过程都能快速完成的显著特点，网络已经成为一个很有潜力、很有影响力的市场。在这样的市场趋势下，美容行业也开始开拓网络市场，利用网络市场的方便、快捷、有效等特点，将本行业的各种资源进行积累和整合，进而产生更高的商业效益。

美容行业门户网站是一个将美容行业的企业信息、个人信息、产品信息等各种信息资源集成在一起的信息管理平台，它为用户提供一个统一的用户界面，使用户可以快速地建立企业对客户、企业对企业、企业对内部员工的信息通道，使用户能够将存储在企业内部和外部的各种信息通过这个平台进行及时、有效的沟通与交流。

本章主要以中国美容在线为例进行讲解，下面具体分析美容行业门户网站需要实现的功能。

(1) 会员注册或登录。提示用户进行注册或登录，并通过后台数据库的连接、查询、添加、删除、同步更新等操作实现用户的注册和登录功能。

(2) 不同类型和等级的用户享用不同的服务。用户可分为普通个人用户、普通企业用户和VIP 企业用户。用户可以在注册时依照个人的需要和意愿进行选择。

(3) 不同等级服务的实现。普通用户可以了解 VIP 用户所能享用的服务，但在注册成 VIP 用户之前不能享用。所有用户可以享用的服务都要列出，为了实现不同等级的服务，可以通过设置能启动服务的条件进行限制。

(4) 我的供求商机，可以实现的功能有发布供求信息、查看发布记录、匹配供求信息、查看询价记录、查看反馈记录。

(5) 厂商大全，实现了建立厂商资料、修改厂商资料、创建产品系列、编辑/删除产品系列、添加产品、修改/删除产品的功能。

(6) 名校名店，实现了建立网上名校名店、修改名校名店资料的功能。

(7) 行业人才，实现了发布/修改求职信息、招聘信息和培训信息的功能。

(8) 企业资讯，实现了发布企业新闻、修改已发布的新闻的功能。

(9) 匹配功能，实现了设定关键字、匹配供求信息、匹配产品信息、匹配行业信息、匹配行业资讯的功能。

(10) 我的收藏夹，可以收藏供求信息、厂商资料、匹配新闻等信息。

(11) 会员服务，实现了我的留言箱、修改会员资料、修改密码、升级为收费会员、美容美发论坛、我的通讯录、网址收藏夹等功能。

(12) 实现了会员的退出、服务指南、发表疑问等功能。

(13) 区分管理员的管理权限。管理员可分为三类：超级管理员、审核人员和录入人员。不同等级的管理员也有不同的管理权限。

7.1.2 系统设计

根据以上的需求分析，中国美容在线主要采用面对不同类型、不同等级的人员开放，以不同权限的方式对系统进行总体设计，进而具体细化各个功能模块。

首先，将中国美容在线门户网站的人员分为注册会员和管理人员两大类；然后，在实现的过程中再具体将注册会员分为普通个人会员和普通企业会员、VIP 个人会员和 VIP 企业会员两大类；将管理人员分为超级管理员、审核人员和录入人员三大类。

在中国美容在线注册的用户可以在注册时选择以普通个人会员身份登录或以普通企业会员身份登录。从大的模块方面考虑，无论用户在注册时是选择普通个人会员还是选择普通企业会员，都可以享受我的供求商机、厂商大全、名校名店、行业人才、企业资讯、匹配功能、我的收藏夹、会员服务等 8 大功能模块。其中会员服务可以通过升级成为收费会员，以实现普通会员向 VIP 会员的转换。普通个人会员与普通企业会员的区别就在于注册模块需要填入不同的信息。当普通用户通过会员服务模块升级成为收费会员后，即成为 VIP 会员，可以享受更多的服务。这些服务已经整合到相应的模块中，再通过系统管理员的审核后，模块中的相应服务就自动启动，供用户选择。

该门户网站中注册用户的具体 UML 活动关系如图 7-1 所示。

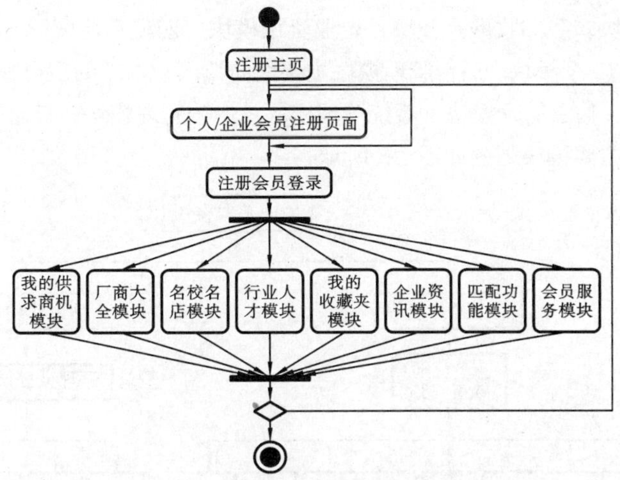

图 7-1　注册用户 UML 活动关系图

作为该门户网站的管理人员，主要是在管理后台对不同类型的注册用户进行不同级别的管理，管理人员的管理活动可以归纳为对网站与数据库间的各种操作进行管理。在此基础上，该门户网站可再进一步对后台管理人员进行细分，其中超级管理员可以对所有的后台管理员进行添加、删除、更改等系统管理操作。管理人员的 UML 活动关系如图 7-2 所示。

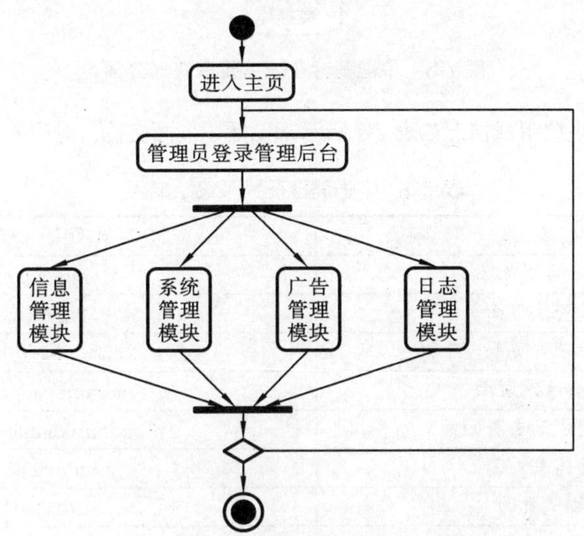

图 7-2　管理人员 UML 活动关系图

以上是中国美容在线门户网站人员的 UML 活动关系图的设计，从而可以很方便地设计出该门户网站的所有模块划分图。从大的方面上看，中国美容在线主要分为前台操作和后台管理两大模块，在这两大模块下又各自细分为多个子模块。前台操作模块主要面向该门户网站的注册用户，具体细分为会员注册/登录模块、我的供求商机模块、厂商大全模块、名校名店模块、行业人才模块、我的收藏夹模块、企业资讯模块、匹配功能模块、会员服务模块、站内信息查询模块等 10 个模块。后台管理模块主要面向该门户网站的后台管理人员，具体细分为管理员登录模块、信息管理模块、系统管理模块、广告管理模块、日志管理模块等 5 个模块。该门户网站的主要模块划分如图 7-3 所示。

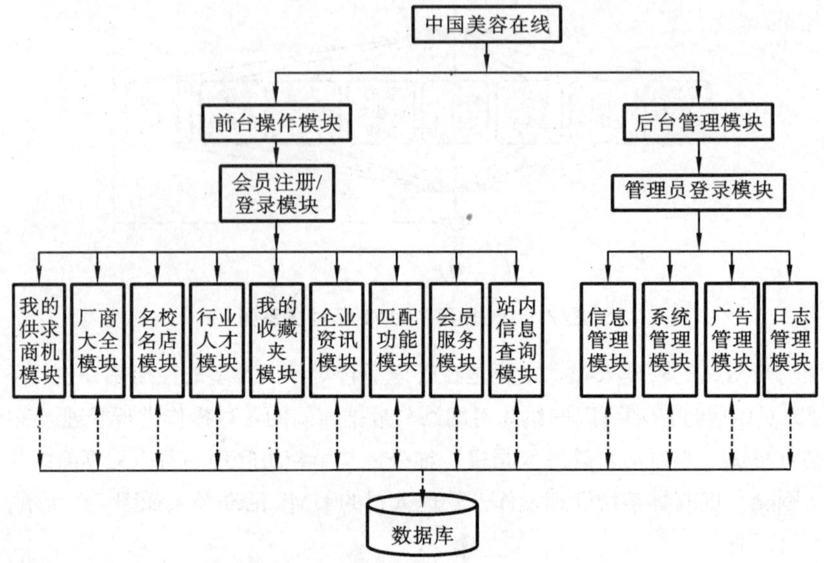

图 7-3 中国美容在线主要模块划分图

整个门户网站的主要组成情况如表 7-1 所示，包括了页面名称、对应的 JSP 文件的清单。

表 7-1 中国美容在线系统组成表

页面名称	页面 JSP 文件
管理后台页面	index.jsp
管理员登录页面	login.jsp
添加管理员页面	adminadd.jsp
管理人员修改页面	adminchange.jsp
管理员登录日志页面	adminloginlog.jsp
管理员列表页面	adminview.jsp
广告浏览页面	ads.jsp
广告添加页面	adsadd.jsp
广告列表页面	adslist.jsp
广告位置说明页面	adsplace.jsp
广告上传页面	adsupload.jsp
已审核企业列表页面	comchecklist.jsp
待审核企业列表页面	comwaitchecklist.jsp

续表

页 面 名 称	页面 JSP 文件
已审核个人求职信息列表页面	hrpersonchecklist.jsp
待审核个人求职信息列表页面	hrpersonwaitchecklist.jsp
企业已审核产品信息列表页面	procheckedlist.jsp
企业待审核产品信息列表页面	prowaitchecklist.jsp
已审核名校名店信息列表页面	schoolcheckedlist.jsp
待审核名校名店信息列表页面	schoolwaitchecklist.jsp
已审核供求信息列表页面	supplycheckedlist.jsp
待审核供求信息列表页面	supplyunchecklist.jsp
发布站内信息页面	webinfoadd.jsp
修改站内信息页面	webinfochange.jsp
已审核站内信息列表页面	webinfocheckedlist.jsp
待审核站内信息列表页面	webinfounchecklist.jsp
增加站内信息类别页面	winfotypeadd.jsp
站内信息类别管理页面	winfotypeadmin.jsp
在线注册协议页面	regpro.jsp
个人会员注册页面	regmember.jsp
企业会员注册页面	regepmember.jsp
注册会员登录页面	memlogin.jsp
创建企业资料页面	createCompany.jsp
修改企业信息页面	editCompany.jsp
会员办公室首页页面	index3.jsp
发布单位招聘信息页面	memhrcompany.jsp
发布个人求职信息页面	memhrperson.jsp
添加产品信息页面	proadd.jsp
修改产品信息页面	prochange.jsp
上传产品图片页面	prouploadpic.jsp
产品列表页面	prolist.jsp
建立产品系列页面	proxilieadd.jsp
修改产品系列页面	proxiliechange.jsp
已建立产品系列列表页面	proxilielist.jsp
建立网上名校名店信息页面	schooladd.jsp
修改网上名校名店信息页面	schoolchange.jsp
名校名店信息列表页面	schoollist.jsp
发布供求信息页面	tradePost.jsp
供求信息发布记录页面	tradelist.jsp

7.2 数据库设计

7.2.1 数据库需求分析

根据中国美容在线的系统需求分析和设计要求，需要建立如下数据库表。

(1) 个人会员信息表，保存会员的用户名、密码等个人信息。

(2) 个人求职表，保存会员发布的个人求职基本信息。

(3) 企业资料表，保存企业的名称、行业、地址等基本信息。

(4) 公司产品系列表，保存公司所经营产品的系列基本信息。

(5) 产品类型表，保存各产品类型的基本信息。

(6) 产品表，保存公司所经营产品的名称、规格等基本信息。

(7) 企业新闻表，保存企业在该网站上所发布的新闻的基本信息。

(8) 广告表，保存该网站所发布的广告的基本信息。

(9) 网上名校名店表，保存网上名校名店的名称等基本信息。

(10) 管理员表，保存该网站的管理员的基本信息。

(11) 管理员操作日志表，保存管理员的操作信息。

(12) 站内信息类型表，保存该网站站内信息类型的基本信息。

(13) 站内信息表，保存该网站站内信息的基本信息。

(14) 供求信息类型表，保存在该网站上所发布的信息类型的基本信息。

(15) 供求信息表，保存该网站所发布的供求信息的基本信息。

7.2.2 数据库逻辑设计

美容行业门户网站所需的数据库的具体内容如下。

1. 个人会员信息表

个人会员信息表(PMembers)，主要用来存放注册会员的基本信息。所注册的会员可以通过填写正确的用户名和密码进入网站，以享受更多的服务。同时，在注册会员中可分为不同的类型和等级，在这个数据库表中使用字段 Memtype 和 MemPower 来区分。表 7-2 列出了该表各字段的详细信息。

表 7-2 个人会员信息表

字段名	描　述	类型	长度	是否允许为空	主键
PMemSysID	会员编号，从 1 开始的自增 1 序列	bigint	—	否	是
UserName	会员名称，用于登录系统	varchar	50	是	否
MemPwd	会员密码，用于登录系统	varchar	50	是	否
MemSerial	会员注册码，用于找回密码	varchar	50	是	否
MemName	会员真实姓名	varchar	15	是	否
MemSex	会员性别	varchar	2	是	否
MemProv	会员所在省份	varchar	10	是	否
MemAddr	联系地址	varchar	100	是	否
MemCode	邮政编码	varchar	10	是	否
MemPhone	会员注册电话	varchar	15	是	否
MemFax	传真	varchar	20	是	否
MemMobil	手机	varchar	20	是	否
MemEmail	会员电子邮件	varchar	50	是	否
MemQQ	会员 QQ 号码	varchar	20	是	否
MemIntr	会员介绍	varchar	500	是	否
MemRegtime	注册时间	datetime	—	是	否
MemLastView	上次访问时间	datetime	—	是	否
Memtime	会员登录次数，默认为 0	int	—	是	否
Memtype	会员类型，0 代表普通会员，1 代表 VIP 会员，默认为 0	bit	—	是	否
MemDel	会员是否被删除，0 为未删除，1 为删除，默认为 0	bit	—	是	否
MemCheck	会员是否被审核，0 为未审核，1 为审核，默认为 0	bit	—	是	否
MemPower	会员等级，0 为普通个人会员，1 为普通企业会员，2 为 VIP 企业会员，默认为 0	char	1	是	否

2. 个人求职表

个人求职表(Pjob)，主要用来存放注册会员发布的个人求职基本信息。其中的会员编号(即 PMemSysID)字段与个人会员信息表中的 PMemSysID 字段关联。表 7-3 列出了该表各字段的详细信息。

表7-3 个人求职表

字段名	描 述	类型	长度	是否允许为空	主键
PjobSysID	信息编号，从1开始的自增1序列	bigint	—	否	是
PMemSysID	会员编号，与个人会员信息表中的PMemSysID字段关联	bigint	—	是	否
PName	姓名	varchar	50	是	否
PSex	性别，0为男，1为女，默认为0	bit	—	是	否
PBirth	出生日期	varchar	50	是	否
PHJ	户籍所在地	varchar	80	是	否
PSchool	毕业学校	varchar	100	是	否
PLevel	学历	varchar	50	是	否
PNowWork	目前职业	varchar	100	是	否
PTePo	最高职称	varchar	100	是	否
PWorkTime	工作年限	varchar	50	是	否
PYPay	工作年薪	varchar	100	是	否
PFPhone	家庭电话	varchar	50	是	否
PEmail	电子邮箱	varchar	100	是	否
PMobilPhone	手机	varchar	100	是	否
PWeb	个人主页	varchar	100	是	否
PAddress	地址	varchar	150	是	否
PPostCode	邮政编码	varchar	50	是	否
PIntro	个人介绍	varchar	5000	是	否
PQtype	求职类型，0为全职，1为兼职，默认为0	bit	—	是	否
PJtype	求职类别	varchar	100	是	否
PJCity	期望工作城市	varchar	50	是	否
PJCType	期望公司性质	varchar	50	是	否
PJPay	期望工资	varchar	50	是	否
PAddTime	添加时间	datetime	—	是	否
PCheckTime	审核时间	datetime	—	是	否
PCheckPerson	审核人员名称	varchar	100	是	否
PIsCheck	是否被审核，0为未审核，1为审核，默认为0	bit	—	是	否
PIsDel	是否被删除，0为未删除，1为删除，默认为0	bit	—	是	否

3. 企业资料表

企业资料表(Company)，主要用来存放企业会员发布的企业基本信息。其中的会员编号(即

PMemSysID)字段与个人会员信息表中的 PMemSysID 字段关联。表 7-4 列出了该表各字段的详细信息。

表 7-4 企业资料表

字段名	描　述	类型	长度	是否允许为空	主键
CSysID	企业编号，从 1 开始的自增 1 序列	bigint	—	否	是
PMemSysID	会员编号，与个人会员信息表中的 PMemSysID 字段关联	bigint	—	是	否
CompanyName	公司名称	varchar	100	是	否
CTrade	公司行业	varchar	100	是	否
CWork	公司主要经营产品/服务	varchar	100	是	否
CCountry	公司所在国家	varchar	50	是	否
CProvince	公司所在省份	varchar	10	是	否
CCity	公司所在城市	varchar	50	是	否
CAddress	公司地址	varchar	100	是	否
CPostalcode	邮政编码	varchar	20	是	否
CLinkman	公司联系人	varchar	100	是	否
CLmJob	联系人职位	varchar	50	是	否
CPhone	公司电话	varchar	50	是	否
CFax	公司传真	varchar	50	是	否
CMobilPhone	手机	varchar	50	是	否
CEmail	电子邮箱	varchar	50	是	否
CWWW	公司网址	varchar	50	是	否
GIntr	公司简介	varchar	5000	是	否
CIsVip	是否为 VIP 会员，0 为非 VIP 企业，1 为 VIP 企业，默认为 0	bit	—	是	否
CVipReg	是否申请升级为 VIP 会员，0 为未申请，1 为申请，默认为 0	bit	—	是	否
CVipAddTime	VIP 会员添加日期	datetime	—	是	否
CVipEndTime	VIP 会员到期日期	datetime	—	是	否
CIsChecked	是否被审核，0 为未审核，1 为审核，默认为 0	bit	—	是	否
CIsIntro	是否被推荐，0 为未推荐，1 为推荐，默认为 0	bit	—	是	否
CIsDel	是否被删除，0 为未删除，1 为删除，默认为 0	bit	—	是	否

4. 公司产品系列表

公司产品系列表(Sproducts)，主要用来存放公司所经营产品的系列基本信息。其中的所属会员编号(即 PMemSysID)字段与个人会员信息表中的 PMemSysID 字段关联。表 7-5 列出了该表各字段的详细信息。

表 7-5 公司产品系列表

字段名	描述	类型	长度	是否允许为空	主键
SPID	系列产品 ID，从 1 开始自增 1 序列	bigint	—	否	是
PMemSysID	所属会员 ID，与个人会员信息表中的 PMemSysID 字段关联	bigint	—	是	否
SPName	产品系列名称	varchar	100	是	否
SPNum	该系列产品数量，默认为 0	int	—	是	否
IsDel	是否被删除，0 为未删除，1 为删除，默认为 0	bit	—	是	否

5. 产品类型表

产品类型表(Protype)，主要用来存放各产品类型的基本信息。表 7-6 列出了该表各字段的详细信息。

表 7-6 产品类型表

字段名	描述	类型	长度	是否允许为空	主键
PID	信息类型编号，从 1 开始的自增 1 序列	int	—	否	是
Ptype	产品类型	varchar	50	是	否
PNum	各分类供求信息数，默认为 0	bigint	—	是	否
PProNum	各分类产品数，默认为 0	bigint	—	是	否
PCoNum	各分类公司数目，默认为 0	bigint	—	是	否
IsDel	是否删除，0 为未删除，1 为删除，默认为 0	bit	—	是	否

6. 产品表

产品表(Products)，主要用来存放企业所经营产品的基本信息。其中的所属会员 ID 号(即 PMemSysID)字段与个人会员信息表中的 PMemSysID 字段关联，产品类型编号(即 PID)字段与产品类型表中的 PID 字段关联，产品系列编号(即 SPID)字段与公司产品系列表中的 SPID 字段关联。表 7-7 列出了该表各字段的详细信息。

表 7-7 产品表

字段名	描述	类型	长度	是否允许为空	主键
ProID	产品 ID 号，从 1 开始的自增 1 序列	bigint	—	否	是
PMemSysID	所属会员 ID 号，与个人会员信息表中的 PMemSysID 字段关联	varchar	20	是	否
ProName	产品名称	varchar	300	是	否
ProSerID	产品编号	varchar	100	是	否
ProEnName	产品英文名	varchar	500	是	否
PID	产品类型编号，与产品类型表中的 PID 关联	int	—	是	否
SPID	产品系列编号，与公司产品系列表中的 SPID 关联	varchar	20	是	否
PDesc	产品描述	varchar	2000	是	否
PSpec	产品规格	varchar	1000	是	否
PFrom	产品产地	varchar	300	是	否
PIsPic	产品是否有图片，1 为有图片，0 为没有，默认为 0	bit	—	是	否
PURL	产品图片路径	varchar	500	是	否
PkeyWord	产品关键字	varchar	200	是	否
PSNum	产品供货数量	varchar	13	是	否
PUnit	产品供货单位	varchar	150	是	否
PPrice	参考价格	varchar	100	是	否
PPUnit	参考价格单位	varchar	100	是	否
PSTime	供货期	varchar	50	是	否
PATime	有效期	varchar	50	是	否
PAddTime	添加时间	datetime	—	是	否
IsChecked	是否被审核，0 为未审核，1 为审核，默认为 0	bit	—	是	否
PCheckName	审核人名	varchar	100	是	否
PCheckTime	审核时间	datetime	—	是	否
PIsInIndex	是否添加到首页，0 为不添加到首页，1 为添加到首页，默认为 0	bit	—	是	否
PIsIntro	是否被推荐，0 为不推荐，1 为推荐，默认为 0	bit	—	是	否

续表

字段名	描　述	类型	长度	是否允许为空	主键
PView	访问次数，默认为0	int	—	是	否
IsDel	是否被删除，0为未删除，1为删除，默认为0	bit	—	是	否

7. 企业新闻表

企业新闻表(CompNews)，主要用来存放企业在该门户网站所发布新闻的基本信息。其中的发布者系统编号(即PMemSysID)字段与个人会员信息表中的PMemSysID字段关联。表7-8列出了该表各字段的详细信息。

表7-8 企业新闻表

字段名	描　述	类型	长度	是否允许为空	主键
NewID	新闻编号，从1开始的自增1序列	bigint	—	否	是
NewTitle	新闻标题	varchar	100	是	否
NewTime	新闻创建时间	datetime	—	是	否
PMemSysID	发布者系统编号，与个人会员信息表中的PMemSysID关联	bigint	—	是	否
NewContents	新闻内容	varchar	2000	是	否
NewPicURL	新闻图片路径	varchar	100	是	否
IsChecked	新闻是否审核，0为未审核，1为审核，默认为0	bit	—	是	否
IsDel	新闻是否删除，0为未删除，1为删除，默认为0	bit	—	是	否

8. 广告表

广告表(Ads)，主要用来存放该门户网站内所发布广告的基本信息。表7-9列出了该表各字段的详细信息。

表7-9 广告表

字段名	描　述	类型	长度	是否允许为空	主键
ADSID	系统编号，从1开始的自增1序列	int	—	否	是
AFType	文件类型	varchar	50	是	否
AFilesURL	文件路径	varchar	100	是	否
ADirect	广告目标页面	varchar	100	是	否

续表

字段名	描　　述	类型	长度	是否允许为空	主键
ANum	广告点击量，默认为 0	bigint	—	是	否
ABuyStaTime	广告添加日期	datetime	—	是	否
ABuyEndTime	广告到期日期	datetime	—	是	否
ABuyName	广告购买人	varchar	100	是	否
ABuyCom	广告购买单位	varchar	100	是	否
APPhone	广告联系人电话	varchar	50	是	否
APEmail	广告联系人电子邮箱	varchar	50	是	否
APlace	广告位置	varchar	2	是	否
AISOverDue	广告是否过期，0 为未过期，1 为过期，默认为 0	bit	—	是	否

9. 网上名校名店表

网上名校名店表(FamousCompany)，主要用来存放网上名校名店的基本信息。其中的会员编号(即 PMemSysID)字段与个人会员信息表中的 PMemSysID 字段关联。表 7-10 列出了该表各字段的详细信息。

表 7-10　网上名校名店表

字段名	描　　述	类型	长度	是否允许为空	主键
FCSysID	网上名校名店 ID 号，从 1 开始的自增 1 序列	bigint	—	否	是
PMemSysID	会员编号，与人个会员信息表中的 PMemSysID 字段关联	bigint	—	是	否
FCName	网上名校名店名称	varchar	200	是	否
FCProvince	所在省份	varchar	50	是	否
FCAddress	地址	varchar	200	是	否
FCPostalcode	邮政编码	varchar	10	是	否
FCLinkman	联系人	varchar	100	是	否
FCLmJob	联系人职务	varchar	50	是	否
FCPhone	联系电话	varchar	50	是	否

续表

字段名	描　　述	类型	长度	是否允许为空	主键
FCFax	传真	varchar	50	是	否
FCMobilPhone	手机	varchar	20	是	否
FCEmail	邮件	varchar	50	是	否
FCWWW	网址	varchar	150	是	否
FCIntro	网上名校名店简介	varchar	6000	是	否
FCType	网上名校名店类型，0为名校，1为名店，默认为0	bit	—	是	否
FCAddTime	创建时间	datetime	—	是	否
FCIsChecked	创建的名校名店是否被审核，0为未审核，1为审核，默认为0	bit	—	是	否
FCIsIntro	是否被推荐，0为不推荐，1为推荐，默认为0	bit	—	是	否

10．管理员表

管理员表(SysAdmin)，用来存放该门户网站的后台管理员的基本信息。表7-11列出了该表各字段的详细信息。

表7-11　管理员表

字段名	描　　述	类型	长度	是否允许为空	主键
SysAID	系统编号，从1开始的自增1序列	int	—	否	是
AUserName	管理员用户名	varchar	50	是	否
APWD	密码	varchar	50	是	否
AdminName	管理员真实姓名	varchar	50	是	否
Apower	管理员权限，0为超级管理人员，1为审核人员，2为录入人员，默认为0	char	1	是	否
IsDel	是否被删除，0为未删除，1为删除，默认为0	bit	—	是	否
Addtime	管理员账户创建日期	datetime	—	是	否
LastTime	上次登录时间	datetime	—	是	否

11．管理员操作日志表

管理员操作日志表(AdminLogs)，用来存放该门户网站后台管理员的操作信息。表7-12列出了该表各字段的详细信息。

表 7-12 管理员操作表

字段名	描 述	类型	长度	是否允许为空	主键
Logid	系统编号，从 1 开始的自增 1 序列	bigint	—	否	是
Event	操作日志	varchar	400	是	否
IP	操作 IP	varchar	15	是	否
LogTime	日志产生时间	datetime	—	是	否
IsMange	是否为管理日志，0 为否(即为登录日志)，1 为是，默认为 0	bit	—	是	否

12．站内信息类型表

站内信息类型表(WebInfoType)，用来存放该门户网站的站内信息类型的基本信息。表 7-13 列出了该表各字段的详细信息。

表 7-13 站内信息类型表

字段名	描 述	类型	长度	是否允许为空	主键
WITID	系统编号，从 1 开始的自增 1 序列	bigint	—	否	是
WInfoType	信息类型	int	—	是	否
WITitle	信息数目	bigint	—	是	否
WIsDel	信息发布人员名称	big	—	是	否

13．站内信息表

站内信息表(WebInfo)，用来存放该门户网站所发布的站内信息的基本信息，其中的信息类型(WITID)字段与站内信息类型表中的 WITID 关联。表 7-14 列出了该表各字段的详细信息。

表 7-14 站内信息表

字段名	描 述	类型	长度	是否允许为空	主键
WInfoID	信息编号，从 1 开始的自增 1 序列	bigint	—	—	—
WITID	信息类型，与站内信息类型表中的 WITID 关联	int	—	否	是
WITitle	信息标题	varchar	100	是	否
WIAuthor	信息发布人员名称	varchar	50	是	否

续表

字段名	描　述	类型	长度	是否允许为空	主键
WIUnit	信息发布单位	varchar	100	是	否
WIAddtime	信息发布时间	datetime	—	是	否
WIContent	信息内容	varchar	8000	是	否
WIIsChecked	信息是否被审核，默认为 0	bit	—	是	否
WICheckTime	审核日期	datetime	—	是	否
WICheckedPerson	审核管理员名	varchar	50	是	否
WIViews	访问次数，默认为 0	int	—	是	否
WIPic	图片路径	varchar	200	是	否
WIIntro	信息是否被推荐，默认为 0	bit	—	是	否
WInfoIsDel	是否被删除，0 为删除，1 为未删除，默认为 0	bit	—	是	否

14. 供求信息类型表

供求信息类型表(Infotype)，用来存放在该门户网站上的信息类型的基本信息。表 7-15 列出了该表各字段的详细信息。

表 7-15　供求信息类型表

字段名	描　述	类型	长度	是否允许为空	主键
InfoTID	信息类型编号，从 1 开始的自增 1 序列	int	—	否	是
Infotype	信息类型	varchar	50	是	否
InfoNum	该类型信息数量，默认为 0	bigint	—	是	否
IsDel	是否删除，0 为未删除，1 为删除，默认为 0	bit	—	是	否

15. 供求信息表

供求信息表(Memsupplys)，用来存放该门户网站所发布的供求信息的基本信息，其中的发布者系统标号(PMemSysID)字段与个人会员信息表中的 PMemSysID 相关联，信息类型编号(InfoTID)字段与供求信息类型表中的 InfoTID 相关联，产品类别编号(PID)与产品类型表中的 PID 相关联。表 7-16 列出了该表各字段的详细信息。

表 7-16 供求信息表

字段名	描 述	类型	长度	是否允许为空	主键
MemSuID	信息编号，从 1 开始的自增 1 序列	bigint	—	否	是
PMemSysID	发布者系统编号，与个人会员信息表中的 PMemSysID 关联	bigint	—	是	否
InfoTID	信息类型编号，与供求信息类型表中的 InfoTID 关联	int	—	是	否
InfoTitle	信息主题	varchar	100	是	否
PID	产品类别编号，与产品类型表中的 PID 关联	int	—	是	否
Keywords	关键字	varchar	100	是	否
SubTime	发布日期	datetime	—	是	否
ActiveTime	有效日期	datetime	—	是	否
ProName	产品名称	varchar	100	是	否
Spec	产品规格	varchar	50	是	否
prodNum	产品数量	varchar	50	是	否
prodPrice	产品价格	varchar	50	是	否
Detail	产品详细信息	varchar	6000	是	否
PicUrl	产品图片路径	varchar	100	是	否
Pic	是否有图片，0 为没有图片，1 为有图片，默认为 0	bit	—	是	否
IsChecked	是否被管理员审核，0 为未审核，1 为审核，默认为 0	bit	—	是	否
PCheckName	审核人名	varchar	100	是	否
PCheckTime	审核时间	datetime	—	是	否
IsDel	是否被管理员删除，0 为未删除，1 为删除，默认为 0	bit	—	是	否

7.2.3 数据库脚本文件

数据库脚本文件的代码如程序 7-1 所示。

程序 7-1 .beauty.sql

```
------------------------------------------------
--中国美容在线数据库
```

```
--代码撰写：李俊青
--日期：-03-18
--最后更改日期：-04-16

-- oncontextmenu="return false" onselectstart="return false"
ondragstart="return false"
----------------------------------------------

--------------第一批执行代码-----------------------------
--创建个人会员信息表 PMembers
CREATE TABLE PMembers
  (PMemSysID         bigint IDENTITY (1, 1)  NOT NULL,
  UserName          varchar(50)            NULL,
  MemPwd            varchar(50)            NULL,
  MemSerial         varchar(50)            NULL,
  MemName           varchar(15)            NULL,
  MemSex            varchar(2)             NULL,
  MemProv           varchar(10)            NULL,
  MemAddr           varchar(100)           NULL,
  MemCode           varchar(10)            NULL,
  MemPhone          varchar(15)            NULL,
  MemFax            varchar(20)            NULL,
  MemMobil          varchar(20)            NULL,
  MemEmail          varchar(50)            NULL,
  MemQQ             varchar(20)            NULL,
  MemIntr           varchar(500)           NULL,
  MemRegtime        datetime               NULL,
  MemLastView       datetime               NULL,
  Memtime           int                    default 0,
  Memtype           bit                    default 0,
  MemDel            bit                    default 0,
  MemCheck          bit                    default 0,
  MemPower          char(1)                default 0,
  PRIMARY  KEY("PMemSysID")
  );

--创建企业资料表 Company
CREATE TABLE Company
  (CSysID           bigint IDENTITY(1,1) NOT NULL,
  PMemSysID         bigint                 NULL,
  CompanyName       varchar(100)           NULL,
  CTrade            varchar(100)           NULL,
  CWork             varchar(100)           NULL,
  CCountry          varchar(50)            NULL,
  CProvince         varchar(10)            NULL,
  CCity             varchar(50)            NULL,
  CAddress          varchar(100)           NULL,
  CPostalcode       varchar(20)            NULL,
  CLinkman          varchar(100)           NULL,
  CLmJob            varchar(50)            NULL,
  CPhone            varchar(50)            NULL,
  CFax              varchar(50)            NULL,
  CMobilPhone       varchar(50)            NULL,
  CEmail            varchar(50)            NULL,
  CWWW              varchar(50)            NULL,
```

```
 CIntr            varchar(5000)       NULL,
 CIsVip           bit                 default 0,
 CVipReg          bit                 default 0,
 CVipAddTime      datetime            NULL,
 CVipEndTime      datetime            NULL,
 CIsChecked       bit                 default 0,
 CisIntro         bit                 default 0,
 CIsDel           bit                 default 0,
 PRIMARY  KEY("CSysID")
);

--创建公司产品系列表 SProducts
CREATE TABLE SProducts
 (SPID            bigint IDENTITY(1,1)NOT NULL,
 PMemSysID        bigint              NULL,
 SPName           varchar(100)        NULL,
 SPNum            intdefault 0,
 IsDel            bitdefault 0,
 PRIMARY  KEY("SPID")
);

--创建产品表 Products
CREATE TABLE Products
 (ProID           bigint IDENTITY(1,1)NOT NULL,
 PMemSysID        varchar(20)         NULL,
 ProName          varchar(300)        NULL,
 ProSerID         varchar(100)        NULL,
 ProEnName        varchar(500)        NULL,
 PID              int                 NULL,
 SPID             varchar(20)         NULL,
 PDesc            varchar(2000)       NULL,
 PSpec            varchar(1000)       NULL,
 PFrom            varchar(300)        NULL,
 PIsPic           bit                 default 0,
 PURL             varchar(500)        NULL,
 PkeyWord         varchar(200)        NULL,
 PSNum            varchar(13)         default 0,
 PUnit            varchar(150)        NULL,
 PPrice           varchar(100)        NULL,
 PPUnit           varchar(100)        NULL,
 PSTime           varchar(50)         NULL,
 PATime           varchar(50)         NULL,
 PAddTime         datetime            NULL,
 IsChecked        bit                 default 0,
 PCheckName       varchar(100)        NULL,
 PCheckTime       datetime            NULL,
 PIsInIndex       bit                 default 0,
 PisIntro         bit                 default 0,
 PView            int                 default 0,
 IsDel            bit                 default 0,
 PRIMARY   KEY("ProID")
);

--创建网上名校名店表 FamousCompany
CREATE TABLE FamousCompany
 (FCSysID         bigint IDENTITY(1,1)NOT NULL,
```

```
 PMemSysID          bigint                   NULL,
 FCName             varchar(200)             NULL,
 FCProvince         varchar(50)              NULL,
 FCAddress          varchar(200)             NULL,
 FCPostalcode       varchar(10)              NULL,
 FCLinkman          varchar(100)             NULL,
 FCLmJob            varchar(50)              NULL,
 FCPhone            varchar(50)              NULL,
 FCFax              varchar(50)              NULL,
 FCMobilPhone       varchar(20)              NULL,
 FCEmail            varchar(50)              NULL,
 FCWWW              varchar(150)             NULL,
 FCIntro            varchar(6000)            NULL,
 FCType             bit                      default 0,
 FCAddTime          datetime                 NULL,
 FCIsChecked        bit                      default 0,
 FCIsIntro          bit                      default 0,
 PRIMARY  KEY("FCSysID")
);

--创建供求信息类型表 Infotype
CREATE TABLE Infotype
(InfoTID            int   IDENTITY (1, 1)  NOT NULL,
 Infotype           varchar(50)              NULL,
 InfoNum            bigint                   default 0,
 IsDel              bit                      default 0,
 PRIMARY  KEY("InfoTID")
);

--创建产品类型表 Protype
CREATE TABLE Protype
(PID                intIDENTITY (1, 1)     NOT NULL,
 Ptype              varchar(50)              NULL,
 PNum               bigint                   default 0,
 PProNum            bigint                   default 0,
 PcoNum             bigint                   default 0,
 IsDel              bit                      default 0,
 PRIMARY  KEY("PID")
);

--创建供求信息表 Memsupplys
CREATE TABLE Memsupplys
(MemSuID            bigint IDENTITY (1, 1)  NOT NULL,
 PMemSysID          bigint                   NULL,
 InfoTID            int                      NULL,
 InfoTitle          varchar(100),
 PID                int                      NULL,
 Keywords           varchar(100)             NULL,
 SubTime            datetime                 NULL,
 ActiveTime         datetime                 NULL,
 ProName            varchar(100)             NULL,
 Spec               varchar(50)              NULL,
 prodNum            varchar(50)              NULL,
 prodPrice          varchar(50)              NULL,
 Detail             varchar(6000)            NULL,
 PicUrl             varchar(100)             NULL,
```

```
 Pic               bit                      default 0,
 IsChecked         bit                      default 0,
 PcheckName        varchar(100)             NULL,
 PcheckTime        datetime                 NULL,
 IsDel             bit                      default 0,
 PRIMARY  KEY("MemSuID")
);

--创建企业新闻表 CompNews
CREATE TABLE CompNews
(NewID             bigint IDENTITY (1, 1)  NOT NULL,
 NewTitle          varchar(100)             NULL,
 NewTime           datetime                 NULL,
 PMemSysID         bigint                   NULL,
 NewContents       varchar(2000)            NULL,
 NewPicURL         varchar(100)             NULL,
 IsChecked         bit                      default 0,
 IsDel             bit                      default 0,
 PRIMARY  KEY("NewID")
);

--创建管理员表 SysAdmin
CREATE TABLE SysAdmin
(SysAID            int IDENTITY(1,1)       NOT NULL,
 AUserName         varchar(50)              NULL,
 APWD              varchar(50)              NULL,
 AdminName         varchar(50)              NULL,
 Apower            char(1)                  default 0,
 IsDel             bit                      default 0,
 Addtime           datetime                 NULL,
 LastTime          datetime                 NULL,
PRIMARY  KEY("SysAID")
);

--创建站内信息类型表 WebInfoType
CREATE TABLE WebInfoType
(WITID             INT IDENTITY(1,1)        NOT NULL,
 WInfoType         varchar(50)              NULL,
 WInfoNUM          bigint                   default 0,
 WIsDel            bit                      default 0,
PRIMARY  KEY("WITID")
);

--创建站内信息表 WebInfo
CREATE TABLE WEBINFO
(WInfoID           bigint identity(1,1)     not null,
 WITID             int                      NULL,
 WITitle           varchar(100)             NULL,
 WIAuthor          varchar(50)              NULL,
 WIUnit            varchar(100)             NULL,
 WIAddtime         datetime                 NULL,
 WIContent         varchar(8000)            NULL,
 WIIsChecked       bit                      default 0,
 WICheckTime       datetime                 NULL,
 WICheckedPerson   varchar(50)              NULL,
 WIViews           int                      default 0,
```

```
  WIPic              varchar(200)           NULL,
  WIIntro            bit                    default 0,
  WinfoIsDel         bit                    default 0,
PRIMARY  KEY("WInfoID")
);

--创建个人求职表 Pjob
CREATE TABLE Pjob
(PjobSysID           bigintidentity(1,1)    not null,
  PMemSysID          bigint                 NULL,
  PName              varchar(50)            NULL,
  PSex               bit                    default 0,
  PBirth             varchar(50)            NULL,
  PHJ                varchar(80)            NULL,
  PSchool            varchar(100)           NULL,
  PLevel             varchar(50)            NULL,
  PNowWork           varchar(100)           NULL,
  PTePo              varchar(100)           NULL,
  PWorkTime          varchar(50)            NULL,
  PYPay              varchar(100)           NULL,
  PFPhone            varchar(50)            NULL,
  PEmail             varchar(100)           NULL,
  PMobilPhone        varchar(100)           NULL,
  PWeb               varchar(100)           NULL,
  Paddress           varchar(150)           NULL,
  PPostCode          varchar(50)            NULL,
  PIntro             varchar(5000)          NULL,
  PQtype             bit                    default 0,
  PJtype             varchar(100)           NULL,
  PJCity             varchar(50)            NULL,
  PJCType            varchar(50)            NULL,
  PJPay              varchar(50)            NULL,
  PAddTime           datetime               NULL,
  PCheckTime         datetime               NULL,
  PCheckPerson       varchar(100)           NULL,
  PIsCheck           bit                    default 0,
  PIsDel             bit                    default 0,
PRIMARY  KEY("PjobSysID")
);


--创建管理员操作日志表 AdminLogs
CREATE TABLE AdminLogs
  (Logid             bigint IDENTITY (1, 1) NOT NULL ,
  Event              varchar (400)          NULL ,
  IP                 varchar(15)            NULL ,
  LogTime            datetime               NULL,
  IsMange            bit                    default 0,
  PRIMARY  KEY("Logid")
);

--创建广告表 Ads
CREATE TABLE ADS
(ADSID    int identity(1,1)                 NOT NULL,
```

```
  AFType           varchar(50)          NULL,
  AFilesURL        varchar(100)         NULL,
  ADirect          varchar(100)         NULL,
  ANum             bigint               default 0,
  ABuyStaTime  datetime                 NULL,
  AbuyEndTime      datetime             NULL,
  ABuyName         varchar(100)         NULL,
  ABuyCom          varchar(100)         NULL,
  APPhone          varchar(50)          NULL,
  APEmail          varchar(50)          NULL,
  APlace           varchar(2)           NULL,
  AISOverDue       bit                  default 0,
PRIMARY  KEY("ADSID")
);

------------------------------初始化数据库部分---------------------
--添加管理员
insert into SysAdmin (AUserName,APWD,AdminName,Apower,Addtime)values
('admin','admin123','中国美容','0','2005-04-03');
--添加专业人才栏目类型
insert into WebInfoType (WInfoType)values ('人才动态');
insert into WebInfoType (WInfoType)values ('每日一妆');
insert into WebInfoType (WInfoType)values ('心得交流');
insert into WebInfoType (WInfoType)values ('伊人最美');
insert into WebInfoType (WInfoType)values ('依本佳人');

--添加美容资讯栏目类型
insert into WebInfoType (WInfoType)values ('行业信息');
insert into WebInfoType (WInfoType)values ('市场调查');
insert into WebInfoType (WInfoType)values ('法律法规');
insert into WebInfoType (WInfoType)values ('展会信息');
insert into WebInfoType (WInfoType)values ('成功故事');
insert into WebInfoType (WInfoType)values ('美容');
insert into WebInfoType (WInfoType)values ('护肤');
insert into WebInfoType (WInfoType)values ('美发');
insert into WebInfoType (WInfoType)values ('美体');
insert into WebInfoType (WInfoType)values ('热点资讯');

--添加供求信息类型
insert into Infotype (Infotype)values ('采购');
insert into Infotype (Infotype)values ('供应');
insert into Infotype (Infotype)values ('合作');
insert into Infotype (Infotype)values ('代理');
insert into Infotype (Infotype)values ('招商');
insert into Infotype (Infotype)values ('其他');

--添加产品类别
insert into Protype (Ptype)values ('美容护肤品');
```

```
insert into Protype (Ptype)values ('美容器械用具');
insert into Protype (Ptype)values ('美发用品');
insert into Protype (Ptype)values ('美发器械用具');
insert into Protype (Ptype)values ('美体、瘦身、健身');
insert into Protype (Ptype)values ('丰胸用品、器具');
insert into Protype (Ptype)values ('化妆品');
insert into Protype (Ptype)values ('家居用品用具');
insert into Protype (Ptype)values ('内衣');
insert into Protype (Ptype)values ('医学美容');


--------------第二批执行代码----------------------------
--创建触发器，保持数据一致性
CREATE TRIGGER [InsertMemID] ON dbo.PMembers
FOR INSERT
AS
IF UPDATE (PMemSysID)
  update Members set Members.MemID=('GC'+LTRIM(str(Members.MemSysID)))
    where Members.MemID is null ;
----------------------------------------------触发器创建完毕
```

程序说明：该 SQL 脚本文件实现的功能是，创建该门户网站所需的 15 个空数据库表，并在此基础上使用 SQL 语句中的 insert 实现某些数据表、某些字段的数据输入，如在 SysAdmin 数据表中添加一条数据，在 WebInfoType 数据表中的 WinfoType 字段、WebInfoType 数据表中的 WinfoType 字段、Infotype 数据表中的 Infotype 字段、Protype 数据表中的 Ptype 字段各添加一组数据，最后通过创建触发器来保持数据的一致性。

7.2.4 数据库的链接

本例主要采用的数据库链接方式是：JavaBean 以 JDBC 直连方式链接 SQL Server 2005 数据库。这种链接方式使用 socket 编程，在客户端运行纯 Java 驱动来直接访问数据库服务器，直接使用数据库厂商提供的专用网络协议创建的驱动程序，这些驱动可以将 JDBC API 调用转换为直接网络调用。原理如图 7-4 所示。

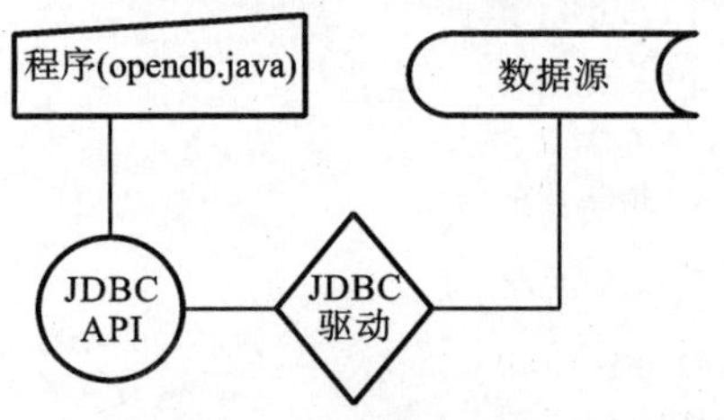

图 7-4 纯 Java 驱动链接原理

连接文件的代码如程序 7-2 所示。

程序 7-2 opendb.java

```
-----------------------------------------------
package opendb;
import java.sql.*;
public class opendb {
  private String sDBDriver=
    "com.microsoft.sqlserver.jdbc.SQLServerDriver";
```

```
private String sConnStr=
  "jdbc:sqlserver://localhost:1433;DatabaseName=GCClub";
private String user="bbb";
private String password="456";
private Connection conn = null;
private Statement stmt = null;
private ResultSet rs = null;
public opendb()
{
  try{
    Class.forName(sDBDriver);
  }
  catch(java.lang.ClassNotFoundException e){
    System.err.println("opendb(): " + e.getMessage());
  }
}
// 返回数据库连接对象
public Connection Creatconn(){
  conn = null;
      try{
          conn=DriverManager.getConnection(sConnStr,user,password);
          return conn;
      }
      catch(Exception fe){
        System.err.println("Creatconn(): " + fe.getMessage());
        return null;
  }
  }
  // 返回状态集对象
public Statement CreatStat(){
  stmt = null;
      try{
        conn=this.Creatconn();
          stmt=conn.createStatement(ResultSet.TYPE_SCROLL_SENSITIVE,
            ResultSet.CONCUR_UPDATABLE);
          return stmt;
      }
    catch(Exception fe){
        System.err.println("CreatStat(): " + fe.getMessage());
        return null;
      }
  }
  // 返回记录集对象
  public ResultSet getResult(String sql){
     rs = null;
  try{
    stmt=this.CreatStat();
    rs = stmt.executeQuery(sql);
    return rs;
  }
  catch(SQLException ex){
    System.err.println("getResult: " + ex.getMessage());
```

```
        return null;
      }
    }
    //执行更新/删除语句
    public boolean executeSql(String sql)
    {
      try{
        stmt=this.CreatStat();
        stmt.executeUpdate(sql);
        conn.commit();
        return true;
      }
      catch(Exception e)
      {
        System.err.println("exectueSql: "+e.toString());
        return false;
      }
    }
  }
```

7.3　站点模块具体设计

7.3.1　前台操作模块

前台操作模块主要面向该门户网站的注册用户，具体细分为会员注册/登录模块、厂商大全模块、名校名店模块、行业人才模块、站内信息查询模块、我的收藏夹模块、企业资讯模块、匹配功能模块、会员服务模块等 9 个模块。

1. 会员注册/登录模块

此模块包括三项功能：个人会员的注册、企业会员的注册和会员的登录。该模块对应 GCClub 数据库的 PMembers 表。这三项功能分别由以下几个页面实现，具体如表 7-17 所示。

表 7-17　会员注册/登录模块子功能信息

模块子功能	页面名称	页面所实现的功能
个人会员的注册 企业会员的注册	regselect.jsp	用户注册类型的选择
	regmember.jsp	描绘个人会员的注册界面
	regepmember.jsp	描绘企业会员的注册界面
	regaction.jsp	检测注册信息的有效性并写入 PMembers 表
会员的登录	memlogin.jsp	描绘会员登录界面
	logincheck.jsp	检测输入的用户名、密码是否与 PMembers 表的一致
	loginexit.jsp	退出登录

中国美容在线的注册用户可以大致分为个人会员和企业会员两类，所以该门户网站的会员注册页面也分为个人会员注册页面和企业会员注册页面两类。在这个网站的设计中，可使用选择框来实现两者的分支，这个选择框的界面如图 7-5 所示。

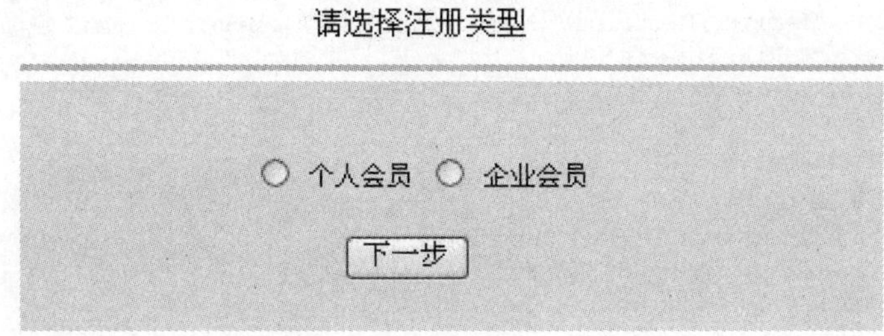

图 7-5 注册会员类型的选择框

已注册用户在提供了用户名和密码等登录细节之后，就可以登录到会员界面享受相应的会员服务。会员注册/登录模块中的登录界面将查询 GCClub 数据库内的 PMembers 表，以找到类似的用户名和密码组合。会员的登录页面如图 7-6 所示。

下面只列举 regaction.jsp、logincheck.jsp 两个主要的页面程序进行分析，分别如程序 7-3、程序 7-4 所示。

图 7-6 会员登录页面

程序 7-3 regaction.jsp

```
------------------------------------------------
<%@ page contentType="text/html; charset=gb2312" language="java"
  import="java.sql.*" errorPage="" %>
<%@ page import="java.util.Calendar" %>
<%@ page import="java.text.SimpleDateFormat" %>
```

```
<%@page import="java.text.NumberFormat"%>
<jsp:useBean id="db" scope="page" class="opendb.opendb"/>
<%!
  ResultSet rs=null;
  Statement stmt=null;
  String
     UserName,MemPwd,MemSex,MemName,MemProv,MemAddr,MemCode,
     MemPhone,MemFax,MemMobil,MemEmail,MemQQ,MemIntr,MemRegtime;
  String SelectSql,InsertSql;
%>
<%
  //会员注册码随机产生
  //产生随机字符A~Z, a~z
  int randomNumber=(int)(Math.random()*120);
  while(!((randomNumber>64&&randomNumber<91)||(
    randomNumber>96&&randomNumber<123)))
  {
    randomNumber=(int)(Math.random()*120);
  }
  String randomChar=""+(char)randomNumber;
  //获取系统时间
  Calendar cal= Calendar.getInstance();
  SimpleDateFormat formatter= new SimpleDateFormat("yyyymmHHMMddss");
  String MemSerial=formatter.format(cal.getTime());
  MemSerial=randomChar+MemSerial;

  SimpleDateFormat formatter2= new SimpleDateFormat(
     "yyyy-MM-dd HH:mm:ss");
  MemRegtime=formatter2.format(cal.getTime());

  //中文处理问题
  request.setCharacterEncoding("gb2312");

  UserName=request.getParameter("UserName");
  MemPwd=request.getParameter("MemPwd");

  MemSex=request.getParameter("MemSex");
  MemName=request.getParameter("MemName");
  MemProv=request.getParameter("MemProv");
  MemAddr=request.getParameter("MemAddr");
  MemCode=request.getParameter("MemCode");
  MemPhone=request.getParameter("MemPhone");
  MemFax=request.getParameter("MemFax");
  MemMobil=request.getParameter("MemMobil");
  MemEmail=request.getParameter("MemEmail");
  MemQQ=request.getParameter("MemQQ");
  MemIntr=request.getParameter("MemIntr");

try
{
  if(UserName.length()==0)
  {%><jsp:forward page="../error/index.jsp?id=4" /><%}
  else
  {UserName=UserName.trim();}

  if(MemPwd.length()==0)
```

```
  {%><jsp:forward page="../error/index.jsp?id=5" /><%}
  else
  {MemPwd=MemPwd.trim();}

  if(MemPwd.indexOf("'")>0)
  {%><jsp:forward page="../error/index.jsp?id=2" /><%}

  //检索用户名是否存在，若存在则不能注册
  SelectSql="SELECT UserName FROM PMembers where UserName=
    '"+UserName+"'";
  rs=db.executeQuery(SelectSql);
  //out.print(SelectSql);
  if(rs.next())
  {%><jsp:forward page="../error/index.jsp?id=3" /><%}
  else
  {
    InsertSql="INSERT INTO PMembers (UserName,MemPwd,MemSerial,
       MemName,MemSex,MemProv,MemAddr,MemCode,MemPhone,MemFax,
       MemMobil,MemEmail,MemQQ,MemIntr,MemRegtime)VALUES
       ('"+UserName+"','"+MemPwd+"','"+MemSerial+"','"+MemName+"',
       '"+MemSex+"','"+MemProv+"','"+MemAddr+"','"+MemCode+"',
       '"+MemPhone+"','"+MemFax+"','"+MemMobil+"','"+MemEmail+"',
       '"+MemQQ+"','"+MemIntr+"','"+MemRegtime+"')";

    stmt=db.CreatStat();
    stmt.executeUpdate(InsertSql);
    %><jsp:forward page="../error/index.jsp?id=7" /><%

  }

}

catch(Exception e)
{
  //异常处理程序段
  out.print(e);
}
finally
{//检查关闭状态集和连接对象
  if(stmt!=null)
    stmt.close();
  if(rs!=null)
    rs.close();
}
%>
```

程序说明：这段代码在用户开始注册时给出了随机的注册码，方便用户以后找回密码，并获取注册时的系统时间。在用户按照要求输入相应的信息之后，程序会将这些信息存储在不同的变量中，而因为数据库的连接已经在 opendb.java 中实现，所以只需在程序头中插入相应的数据库类，再在程序中使用 SQL 的 select、insert 语句，将用户的注册信息查询写入相应的数据库字段即可。其中 try...catch...finally 语句实现会员注册时的限制，如果用户在注册界面输入了不正确的信息，则系统将会给出相应的错误信息提示。

程序 7-4 logincheck.jsp

```
---------------------------------------------------
<%@ page contentType="text/html; charset=gb2312" language="java"
import="java.sql.*" errorPage="" %>
<jsp:useBean id="db" scope="page" class="opendb.opendb"/>
<%!
  ResultSet rs=null;
  Statement stmt=null;
  String UserName,MemPwd,mem;
  String SelectSql,UpdateSql;
%>
<%
  //中文处理问题
  request.setCharacterEncoding("gb2312");

  UserName=request.getParameter("UserName");
  MemPwd=request.getParameter("MemPwd");
  mem=request.getParameter("mem");
try
{
  if(UserName.length()==0)
  {%><jsp:forward page="../error/index.jsp?id=4" /><%}
  else
  {UserName=UserName.trim();}

  if(MemPwd.length()==0)
  {%><jsp:forward page="../error/index.jsp?id=5" /><%}
  else
  {MemPwd=MemPwd.trim();}

  SelectSql="Select PMemSysID,UserName,MemPower from PMembers
     where UserName='"+UserName+"' and MemPwd='"+MemPwd+"'";
  //out.println(SelectSql);
  rs=db.executeQuery(SelectSql);
  if(rs.next())
  {
    //账户密码正确，跳转到正常登录页面
    session.putValue("SPMemSysID",rs.getString("PMemSysID"));
    session.putValue("SUserName",rs.getString("UserName"));
    session.putValue("SPower",rs.getString("MemPower"));
    response.sendRedirect("/member/?Beruty.jar");

  }

  else
  {%><jsp:forward page="../error/index.jsp?id=6" /><%}
}
catch(Exception e)
{
  //异常处理程序段
  out.print(e);
}
finally
{//检查关闭状态集和连接对象
  if(stmt!=null)
```

```
    stmt.close();
  if(rs!=null)
    rs.close();
}
%>
```

程序说明：这段代码与会员注册页面的代码类似，在会员输入用户名、密码等相应的信息之后，程序会将这些信息存储在不同的变量中，并使用 SQL 的 select 语句将会员输入的信息与相应的数据库字段进行比较。其中 try...catch...finally 语句保证会员登录的一致性，如果用户输入的信息不正确，则系统将会给出相应的错误和异常信息提示。

2. 厂商大全模块

厂商大全模块可以实现建立厂商资料、修改厂商资料、创建产品系列、编辑/删除产品系列、添加产品、修改/删除产品等 6 个子功能。该模块对应 GCClub 数据库的 Company、Sproducts、Products 三个表。具体的子功能信息如表 7-18 所示。

表 7-18 厂商大全模块子功能信息

模块子功能	页面名称	页面所实现的功能
建立厂商资料	createCompany.jsp	描绘建立厂商资料界面
	createCompanySave.jsp	将建立的厂商资料信息写入 Company 表
修改厂商资料	editCompany.jsp	描绘修改厂商资料界面
	editCompanySave.jsp	将修改后的厂商资料信息写入 Company 表
创建产品系列	proxilieadd.jsp	描绘添加产品系列信息界面
	proxiliaddsave.jsp	将添加的产品系列信息写入 Sproducts 表
编辑/删除产品系列	proxiliechange.jsp	描绘修改产品系列信息界面
	proxilichangesave.jsp	将修改后的产品系列信息写入 Sproducts 表
	proxilidel.jsp	把要删除的产品系列信息从 Sproducts 表中删除
添加产品	proadd.jsp	描绘添加产品信息界面
	proaddsave.jsp	将添加的产品信息写入 Products 表
	prouploadpic.jsp	描绘上传产品图片界面
	prouploadsave.jsp	将上传产品图片信息写入 Products 表
修改/删除产品	prochange.jsp	描绘修改产品信息界面
	prochangesave.jsp	将修改后的产品信息写入 Products 表
	prodel.jsp	把要删除的产品信息从 Products 表中删除

此模块主要实现对数据库 GCClue 中三个表的添加、读取、修改、删除等操作，分别用到 Select、Update、Insert、Delete 等 SQL 语句。

因为各个功能模块的关键代码都很类似，所有在此以 createCompanySave.jsp 的代码为例进行分析，如程序 7-5 所示。其他各功能模块将不一一介绍。

程序 7-5 creatCompanySave.jsp

```
-----------------------------------------------
<%@ page contentType="text/html; charset=gb2312" language="java"
import="java.sql.*" errorPage="" %>
<%@ include file="../inc_beruty/state.jsp"%>

<jsp:useBean id="db" scope="page" class="opendb.opendb"/>

<%!
  ResultSet rs=null;
  Statement stmt=null;
  String
     CompanyName,CWork,CCountry,CProvince,CCity,CAddress,
     CPostalcode,CLinkman,CLmJob,CPhone,CFax,CMobilPhone,CEmail,
     CWWW,CIntr;
  String SqlAdd,SqlUpdate,temp;
  String CTrade="";
  int i,MAX;
%>
<%
try
{
  //中文处理问题
  request.setCharacterEncoding("gb2312");
  CompanyName=request.getParameter("CompanyName");
  CWork=request.getParameter("vfMemo");
  MAX=Integer.parseInt(request.getParameter("typenum"));
  //获取行业
  CTrade="";
  for(i=1;i<=MAX;i++)
  {
    temp="";
    temp=request.getParameter("vftrade"+i);
    if(temp!=""&&temp!=null)
    {CTrade=CTrade+temp+"|";}
  }

  CWork=request.getParameter("vfMemo");
  CCountry=request.getParameter("vfcountry");
  CProvince=request.getParameter("vfprovince");
  CCity=request.getParameter("vfcity");
  CAddress=request.getParameter("vfaddr");
  CPostalcode=request.getParameter("vfpostcode");
  CLinkman=request.getParameter("vflinkman");
  CLmJob=request.getParameter("vfjob");
  CPhone=request.getParameter("vftel");
  CFax=request.getParameter("vffax");
  CMobilPhone=request.getParameter("vfmobiletel");
  CEmail=request.getParameter("vfemail");
  CWWW=request.getParameter("vfweb");
  CIntr=request.getParameter("vfintro");
```

```
 if(CompanyName.length()==0)
 {%><jsp:forward page="../error/index.jsp?id=4" /><%}
 else
 {CompanyName=CompanyName.trim();}
 SqlAdd="Insert into Company (PMemSysID,CompanyName,CTrade,CWork,
   CCountry,CProvince,CCity,CAddress,CPostalcode,CLinkman,CLmJob,
   CPhone,CFax,CMobilPhone,CEmail,CWWW,CIntr)values
   ('"+SPMemSysID+"','"+CompanyName+"','"+CTrade+"','"+CWork+"',
   '"+CCountry+"','"+CProvince+"','"+CCity+"','"+CAddress+"',
   '"+CPostalcode+"','"+CLinkman+"','"+CLmJob+"','"+CPhone+"',
   '"+CFax+"','"+CMobilPhone+"','"+CEmail+"','"+CWWW+"',
   '"+CIntr+"')";
 stmt=db.CreatStat();
 stmt.executeUpdate(SqlAdd);
 SqlUpdate="Update PMembers set MemPower=1 where PMemSysID=
   "+SPMemSysID;
 stmt.executeUpdate(SqlUpdate);
 session.putValue("SPower","1");
 {%><jsp:forward page="../error/success.jsp?id=2" /><%}
}
catch(Exception e)
{
 //异常处理程序段
 out.print(e);
}

finally
{
 if(stmt!=null)
   stmt.close();
 if(rs!=null)
   rs.close();

}

%>
```

程序说明：这段代码的关键部分就是 try...catch...finally 语句中的 try 子句。在 try 子句中，用户按照要求输入相应的厂商信息之后，程序将这个信息存储在不同的变量中，再在程序中使用 insert、update 语句将厂商的信息更新写入相应的数据库字段即可，代码如下所示。

```
------------------------------------------
SqlAdd="Insert into Company (PMemSysID,CompanyName,CTrade,CWork,
   CCountry,CProvince,CCity,CAddress,CPostalcode,CLinkman,CLmJob,
   CPhone,CFax,CMobilPhone,CEmail,CWWW,CIntr)values
   ('"+SPMemSysID+"','"+CompanyName+"','"+CTrade+"','"+CWork+"',
   '"+CCountry+"','"+CProvince+"','"+CCity+"','"+CAddress+"',
   '"+CPostalcode+"','"+CLinkman+"','"+CLmJob+"','"+CPhone+"',
   '"+CFax+"','"+CMobilPhone+"','"+CEmail+"','"+CWWW+"',
   '"+CIntr+"')";
 stmt=db.CreatStat();
 stmt.executeUpdate(SqlAdd);
```

```
SqlUpdate="Update PMembers set MemPower=1 where PMemSysID=
  "+SPMemSysID;
stmt.executeUpdate(SqlUpdate);
session.putValue("SPower","1");
```

3. 名校名店模块

名校名店模块主要实现了建立网上名校名店和修改网上名校名店资料两个子功能。该模块对应 GCClub 数据库的 FamousCompany 表。具体的子功能信息如表 7-19 所示。

表 7-19 名校名店模块的子功能信息

模块子功能	页面名称	页面所实现的功能
建立网上名校名店	schooladd.jsp	描绘建立网上名校名店界面
	schoolsave.jsp	将建立的网上名校名店信息写入 FamousCompany 表
修改网上名校名店资料	schoolchange.jsp	描绘修改网上名校名店资料界面
	schoolchangesave.jsp	将修改后的网上名校名店资料信息写入 FamousCompany 表

此模块主要实现对数据库 GCClue 中 FamousCompany 表的添加、读取、修改、删除等操作，分别用到 Select、Update、Insert、Delete 等 SQL 语句。

4. 行业人才模块

行业人才模块主要实现了发布/修改求职信息、招聘信息和培训信息三个子功能。该模块对应 GCClub 数据库的 Pjob、Memsupplys、Infotype 三个表。具体的子功能信息如表 7-20 所示。

表 7-20 行业人才模块子功能信息

模块子功能	页面名称	页面所实现的功能
发布/修改求职信息	memhrperson.jsp	描述发布/修改求职信息界面
	memhrpersonsave.jsp	将发布/修改求职信息写入 Pjob 表
发布/修改招聘信息	memhrcompany.jsp	描述发布/修改招聘信息界面，并将发布/修改求职信息写入 Memsupplys、Infotype 表
发布/修改培训信息	edithr_train.jsp	描述发布/修改培训信息界面，并实现发布/修改培训信息功能

此模块主要实现对数据库 GCClue 中 Pjob、Memsupplys、Infotype 三个表的添加、读取、修改等操作，分别用到 Select、Update、Insert 等 SQL 语句。

5. 站内信息查询模块

站内信息查询模块主要实现对站内各类信息进行分类查询，包括美容咨询、供求信息、美容产品、企业、名校名店、人才资讯等 6 类信息的查询。查询界面如图 7-7 所示。

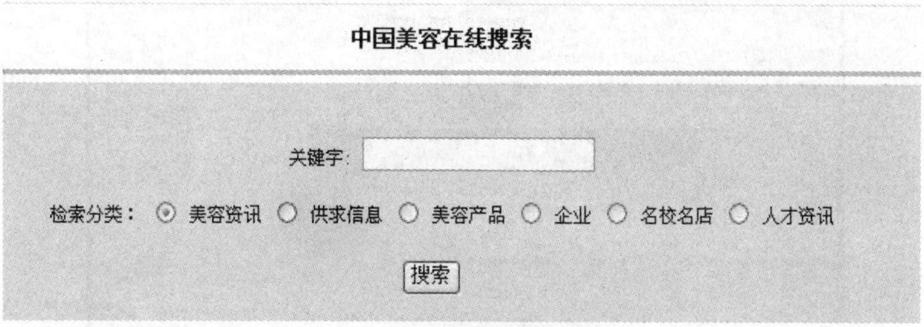

图 7-7 站内信息搜索页面

6. 其他模块

前台操作模块除了包含着重介绍的 5 个模块外，还包含了下面 4 个模块：我的收藏夹模块、企业资讯模块、匹配功能模块、会员服务模块。其中我的收藏夹模块主要实现收藏供求信息、厂商资料、匹配新闻信息这 3 个子功能。企业资讯模块主要实现发布企业新闻、修改已发布新闻这 2 个子功能。匹配功能模块主要实现设定关键字、匹配供求信息、匹配产品信息、匹配行业资讯这 4 个子功能。会员服务模块可以实现 7 个子功能：我的留言箱、修改会员资料、修改密码、升级成为收费会员、美容美发论坛、我的通讯录、网址收藏夹。

7.3.2 后台管理模块

后台管理模块主要面向该门户网站的后台管理人员，具体细分为管理员登录模块、信息管理模块、系统管理模块、广告管理模块、日志管理模块等 5 个模块。

1. 管理员登录模块

管理员登录模块实现了管理员的登录功能，中国美容在线并没有设置管理员的注册功能，因此在创建 GCClub 数据库的 SysAdmin 表后，用 Insert 语句插入一条超级管理员信息，这个具有超级管理员权限的账号、密码就可以进入系统管理模块，实现系统后台所有管理员的添加、删除、更改等操作。也就是说，最先的管理员是由 SQL 代码生成的，之后的管理员是由超级管理员进行统一管理的。管理员登录模块只包含 login.jsp 和 logincheck.jsp 两个页面，其中 login.jsp 为描绘管理员登录界面，logincheck.jsp 为检测输入的管理员用户名和密码是否与 SysAdmin 表内相应信息一致。管理员登录界面如图 7-8 所示。其代码如程序 7-6 所示。

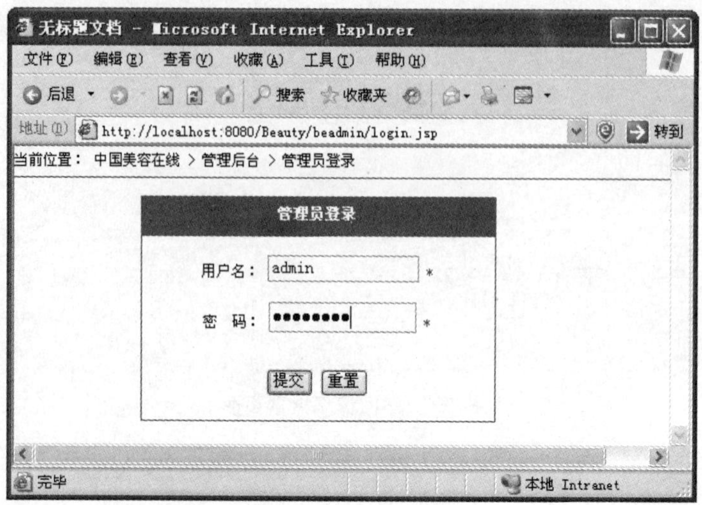

图7-8 管理员登录页面

程序 7-6 logincheck.jsp

```
--------------------------------------------------
<%@ page contentType="text/html; charset=gb2312" language=
   "java" import="java.sql.*" errorPage="" %>
<jsp:useBean id="db" scope="page" class="opendb.opendb"/>
<%@include file="/inc_beruty/logparmeter.jsp"%>
<%!
  ResultSet rs=null;
  Statement stmt=null;
  String AUserName,APWD;
  String SelectSql,UpdateSql;
%>
<%
  //中文处理问题
  request.setCharacterEncoding("gb2312");

  AUserName=request.getParameter("username");
  APWD=request.getParameter("pwd");
try
{

  if(AUserName.length()==0)
  {response.sendRedirect("error.jsp?id=5");}
  else
  {AUserName=AUserName.trim();}

  if(APWD.length()==0)
  {response.sendRedirect("error.jsp?id=6");}
  else
  {APWD=APWD.trim();}

  SelectSql="Select * from SysAdmin where AUserName='"+AUserName+"' and
    APWD='"+APWD+"'";
  out.println(SelectSql);
```

```
  rs=db.executeQuery(SelectSql);
  if(rs.next())
  {  if(rs.getString("IsDel").equals("1"))
    {response.sendRedirect("error.jsp?id=8");}
    else
    {
      //账户密码正确，跳转到正常登录页面
      session.putValue("SASysAID",rs.getString("SysAID"));
      session.putValue("SAUserName",rs.getString("AUserName"));
      session.putValue("SAdminName",rs.getString("AdminName"));
      session.putValue("SApower",rs.getString("Apower"));

      //添加日志
      Event="<font color=#0000FF>管理员登录</font>,账户:
        "+rs.getString("AUserName");
      SqlAddlog="Insert into AdminLogs (Event,IP,LogTime)values
         ('"+Event+"','"+IP+"','"+LogTime+"')";
      stmtlog=db.CreatStat();
      stmtlog.executeUpdate(SqlAddlog);
      stmtlog.close();

      response.sendRedirect("?mainadmin.jar");
    }
  }
  else
  {response.sendRedirect("error.jsp?id=7");}
}

catch(Exception e)
{
  //异常处理程序段
  out.print(e);
}
finally
{//检查关闭状态集和连接对象
  if(stmt!=null)
    stmt.close();
  if(rs!=null)
    rs.close();
}

%>
```

程序说明：管理员登录的实现代码与注册用户登录的实现代码类似，都是通过与 GCClub 数据库的相应数据表进行通信的，以验证登录信息。只是这段管理员登录的实现代码比注册用户登录的实现代码多了一个功能，即添加日志的功能。实质上，这个功能也是通过与 GCClub 数据库中的 AdminLogs 表进行通信的，将该管理员本次操作日志添加到 AdminLogs 表中。

2. 信息管理模块

信息管理模块是所有类型的管理员都可以对其进行操作的模块，它管理中国美容在线门户网站上的所有信息，包括网站信息、供求信息、产品信息列表、厂商信息列表、名校名店信息、企业资讯信息、VIP 企业信息、个人求职信息、企业招聘信息、普通会员信息列表十类信息，每一种信息又再一次分门别类地进行管理。具体的信息管理模块内容如表 7-21 所示。

表 7-21　信息管理模块具体内容

模块子功能	页面名称	页面所实现的功能
网站信息管理	webinfoadd.jsp webinfoaddsave.jsp	描绘发布网站信息界面并将发布的网站信息写入 WebInfo 表
	webinfouncheckllist.jsp	描绘待审核网站信息列表界面并访问 WebInfo 和 WebInfoType 表中的相应信息列表显示
	webinfocheck.jsp webinfocheckedlist.jsp	描绘已审核网站信息列表界面并访问 WebInfo 和 WebInfoType 表中的相应信息列表显示
供求信息管理	supplyunchecklist.jsp	描绘待审核供求信息列表界面并访问 Memsupplys 和 Infotype 表中的相应信息列表显示
	supplycheck.jsp supplycheckedlist.jsp	描绘已审核供求信息列表界面并访问 Memsupplys 和 Infotype 表中的相应信息列表显示
产品信息列表管理	prowaitchecklist.jsp	描绘待审核产品信息列表界面并访问 Products 和 SProducts 表中的相应信息列表显示
	procheck.jsp procheckedlist.jsp	描绘已审核产品信息列表界面并访问 Products 和 SProducts 表中的相应信息列表显示
厂商信息列表管理	comwaitchecklist.jsp	描绘待审核厂商信息列表界面并访问 Company 和 Protype 表中的相应信息列表显示
	comcheck.jsp comcheckedlist.jsp	描绘已审核厂商信息列表界面并访问 Company 和 Protype 表中的相应信息列表显示
名校名店信息管理	schoolwaitchecklist.jsp	描绘待审核名校名店信息列表界面并访问 FamousCompany 表中的相应信息列表显示
	schoolcheck.jsp schoolcheckedlist.jsp	描绘已审核产品信息列表界面并访问 FamousCompany 表中的相应信息列表显示
个人求职信息管理	hrpersonwaitchecklist.jsp	描绘待审核个人求职信息列表界面并访问 Pjob 表中的相应信息列表显示
	hrpersoncheck.jsp hrpersoncheckedlist.jsp	描绘已审核个人求职信息列表界面并访问 Pjob 表中的相应信息列表显示

信息管理模块界面如图 7-9 所示。在图 7-9 左侧的管理后台树形列表中，具体列出了信息管理模块的各个子功能。因本模块的内容太多，下面具体以网站信息为例，演示网站管理员对网站信息的发布、待审核、审核等管理过程，如图 7-10 所示，其他各类信息类似。

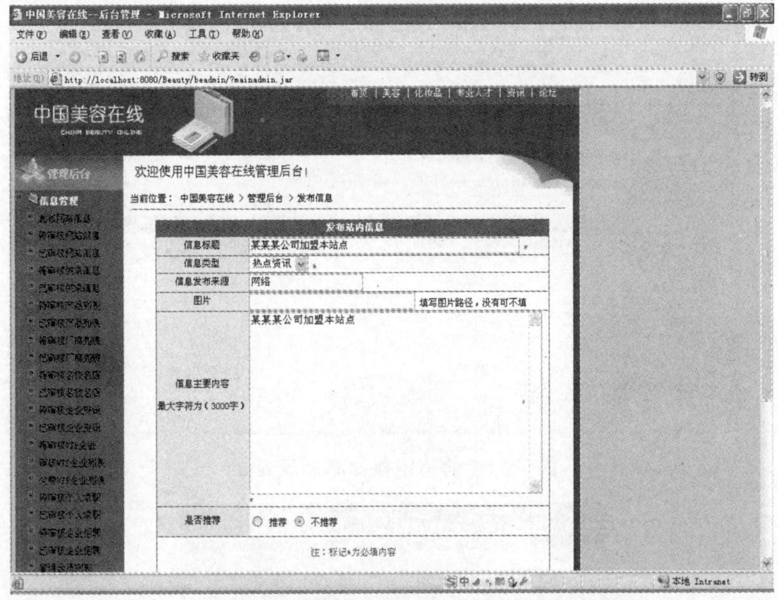

图 7-9　信息管理模块界面和发布站内信息功能

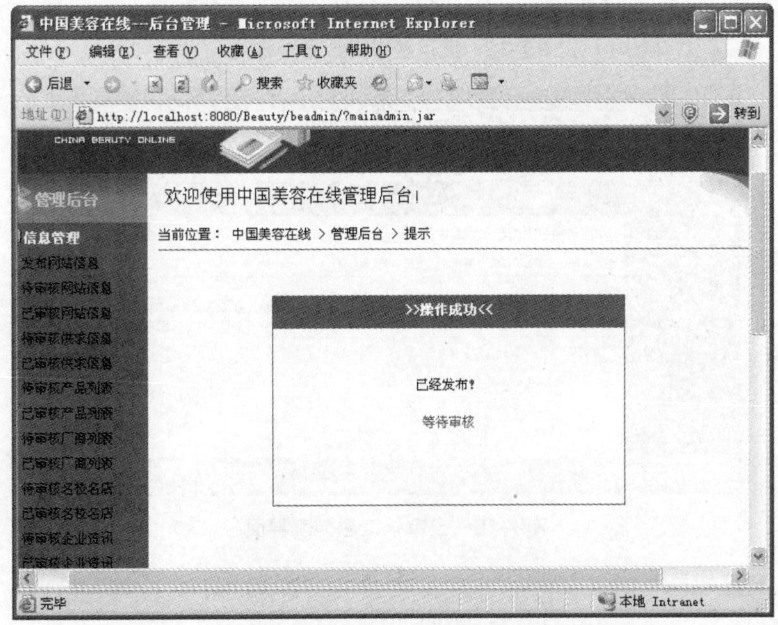

图 7-10　网站信息发布成功，等待管理员的审核

图 7-11 所示为等待审核信息列表界面，管理员可以进行浏览、编辑、审核、删除等操作。单击图 7-12 所示的“确定”按钮，表示编号为 1 的信息通过审核，如图 7-13 所示。

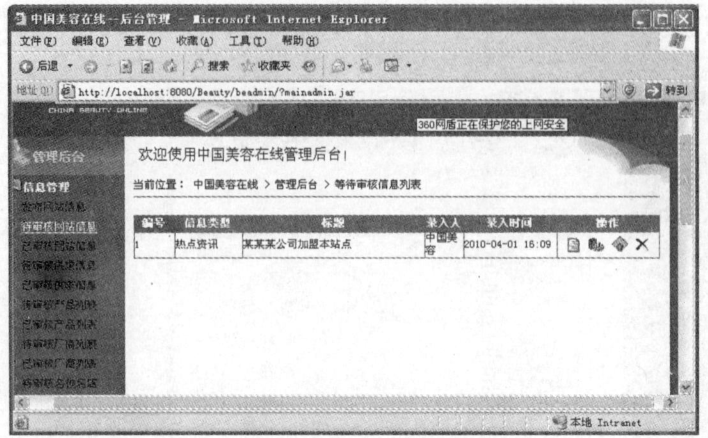

图 7-11 等待审核信息列表界面

图 7-12 提示是否确认通过审核

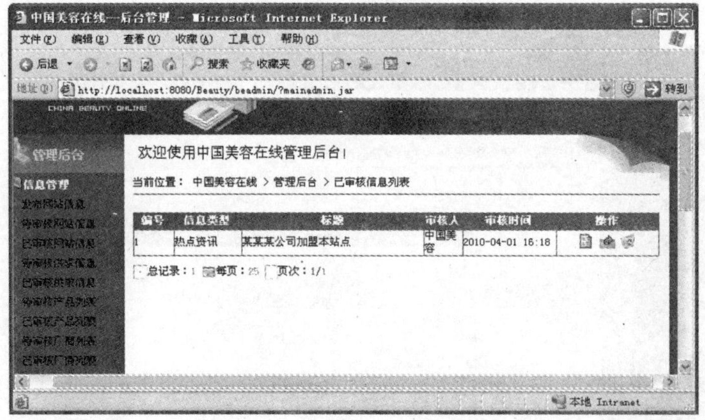

图 7-13 已审核信息列表界面

3. 系统管理模块

信息管理模块是面向超级管理员的模块，只有超级管理员才能通过这个模块对系统信息进行管理。该模块主要包括管理员管理、交易信息类型管理、产品类别管理、站内信息类别管理 4 类信息的管理，每一种信息又再一次分门别类地进行管理。具体的系统管理模块内容如表 7-22 所示。

表 7-22 系统管理模块具体内容

模块子功能	页面名称	页面所实现的功能
管理员列表管理	adminview.jsp	访问 SysAdmin 表中的相应信息列表显示
	adminadd.jsp adminaddsave.jsp	描绘管理员的添加界面并将添加的管理员信息写入 SysAdmin 表
站内信息类别管理	winfotypeadmin.jsp	访问 WebInfoType 表中的相应信息并列表显示
	winfotypeadd.jsp winfotypeaddsave.jsp	描绘站内信息的添加界面并将添加的管理员信息写入 WebInfoType 表

系统管理模块界面如图 7-14 所示，以管理员的管理功能和站内信息类别管理功能为例，图 7-14 右侧可以实现超级管理员对后台管理员的添加功能。图 7-15 列出了后台管理员的信息列表，作为超级管理员可以对该列表进行更改、锁定、解锁等操作。而图 7-16 和图 7-17 分别实现了系统管理员对站内信息类别的添加、锁定、解锁、删除等功能。当信息为锁定时，作为管理员将失去所有的权限，作为一般信息将不进行发布，直至对其进行解锁。

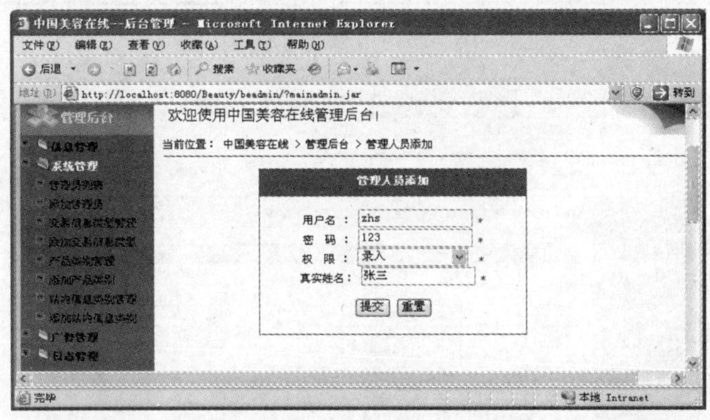

图 7-14 系统管理模块界面和管理人员的添加功能

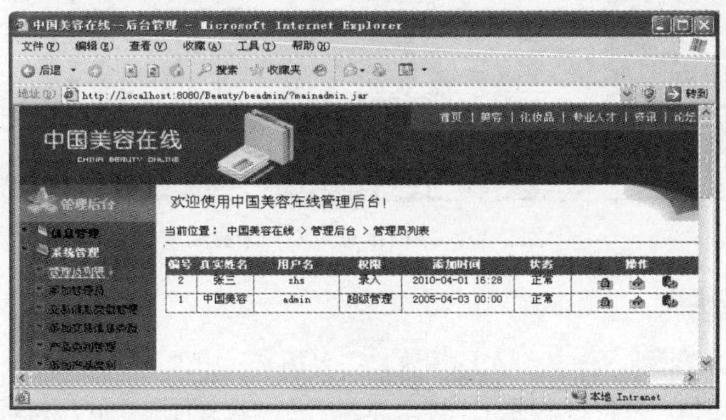

图 7-15 系统管理员列表界面

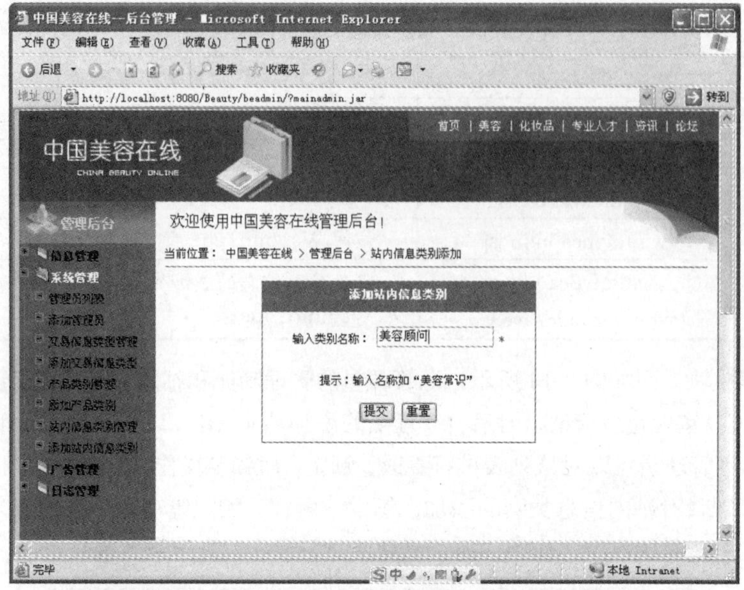

图 7-16　站内信息类别添加功能

当前位置： 中国美容在线 > 管理后台 > 站内信息类别管理

编号（自动）	类别名称	信息数目	状态	操作
17	美容顾问	0	正常	
15	热点资讯	1	正常	
14	美体	0	正常	
13	美发	0	正常	
12	护肤	0	正常	
11	美容	0	正常	
10	成功故事	0	正常	
9	展会信息	0	正常	
8	法律法规	0	正常	
7	市场调查	0	正常	
6	行业信息	0	正常	
5	依本佳人	0	正常	
4	伊人最美	0	正常	
3	心得交流	0	正常	
2	每日一妆	0	正常	
1	人才动态	0	正常	

图 7-17　站内信息类别管理界面

4. 广告管理模块

广告管理模块是面向所有管理员的模块，主要用来对中国美容在线所发布的广告进行管理。该模块主要包括广告位置说明、广告添加、广告列表管理三类管理模块。具体的广告管理模块内容如表 7-23 所示。

表 7-23　广告管理模块具体内容

模块子功能	页面名称	页面所实现的功能
广告位置说明管理	adsplace.jsp	分别描绘了首页、咨询浏览页面、人力资源页面的广告位置说明
广告添加管理	adsadd.jsp	描绘广告的添加界面
	adsSave.jsp	将添加的广告信息写入 ADS 表
广告列表管理	adslist.jsp	显示访问 ADS 表中的相应信息列表

广告管理模块界面如图 7-18 所示，它实现了网站内所发布广告的添加、锁定、解锁等功能。图 7-18、图 7-19、图 7-20 演示了广告添加的整个过程。图 7-21 列出了添加广告的信息，方便管理员对其进行浏览、锁定、解锁等功能。

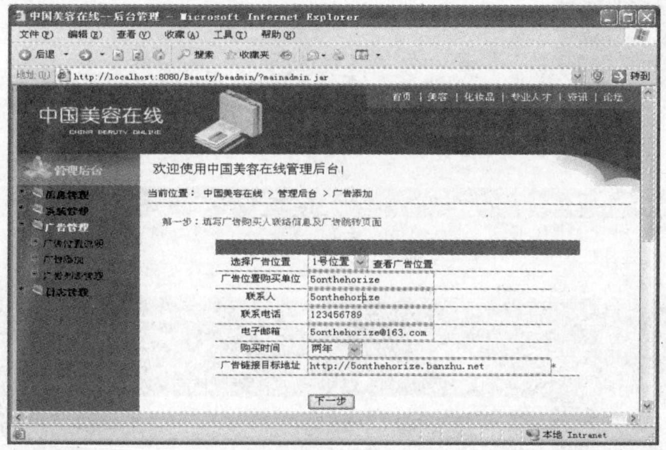

图 7-18　添加广告第一步——填写信息

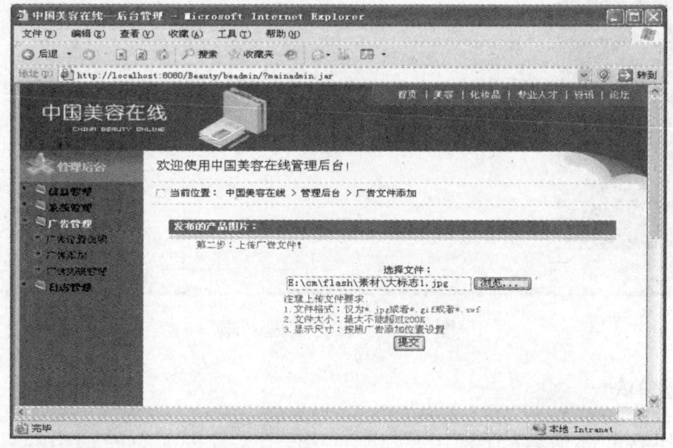

图 7-19　添加广告第二步——上传广告文件

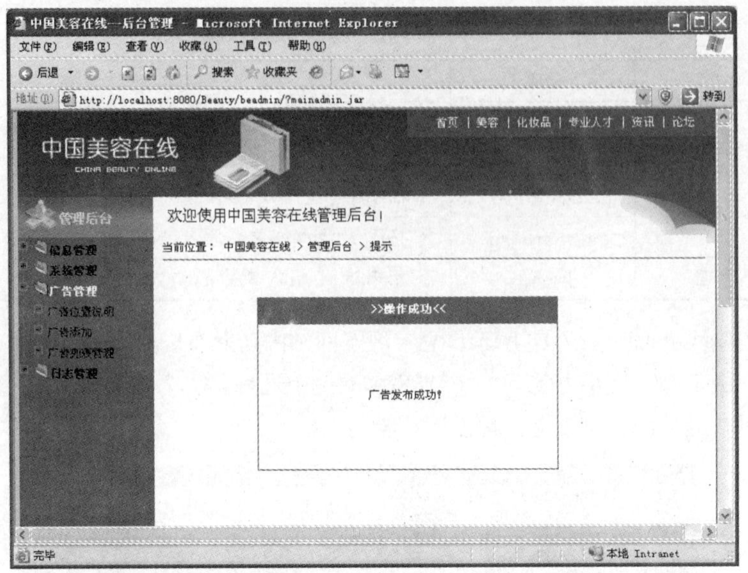

图 7-20 广告添加成功

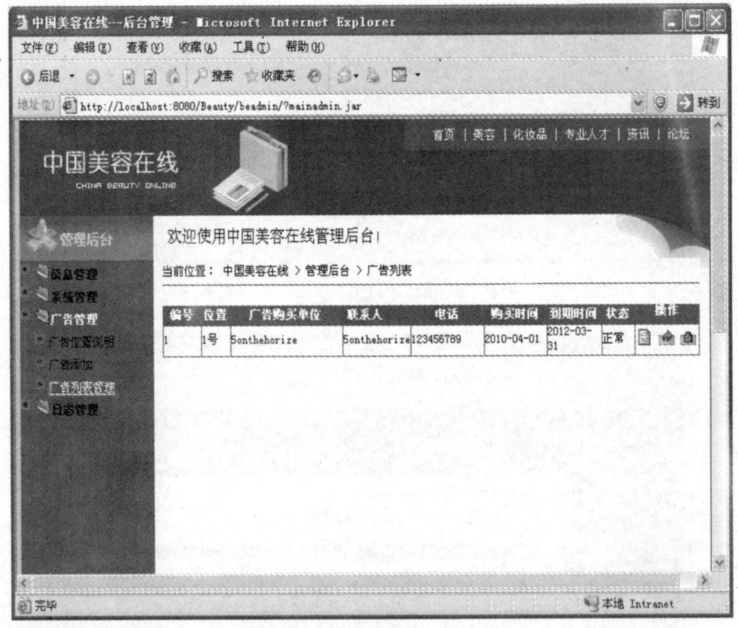

图 7-21 广告管理列表

5. 日志管理模块

日志管理模块是面向所有管理员的模块，主要用来管理所有管理员的日志。该模块主要包括管理员登录日志和管理员操作日志两类管理。具体的日志管理模块内容如表 7-24 所示。

表 7-24 日志管理模块具体内容

模块子功能	页面名称	页面所实现的功能
管理员登录日志管理	adminloginlog.jsp	描绘管理员登录日志的添加界面，并将添加的管理员登录日志信息写入 AdminLogs 表中

日志管理模块界面如图 7-22 所示，该图还列出了所有管理员登录该网站的记录，方便管理员查阅。

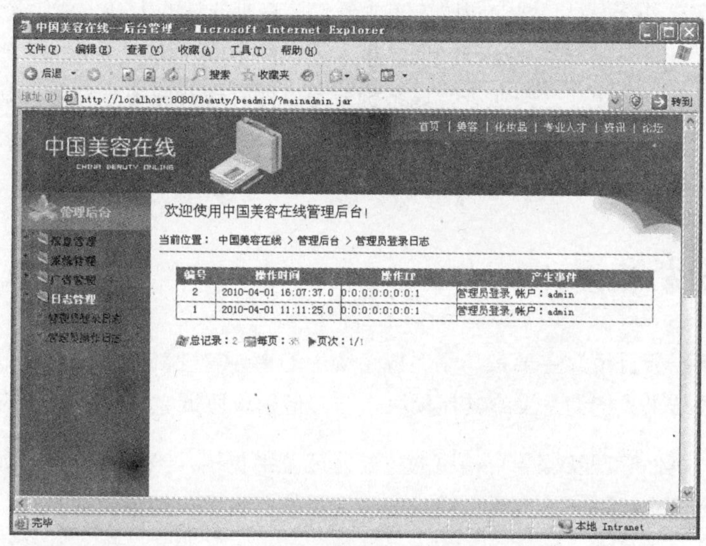

图 7-22 日志管理模块界面与管理员登录日志

7.4 小结

本章以中国美容在线为例，对美容门户网站的开发流程进行了介绍。从系统分析、系统设计、数据库设计到站点模块具体设计都进行了具体的介绍。在模块的具体设计中，本章着重注意该网站充分利用数据库表的合理构建来丰富模块的功能这一特点，从多个数据库表、多个功能模块来剖析该网站。通过对这个例子的讲解，希望能给读者更多的启发。另外由于篇幅的原因，没法将所有的模块内容一一讲解，而该门户网站在设计的过程中，很多模块的代码实现原理是类似的。

第 8 章

物流服务管理系统

某快递服务公司经营着某城的同城快递业务，随着业务量的上升，事件管理、问题管理、配置管理等多方面的内容都需要进行处理，用人工已经难以协调和跟进。因此，需要开发一个物流服务管理系统来处理这些业务，该系统分为事件管理及服务台模块、问题处理模块、变更及发布管理模块、配置管理模块、钥匙管理模块等 5 个子系统。本章将详述其中的事件管理及服务台模块的开发。

8.1 系统分析和设计

事件管理及服务台模块主要是为了完成系统中的事件管理部分，能接受消息，进行处理后直接显示处理结果或把消息发给其他模块，与其他模块协调完成整个系统的任务。

具体来说，事件管理及服务台模块的主要处理范围包括：当服务台收到如顾客的服务请求、顾客的查询请求、顾客的投诉、内部工作人员的问题报告等事件消息时，首先将事件记录下来。如果是服务请求，则交由工作人员处理；如果不是服务请求，则在记录事件的数据库中搜索以前是否有同样的事件或类似的事件，如果匹配成功，则用已记录的处理方法来处理事件，如果无，则交给问题管理模块进行处理。

8.1.1 用例模型

经过分析，得出以下 8 个用例。

UC001：

用例名称	初步支持
描述	处理能提供初步支持的事件
前置条件	服务台接收到处理事件的请求
后置条件	生成一个事件记录，事件状态被置为结束
主成功场景	(1) 服务台人员接收到事件报告 (2) 服务台人员判断可以对该事件进行初步支持 (3) 服务台人员对该事件进行初步支持

续表

主成功场景	(4) 服务台人员记录事件的基本信息 (5) 将事件信息保存下来

UC002：

用例名称	服务请求
描述	处理服务请求事件
前置条件	服务台接收到一个送包裹的服务请求
后置条件	(1) 生成一个事件记录 (2) 服务请求处理结束，事件状态被置为结束
主成功场景	(1) 服务台人员接收到事件报告 (2) 服务台人员判断不能对该事件进行初步支持，并且是服务请求 (3) 保存归类后的事件记录 (4) 将事件交由服务请求模块处理 (5) 服务请求模块处理完后通知本模块，本模块将事件状态置为结束

UC003：

用例名称	通过查询以前的解决方案处理配件问题
描述	通过查询以前的解决方案处理不能提供初步支持的配件问题
前置条件	服务台接收到一个问题
后置条件	事件状态被置为结束
主成功场景	(1) 服务台人员接收到事件报告 (2) 服务台人员判断不能对该事件进行初步支持，并且是一个配件问题 (3) 保存归类后的事件(问题)记录 (4) 系统把该事件与以往的问题解决方案记录进行匹配，看以前是否有对这类事件的处理方法 (5) 如果匹配成功，并且该问题属于配件方面的问题，系统将该解决方案传给变更管理模块去评审 (6) 如果评审通过，则系统将该解决方案在屏幕上显示给前台服务员 (7) 前台服务员根据该解决方案告知相应人员去处理 (8) 成功处理完该问题后，前台服务员收到负责人员的报告，然后将该事件状态改为结束

UC004：

用例名称	通过向问题管理部门请求解决方案处理不能提供初步支持的配件问题
描述	通过向问题管理部门请求解决方案处理配件问题
前置条件	服务台接收到一个问题
后置条件	事件状态被置为结束

续表

主成功场景	(1) 服务台人员接收到事件报告 (2) 服务台人员判断不能对该事件进行初步支持，并且是一个配件问题 (3) 保存归类后的事件(问题)记录 (4) 系统把该事件与以往的问题解决方案记录进行匹配，看以前是否有对这类事件的处理方法 (5) 匹配不成功，以前没有类似问题的解决方案 (6) 把该问题传给问题管理模块，请求它们为该问题生成一个新的解决方案 (7) 前台服务员在屏幕上看到由问题管理模块发布的该问题解决方案 (8) 前台服务员根据该解决方案告知相应人员去处理 (9) 成功处理完该问题后，前台服务员收到负责人员的报告，然后将该事件状态改为结束

UC005：

用例名称	通过查询以前的解决方案处理包裹问题
描述	通过查询以前的解决方案处理不能提供初步支持的包裹问题
前置条件	服务台接收到一个问题
后置条件	事件状态被置为结束
主成功场景	(1) 服务台人员接收到事件报告 (2) 服务台人员判断不能对该事件进行初步支持，并且是一个包裹问题 (3) 保存归类后的事件(问题)记录 (4) 系统把该事件与以往的问题解决方案记录进行匹配，看以前是否有对这类事件的处理方法 (5) 匹配成功，且该问题属于包裹方面的问题，系统将该解决方案在屏幕上显示给前台服务员 (6) 前台服务员根据该解决方案告知相应人员去处理 (7) 成功处理完该问题后，前台服务员收到负责人员的报告，然后将该事件状态改为结束

UC006：

用例名称	通过向问题管理部门请求解决方案处理包裹问题
描述	通过向问题管理部门请求解决方案处理不能提供初步支持的包裹问题
前置条件	服务台接收到一个问题
后置条件	事件状态被置为结束
主成功场景	(1) 服务台人员接收到事件报告 (2) 服务台人员判断不能对该事件进行初步支持，并且是一个包裹问题 (3) 保存归类后的事件(问题)记录

续表

主成功场景	(4) 系统把该事件与以往的问题解决方案记录进行匹配，看以前是否有对这类事件的处理方法 (5) 匹配不成功，以前没有类似问题的解决方案 (6) 把该问题传给问题管理模块，请求它们为该包裹问题生成一个新的解决方案 (7) 前台服务员在屏幕上看到问题管理模块发过来的该问题解决方案 (8) 前台服务员根据该解决方案告知相应人员去处理 (9) 成功处理完该问题后，前台服务员收到负责人员的报告，然后将该事件状态改为结束

UC007：

用例名称	查询事件
描述	通过输入查询条件查询符合条件的事件记录
前置条件	已经输入查询条件
后置条件	返回符合查询条件的事件记录
主成功场景	(1) 服务台人员输入查询条件 (2) 系统输出符合查询条件的事件记录

UC008：

用例名称	根据执行人员报告更改事件状态
描述	根据执行人员报告更改事件状态
前置条件	服务台人员接到事件已执行完的报告
后置条件	相应的事件状态改为已解决
主成功场景	(1) 服务台人员收到执行人员报告某事件 ID 对应的事件已解决 (2) 服务台人员输入该事件 ID (3) 系统向服务台人员显示该事件 (4) 服务台人员确认事件无误后选择更改事件状态为已解决 (5) 相应的事件状态改为已解决

8.1.2 领域模型

通过对以上用例的分析，得出本系统的 7 个概念类：事件(Event)、事件记录(Event record)、服务台(Service desk)、问题解决方案(Solution)、变更管理(Change management)、问题管理(Problem management)、服务请求管理(Service request management)。

实际上，其中的变更管理和问题管理都是本系统中除了所要开发的事件管理和服务台模块之外的另外两个模块，所以在此处把这两个“外部系统”封装起来作为系统的两个概念类。

服务请求管理也相当于一个封装起来的子系统，这里它是一个能处理服务请求的实体，因此也是一个概念类。

由此得出如图 8-1 所示的领域模型。

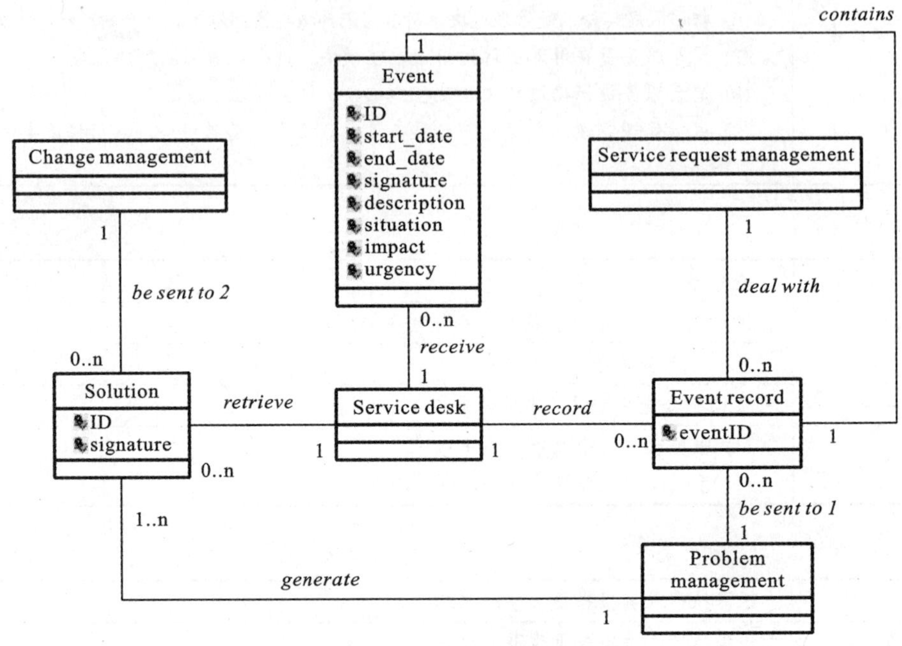

图 8-1 领域模型

8.1.3 系统活动图

本系统活动图(见图 8-2)中需要交互的对象为：服务员、事件管理、问题管理、变更管理、服务管理。首先，服务员向事件管理系统输入事件，事件管理系统记录下该事件。然后让服务员判断该事件的类别，服务员做出判断并将该类别输入系统后，系统记录该类别。再让服务员判断他/她是否能提供初步支持，如果服务员能提供初步支持，那么软件系统的任务就完成了，如果服务员不能提供初步支持，就把事件交给事件管理模块，则该模块首先判断该事件是否是服务请求，如果是服务请求，就将事件交给服务请求管理模块来处理，处理完成后通知事件管理模块更改事件的状态为完成，然后结束任务。如果该事件不是服务请求事件，那么系统就认为是一个问题事件，开始在数据库中搜索是否有与该事件相类似或一致的事件，如果匹配成功，则将相应问题解决方案的 ID 号传给变更管理模块，请求该模块来执行相应的解决方案，解决完成后该模块通知事件管理模块，更改事件的状态，然后整个事件过程结束。如果匹配不成功，事件管理模块则将该事件传给问题管理模块，请求该模块为该问题生成一个新的解决方案，问题解决后该模块通知事件管理模块更改事件的状态为结束，并结束整个过程。

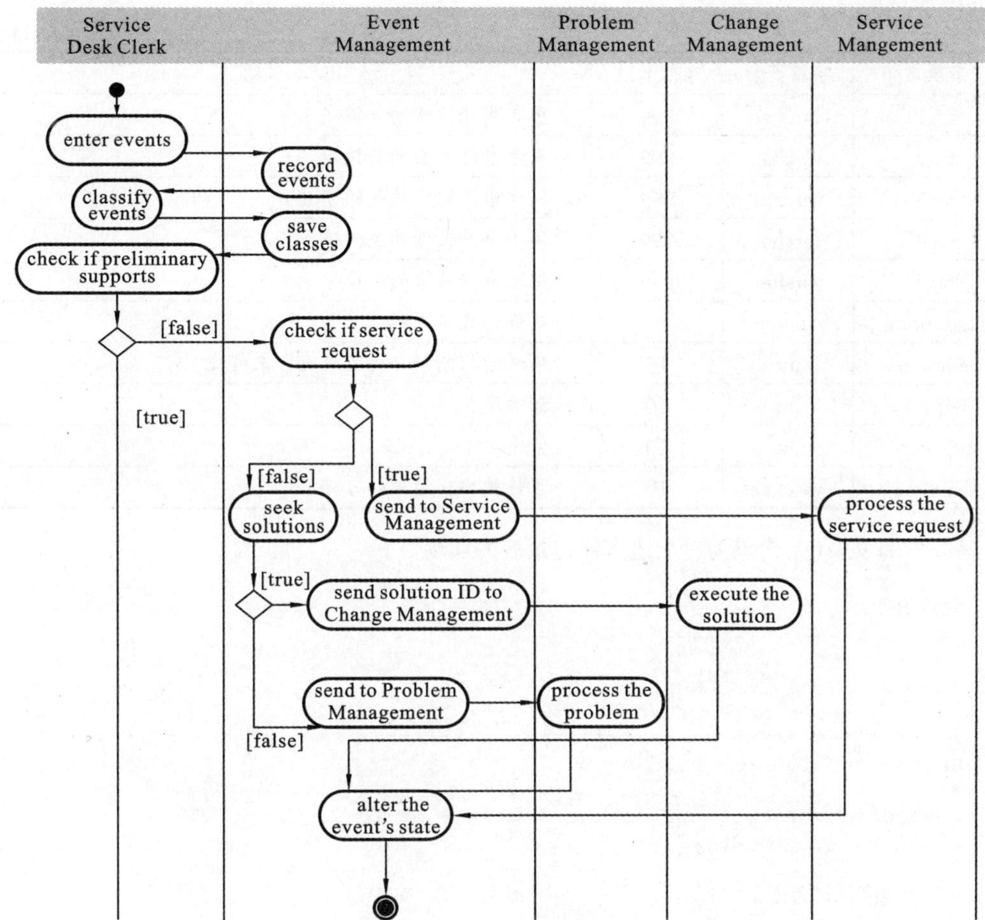

图 8-2 系统活动图

8.2 数据库设计

根据 8.1 节的系统分析与设计可以看出，本模块只需要一个数据库表即可：用于记录事件的表。事件记录表用来存储所有通过本模块记录下来的事件，具体说明如表 8-1 所示。

表 8-1 事件记录表的说明

字段名	字段类型	字段长度	说　明
id	int	10	事件的唯一标志
startdate	varchar	10	表示接收到事件的时间
enddate	varchar	10	事件结束的时间

续表

字段名	字段类型	字段长度	说 明
tag1	varchar	999	用于事件检索的关键字 1
tag2	varchar	999	用于事件检索的关键字 2
tag3	varchar	999	用于事件检索的关键字 3
tag4	varchar	999	用于事件检索的关键字 4
tag5	varchar	999	用于事件检索的关键字 5
description	text	—	事件的文本描述
eventStatus	int	10	事件的状态，分为已解决、未解决
impact	int	10	影响度
urgency	int	10	紧急度
deadline	varchar	10	事件被要求结束的日期

程序 8-1 的 SQL 代码为对上述事件记录表的实现。

程序 8-1

```
-------------------------------------
/*
SQLyog - Free MySQL GUI v5.02
Host - 5.0.15-nt : Database - w17_18_19_20_21_22
*********************************************************************
Server version : 5.0.15-nt
*/
create database if not exists ` w17_18_19_20_21_22`;
USE ` w17_18_19_20_21_22`;

-- 创建事件记录表
CREATE TABLE EventRecord (
  id INTEGER UNSIGNED NOT NULL AUTO_INCREMENT, -- 会自增的事件 id
  startdate VARCHAR(10)NULL, --事件开始时间
  enddate VARCHAR(10)NULL, -- 事件结束时间
  tag1 VARCHAR(999)NOT NULL DEFAULT 0,    --用于事件检索的关键字 1
  tag2 VARCHAR(999)NOT NULL DEFAULT 0,    --用于事件检索的关键字 2
  tag3 VARCHAR(999)NOT NULL DEFAULT 0,    --用于事件检索的关键字 3
  tag4 VARCHAR(999)NOT NULL DEFAULT 0,    --用于事件检索的关键字 4
  tag5 VARCHAR(999)NOT NULL DEFAULT 0,    --用于事件检索的关键字 5
  description TEXT NULL, --事件的文本描述
  eventStatus INTEGER UNSIGNED NOT NULL, --事件的状态
  impact INTEGER UNSIGNED NOT NULL DEFAULT 0,   --影响度
  urgency INTEGER UNSIGNED NOT NULL DEFAULT 0,  --紧急度
  deadLine VARCHAR(10)NULL, --事件被要求的结束日期
  PRIMARY KEY(id)-- 将事件 id 设为主键
);
```

8.3 系统主要功能实现

本系统采用 Struts+Hibernate 框架来实现，所使用的开发环境为 MyEclipse+ MySQL+ Tomcat。

此模块的整体体系结构如图 8-3 所示。

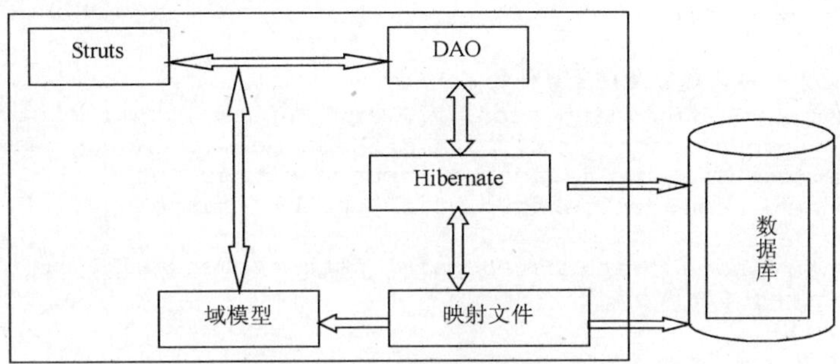

图 8-3 系统整体体系结构

此处使用 Struts 框架来完成其表示层及业务逻辑层，其配置文件 Struts-config.xml 的代码如程序 8-2 所示。

程序 8-2 Struts-config.xml

```
-----------------------------------------------
<?xml version="1.0" encoding="UTF-8"?>
<!DOCTYPE struts-config PUBLIC "-//Apache Software Foundation
  //DTD Struts Configuration 1.1//EN" "http://jakarta.apache.org/
  struts/dtds/struts-config_1_1.dtd">

<struts-config>
  <data-sources />
  <form-beans>
  <!-- 事件管理模块的 form-bean -->
    <form-bean name="eventrecordForm"
      type="com.SSH.struts.form.EventrecordForm" />
    <form-bean name="inputconfirmForm"
      type="com.SSH.struts.form.InputconfirmForm" />
    <form-bean name="queryForm"
      type="com.SSH.struts.form.QueryForm" />
    <form-bean name="querybyidForm"
type="com.SSH.struts.form.QuerybyidForm" />
<!-- 事件管理模块的 form-bean -->
</form-beans>
< action-mappings >
    <!-- 事件管理模块的 action -->

    <!-- 事件记录的 action -->
    <action attribute="eventrecordForm" input="/eventrecord.jsp"
      name="eventrecordForm" path="/eventrecord" scope="request"
```

```
    type="com.SSH.struts.action.EventrecordAction">

    <forward name="primarysupport" path="/primarysupport.jsp"
      redirect="true" />
    <forward name="servicerequest" path="/servicerequest.jsp"
      redirect="true" />
    <forward name="matchingSolution" path="/matchingSolution.do"/>
    <forward name="inputconfirm" path="/inputconfirm.jsp"
      redirect="true" />
    <forward name="problem" path="/problem.jsp"
      redirect="true" />
  </action>
<!-- 事件记录时确认是否是重复事件的 action -->
  <action attribute="inputconfirmForm" input="/inputconfirm.jsp"
    name="inputconfirmForm" path="/inputconfirm" scope="request"
    type="com.SSH.struts.action.InputconfirmAction">
    <forward name="matchingSolution" path="/matchingSolution.do"
      />
    <forward name="returneventmain" path="/eventmain.jsp"
      redirect="true" />
  </action>
  <!-- 处理查询事件的 action -->
  <action attribute="queryForm" input="/query.jsp"
    name="queryForm" path="/query" scope="request"
    type="com.SSH.struts.action.QueryAction">

    <forward name="queryresult" path="/queryresult.jsp"
      redirect="true" />
  </action>

  <!-- 修改事件状态时使用的 action -->
  <action path="/changeEventStatus" scope="request"
    type="com.SSH.struts.action.ChangeEventStatusAction">
    <forward name="queryresult" path="/queryresult.jsp"  />
    <forward name="returneventmain" path="/eventmain.jsp" redirect=
        "true" />
    <forward name="index" path="/index.jsp" redirect="true" />
    <forward name="queryErForPro" path="/queryErForPro.jsp"
      redirect="true" />
  </action>
<!-- 由 ID 查找事件所用的 action -->
  <action
    attribute="querybyidForm"
    input="/querybyid.jsp"
    name="querybyidForm"
    path="/querybyid"
    scope="request"
    type="com.SSH.struts.action.QuerybyidAction" >
 <forward name="queryresult" path="/queryresult.jsp"
     redirect="true" />
     </action>

   <action
    path="/queryErForPro"
    scope="request"
    type="com.SSH.struts.action.QueryErForProAction" >
```

```
        <forward name="queryErForPro" path="/queryErForPro.jsp"
          redirect="true" />
        </action>
    <!-- 事件管理模块的 action -->

      </action-mappings>
    <message-resources
      parameter="org.mychange.struts.ApplicationResources_zh" />
    <plug-in
      className="org.springframework.web.struts.ContextLoaderPlugIn">
      <set-property property="contextConfigLocation"
        value="/WEB-INF/applicationContext.xml" />
     </plug-in>
  </struts-config>
```

8.3.1　JSP 页面

在上面的 Struts 配置文件中，涉及多个 JSP 页面用来完成此系统的视图设计。表 8-2 将对这些 JSP 页面进行一一说明。

表 8-2　JSP 页面的说明

JSP 页面	说　明
eventmain.jsp	当具有本模块的使用权限的用户登录后所显示的主页面
eventrecord.jsp	用来填写一个事件记录的 JSP 页面
inputconfirm.jsp	在用户填写好一个事件记录后，将用户所填信息在本页显示给用户，要求用户确认并最终记录
primarysupport.jsp	在用户填写了一个初级支持事件的记录后跳转至此页面进行提示
servicerequest.jsp	在用户填写了一个服务请求事件的记录后跳转至此页面，提示用户事件已记录，并且已交由服务请求管理部门处理
query.jsp	由用户选择某些查询条件来查询事件记录的页面
queryresult.jsp	显示事件查询结果的页面
queryErForPro.jsp	修改事件处理状态时所用的页面
querybyid.jsp	希望按事件 ID 来查询事件时的页面

图 8-4、图 8-5 所示为两个重要页面的主要功能界面。

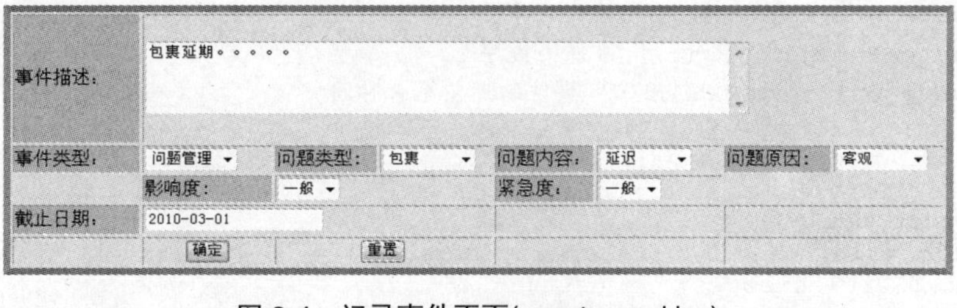

图 8-4　记录事件页面(eventrecord.jsp)

事件类型 ：	问题管理 ▾ 按事件ID查询
问题类型 ：	包裹 ▾
问题内容 ：	投递错误 ▾
问题原因 ：	人为 ▾
事件状态 ：	无论状态 ▾
是否有解决方案 ：	全部解决方案状态 ▾
选择每页的条数（默认10）：	10 请填入1—100之间的整数
Submit	Reset

图 8-5　查询事件页面(query.jsp)

8.3.2　ActionForm

本模块需要 4 个 ActionForm 来完成 Model 层和 View 层的数据传递，即 EventrecordForm(传递事件信息的表单)、InputconfirmForm(用户确认已填写的事件信息的表单)、QueryForm(传递查询条件信息的表单)、QuerybyidForm(当按事件 id 查询事件时，传递事件 id 信息的表单)。

下面将 EventrecordForm 的实现代码作为例子说明，如程序 8-3 所示，其余几个 ActionForm 的格式与之类似，所以不再给出代码，只给出其类的属性及方法的说明。

程序 8-3　EventrecordForm.java

```
-----------------------------------------------
package com.SSH.struts.form;
import javax.servlet.http.HttpServletRequest;
import org.apache.struts.action.ActionErrors;
import org.apache.struts.action.ActionForm;
import org.apache.struts.action.ActionMapping;
public class EventrecordForm extends ActionForm {
  private Integer tag4;  //事件关键字 4
  private String startdate;//事件开始时间
  private String urgency;//事件紧急度
  private Integer tag3;// 事件关键字 3
  private Integer tag5;// 事件关键字 5
  private Integer tag2;// 事件关键字 2
  private String enddate;//事件结束时间
  private String impact;//事件影响度
  private String eventstatus;//事件状态
  private String description;//事件内容描述
  private Integer tag1;// 事件关键字 1
  private String deadline;//事件的期望结束时间

  public ActionErrors validate(ActionMapping mapping,
     HttpServletRequest request){
    return null;  }
  public void reset(ActionMapping mapping,
    HttpServletRequest request)
 {  }
  public Integer getTag4(){
```

```
        return tag4;
    }
    public void setTag4(Integer tag4){
        this.tag4 = tag4;
    }
    public String getStartdate(){
        return startdate;
    }
    public void setStartdate(String startdate){
        this.startdate = startdate;
    }
    public String getUrgency(){
        return urgency;
    }
    public void setUrgency(String urgency){
        this.urgency = urgency;
    }
    public Integer getTag3(){
        return tag3;
    }

    public void setTag3(Integer tag3){
        this.tag3 = tag3;
    }
    public Integer getTag5(){
        return tag5;
    }
    public void setTag5(Integer tag5){
        this.tag5 = tag5;
    }
    public Integer getTag2(){
        return tag2;
    }
    public void setTag2(Integer tag2){
        this.tag2 = tag2;
    }
    public String getEnddate(){
        return enddate;
    }
    public void setEnddate(String enddate){
        this.enddate = enddate;
    }
    public String getImpact(){
        return impact;
    }
    public void setImpact(String impact){
        this.impact = impact;
    }
    public String getEventstatus(){
        return eventstatus;
    }
    public void setEventstatus(String eventstatus){
        this.eventstatus = eventstatus;
    }
    public String getDescription(){
        return description;
    }
```

```
    public void setDescription(String description){
      this.description = description;
    }
    public Integer getTag1(){
      return tag1;
    }
    public void setTag1(Integer tag1){
      this.tag1 = tag1;
    }
    public String getDeadline(){
      return deadline;
    }
    public void setDeadline(String dateline){
      this.deadline = dateline;
    }
}
```

表 8-3、表 8-4、表 8-5 分别给出了 InputconfirmForm.java、QueryForm.java、QuerybyidForm.java 的说明。

表 8-3 InputconfirmForm.java 的说明

InputconfirmForm.java	让用户确认所填事件信息的 Form
- isOK:String	表示用户是否确认的属性
+ getIsOK():String	属性 isOK 的 get 方法
+ reset(ActionMapping, HttpServletRequest):void	重置
+ setIsOK(String):void	属性 isOK 的 set 方法
+validate(ActionMapping, HttpServletRequest):ActionErrors	验证用户输入合法性的方法

表 8-4 QueryForm.java 的说明

QueryForm.java	传递查询条件信息的 Form
- hasSolution:String	属性：是否已有解决方案
- problemType:String	属性：问题类型
- problemContent:String	属性：问题内容
- problemCause:String	属性：问题原因
- eventType:String	属性：事件类型
- eventStatus:String	属性：事件状态
- numPerPage:String	属性：每页显示的事件条数
+validate(ActionMapping, HttpServletRequest):ActionErrors	方法：验证用户输入合法性
+ reset(ActionMapping, HttpServletRequest):void	方法：重置
各个属性的 get 和 set 方法(略)	—

表 8-5 QuerybyidForm.java 的说明

QuerybyidForm.java	传递事件 id 信息的表单
- ID:Integer	属性：事件 ID
+validate(ActionMapping, HttpServletRequest):ActionErrors	方法：验证用户输入合法性
+ reset(ActionMapping, HttpServletRequest):void	方法：重置
属性的 get 和 set 方法(略)	—

8.3.3 Action 的实现

Action 作为整个 Struts 框架的控制器部分，一方面要调用模型层的业务方法来执行业务处理；另一方面要将业务处理的结果反馈给视图层。经分析，此模块需要使用 5 个 Action，即 EventrecordAction(用于响应用户添加一条新事件记录的消息)、EventconfirmAction(事件记录时确认事件)、QueryAction(处理查询事件)、ChangeEventStatusAction(修改事件状态)、QuerybyidAction(由 id 查找事件)，代码分别如程序 8-4～程序 8-9 所示。

程序 8-4 EventrecordAction.java

```
------------------------------------------------
package com.SSH.struts.action;
import java.util.Calendar;
import java.util.List;
import javax.servlet.http.HttpServletRequest;
import javax.servlet.http.HttpServletResponse;
import org.apache.struts.action.ActionForm;
import org.apache.struts.action.ActionForward;
import org.apache.struts.action.ActionMapping;
import org.wuliu.ssh.event.obj.Eventrecord;
import org.wuliu.ssh.event.service.IEventrecordService;
import charset.ChineseEncoding;
import com.SSH.struts.form.EventrecordForm;
/**
 * MyEclipse Struts Creation date: 07-04-2008
 * XDoclet definition:
 * @struts.action path="/eventrecord" name="eventrecordForm"
 *               input="/eventrecord.jsp" scope="request"
   validate="true" */
/**
 * 类名：事件记录的 Action
 * 说明：用于响应用户添加一条新事件记录的消息
 */
public class EventrecordAction extends BaseAction {

  public ActionForward execute(ActionMapping mapping, ActionForm form,
     HttpServletRequest request, HttpServletResponse response){
   EventrecordForm eventrecordForm = (EventrecordForm)form;
   Eventrecord er = new Eventrecord(); // 新建一个事件记录实例

   // 记录用户的输入
```

```
Calendar date = Calendar.getInstance(); // 获取当前时间
int year, month, day;
year = date.get(Calendar.YEAR);
month = date.get(Calendar.MONTH)+ 1;
day = date.get(Calendar.DAY_OF_MONTH);
if((month<10)&& (day<10))
er.setStartdate(year + "-0" + month + "-0" + day);
else if((month>10)&& (day<10))
  er.setStartdate(year + "-" + month + "-0" + day);
else if((month<10)&& (day>10))
  er.setStartdate(year + "-0" + month + "-" + day);
else if((month>10)&& (day>10))
  er.setStartdate(year + "-" + month + "-" + day);
er.setEnddate(eventrecordForm.getEnddate());
er.setDeadLine(eventrecordForm.getDeadline());

// 转换编码并记录事件描述
er.setDescription(ChineseEncoding.toChinese(eventrecordForm
    .getDescription()));

// 根据事件分类作不同处理
er.setTag1(eventrecordForm.getTag1());
if (er.getTag1().intValue()== 0){ // 如果是初步支持
  er.setTag2(new Integer(Integer.MAX_VALUE));
  er.setTag3(new Integer(Integer.MAX_VALUE));
  er.setTag4(new Integer(Integer.MAX_VALUE));
  er.setTag5(new Integer(1));
  er.setEventStatus(new Integer(1));
  er.setEnddate(year + "-" + month + "-" + day);

} else if (er.getTag1().intValue()== 1){ // 如果是服务请求
  er.setTag2(new Integer(Integer.MAX_VALUE));
  er.setTag3(new Integer(Integer.MAX_VALUE));
  er.setTag4(new Integer(Integer.MAX_VALUE));
  er.setTag5(new Integer(1) );
  er.setEventStatus(new Integer(0));
} else if (er.getTag1().intValue()== 2){ // 如果是问题
  er.setTag2(eventrecordForm.getTag2());
  er.setTag3(eventrecordForm.getTag3());
  er.setTag4(eventrecordForm.getTag4());
  er.setTag5(new Integer(0));
  er.setEventStatus(new Integer(0));
}
er.setImpact(new Integer(eventrecordForm.getImpact()));
er.setUrgency(new Integer(eventrecordForm.getUrgency()));
// 获取记录服务的 bean 实例
IEventrecordService service =
  (IEventrecordService)getBean("EventrecordService");

// 根据事件的分类交给不同的模块处理
if (eventrecordForm.getTag1().intValue()== 0){
  service.addEventrecord(er);
  return mapping.findForward("primarysupport"); // 如果是初步支持
} else if (eventrecordForm.getTag1().intValue()== 1){
  service.addEventrecord(er);
```

```
        return mapping.findForward("servicerequest"); // 如果是服务请求
      } else if (eventrecordForm.getTag1().intValue()== 2){
        // 如果是问题，则从数据库得到相同标签的事件列表
        List tag3Tag4List = service.getEventrecordByTag3AndTag4(er
            .getTag3(), er.getTag4());

        if (tag3Tag4List.size()== 0)// 如果列表里没有重复，则增加新事件
          service.addEventrecord(er);
        else {
          // 如果有重复，则在页面上显示重复的项，用户进行再次确认
          request.getSession().setAttribute("list", tag3Tag4List);
          request.getSession().setAttribute("eventrecord", er);
          return mapping.findForward("inputconfirm");
        }
        request.getSession().setAttribute("er", er);
        return mapping.findForward("matchingSolution");//问题管理模块
      }
      return null;
    }
  }
```

程序 8-5 InputconfirmAction.java

```
--------------------------------------------------------
package com.SSH.struts.action;
import javax.servlet.http.HttpServletRequest;
import javax.servlet.http.HttpServletResponse;
import org.apache.struts.action.ActionForm;
import org.apache.struts.action.ActionForward;
import org.apache.struts.action.ActionMapping;
import org.wuliu.ssh.event.obj.Eventrecord;
import org.wuliu.ssh.event.service.IEventrecordService;
import com.SSH.struts.form.InputconfirmForm;
/**
 * MyEclipse Struts Creation date: 07-17-2008
* XDoclet definition:
* @struts.action path="/inputconfirm" name="inputconfirmForm"
 *              input="/inputconfirm.jsp" scope="request" validate="true"
 */
/**
 * 类名：确认事件输入
 * 说明：当检测到用户记录的事件与数据库中的事件有重复的关键字时，让用户确认事件是
   没有重复的
*/
public class InputconfirmAction extends BaseAction {

  public ActionForward execute(ActionMapping mapping, ActionForm form,
      HttpServletRequest request, HttpServletResponse response){
    InputconfirmForm inputconfirmForm = (InputconfirmForm)form;
    if (inputconfirmForm.getIsOK()!= null){
    // 如果用户确认添加事件记录
      Eventrecord er = (Eventrecord)(request.getSession()
          .getAttribute("eventrecord"));
      IEventrecordService service = (IEventrecordService)
          getBean("EventrecordService");
```

```
      service.addEventrecord(er);
      request.getSession().setAttribute("er", er);
      return mapping.findForward("matchingSolution");
      // 匹配问题解决方案
    } else {
      return mapping.findForward("returneventmain");
      // 回到事件主界面
    }
  }
}
```

程序 8-6 QueryAction.java

```
-------------------------------------------
package com.SSH.struts.action;
import java.util.Calendar;
import java.util.List;
import javax.servlet.http.HttpServletRequest;
import javax.servlet.http.HttpServletResponse;
import org.apache.struts.action.ActionForm;
import org.apache.struts.action.ActionForward;
import org.apache.struts.action.ActionMapping;
import org.wuliu.ssh.event.service.IEventrecordService;
import KeyWords.KeyWords;
import com.SSH.struts.form.QueryForm;
/**
 * MyEclipse Struts Creation date: 07-17-2008
 * XDoclet definition:
 * @struts.action path="/query" name="queryForm" input="/query.jsp"
 *              scope="request" validate="true"
 */

/**
 * 类名：事件查询
 * 说明：返回符合类型和日期要求的事件记录
*/
public class QueryAction extends BaseAction {
  public ActionForward execute(ActionMapping mapping, ActionForm form,
      HttpServletRequest request, HttpServletResponse response){
    QueryForm queryForm = (QueryForm)form;
    Calendar time1 = Calendar.getInstance();
    if(queryForm.getNumPerPage()!=""){
    request.getSession().setAttribute("num",
       queryForm.getNumPerPage());
    }
    else{
      request.getSession().setAttribute("num","10");
    }
    // 获取用户的查询要求
    Integer eventType, problemType, problemContent, problemCause,
       eventStatus, hasSolution;
    eventType = new Integer(queryForm.getEventType());
    if (eventType == KeyWords.presupport){
      problemType = KeyWords.allProblemType;
      problemContent = KeyWords.allProblemContent;
      problemCause = KeyWords.allProblemCause;
```

```
        eventStatus = KeyWords.eventSolved;
        hasSolution = KeyWords.hasSolution;
      } else if (eventType == KeyWords.servReq){
        problemType = KeyWords.allProblemType;
        problemContent = KeyWords.allProblemContent;
        problemCause = KeyWords.allProblemCause;
        hasSolution = KeyWords.hasSolution;
        eventStatus = new Integer(queryForm.getEventStatus());
      } else if (eventType == KeyWords.problem){
        problemType = new Integer(queryForm.getProblemType());
        problemContent = new Integer(queryForm.getProblemContent());
        problemCause = new Integer(queryForm.getProblemCause());
        eventStatus = new Integer(queryForm.getEventStatus());
        hasSolution = new Integer(queryForm.getHasSolution());

      } else {
        problemType = KeyWords.allProblemType;
        problemContent = KeyWords.allProblemContent;
        problemCause = KeyWords.allProblemCause;
        eventStatus = new Integer(queryForm.getEventStatus());
        hasSolution = new Integer(queryForm.getHasSolution());
      }

      IEventrecordService service =(IEventrecordService)
        getBean("EventrecordService");

      // 按照要求查询事件记录
      List queryList = service.getEventrecordByQuery(eventType,
        problemType,
          problemContent, problemCause, eventStatus, hasSolution);
      request.getSession().setAttribute("queryList", queryList);
      Calendar time2 = Calendar.getInstance();
      float querytime=time2.getTimeInMillis()-time1.getTimeInMillis();
      System.out.println(querytime/1000);
      request.getSession().setAttribute("querytime", querytime/1000);
      return mapping.findForward("queryresult");
    }
  }
```

程序 8-7 ChangeEventStatusAction.java

```
-----------------------------------------------
package com.SSH.struts.action;
import java.util.List;
import javax.servlet.http.HttpServletRequest;
import javax.servlet.http.HttpServletResponse;
import org.apache.struts.action.ActionForm;
import org.apache.struts.action.ActionForward;
import org.apache.struts.action.ActionMapping;
import org.wuliu.ssh.event.EventForProblem;
import org.wuliu.ssh.event.obj.Eventrecord;
import org.wuliu.ssh.event.service.IEventrecordService;
import org.wuliu.ssh.service.IComponentsolutionService;
import org.wuliu.ssh.service.IPackegesolutionService;
/**
 * MyEclipse Struts Creation date: 07-19-2008
 *
```

```
 * XDoclet definition:
 *
 * @struts.action scope="request" validate="true"
 */
public class ChangeEventStatusAction extends BaseAction {
  public ActionForward execute(ActionMapping mapping, ActionForm form,
      HttpServletRequest request, HttpServletResponse response){
    int Id = new Integer(request.getParameter("id")).intValue();
      // 从 url 中获得 id 的值并赋给 Id
    request.setAttribute("Id", Id);
    Eventrecord er = new Eventrecord();
    int type = new Integer(request.getParameter("type")).intValue();
    IEventrecordService service =(IEventrecordService)
      getBean("EventrecordService");
    er = service.getEventrecordById(Id);// 由 Id 获得对应事件记录
    service.setEventSolved(new Integer(Id));// 将事件状态设为已解决
    er = service.getEventrecordById(Id);
    if (type == 1){
      return mapping.findForward("returneventmain");
    }
      else if(type==2){
        if(er.getTag2()==0){
          IComponentsolutionService addTimesService=
             (IComponentsolutionService)getBean(
             "ComponentsolutionService");
          addTimesService.addSuccesstime(Id);
        }
        else if (er.getTag2()==1){
          IPackegesolutionService addTimesService=(
             IPackegesolutionService)getBean(
             "PackegesolutionService");
          addTimesService.addSuccesstime(Id);
        }
        List queryList=
           (List)request.getSession().getAttribute("queryList");
        for(int i=0;i<queryList.size();i++){
          Eventrecord erTemp=
             ((EventForProblem)(queryList.get(i))).getEventrecord();
            if(erTemp.getId()==Id){
              erTemp.setEventStatus(er.getEventStatus());
              erTemp.setEnddate(er.getEnddate()); break;
              }
        }
        request.setAttribute("pageid",
          (String)request.getParameter("pageid"));
        request.setAttribute("queryList", queryList);
        return  mapping.findForward("queryErForPro");
      }
      return null;
  }
}
```

程序 8-8　QuerybyidAction.java

```
-------------------------------------------------
package com.SSH.struts.action;
import java.util.ArrayList;
```

```
import java.util.Calendar;
import java.util.List;
import javax.servlet.http.HttpServletRequest;
import javax.servlet.http.HttpServletResponse;
import org.apache.struts.action.ActionForm;
import org.apache.struts.action.ActionForward;
import org.apache.struts.action.ActionMapping;
import org.wuliu.ssh.event.obj.Eventrecord;
import org.wuliu.ssh.event.service.IEventrecordService;
import com.SSH.struts.form.QuerybyidForm;
/**
 * MyEclipse Struts
 * Creation date: 07-28-2008
 *
 * XDoclet definition:
 * @struts.action path="/querybyid" name="querybyidForm"
input="/querybyid.jsp" scope="request" validate="true"
 */
public class QuerybyidAction extends BaseAction {

  public ActionForward execute(ActionMapping mapping, ActionForm form,
      HttpServletRequest request, HttpServletResponse response){
    QuerybyidForm querybyidForm = (QuerybyidForm)form;
    Calendar time1 = Calendar.getInstance();
    List<Eventrecord> queryList = new ArrayList<Eventrecord>();
    IEventrecordService service = (IEventrecordService)getBean(
      "EventrecordService");
    //用事件Id查询事件
    Eventrecord tempER=service.getEventrecordById(
      querybyidForm.getID());
    if(tempER!=null){
    queryList.add(tempER);
    }
    request.getSession().setAttribute("queryList", queryList);
    request.getSession().setAttribute("num","10");
    Calendar time2 = Calendar.getInstance();
    //计算查询所用时间
    float querytime=time2.getTimeInMillis()-time1.getTimeInMillis();
    request.getSession().setAttribute("querytime", querytime/1000);
    return mapping.findForward("queryresult");
  }
}
```

程序 8-9 BaseAction.java

```
----------------------------------------
/**
 * 类名: BaseAction
 * 说明: 所有Action类的基类, 提供getBean方法, 用于获取已注册为bean的类
 * */
package com.SSH.struts.action;

import org.springframework.web.context.WebApplicationContext;
import
org.springframework.web.context.support.WebApplicationContextUtils;
import org.springframework.web.struts.ActionSupport;
```

```
public class BaseAction extends ActionSupport {
  protected Object getBean(String id){ //获取 bean
    WebApplicationContext ctx = WebApplicationContextUtils
        .getWebApplicationContext(this.servlet.getServletContext());
    return ctx.getBean(id);
  }
}
```

8.3.4 业务处理类

这里将所有处理本模块业务的方法放在一个服务类中，是为了便于向外部提供服务功能，并为这些业务处理方法创建一个接口。IEventrecordService.java 的代码如程序 8-10 所示。

程序 8-10 IEventrecordService.java

```
------------------------------------------------
package org.wuliu.ssh.event.service;
import java.util.List;
import org.wuliu.ssh.event.obj.Eventrecord;
/**
 * 类名：事件记录服务接口
 * 说明：向外部提供事件记录的相关服务功能
 * */
public interface IEventrecordService {
  // 添加事件记录
  public void addEventrecord(Eventrecord eventrecord);
    //通过事件描述来检索事件记录
  public Eventrecord getEventrecordByDescription(String description);
    // 根据标签三和标签四检索数据库
  public List getEventrecordByTag3AndTag4(Integer tag3,Integer tag4);
    //根据标签一即事件类型来检索数据库
  public List getEventrecordByTag1(Integer tag1);
    //根据事件搜索传来的值来检索事件
  public List getEventrecordByQuery(Integer eventType,Integer
     problemType,Integer problemContent,
      Integer problemCause,Integer eventStatus,Integer hasSolution);
    //根据事件 Id 来获得确定事件
  public Eventrecord getEventrecordById(Integer Id);
    //对一个存在的事件 er 进行修改
  public void updateEventrecord(Eventrecord er);
    //对事件状态进行修改的接口
      public void setEventSolved(Integer Id);
}
```

EventrecordService.java 的代码如程序 8-11 所示。

程序 8-11 EventrecordService.java

```
-----------------------------------
package org.wuliu.ssh.event.service.impl;

import java.util.ArrayList;
import java.util.Calendar;
```

```
import java.util.List;
import org.wuliu.ssh.event.dao.IEventrecordDAO;
import org.wuliu.ssh.event.obj.Eventrecord;
import org.wuliu.ssh.event.service.IEventrecordService;
import KeyWords.KeyWords;
//类 KeyWords 定义了各个标签下所包含的关键字的值
/**
 * 类名：事件记录服务
 * 说明：提供事件记录的相关业务处理功能
*/
public class EventrecordService implements IEventrecordService {

  private IEventrecordDAO iEventrecordDAO;
  // 添加一个事件
  public void addEventrecord(Eventrecord eventrecord){
    iEventrecordDAO.save(eventrecord);
  }
  // 获取事件记录
  public IEventrecordDAO getEventrecordDAO(){
    return iEventrecordDAO;
  }
  // 设置事件记录
  public void setEventrecordDAO(IEventrecordDAO eventrecordDAO){
    this.iEventrecordDAO = eventrecordDAO;
  }
  // 通过事件描述来检索事件记录
  public Eventrecord getEventrecordByDescription(String description){
    List list = iEventrecordDAO.findByDescription(description);
    if (list.size()== 0){
      return null;
    } else {
      return (Eventrecord)list.get(0);
    }
  }
  // 根据标签三和标签四检索数据库
  public List getEventrecordByTag3AndTag4(Integer tag3, Integer tag4){
    List<Eventrecord> tag3List, tag3Tag4List;
    Eventrecord tempER;
    tag3Tag4List = new ArrayList<Eventrecord>();
    tag3List =
      (ArrayList<Eventrecord>)iEventrecordDAO.findByTag3(tag3);
    for (int i = 0; i < tag3List.size(); i++){
      tempER = (Eventrecord)tag3List.get(i);
      if (tag4.intValue()== tempER.getTag4().intValue()){
        tag3Tag4List.add(tempER);
      }
    }
    return tag3Tag4List;
  }
  //根据标签一即事件类型来检索数据库
```

```
public List getEventrecordByTag1(Integer tag1){
  List list = iEventrecordDAO.findByTag1(tag1);
  if (list.size()== 0){
    return null;
  } else {
    return list;
  }
}
//根据事件搜索传来的值来检索事件
public List getEventrecordByQuery(Integer eventType,Integer
problemType,Integer problemContent,
    Integer problemCause,Integer eventStatus,Integer hasSolution){
  //声明一个最后要返回的 List 列表 queryList
  List<Eventrecord> queryList;
  //声明一个临时的 Eventrecord 变量
  Eventrecord tempER;
  //如果是初步支持查询
  if(eventType==KeyWords.presupport){
    queryList=(ArrayList<Eventrecord>)iEventrecordDAO.
      findByTag1(KeyWords.presupport);
  }//初步支持查询完成
  //如果是服务请求查询
  else if(eventType==KeyWords.servReq){
    queryList=(ArrayList<Eventrecord>)iEventrecordDAO.
      findByTag1(KeyWords.servReq);
    //是否需要根据事件状态选择
    if(eventStatus!=KeyWords.allEventStatus){
      for (int i=0;i<queryList.size();i++){
        tempER=(Eventrecord)queryList.get(i);
        if(eventStatus.intValue()!=
          tempER.getEventStatus().intValue()){
          queryList.remove(i);
          i--;
        }
      }
    }//判断事件状态完成
  }//服务请求查询完成
  //如果是问题查询
  else if(eventType==KeyWords.problem){
    queryList=(ArrayList<Eventrecord>)iEventrecordDAO.
      findByTag1(KeyWords.problem);
    //是否需要根据事件状态选择
    if(eventStatus!=KeyWords.allEventStatus){
      for (int i=0;i<queryList.size();i++){
        tempER=(Eventrecord)queryList.get(i);
        if(eventStatus.intValue()!=
          tempER.getEventStatus().intValue()){
          queryList.remove(i);
          i--;
        }
```

```
    }
  }//判断事件状态完成
  //是否需要根据事件有解决方案来选择
  if(hasSolution!=KeyWords.allSoltionStatus){
    for (int i=0;i<queryList.size();i++){
      tempER=(Eventrecord)queryList.get(i);
      if(hasSolution.intValue()!=tempER.getTag5().intValue()){
        queryList.remove(i);
        i--;
      }
    }
  }
  //判断解决方案完成
  //根据标签判断
  //是否需要根据问题类型来选择，是则进一步判断是否需要根据问题内容来选择
  if(problemType!=KeyWords.allProblemType){
    for (int i=0;i<queryList.size();i++){
      tempER=(Eventrecord)queryList.get(i);
      if(problemType.intValue()!=tempER.getTag2().intValue()){
        queryList.remove(i);
        i--;
      }
    }//判断问题类型完成
    //是否需要根据问题内容来选择,是则进一步判断是否需要根据问题原因来选择
    if(problemContent!=KeyWords.allProblemContent){
      for (int i=0;i<queryList.size();i++){
        tempER=(Eventrecord)queryList.get(i);
        if(problemContent.intValue()!=
           tempER.getTag3().intValue()){
          queryList.remove(i);
          i--;
        }
      }//判断问题内容完成
      //判断是否需要根据问题原因来选择
      if(problemCause!=KeyWords.allProblemCause){
        for (int i=0;i<queryList.size();i++){
          tempER=(Eventrecord)queryList.get(i);
          if(problemCause.intValue()!=
             tempER.getTag4().intValue()){
            queryList.remove(i);
            i--;
          }
        }
      }//判断问题原因完成
    }
  }
  //判断标签完成
}//问题查询完成
//查询所有事件
else{
```

```
        queryList=(ArrayList<Eventrecord>)iEventrecordDAO.findAll();
        //是否需要根据事件状态选择
        if(eventStatus!=KeyWords.allEventStatus){
          for (int i=0;i<queryList.size();i++){
            tempER=(Eventrecord)queryList.get(i);
            if(eventStatus.intValue()!=
                tempER.getEventStatus().intValue()){
              queryList.remove(i);
              i--;
            }
          }
        }//判断事件状态完成
        //是否需要根据事件有解决方案来选择
        if(hasSolution!=KeyWords.allSoltionStatus){
          for (int i=0;i<queryList.size();i++){
            tempER=(Eventrecord)queryList.get(i);
            if(hasSolution.intValue()!=tempER.getTag5().intValue()){
              queryList.remove(i);
              i--;
            }
          }
        }
        //判断解决方案完成
      }//所有事件查询完成
      return queryList;
    }
    //根据事件Id来获得确定事件
    public Eventrecord getEventrecordById(Integer Id){
      Eventrecord er = iEventrecordDAO.findById(Id);
      return er;
    }
    //对一个存在的事件er进行修改
    public void updateEventrecord(Eventrecord er){
      iEventrecordDAO.attachDirty(er);
    }
    //对事件状态进行修改的接口
    public void setEventSolved(Integer Id)
    {
      Eventrecord er=iEventrecordDAO.findById(Id);
      er.setTag5(KeyWords.hasSolution);
      er.setEventStatus(KeyWords.eventSolved);

      Calendar date = Calendar.getInstance(); // 获取当前日期
      int year, month, day;
      year = date.get(Calendar.YEAR);//获取当前的年份
      month = date.get(Calendar.MONTH)+ 1;//获取当前的月份
      day = date.get(Calendar.DAY_OF_MONTH);//获取当前的日子
      er.setEnddate(year + "-" + month + "-" + day);
      //事件解决的日期设定为当前时间
```

```
        iEventrecordDAO.attachDirty(er);
    } }
}
```

8.3.5 域模型

在 8.1.2 节中已经给出了本模块的领域模型，仔细分析该领域模型，其中的大部分实体都是本系统中的另外几个模块，最后可以看出，在本模块中只需要建立一个业务实体，即表示事件记录的 Java 对象。表 8-6 给出了对该对象中属性和方法的说明。

表 8-6 业务实体 Eventrecord.java 的说明

Eventrecord.java	业务实体：表示事件记录
- id:Integer	属性：事件 ID
- startdate:String	属性：事件开始时间
- enddate:String	属性：事件结束时间
- tag1:Integer	属性：标签 1
- tag2:Integer	属性：标签 2
- tag3:Integer	属性：标签 3
- tag4:Integer	属性：标签 4
- tag5:Integer	属性：标签 5
- description:String	属性：事件描述
- eventStatus:Integer	属性：事件状态
- impact:Integer	属性：事件影响度
-deadLine:String	属性：事件的期望结束时间
+ Eventrecord()	无参数构造方法
+ Eventrecord(Integer, Integer, Integer, Integer,Integer, Integer, Integer, Integer)	部分参数构造方法
+ Eventrecord(String, String, Integer, Integer, Integer, Integer, Integer, String, Integer, Integer, Integer, String)	完全参数构造方法
各个属性的 get 和 set 方法(略)	—

8.3.6 映射文件

为了完成 Java 对象和数据库表中数据的相互转化，这里需要建立映射文件来描述持久层对象、它们的属性和数据库中的表及表的字段间的对应关系。根据惯例，映射文件的名称一般与 Java 对象的名称相同，扩展名使用.hbm.xml，因此在这里建立名为 Eventrecord.hbm.xml

的映射文件，代码如程序 8-12 所示。

程序 8-12　Eventrecord.hbm.xml

```
---------------------------------------------------
<?xml version="1.0" encoding="utf-8"?>
<!DOCTYPE hibernate-mapping PUBLIC "-//Hibernate/
  Hibernate Mapping DTD 3.0//EN"
"http://hibernate.sourceforge.net/hibernate-mapping-3.0.dtd">
<hibernate-mapping>
    <class name="org.wuliu.ssh.event.obj.Eventrecord" table=
      "eventrecord" catalog="w17_18_19_20_21">
        <id name="id" type="java.lang.Integer">
            <column name="id" />
            <generator class="increment" />
        </id>
        <property name="startdate" type="java.lang.String">
            <column name="startdate" length="10" />
        </property>
        <property name="enddate" type="java.lang.String">
            <column name="enddate" length="10" />
        </property>
        <property name="tag1" type="java.lang.Integer">
            <column name="tag1" length="999" not-null="true" />
        </property>
        <property name="tag2" type="java.lang.Integer">
            <column name="tag2" length="999" not-null="true" />
        </property>
        <property name="tag3" type="java.lang.Integer">
            <column name="tag3" length="999" not-null="true" />
        </property>
        <property name="tag4" type="java.lang.Integer">
            <column name="tag4" length="999" not-null="true" />
        </property>
        <property name="tag5" type="java.lang.Integer">
            <column name="tag5" length="999" not-null="true" />
        </property>
        <property name="description" type="java.lang.String">
            <column name="description" length="65535" />
        </property>
        <property name="eventStatus" type="java.lang.Integer">
            <column name="eventStatus" not-null="true" />
        </property>
        <property name="impact" type="java.lang.Integer">
            <column name="impact" not-null="true" />
        </property>
        <property name="urgency" type="java.lang.Integer">
            <column name="urgency" not-null="true" />
        </property>
        <property name="deadLine" type="java.lang.String">
            <column name="deadLine" length="10" />
        </property>
    </class>
</hibernate-mapping>
```

由于本例中的数据库表并不复杂，所以手动编写此映射文件是可行的，但是，如果所开发系统的数据库表很繁杂，则建议使用 MyEclipse 的自动生成映射文件功能，具体操作将在 8.3.7 节中与配置文件的自动生成一并介绍。

8.3.7 Hibernate 的配置文件及 DAO 的实现

接下来需要完成 Hibernate 的配置文件，用于配置 Hibernate 连接数据库时的各种参数，另外还需要实现相应的 DAO(Data Access Object)。

MyEclipse 中的 Hibernate 工具可以用来自动生成 Hibernate 的一些文件，如配置文件 hibernate.cfg.xml、数据库映射文件*.hbm.xml 及 DAO 等。这里使用这种自动工具将大大减少我们的工作量。

因为开发这个模块使用了 Hibernate 框架，所以自然可以使用 Hibernate 的这些工具。这里将使用它来自动生成配置文件 hibernate.cfg.xml 及 DAO，其步骤如下。

首先，打开 MyEclipse 开发界面上的 Window→Show View→Other→DB Browser，打开之后在 DB Browser 的视窗内单击右键新建一个数据库连接驱动，并写入如图 8-6 所示的配置信息。注意，此处需将 MySQL 的驱动包加进来。

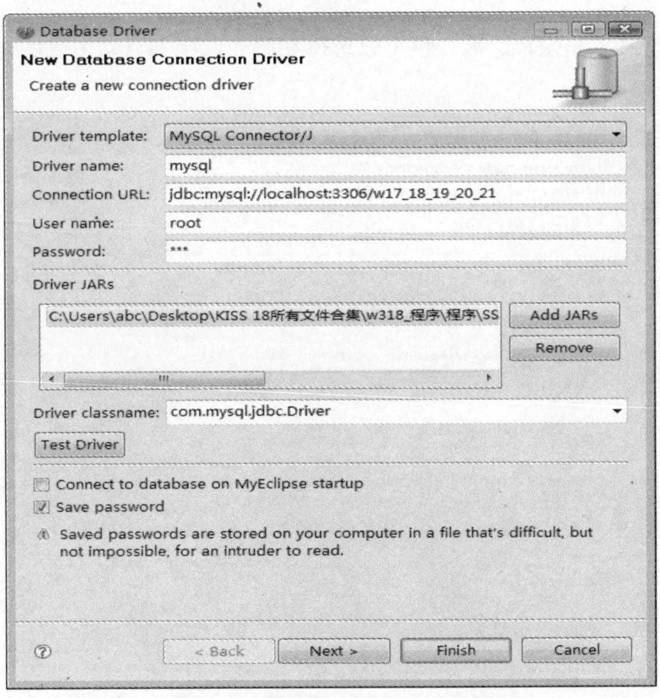

图 8-6 新建数据库连接的配置信息

其次，设置好以上的连接之后，用 Hibernate 反转工程来自动生成所需的文件。在 DB

Browser 视窗中打开相应的数据库之后，右键单击与本系统对应的数据库表，选择 Hibernate Reverse Engineering 选项，如图 8-7 所示。

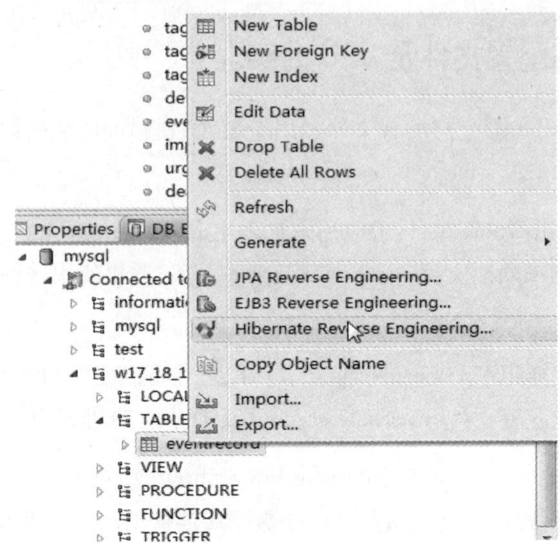

图 8-7 选择对应数据库表的 Hibernate 反转工程选项

最后，打开反转工程窗口之后，便可以选择相应的选项来自动生成所需要的文件，如图 8-8 所示。

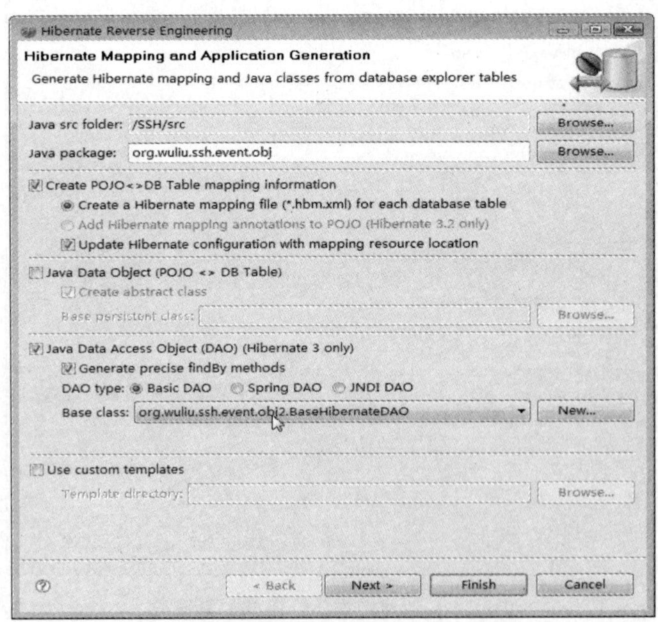

图 8-8 生成所需配置文件的选择窗口

程序 8-11 EventrecordService.java 中的这个事件处理服务类并没有与数据库直接打交道，此类中的增删、改查等对事件记录的操作都是通过 IEventrecordDAO.java 这个接口对象来实现的，此接口是一个典型的 DAO 接口定义，定义这样的 DAO 接口可以在方法的调用者和方法的具体实现之间建立一个屏障，以增加系统的灵活性。完成该 DAO 接口的定义后，就可以联合图 8-8 中所示的反向工程所产生的 Base HibernateDAO.java 来进行 DAO 接口的具体实现工作。

8.4 小结

本章主要介绍了一个物流服务管理系统中的“事件管理”模块的设计与开发。在该系统的实现中结合 Struts 与 Hibernate 框架的使用，遵循 MVC 模式设计系统。作为例子，本章只介绍了整个物流服务管理系统中的一部分，但是这个子模块的开发是独立完成的，它完整地体现了一个 Web 开发的流程。

Struts+Hibernate 的开发方式是如今一种比较流行的 Web 开发方法，读者可以通过本章的例子，学习如何结合以上两种开发框架来开发 Web 应用系统。

第 9 章 基于 Web 的通用在线题库管理系统

本章介绍一个基于 Web 的题库管理系统的体系结构和设计的实现过程。系统采用三层体系结构 JSP-JavaBean-Oracle 开发，即前端由 JSP 网页实现表现逻辑，中间使用 JavaBean 的组件实现系统内部复杂的业务逻辑，后端使用 Oracle 数据库实现数据逻辑，并提出在线题库管理系统解决方案及题目分类的特殊原则。系统采用 com.jspsmart.upload 组件实现文件上传。系统实现了题库的基本添加、修改、删除功能；实现了题库系统各科目的统计、分析；实现了题目的使用频率的统计分析及出题人员的工作量的统计分析。

9.1 系统体系结构分析和设计

9.1.1 背景

目前，在国家有关项目的支持下，出现了一系列实用的题库系统，如高等教育基础学科系列题库、国家医学水平考试题库、基础教育系列题库等。这些题库系统，无论是由国家机关控制，还是作为商品出售，都产生了巨大的经济效益与社会效益。但随着这些题库系统的运行，也出现了一些问题。封闭运行、缺乏开放性是此类题库系统的致命弱点。由于题库是一个精密的测量工具，其维护、管理、更新、数据统计与分析都要由专业的人士来进行，故基本上都由某一重要的大单位封闭运行。这样，题库只局限于某些权威单位使用，不能得到广泛的普及，无法真正在教学过程中起到其应有的作用。另外，题库的封闭运行导致其无法得到广泛的使用和参与，对于题库的修订和校正缺乏数据基础，使得提高整个题库数据质量较为困难。

随着 Internet 的出现和广泛使用，Web 使得实现广泛的网络共享、集中的安全控制和友好的使用界面达到了完美的统一。这为解决题库系统运行中存在的一些问题提供了新的解决方案。

一个基于 Web 的通用题库系统，是将系统架设在一个 Web 站点上运行、通过浏览器访问的，它提供了传统单机题库系统所不能完成的某些功能。传统题库都是分散运行的题库，一般无法保持一个专家群体，因此一般由任课教师自主修改题库，这样容易导致题库总体质量下降。对一个题库来讲，只有广泛使用才能真正具有它的价值，因此对单机题库来讲，要想保持良好的题库质量，并让其得到广泛的使用，其难度是相当大的。基于 Web 的通用考试题库系统则可以完美地解决这一难题，它可以实现题库集中管理和共享。这样不但可以拥有集中的专家群，及时更新题库，保证题库的质量，而且可以通过网络统一管理和控制试题库，从而使通用试题库得到更广泛的使用。

9.1.2　题库系统体系结构设计

题库系统采用三层结构，在客户端用户通过浏览器完成数据下载与模拟操作，浏览器端的表现逻辑通过 JSP 网页完成。而系统内部复杂的业务逻辑主要通过 JavaBean 的组件(Component)实现，JavaBean 组件在 WWW 服务器上运行，通过 JSP 返回到客户端浏览器。表现逻辑与业务逻辑的分离，使网页内容简洁，题库系统的可维护性和可扩充性增强。在服务器端，题库系统使用 JDBC 中间件访问数据库，数据库服务器定义了本系统所需要的事务逻辑和数据逻辑。其体系结构如图 9-1 所示。

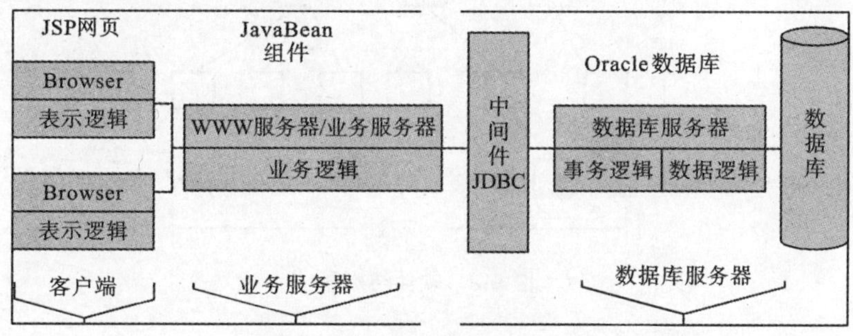

图 9-1　基于 Web 的题库管理系统体系结构图

本系统使用 JSP 技术作为表现手段，服务器采用 Tomcat v5.5 作为 JSP 引擎，系统业务逻辑由 JavaBean 组件完成，使用 JDBC 3.0 驱动程序访问数据库，采用 Oracle 数据库作为数据库服务器。

9.2　系统分析和设计

9.2.1　系统设计原则

本系统设计遵循结构化设计原则。

(1) 模块独立性、适度性原则。

模块独立性的概念是模块化、抽象、信息隐蔽和局部化概念的直接结果。模块独立性是通过具有单一功能并且与其他模块没有过多联系的模块来实现的。模块独立性由内聚性和耦合性两个定性指标来度量。内聚性是度量模块功能强度的一个相对指标。耦合性是用来度量模块之间的相互联系的程度。

模块过大时，模块的可理解性会迅速下降。另外对过大的模块进行分解，也不应降低模块的独立性。因为当对一个大的模块分解时，可能会增加模块间的依赖性。

⑵ 系统结构的深度、宽度、扇出、扇入适当原则。

如图 9-2 所示，深度表示从最上层模块到最底层模块的层数；宽度表示控制的总分布；扇出数是指由一个模块直接控制的其他模块数；扇入数是指直接控制一个给定的模块的控制模块数。

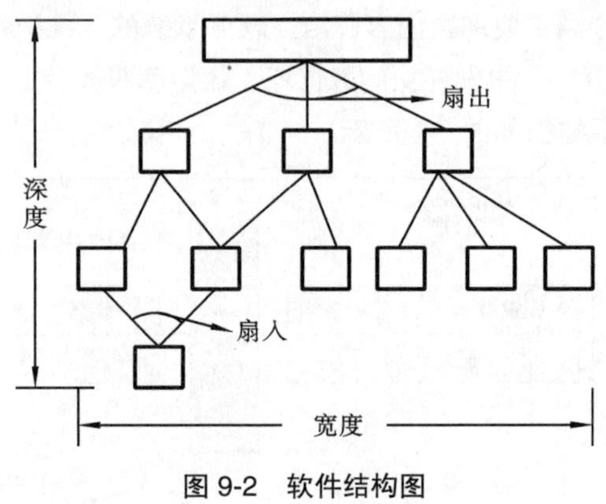

图 9-2 软件结构图

优质的系统结构通常是顶层扇出比较大，中间扇出比较少，底层模块大扇入。

⑶ 模块的作用范围保持在该模块的控制范围内。

模块的作用范围是指受该模块内一个判定影响的所有模块的集合。模块的控制范围是指这个模块本身及所有直接或间接从属于它的模块的集合。

⑷ 系统模块的单入口、单出口原则。

这一原则是要防止内容耦合性。如果模块都是从顶部入口，从底部出口，则这样的系统更容易理解和维护。例如，可以避免病态连接(病态连接是指从中间进入或访问一个模块)等。

⑸ 模块结果可预测原则。

如果一个模块可以当做一个黑箱，即只要输入的数据相同就会产生同样的输出，这个模块的功能就是可以预测的。

⑹ 数据一致性原则。

9.2.2 系统工作流程分析

系统工作流程如图 9-3 所示。

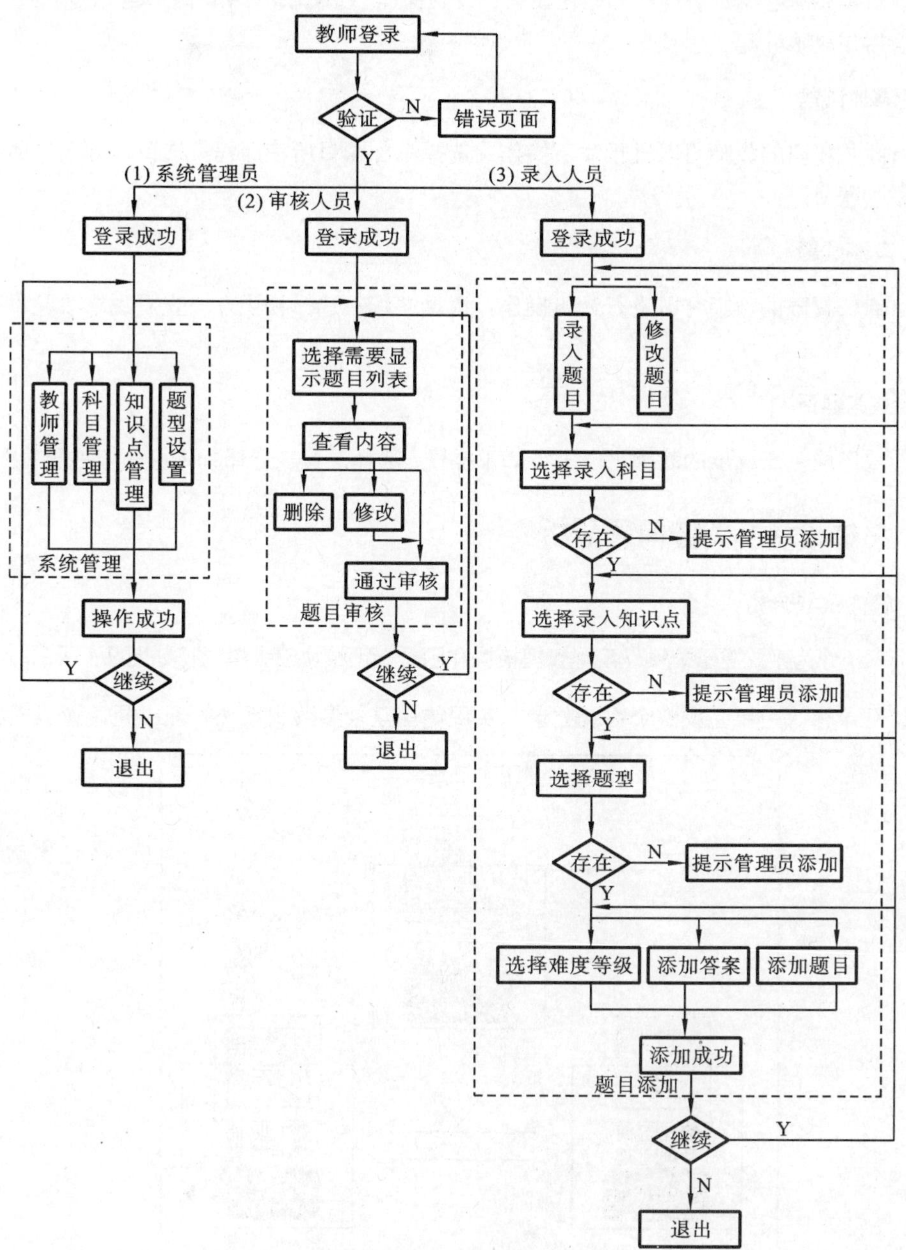

图 9-3 系统主要流程图

描述：进入系统，首先需要登录，然后根据分配的权限，进行相应的操作。

1．管理员初始化系统

管理员需要对题库参数进行初始化设置：设置课程→添加知识点；添加题型；添加用户。此项包含用户权限分配。

2．添加试题

具有添加权限的教师可以进行如下操作：选择添加题目所在课程→选择添加题目所在知识点→添加题目。

3．审核试题

具有审核权限的教师可以进行如下操作：选择课程→选择知识点→查看或修改题目→通过审核。

4．浏览题目

有此权限或更高权限的教师可以进行如下操作：选择课程→选择知识点→查看题目内容。

9.2.3 总体模块及关键问题分析

1．总体模块分析

整个系统分为系统登录模块、系统管理模块和题目管理模块三大模块，如图 9-4 所示。

系统登录模块主要完成整个系统登录，实现传递登录参数到系统管理或题目管理模块。

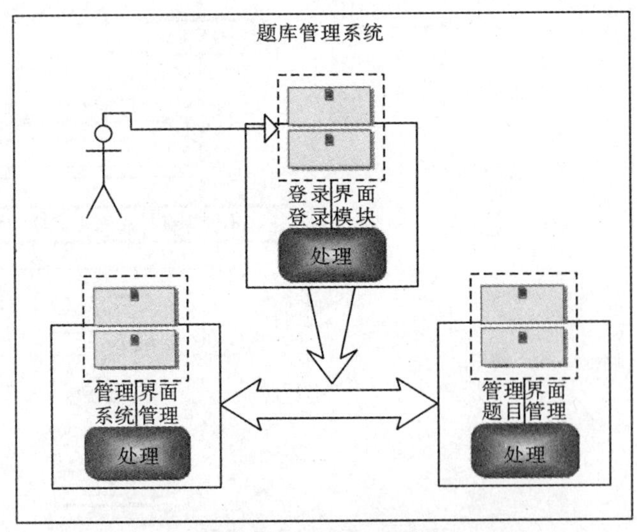

图 9-4　系统结构图

系统管理模块主要完成整个系统的初始化及对系统内部操作用户的管理。

题目管理模块主要完成系统对题目的管理。

2. 题库关键问题分析

1) 题目分类

一般的题目分为客观题型、主观题型(分为选择、填空、判断、简答等)两大类。

在本系统中，按照数据量的大小，将题目分为两类：一类是 A 型题目；另一类是 B 型题目。

A 型题目是指小数据量的题目，它包含填空、选择、判断、简答等。

B 型题目是指一些大的综合题目，大都以文件的形式存在。

2) 题目存储

根据题目分类，题目有两种存储方式：一种是全部存入数据库服务器；另一种是将大数据类型以文件的形式存入业务服务器。

前一种方法有利于保证数据的完整性，而后一种方法有利于系统向不同数据库的移植。

在本题库管理系统中，考虑到系统以后的通用性及向其他数据库的移植，未将大数据类型的文件的数据以 LOB 类型存入数据库服务器，而是将其以文件的形式存入业务服务器，在数据库服务器中只保存相应业务服务器的文件路径。因此，根据题目分类系统将 A 型题目直接存入数据库服务器，B 型题目以文件的形式存入业务服务器。

3) 关于人机交互的问题

良好的人机界面设计是系统的一部分，因此也是本系统设计的一个重要部分。另外，多方面的信息提示能提高系统的易理解性与易操作性，因此在系统中应加入人性化的标志及一些数据的提示。数据提示包含系统对于一些有用数据的统计，即对各科题目数量的统计，对于各个知识点的详细题目数量也进行统计。为了明确题库中的题目数量，出题人员可以按照题目数量随时补充题目。另外，为了考察各个出题人员的工作量，系统对于出题人员的出题数量也应进行统计，这样有利于管理员管理。

4) 系统访问权限管理

系统访问权限设置是设计一个多权限系统的关键。

本系统根据要求，对用户权限划分为 5 个等级，即系统管理人员(1)、审核人员(2)、出题人员(3)、阅卷人员(4)、普通受限用户(5)。

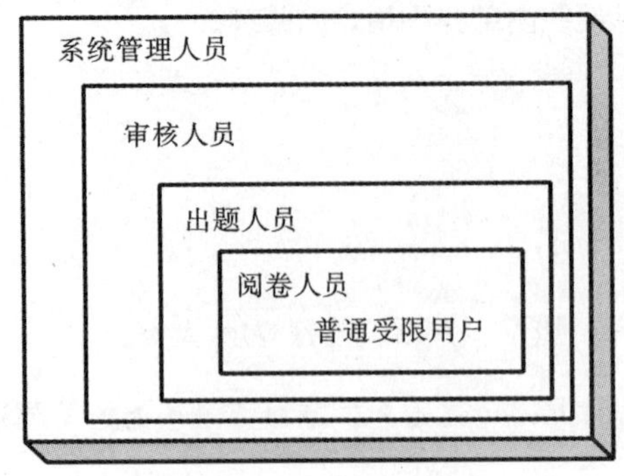

图 9-5 系统角色图

他们对于系统功能的可操作关系如图 9-5 所示。

5）实际考试与系统模拟复杂度权衡

题库系统实际考试过程中需要涉及一些表单信息的处理，如单选框、多选框、填空框等，因此在出题过程中应该考虑到，既要出题人员操作简单，又要系统设计简单，还要避免一些冲突。综合考虑这些因素，在本系统实现过程中定义了转义字符串。

具体定义如下，[X]定义为单选框，[DX]定义为多选框，[T]定义为填空框。在出题过程中，可以按出题按钮进行出题，也可以直接输入这些转义字符串，在题目显示的时候，再将这些转义字符串转为定义好的功能属性。

系统中既然对于一些字符串进行了特殊定义，则对于出题时可能出现的此类字符串应当予以特别考虑。在出题的时候，应当注意这些特别申明了的字符串的使用，若非要在题目中出现，则应这样处理：以[X]为例，因为在系统运行时是经浏览器解释的，因此对于[X]，写为[X]。在这个字符串中， 解释为一个空格，显示为[X]，而不将它解释为一个表单的功能属性，其他几个转义字符串处理方法与此相同。

6）数据一致性、完整性的保证

系统数据一致性、完整性是数据库稳定的关键。在本系统中，只有保证了系统管理部分的数据完整性，才能进行题目管理部分的操作。

在本系统中，对于数据一致性是这样保证的：

B 型题目数=题目总数(数据库存) –A 型题目数(数据库存)；

待审题目数=题目总数(数据库存) –可用题目数(数据库存) –回收站题目数(数据库存)；

添加题目，需要更新统计信息：科目题目总数加 1；题目类型加 1；知识点题目总数加 1；

删除题目，需要更新统计信息：科目题目总数减 1；题目类型减 1；知识点题目总数减 1。

9.2.4 CI 设计

考虑到系统的实用性及面向教学的特点，本通用在线题库管理系统的整个版面趋向于淡雅与简练，如图 9-6 所示。

图 9-6 系统界面

在本系统中，采用蓝色调，整个系统看起来清新、专业。另外，部分导航配有黄色作为提示，能够体现出轻松、希望和智慧。主题部分采用黑色字体，突出显示，整个系统的颜色更加和谐。系统采用的颜色分别用十六进制数值表示为：64A5DB、FCD94C、000000、FF6600。64A5DB为整体色调，因此系统中的空白色块及滚动条均为此颜色。根据不同需要，系统的表格采用1PX实线或1PX虚线，表格边框颜色分别采用000000或与系统整体色调融合的64A5DB。为了能清晰显示，系统中字体采用通用的宋体。导航条颜色值选用FCD94C；导航超链接字体采用颜色值为336699；为了体现翻转及强调各个链接功能，翻转字体颜色值采用000000。为了体现清晰性，其他部分超链接采用翻转字体，选用颜色值为FF6600的橙色，因为橙色是一种鲜亮的颜色，具有轻快、欢欣、热烈、温馨、时尚的效果，同时它与其他部分的颜色差异较大。

根据系统各栏目及功能分类，可确定系统的目录结构，这样方便管理查找，也方便管理及遍历。整个系统的目录结构如图9-7所示。

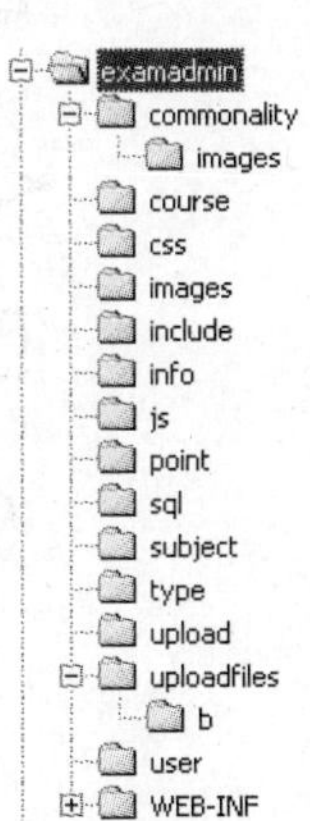

图 9-7 系统文件目录结构

commonality目录存放所有公共信息，包括导航条信息、页面尾部版权信息等；course目录存放科目管理及完成功能页面；css目录存放系统整体样式表的定义；images目录存放所有用到的图片；include目录存放一些包含文件，包括系统权限分配的部分；info目录存放系统的一些提示信息，包括错误提示信息、成功提示信息及其他一些提示信息；js目录存放系统中用到的JS文件；point目录存放知识点管理的页面；sql目录存放系统建立数据库表的所有SQL文件；subject目录存放系统题目管理的所有信息及功能页面；upload

目录存放系统 A 型题目附件上传的文件；uploadfiles 目录存放通过系统上传的所有文件；user 目录存放系统用户管理的文件；WEB-INF 目录存放站点的一些采用的 BEANS 文件。

在本系统的链接设计中，将两种链接方式结合使用，首页与管理页面采用树形链接结构，在管理及题目浏览页面之间采用星形链接结构。希望浏览者及管理者可以随意到达他所需要操作的页面，又可以知道他处于整个系统的什么位置。详细系统链接结构如图 9-8 所示。

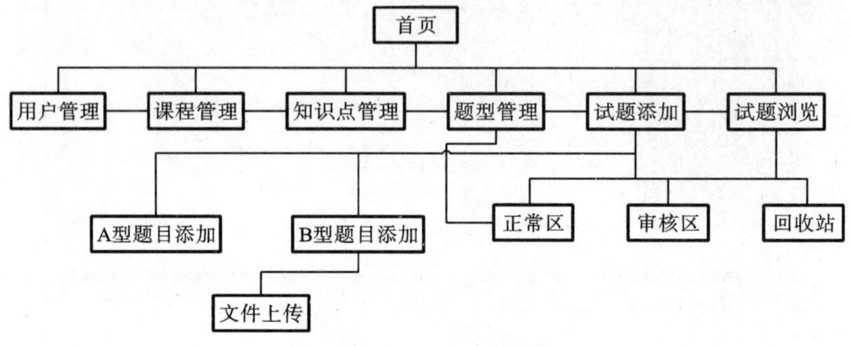

图 9-8 系统链接结构图

9.3 数据库设计

9.3.1 E-R 图

系统包含 6 个实体：教师、课程、知识点、题型、题目、文件。系统 E-R 图如图 9-9 所示。

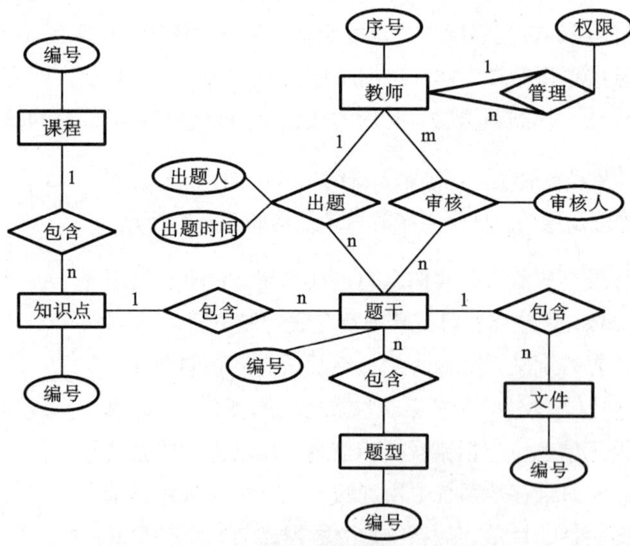

图 9-9 题库管理系统 E-R 图

9.3.2 表设计

1. 系统登录模块

登录模块应该完成用户登录及用户权限验证，并保存登录信息及权限信息，它主要有一个功能处理页面，要具有检索数据库，可按照不同身份跳转不同页面。系统登录模块主要涉及数据库表 tblSYS_USER，其设计如表 9-1 所示。

表 9-1 用户表 tblSYS_USER

序号	名称	编　码	类型	宽度	精度	备　注
1	编码	ID	C	6	0	教师编号
2	用户名	UserName	C	15	0	—
3	密码	UserPWD	C	15	0	—
4	权限	UserPower	N	1	0	1: 系统管理员；2: 审核人员；3: 出题人员；4: 阅卷人员；5: 普通受限用户(默认)
5	出题数	SubjectNum	N	10	—	默认值 0
6	标志	DelSign	C	1	—	N: 正常(默认)；Y: 删除
7	登录时间	LastTime	C	20	—	0000-00-00

2. 系统管理模块

系统管理模块包括用户管理、科目管理、知识点管理、题型管理。用户管理包含出题人员、审核人员、判卷人员、受限用户的账号分配、停用、删除、密码设置等功能。科目管理包含课程的添加、删除、修改，以及统计该课程的知识点数量、题目数量等信息功能。知识点管理包含对于各课程知识点的增加、修改、删除，以及对于各知识点包含的 A 型题目的统计信息等功能。题型管理包含对于题目类型的添加、删除、修改，题型管理大多相对于 A 型题目而言，包括一般的题目类型，如选择、判断、简答等功能。该部分需要设计的数据库表有科目表 tblM_COURSE、题型表 tblM_SUBJECTTYPE、知识点表 tblM_POINT，分别如表 9-2、表 9-3、表 9-4 所示。

表 9-2 科目表 tblM_COURSE

序号	名称	编　码	类型	宽度	精度	备　注
1	编号	ID	N	5	0	自动加 1
2	课程名	CourseName	C	40	—	—
3	知识点数	PointNum	N	10	0	默认值 0
4	题目总数	SubjectNum	N	10	0	默认值 0

续表

序号	名称	编　　码	类型	宽度	精度	备　　注
5	A 型题目数	SubjectANum	N	10	—	默认值 0
6	可用题目数	SubjectUseableNum	N	4	—	默认值 0
7	删除题目数	SubjectDelNum	N	4	—	默认值 0
8	删除标志	DelSign	C	1	—	N: 正常(默认); Y: 删除

表 9-3　题型表 tblM_SUBJECTTYPE

序号	名称	编　　码	类型	宽度	精度	备　　注
1	编号	ID	N	5	0	自动加 1
2	题型	SubjectType	C	40	—	
3	题目数	SubjectNum	N	10	0	默认值 0
4	删除标志	DelSign	C	1	—	N: 正常(默认); Y: 删除

表 9-4　知识点表 tblM_POINT

序号	名称	编　　码	类型	宽度	精度	备　　注
1	编号	ID	N	5	0	自动加 1
2	课程	Course	N	5	—	关联课程表 ID
3	知识点	Point	C	100	—	—
4	题目总数	SubjectNum	N	10	0	默认值 0
5	A 型题目数	SubjectANum	N	10	0	默认值 0
6	可用题目数	SubjectUseableNum	N	10	—	默认值 0
7	删除题目数	SubjectDelNum	N	4	0	默认值 0
8	删除标志	DelSign	C	1	—	N: 正常(默认); Y: 删除

3. 题目管理模块

题目管理模块包含题目添加、审核、删除、修改等功能。题目的添加又分为 A 型题目的添加和 B 型题目的添加。A 型题目的添加按照不同类型题目有几个常用的出题模板，不同的题目按照不同的出题模板添加题目，然后提交处理页面进行处理，B 型题目的添加是按照文件的上传实现的，由组件 jspsmartupload 实现文件的上传。

此部分需要的数据库表为 A 型题目表 tblM_SUBJECT_A，具体设计如表 9-5 所示。B 型题目表 tblM_SUBJECT_B，具体设计如表 9-6 所示。

表 9-5 A 型题目表 tbIM_SUBJECT_A 结构

序号	名称	编　码	类型	宽度	精度	备　注
1	编号	ID	N	10	0	自动加 1
2	科目	Course_id	N	5	0	关联科目表中 ID
3	题型	Type	N	4	0	关联题型表中字段 ID
4	内容	Content	C	3000	—	—
5	附件	SAffix	C	128	—	—
6	知识点	SPoint_id	N	10	0	关联知识点表中字段 ID
7	分值	SScore	N	3	—	—
8	答案	SAnswer	C	2000	—	—
9	难度等级	SDifficulty	N	2	—	0: 简单 ; 1: 难
10	出题人	SAddUser	N	6	—	关联管理表中字段 ID
11	添加时间	SAddTime	C	20	—	格式: YYYY-MM-DD
12	抽中率	Probability	N	6	—	默认值 0
13	审核标志	CheckSign	N	1	0	0: 未审核(默认值); 1: 已审核
14	审核人	Checkuserid	C	6	—	关联管理表中字段 ID

表 9-6 B 型题目表 tbIM_SUBJECT_B 结构

序号	名称	编　码	类型	宽度	精度	备　注
1	编号	ID	N	10	0	自动加 1
2	科目	Course_id	N	5	0	关联科目表中 ID
3	内容	Content	C	120	—	—
4	文件大小	Content_size	N	9	—	—
5	答案文件	SAnswer_saffix	C	100	—	—
6	答案要点	SAnswer	C	2000	—	—
7	分值	SScore	N	3	—	—
8	出题人	SAddUser	C	6	—	关联管理表中字段 ID
9	添加时间	SAddTime	C	20	—	格式: YYYY-MM-DD
10	抽中率	Probability	N	6	—	默认值 0
11	审核标志	CheckSign	N	1	0	0: 未审核(默认值); 1: 已审核
12	审核人	Checkuserid	C	6	—	关联管理表中字段 ID

SQL 语句如程序 9-1 所示。

程序 9-1　CreateTable.sql

```
-----------------------------------------------
--通用在线题库系统
--设计：李俊青
--数据库：Oracle10g
--日期：2009-08-10
--最后更改日期：2010-03-10
-----------------------------------------------
创建系统表用户表 tblSYS_USER
CREATE TABLE tblSYS_USER
 (ID                varchar2(6)       NOT NULL,
 UserName           varchar2(15)      NULL,
 UserPWD            varchar2(15)      NULL,
 UserPower          NUMBER(1,0)       DEFAULT 5,
 SubjectNum         NUMBER(10,0)      DEFAULT 0,
 DelSign            CHAR(1)           DEFAULT 'N',
 LastTime           varchar2(20)      DEFAULT '0000-00-00',
 PRIMARY  KEY("ID")
 );

--创建课程表 tblM_COURSE
--字段 ID 为自动增加 1 序列
CREATE TABLE tblM_COURSE
 (ID                NUMBER(5,0)       NOT NULL,
 CourseName         varchar2(40)      NULL,
 PointNum           NUMBER(10,0)      DEFAULT 0,
 SubjectNum         NUMBER(10,0)      DEFAULT 0,
 SubjectANum        NUMBER(10,0)      DEFAULT 0,
 SubjectUseableNum  NUMBER(10,0)      DEFAULT 0,
 SubjectDelNum      NUMBER(4,0)       DEFAULT 0,
 DelSign CHAR(1) DEFAULT 'N',
 PRIMARY KEY("ID"));
-- 创建课程 ID 主键序列
create sequence  courseid
            start with 1
   increment by 1
            maxvalue 99999;

--创建题型表 tblM_SUBJECTTYPE
CREATE TABLE tblM_SUBJECTTYPE
 (ID                NUMBER(4,0)       NOT NULL,
 SubjectType        varchar2(40)      NULL,
 SubjectNum         NUMBER(10,0)      DEFAULT 0,
 DelSign            CHAR(1)           DEFAULT 'N',
 PRIMARY KEY("ID"));
-- 创建题型 ID 主键序列
create sequence  subjecttypeid
            start with 1
   increment by 1
            maxvalue 9999;

--创建知识点表 tblM_POINT
```

```
CREATE TABLE tblM_POINT
  (ID                  NUMBER(10,0)     NOT NULL,
  Course               NUMBER(5,0)      NULL,
  Point                varchar2(100)    NULL,
  SubjectNum           NUMBER(10,0)     default 0,
  SubjectANum          NUMBER(10,0)     default 0,
  SubjectUseableNum    NUMBER(10,0)     default 0,
  SubjectDelNum        NUMBER(4,0)      default 0,
  DelSign              CHAR(1)          DEFAULT 'N',
  PRIMARY KEY("ID"));
-- 创建知识点 ID 主键序列
create sequence  pointid
             start with 1
   increment by 1
             maxvalue 999999999;

--创建 A 型题目表 tblM_SUBJECT_A
CREATE TABLE tblM_SUBJECT_A
  (ID                  NUMBER(10,0)  NOT NULL,
  Course_id            NUMBER(5,0)      NULL,
  Type                 NUMBER(4,0)      NULL,
  Content              varchar2(3000)   NULL,
  SAffix               varchar2(100)    NULL,
  SPoint_id            NUMBER(10,0)     NULL,
  SAnswer              varchar2(2000)   NULL,
  Sscore               NUMBER(3,0)      NULL,
  SDifficulty          NUMBER(2,0)      NULL,
  SAddUser             varchar2(6)      NULL,
  SAddTime             varchar2(20)     NULL,
  Probability          NUMBER(6,0)      default 0,
  DelSign              CHAR(1)          DEFAULT 'N',
  CheckSign            CHAR(1)          DEFAULT 'N',
  Checkuserid          varchar2(6)      NULL,
  PRIMARY KEY("ID"));
-- 创建 A 型题 ID 主键序列
create sequence  subject_a_id
             start with 1
   increment by 1
             maxvalue 999999999;

--创建 B 型题目主表 tblM_SUBJECT_B
CREATE TABLE tblM_SUBJECT_B
  (ID                  NUMBER(10,0)     NOT NULL,
  Course_id            NUMBER(5,0)      NULL,
  Content              varchar2(100)    NULL,
  Content_size         NUMBER(9,0)      NULL,
  SAnswer_saffix       VARCHAR2(100)    NULL,
  SAnswer              varchar2(2000)   NULL,
  Sscore               NUMBER(3,0)      NULL,
  SAddUser             varchar2(6)      NULL,
  SAddTime             varchar2(20)     NULL,
  Probability          NUMBER(6,0)      default 0,
  DelSign              CHAR(1)          DEFAULT 'N',
  CheckSign            CHAR(1)          DEFAULT 'N',
```

```
  Checkuserid        varchar2(6)      NULL,
  PRIMARY KEY("ID"));
-- 创建B型题ID主键序列
create sequence  subject_b_id
               start with 1
    increment by 1
               maxvalue 999999999;

--创建B型题目题干表tblM_SUBJECT_B_CHILD
CREATE TABLE tblM_SUBJECT_B_CHILDQ
  (ID                NUMBER(10,0)      NOT NULL,
  Content   BLOB);
-- 创建试题ID主键序列
create sequence  subject_b_child_id
               start with 1
    increment by 1
               maxvalue 999999999;
```

9.4 系统主要功能实现

9.4.1 系统实现应遵循的原则

系统实现主要遵循以下原则。

1. 结构化程序编码原则

系统实现遵循结构化程序设计的思想，为了确保每个模块的逻辑清晰，各个模块应该尽量使用单入口，单出口和顺序，选择及循环三种基本控制结构。另外，为了增强系统的编码效率，采用扩展的结构程序设计，即除了使用上述三种基本的控制结构以外，还使用多分支的选择结构和下部判断循环条件的循环结构。

2. 良好的程序编写风格

为了提高程序的可读性和易维护性，程序结构应简单清晰，因此在程序编写过程中应保持良好的程序设计风格，主要体现在以下几方面。

(1) 采用序言性和描述性两种注释对程序进行解释。

(2) 变量说明尽量具有实际意义。

(3) 程序语句构造应该简单，直接反映意图，不必过于巧妙和深奥。

(4) 对于交互输入/输出，要有简单提示的输入方式，出错检查。

(5) 提高输入/输出效率。

9.4.2 共用信息处理

1．导航和版权信息

在本系统中，所有能够共用的信息都单独提取出来，然后包含到各个页面中，其中包括头部导航条 top.jsp，尾部版权信息页面 end.jsp。系统头部导航信息页面如图 9-10 所示，系统所有页面尾部包含版权信息页面如图 9-11 所示。

图 9-10　系统头部导航信息页面

图 9-11　系统版权信息页面

2．错误提示信息

功能部分包含提示信息，主要有错误提示信息页面 error.jsp，以及成功处理页面(个别成功提示信息页面为方便单独制作)。系统中错误提示信息页面如图 9-12 所示。按照不同的错误，定义不同的错误提示。在本系统中，登录后对系统中的操作总共定义了 26 种错误提示信息，根据参数 errorid 的值确定显示不同的错误提示信息，详细提示信息如图 9-13 所示。

3．公用参数处理

系统在处理公用参数时，将所有系统参数都保存于 parmeter.jsp 文件中，在各个使用的页面中包含此文件即可。

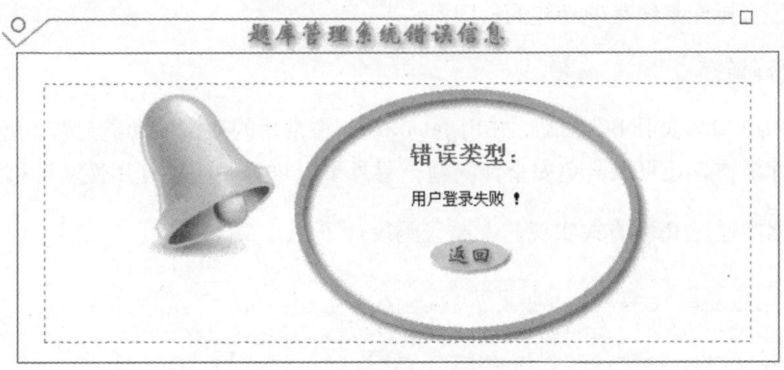

图 9-12　系统错误提示信息页面

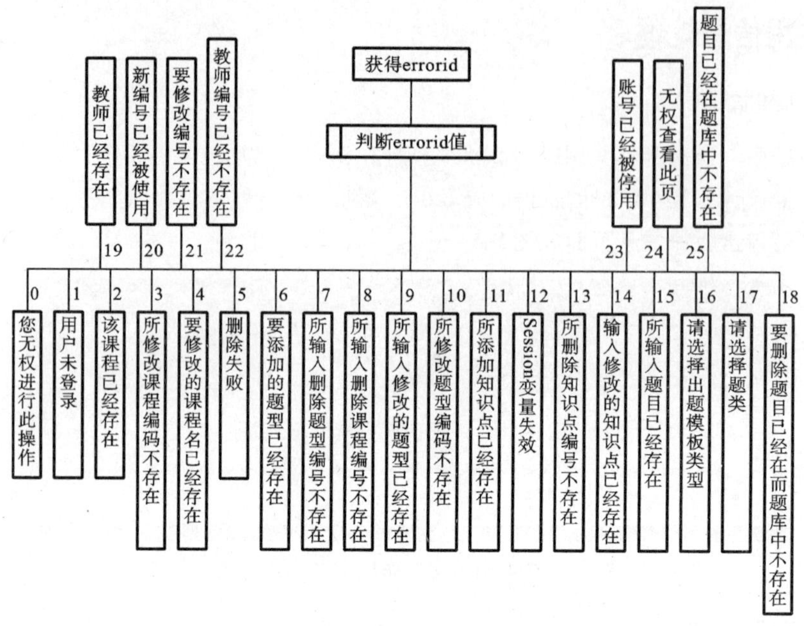

图 9-13　系统错误编号及错误信息对应图

4．权限控制

系统的权限分配主要由几个包含文件实现，不同权限的操作内容包含不同的判断页面信息，它们分别是 sys_state.jsp、check_state.jsp、add_state.jsp、user_state.jsp。其中，sys_state.jsp 判断用户是否具有系统管理员权限；check_state.jsp 判断用户是否具有审核权限；add_state.jsp 判断用户是否具有添加试题权限；user_state.jsp 判断用户是否具有可以浏览题库题目内容的权限。在登录过程中，保存了登录成功的 session 变量值，在权限判断页面，将这些保存在 session 变量里的值分别取出来，然后判断其保存的内容，从而确定登录用户属于什么权限，最后确定该用户是否有操作系统某项功能的权限。

5．数据库链接

本系统采用 Oracle JDBC 驱动，并用 JavaBeans 将常用的数据库功能封装，这样可以隐藏复杂的数据库操作，还可以避免安全性问题，另外可以增强系统的复用性及可移植性。

链接数据库通过 thin 方式实现，主要代码段如下。

```
-----------------------------------------------
Class.forName("oracle.jdbc.driver.OracleDriver");
String url="jdbc:oracle:thin:@10.2.0.1:1521:orcl";
conn=DriverManager.getConnection(url,"test","test123");
```

系统对于数据库链接 BEANS 的调用代码如下。

```
------------------------------------------------
<jsp:useBean id="db" scope="page" class="opendb.opendb"/>
```

6．分页的实现

本系统通过使用一个 Java 类 Page 来记录分页信息，构造 Page 类进行分页控制，具体定义如下。

```
------------------------------------------------
package page;
public class Page
{
public int pageCount;
public int recordCount;
public int pageId;
public int pageSize;
}
```

其中，pageCount 用来保存总页数；recordCount 用来保存总的记录数；pageId 用来记录当前的页码；pageSize 用来保存每页的记录数。建立 Page 类以后，就可以对分页信息进行处理。

首先，对分页信息进行初始化。初始化代码如下。

```
------------------------------------------------
Page sPage=new Page();
int count=rsall.getInt(1) ;
sPage.recordCount=rsall.getInt(1) ;
sPage.pageSize=20;
sPage.pageCount=0;
```

然后计算当前页码及起始记录，其代码如下。

```
------------------------------------------------
if(sPage.recordCount%sPage.pageSize>0)
{sPage.pageCount=sPage.recordCount/sPage.pageSize+1;}
else
{sPage.pageCount=sPage.recordCount/sPage.pageSize;}
sPage.pageId=Integer.parseInt(getPage);
if(sPage.pageId<=sPage.pageCount&&sPage.pageId>0)
{ startid=(sPage.pageId-1)*sPage.pageSize;
endid=sPage.pageId*sPage.pageSize;
}
else
{sPage.pageId=sPage.pageCount;
startid=(sPage.pageId-1)*sPage.pageSize;
endid=sPage.pageId*sPage.pageSize;
}
```

再根据确定的起始记录号检索数据库，其代码如下。

```
------------------------------------------------
select id from(select rownum as row_num ,id from tblM_SUBJECT_A where
SPoint_id='"+SPoint_id+"' AND DelSign='N' order by id desc)where row_num
between '"+startid+"' and '"+endid+"'";
```

最后实现换页，其代码如下。

```
---------------------------------------------------
<%if(sPage.pageId!=1){%>
<a href="subject_a.jsp?SPoint_id=<%=SPoint_id%>&pageId=1" target=
  "_parent">首页</a>
<a href="subject_a.jsp?SPoint_id=<%=SPoint_id%>&pageId=<%=
  sPage.pageId-1%>" target="_parent" title="前一页">前一页</a> <%}%>
  <%if(sPage.pageId!=sPage.pageCount){%>
<a href="subject_a.jsp?SPoint_id=<%=SPoint_id%>&pageId=<%=
  sPage.pageId+1%>" target="_parent" title="后一页">后一页</a>
<a href="subject_a.jsp?SPoint_id=<%=SPoint_id%>&pageId=<%=
  sPage.pageCount%>">尾页</a><%}%>
转到第<input name="SPoint_id" type="hidden" id="SPoint_id" value=
  "<%=SPoint_id%>">
<select name="pageId" onChange="submit()">
<option value="<%=sPage.pageId%>" selected><%=sPage.pageId%></option>
<%int p=1; while(p<=sPage.pageCount){ %>
<option value="<%=p%>"><%=p%></option><% p++; } %></select>
```

实现分页后，显示效果如图 9-14 所示。

	在虚拟页式存储管理中，所谓最不经......		简答题	2	0	2	lws	未审核	2003-05-26
	设仅包含根结点的二叉树的高度为0......		简答题	2	0	2	lws	未审核	2003-05-26
	设T为n(n≥3)阶无向树，T有......		简答题	2	0	2	lws	未审核	2003-05-26

总题数：86　每页题数：20　页次：2/5　　首页　前一页　后一页　尾页　转到第 2 页

1
2
3
4
5

图 9-14　分页效果图

9.4.3　系统管理模块

1. 用户登录

系统登录流程如图 9-15 所示，系统登录由一个功能页面 checklogin.jsp 实现，通过 login.jsp 页面提交的参数到数据库进行检索，从而完成系统的登录。登录完成以后，将用户的登录信息保存在 session 变量中，用 Flag 保存用户正常登录信息，用 UserID 保存用户登录时的 ID 号，用 UserPower 保存用户权限信息，这样在其他页面中包含权限分配及登录验证时，可以直接调用判断。

用程序实现代码如下。

```
---------------------------------------------------
session.putValue("Flag","Y");
session.putValue("UserID",ID);
session.putValue("UserPower",UserPower);
```

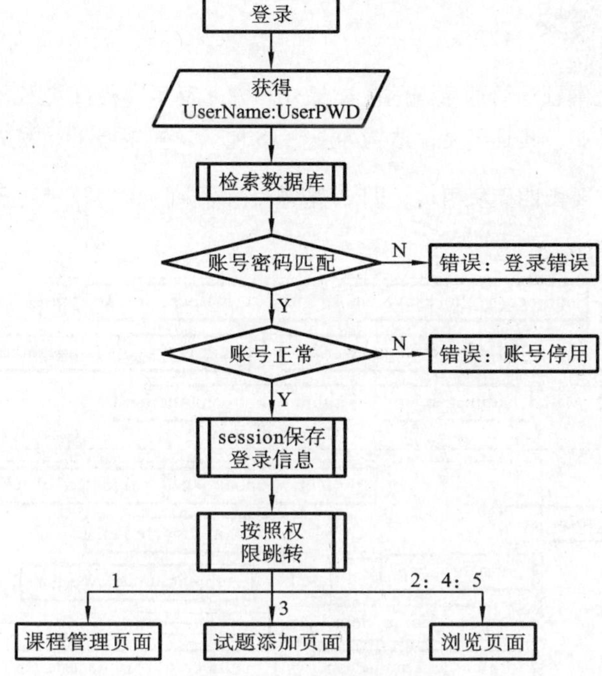

图 9-15 系统登录流程图

2. 用户管理

系统用户管理文件结构如图 9-16 所示，系统用户管理效果如图 9-17 所示。

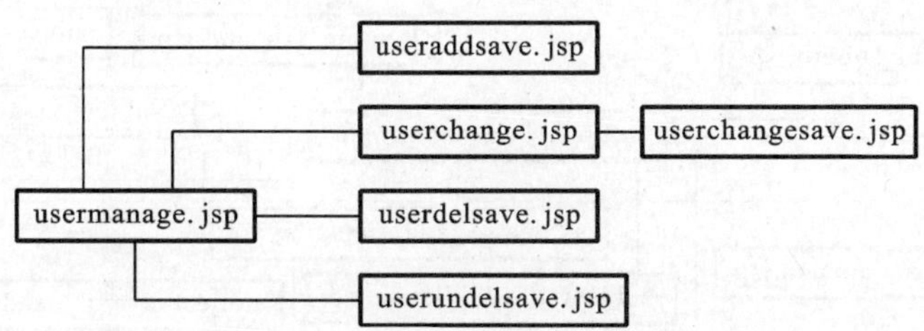

图 9-16 系统用户管理文件结构

用户填加

教师编号：

教师姓名：

初始密码：

权限分配：普通用户

提交 取消

题库管理系统用户管理

编号	用户名	密码	权限	出题数	最后登陆	状态	操作
000000	admin	123	系统管理员	15	2008-06-18	正常	
000001	李俊青	123	系统管理员	0	0000-00-00	正常	
000002	李	123	出题教师	0	2008-06-12	正常	
000004	test	123	普通用户	0	2008-06-12	正常	
010397	lws	123	审核教师	121	2008-06-15	正常	
000005	yxh	123	出题教师	0	2003-05-23	禁用	
000003	nsi	123	阅卷教师	0	0000-00-00	正常	

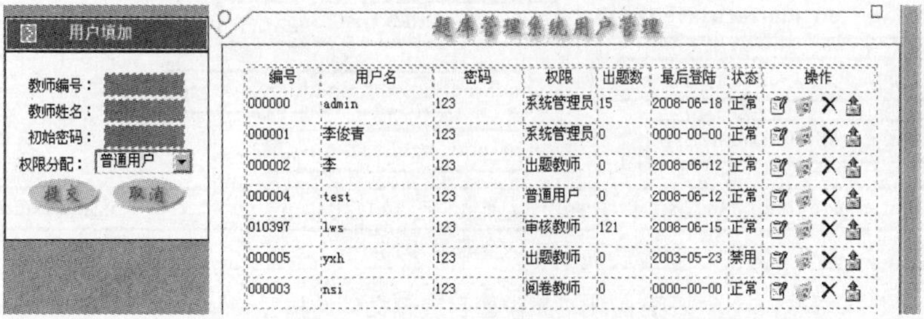

图 9-17 系统用户管理页面

9.4.4 题目管理模块

题目管理模块是本题库管理系统的主要部分，它涉及不同科目、不同题型、不同题类的添加、修改和删除功能。其具体文件结构如图 9-18 所示，实现效果如图 9-19～图 9-23 所示。

题目管理模块主要由四大块组成，即 A 型题目的添加、B 型题目的添加、A 型题目的管理、B 型题目的管理。

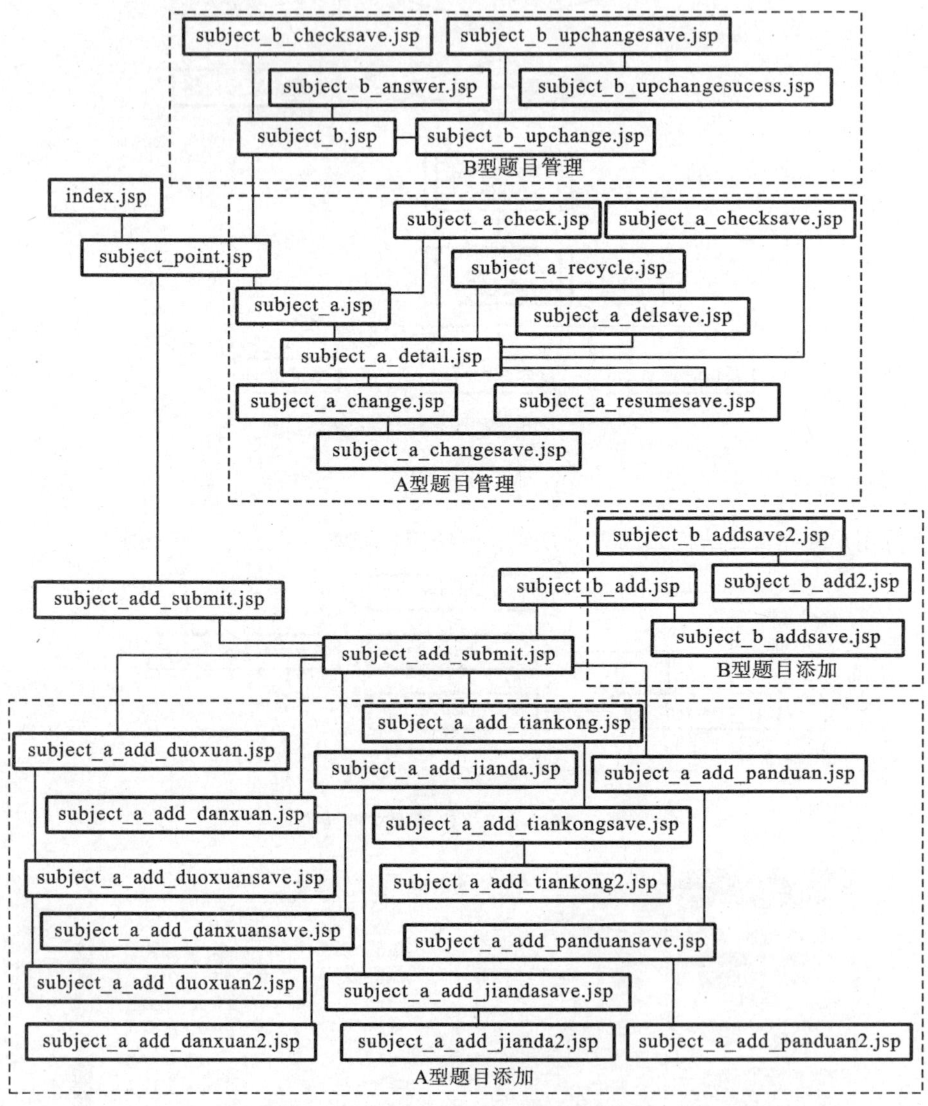

图 9-18 系统题目管理文件结构图

编号	课程	窗	知识点数	题目总数	A型题目	B型题目	可用题目	待审题目	回收站题目	最后出题
	综合测试		11	169	160	9	27	129	13	2003-06-29
	数据结构		6	3	3	0	0	3	0	2003-06-29
	计算机组成原理		2	5	5	0	1	4	0	2003-05-28
	Oracle数据库应用与开发		2	0	0	0	0	0	0	0000-00-00
	数据库系统概论		5	3	3	0	1	2	0	2003-06-01
	C程序设计及应用		0	0	0	0	0	0	0	0000-00-00
	微机原理及应用		0	0	0	0	0	0	0	0000-00-00
	计算机文化基础		0	1	0	1	0	1	0	0000-00-00
	test		0	0	0	0	0	0	0	0000-00-00

图 9-19 课程列表页面效果

综合测试

编号	知识点	窗	题目总数	A型题目	可用题目	待审题目	回收站题目	最后出题
	测试知识点		107	107	22	78	7	2003-06-29
	JSP语法		23	23	1	21	1	2003-06-29
	JSP与XML文档		19	19	1	17	1	2003-05-29
	DreamweaverMX基础		0	0	0	0	0	0000-00-00
	补充测试点		10	10	0	10	0	2003-06-27
	FlashMX		0	0	0	0	0	0000-00-00
	FrontPage2002		0	0	0	0	0	0000-00-00
	FireWorksMX		0	0	0	0	0	0000-00-00
	test		1	1	0	1	0	2008-06-19
	NSI测试		0	0	0	0	0	0000-00-00

图 9-20 知识点列表页面效果

《综合测试》

测试知识点 —[正常区]

编号	题目	窗	附件	题型	分值	难度	使用次数	出题人	审核人	出题时间
	当前工作盘是C，将A盘中ZZ\u......			单项选择题	3	0	0	lws	lws	2003-06-29
	The wings of the......			单项选择题	3	0	0	lws	lws	2003-06-29
	在Windows95中任何文件均......			判断题	5	1	5	lws	lws	2003-05-31
	在Windows95环境中，任何......			判断题	3	0	23	lws	lws	2003-05-31
	不使用键盘，仅有鼠标不能操作Wi......			判断题	3	0	24	lws	lws	2003-05-31
	软件工程方法学的研究内容包含软件......			简答题	5	1	0	lws	lws	2003-05-26
	为什么人们在开发以事务处理为主的......			简答题	5	1	1	lws	lws	2003-05-26
	java.lang.Runabl......			简答题	5	0	10	李	lws	2003-05-15
	谈谈你对J2EE的认识			简答题	10	0	10	李	lws	2003-05-15
	Java语言与C++语言相比有哪......			简答题	10	0	10	李	lws	2003-05-15

图 9-21 试题列表浏览页面效果

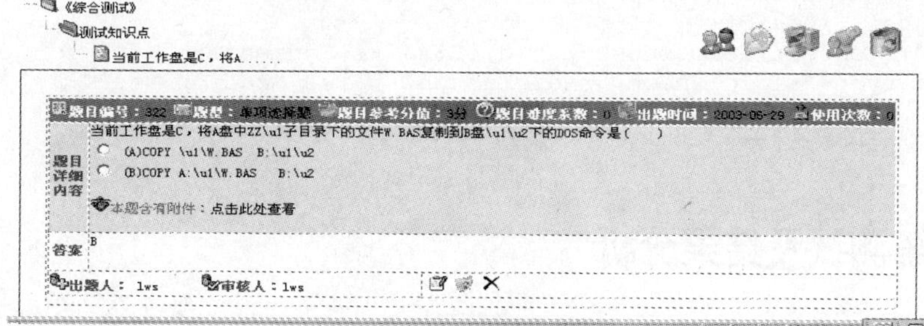

图 9-22 题目浏览页面效果

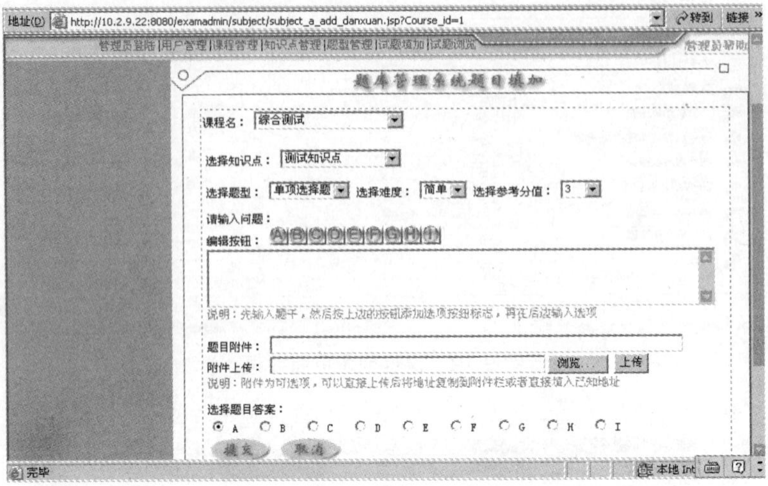

图 9-23 选择题添加运行效果

在本系统中，A 型题目的添加主要由几个常用题型的模板组成，包括单选类题目模板、多选类题目模板、简答类题目模板、判断类题目模板、填空类题目模板等。

A 型题目的管理包括 A 型题目的浏览、修改、删除、恢复、审核等功能。B 型题目的管理包括题目的下载、答案要点的查看、答案的下载、题目的重新上传、答案要点的修改、答案的重新上传、题目的删除、题目的审核、题目的恢复等功能。

系统转义代码的处理：在出题过程中，可以单击"出题"按钮进行出题，也可以直接输入这些转义字符串。在题目显示的时候，可将这些转义字符串分别转为定义的功能属性，题目显示需要解释这些代码，显示时是通过循环控制实现的，下边就单选框为例显示模拟如下。

```
---------------------------------------------
<%//解释 JBB 代码将[X]转换为单选框
String temp=Content;//定义中间变量
String check="[X]";
int stringlength=check.length();
int i;
while(Content.indexOf("[X]")>0)
{i=Content.indexOf("[X]");
if(i>0){Content=temp.substring(0,i);%> <%=Content%>
<input type="radio" name="radiobutton" value="radiobutton">
<% Content=temp.substring(i+stringlength);
temp=Content;}}%>
```

9.5 系统测试及结果分析

因为在系统的生命周期的各个阶段都有可能产生差错，所以系统的测试贯穿于系统整个开发的全过程。

1．系统功能测试

系统功能内容测试如表 9-7 所示。

表 9-7　测试数据、数量表

	添加	修改	置位	删除
科目	60	20	20	50
知识点	100	40	40	90
题型	270	100	100	200
A 型题目	1280	540	460	1140
B 型题目	100	40	50	90

2．系统错误处理测试

系统错误处理测试包含输入确认测试。输入确认用来保证系统拒绝无用信息，主要测试系统是否阻止无用信息进入系统，测试内容如下。

(1) 输入文本框内容为空；

(2) 不登录直接进入系统；

(3) 越权操作；

(4) 需要输入数字的文本框输入字符；

(5) 重复输入提交题库信息；

(6) 提交内容中含有“'”、“*”等非法字符；

(7) 输入删除信息，数据库不存在；

(8) 不按照出题流程操作(如未选择出题模板等)。

3．系统安全性分析

本系统测试了所有可能涉及的错误操作，每个可能涉及的错误操作都有相应的错误处理机制。在系统实现过程中，定义了本系统可能出现错误的处理信息及相应的解决办法。

4．系统实用性分析

经过测试，系统完成了基于 Web 的在线题库管理，实现了题库管理的一般功能，符合题库建设的要求。

系统可以实现题库的添加、修改、删除功能，不同题目录入包含难度等级选择；实现了对题库系统各科目的统计分析；实现了对题目使用频率的统计分析；实现了对于出题人员的工作量的统计分析；系统的权限分配，可依据用户的题库管理要求，以及难度等级进行简易划分，进而完成整个题库的题目添加。

通过系统测试，本系统已经达到了设计要求，完成了系统的功能目标和性能需求。基本符合在线题库建设的需求，能够适应一般在线题库的扩展要求。

9.6 小结

(1) 与基于网络的远程教学平台进行无缝集成。

目前，国内基于网络的远程教学正处于迅速崛起的发展阶段，迫切需要一个能够很好地支持教师教学、学生学习的专用远程教学平台，相关的研究正在进展之中。本系统可以为远程教学提供强有力题库的支持，可以与网络课程紧密整合，无缝地集成到远程教学支持平台中。

(2) 加强统计与分析功能，提供更加丰富的题库测量指标分析。

目前，本系统只提供了一些基本的统计与分析功能，如题目分科数量统计、题目按知识点数量统计、分科知识点数量统计、分科可用题目数量统计分析等。这些指标还不能满足描述题库的完全信息，还需要进一步引入新的测量指标，并详细阐述它在题库中所代表的含义，如定区间题目使用频率、各教师所出题目优选使用频度分析等。

第10章

FTP 文件搜索服务系统

10.1 系统分析和设计

10.1.1 背景

当前,计算机网络已经越来越普及,各单位也在逐步建立自己的FTP(File Transfer Protocol)服务器，用来管理存储自己单位内部共享的一些文件或对外共享的一些文件。随着 FTP 管理文件数量的不断增长，达到上万个、上百万个，甚至更多的时候，如何在如此庞大的数据文件中更快捷地找到自己所需的文件，将成为一个很重要的问题。

目前也出现了一些 FTP 搜索引擎，可以用来搜索整个互联网内处于匿名访问的 FTP 上的文件信息，而针对需要权限才能访问的 FTP 则无法直接建立索引，因此不能达到搜索效果。本文拟构建的 FTP 搜索引擎是针对单位内部的、局域网内的一个或几个 FTP 服务器建立的，使内部用户直接可以看到 FTP 上的目录结构，并可以准确地搜索文件所处的位置，然后下载浏览，达到检索高效、准确的目的。

10.1.2 系统体系结构设计

1. 系统网络拓扑模型

构建系统网络拓扑模型如图 10-1 所示。

根据拓扑结构，内部网络可以部署若干台 FTP 服务器。根据索引建立需要，可在每台需要被查询的 FTP 服务器上建立扫描文件结构发生变化的爬虫程序，并在内部网络建立 FTP 文件索引数据库服务器，用来存放 FTP 服务器上爬虫程序获取的索引数据，另外还要建立 Web 服务器，用来进行 Web 查询。

2. 系统结构分析

本系统采用两个模块构建,分别部署于 FTP 服务器的爬虫程序和部署于 Web 服务器的索引查询引擎，如图 10-2 所示。

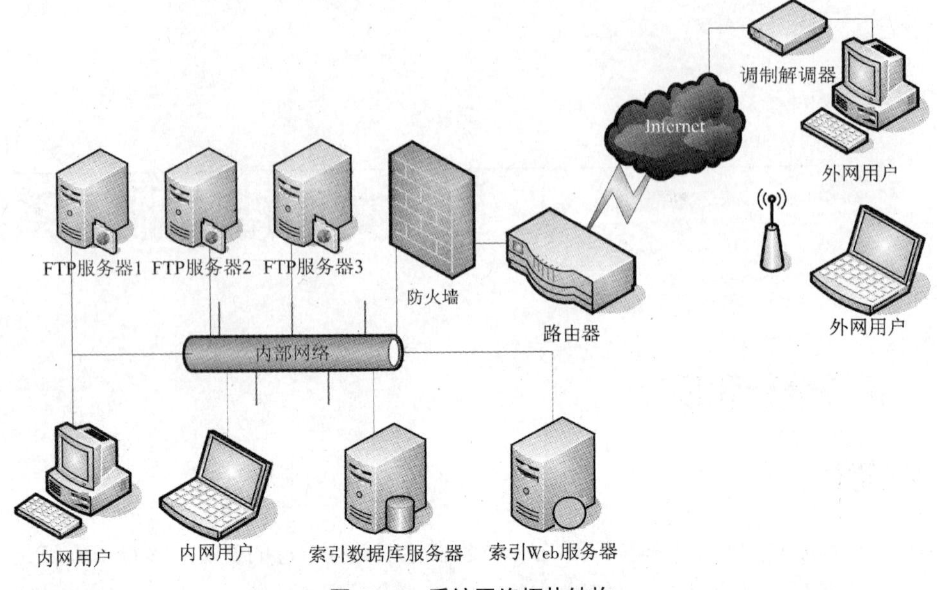

图 10-1 系统网络拓扑结构

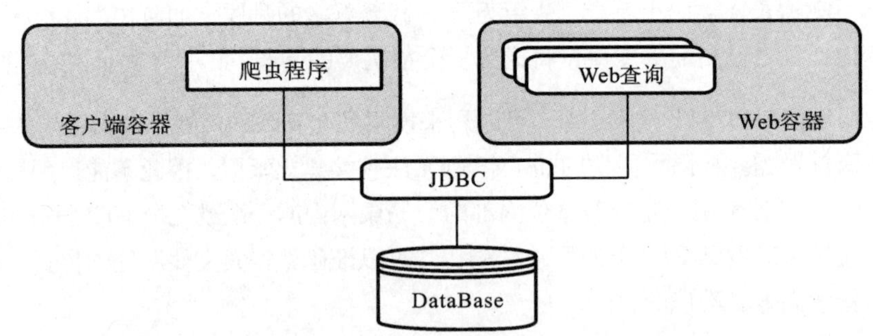

图 10-2 FTP 文件搜索系统结构

部署于 FTP 服务器的爬虫程序主要用来监控 FTP 文件结构变化的程序，当 FTP 服务器有新的文件上传或有文件被删除或文件位置发生变化的时候，爬虫程序会立即捕捉到此变化，然后将变化信息响应到建立索引的数据库服务器。

部署于 Web 服务器的索引查询引擎主要用来进行查询服务，以及针对用户输入的查询关键字进行模糊处理，直接以模糊方式查询，当搜索到结果以后，直接显示文件所处的 FTP 位置，同时将对应的超级链接附在上边，以方便直接下载。

在访问范围上，拟构建的搜索系统可以供内网和外网同时检索，访问方式如图 10-1 所示，将 Web 服务器发布在内部网络，同时开放到 Internet 上，可供用户到 Internet 上访问。通过 Web 服务器来对内和对外提供检索服务，内部用户通过内部网络直接访问 Web 服务器来访问搜索引擎，外部用户通过 Internet 来访问 Web 搜索引擎。

10.2 数据库设计

数据库 E-R 图如图 10-3 所示，该系统数据库比较简单，只有两个实体。

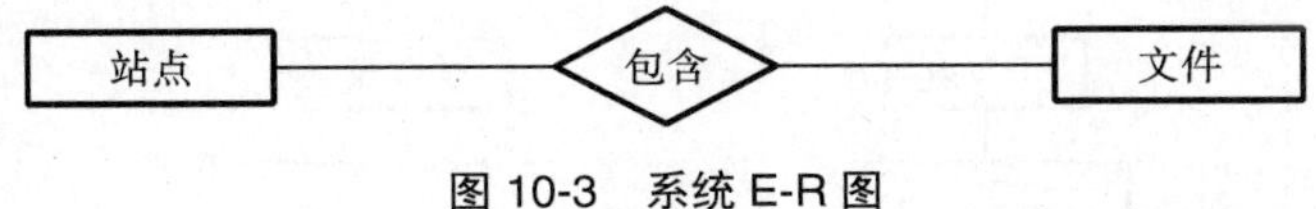

图 10-3 系统 E-R 图

filedata.sql 的代码如程序 10-1 所示。

程序 10-1 filedata.sql

```
-----------------------------------------------
-- 创建站点信息表
CREATE TABLE TBL_CONF
(SITEID      varchar(100),                    -- 站点编号
DIRROOT      varchar(200),                    -- 要建立索引的主目录，格式如 E:/abc
URL          varchar(200),                    -- 主机地址
CTIME        BIGINT      DEFAULT 0,           -- 更新时间，每次更新完毕后自动更新
FCOUNT       BIGINT      DEFAULT 0,           -- 文件数量，自动更新
PRIMARY  KEY("SITEID ")
);
-- 创建文件索引表 tbl_dfindex
CREATE TABLE TBL_DFINDEX
(DFID  BIGINT IDENTITY(1,1) NOT NULL,
DFNAME       varchar(255)  NULL,              -- 文件或目录名称
DFPATH       varchar(2000) NULL,              -- 文件或目录从根开始的路径
DFPARENT     varchar(255)  NULL,              -- 文件或目录所在目录
DFDORF       CHAR(1)     DEFAULT 'F',         -- 是目录还是文件，F 为文件，D 为目录
DFSIZE       BIGINT      DEFAULT 0,           -- 文件大小
DFCHTIME     bigint         NULL,             -- 文件或目录最后修改日期
PRIMARY  KEY("DFID")
);
```

10.3 系统主要功能实现

FTP 服务器的爬虫程序主要用来建立 FTP 文件的树形结构，如图 10-4 所示，每获得一个服务器就建立一个 FTP 根节点，然后再遍历根节点下边的子节点，直到子节点遍历完毕。FTP 服务器的爬虫程序可以采用 Java 或 C++等程序来实现，可以作为操作系统的一个服务来加载。此种爬虫程序可以根据需求分为两类：一类是实时记载服务器文件结构的变化；另一类是分周期地记载数据库的变化。

实时记载爬虫程序的运行过程是：当初始加载到一个新的 FTP 服务器时，爬虫程序首先遍历该服务器，获得该服务器的文件结构，同时将此结构记载到数据库服务器。然后在遍历完整个服务器后，就进入监控状态，实时记载服务器变化，当文件增加时在原数据基础上追加数据；

在文件更改位置后，修改对应记录的数据；当文件被删除时清除数据库中的对应记录。

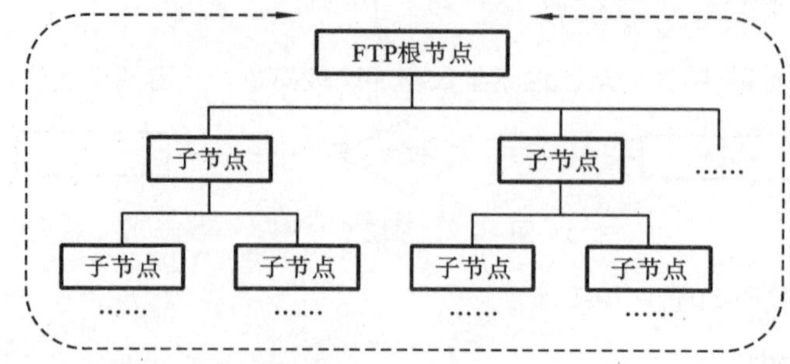

图 10-4 FTP 爬虫程序遍历获得的数据结构

分周期地记载爬虫程序的运行过程是：当加载到一个新的 FTP 服务器时，程序遍历该服务器，获得服务器的文件结构，同时也将此结构记载到数据库服务器。经过一定周期后，重新遍历服务器文件结构，将结果再记载到数据库，并删除原有的遍历结果，如此反复进行。

两类程序有各自的优缺点：第一类程序实时性比较强，当服务器文件结构发生变化时，可以立即体现到检索结构中，但缺点是占用 FTP 系统资源太多，可能会影响 FTP 服务性能；第二类程序正好与其相反，因为它是周期性遍历，因此可选择 FTP 比较空闲的时候来遍历，不会过多影响 FTP 服务性能，但实时性就比较差，不能将 FTP 的文件变化立刻体现到检索结果中去。使用时可根据服务器性能来选择合适的程序类型。

搜索引擎 Web 端可以采用 J2EE+Ajax 来实现，用户检索时可选择精确检索和模糊检索，精确检索查询完全匹配的数据，模糊检索查询时可以使用相似性来检索。此外，针对每个独立的 FTP 主机，遍历其上爬虫程序建立于数据库的索引树结构，就可以建立虚拟的 FTP 文件结构，从而可以在 Web 程序上显示 FTP 的文件结构。

10.3.1 爬虫程序模块

1. 源文件说明

爬虫程序所需要的源文件如表 10-1 所示。

表 10-1 爬虫程序源文件功能对照表

程 序 名	功 能
DBManager.java	数据库连接管理的类
Init.java	初始化界面及操作
List.java	遍历信息界面及操作
Window.java	窗体
ListDir.java	主方法，程序入口

2. 源文件

初始化界面及操作的代码如程序 10-2 所示。

程序 10-2 Init.java

```
-------------------------------------------------
package listdir;

/*
 * 创建日期 2009-12-7
 *
 *
 */
import java.awt.*;
import java.awt.event.*;
import java.io.File;
import javax.swing.*;
class Init extends Panel implements ActionListener
{
  DBManager db=new DBManager();
  List list=new List();
  boolean toList=false;
  Box baseBox,boxV1,boxV2,boxV3,boxV4;
  Button b_submit,b_reset;
  TextField t_root,t_url;
  Init()
  {
    t_root=new TextField(25);
    t_url=new TextField(25);
    b_submit=new Button("确定");
    b_reset=new Button("重置");
    b_submit.addActionListener(this);
    b_reset.addActionListener(this);
    boxV1=Box.createHorizontalBox();
    boxV1.add(Box.createVerticalStrut(80));
    boxV1.add(new Label("          〖 初始化 〗"));
    boxV2=Box.createHorizontalBox();
    boxV2.add(new Label("输入 ROOT: "));
    boxV2.add(Box.createHorizontalStrut(10));
    boxV2.add(t_root);
    boxV3=Box.createHorizontalBox();
    boxV3.add(new Label("输入 URL: "));
    boxV3.add(Box.createHorizontalStrut(10));
    boxV3.add(t_url);
    boxV4=Box.createHorizontalBox();
    boxV4.add(b_submit);
    boxV4.add(Box.createHorizontalStrut(30));
    boxV4.add(b_reset);
    baseBox=Box.createVerticalBox();
    baseBox.add(boxV1);
    baseBox.add(Box.createVerticalStrut(8));
    baseBox.add(boxV2);
    baseBox.add(Box.createVerticalStrut(8));
    baseBox.add(boxV3);
```

```
    baseBox.add(Box.createVerticalStrut(8));
    baseBox.add(boxV4);
    add(baseBox);
    if(list.getInit("DIRROOT")!=null)
    {
      t_root.setText(list.getInit("DIRROOT"));
      t_url.setText(list.getInit("URL"));
    }
  }
  public void actionPerformed(ActionEvent e)
  {
    if(e.getSource()==b_submit)
    {
      File f=new File(t_root.getText());
      if(t_root.getText().length()==0)
      {
        JOptionPane.showMessageDialog(this,"请输入要遍历的根目录！",
          "提示对话框",JOptionPane.WARNING_MESSAGE);
      }
      else if(t_url.getText().length()==0)
      {
        JOptionPane.showMessageDialog(this,"请输入 FTP.URL！",
          "提示对话框",JOptionPane.WARNING_MESSAGE);
      }

      else if(!f.exists())
      {
        JOptionPane.showMessageDialog(this,"要遍历的目录不存在或不正确！",
          "提示对话框",JOptionPane.WARNING_MESSAGE);
      }
      else if(db.Creatconn()==null)
      {
        JOptionPane.showMessageDialog(this,"数据库不存在或密码和用户名
          不正确！","提示对话框",JOptionPane.WARNING_MESSAGE);
      }
      else
      {
        String
      root=t_root.getText(),url=t_url.getText(),sql="";
        long nowTime=System.currentTimeMillis();
        if(list.getInit("DIRROOT")==null)
        {
        sql="insert into TBL_CONF (DIRROOT,URL,CTIME)" +
            "values('"+root+"','"+url+"',"+nowTime+")";
        }
        else{
        sql="UPDATE TBL_CONF SET DIRROOT='"+root+"'," +
            "URL='"+url+"',CTIME="+nowTime+"";
        }
db.executeSql(sql);
        JOptionPane.showMessageDialog(this,"初始化完毕，要遍历请从
          <菜单选项>的\n<遍历>进入遍历界面！","提示对话框",
          JOptionPane.WARNING_MESSAGE);
      }
```

```
    }
    else if(e.getSource()==b_reset)
    {
      t_root.setText(null);
      t_url.setText(null);
    }
  }
}
```

程序说明：该程序主要实现爬虫程序的初始化界面及初始化工作。构造方法 Init()主要显示程序初始化的界面，实现后效果如图 10-5 所示。

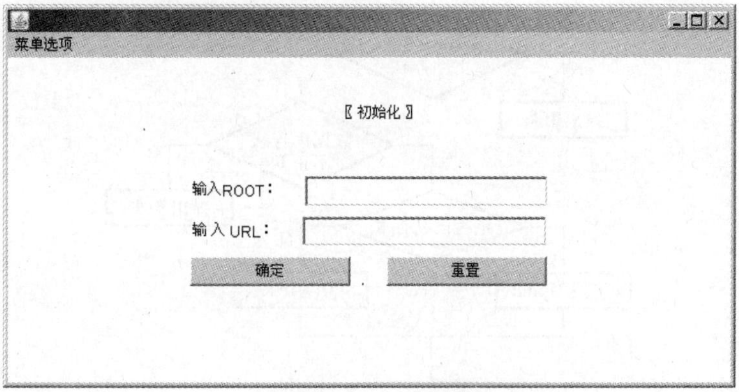

图 10-5　初始化界面

actionPerformed()为处理按钮事件的方法，在程序中对“确定”和“重置”按钮添加了监视器。当有 ActionEvent 事件时，判断事件源若为“确定”按钮，则要将文本框的初始化信息写入数据库，写入成功后，出现提示信息如图 10-6 所示。

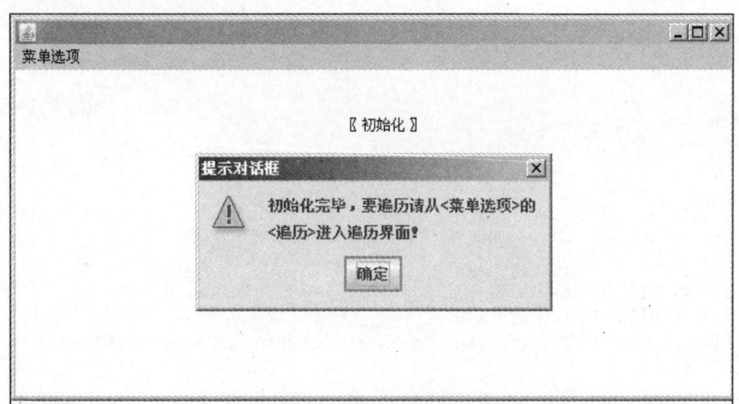

图 10-6　初始化成功提示

初始化过程需要对文本框输入的内容进行检查，同时对数据库连接情况进行检查，以确保在写入之前都是正常的，因此在程序开发过程中，程序设计流程如图 10-7 所示。弹出的警告信息由 JOptionPane.showMessageDialog()方法实现。

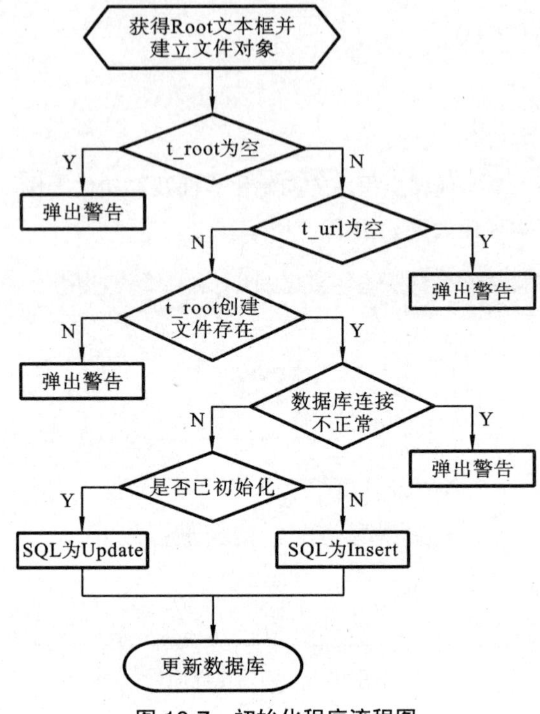

图 10-7 初始化程序流程图

遍历信息界面及操作的代码如程序 10-3 所示。

程序 10-3 List.java

```
-----------------------------------------------
package listdir;

/*
 * 创建日期 2009-12-7
 *
*/
import java.awt.*;
import java.awt.event.*;
import java.io.File;
import java.sql.ResultSet;
import java.sql.SQLException;
class List extends Panel implements ActionListener, Runnable
{
  DBManager db=new DBManager();
  long FCount=0; //文件总数
  long startTime,listTime,endTime;
  Thread listOrStop;
  Label label;
  Button b_start,b_stop,b_goOn;
```

```
String tableName="TBL_DFINDEX";
String root="",url="",dirroot="";
TextArea text=null;
boolean listDir=false,die=false;

List()
{
  listOrStop=new Thread(this);
  b_start=new Button("开始");
  b_stop=new Button("暂停");
  b_goOn=new Button("继续");
  label=new Label(getInit("DIRROOT"));
  text=new TextArea(13,82);
  Panel p=new Panel();
  b_start.addActionListener(this);
  b_stop.addActionListener(this);
  b_goOn.addActionListener(this);
  setLayout(new BorderLayout());
  p.add(new Label("〖遍历〗              "));
  p.add(label);
  p.add(new Label("                  "));
  p.add(b_start);
  p.add(b_stop);
  p.add(b_goOn);
  add(p,"North");
  add(text,"Center");
  p.validate();
}
public void actionPerformed (ActionEvent e)
{
  if(e.getSource()==b_start)
  {
    startTime=System.currentTimeMillis();
    if(!listOrStop.isAlive())
    {
      FCount=getFCount("TBL_DFINDEX");
      listOrStop=new Thread(this);
      if(FCount!=0)
      {
        if(db.tableYorN("TBL_DFINDEX1"))
        {
          db.deleteTable("TBL_DFINDEX1");
        }
        db.createTable();
        tableName="TBL_DFINDEX1";
      }
      try{
      listDir=true;
      listOrStop.start();

      }
      catch(Exception event)
      {}
```

```
    }
  }
  else if (e.getSource()==b_stop)
  {
    listDir=false;
    if(db.tableYorN("TBL_DFINDEX1"))
    {
      FCount=getFCount("TBL_DFINDEX1");
    }
    else FCount=getFCount("TBL_DFINDEX");
    text.append("已写入数据库的文件总数为: "+FCount+"\n");
  }
  else if (e.getSource()==b_goOn)
  {
    listDir= true;
    b_goOn();
  }
}
public synchronized void b_stop()throws InterruptedException
{
  wait();
}
public synchronized void b_goOn()
{
  notifyAll();
}
public void listdir(String dir,String parentname)
{
  try
  {
    File Fdir=new File(dir);
    File[] fileName=Fdir.listFiles();
    String newdir="";
    String isDir="",DFName="";
    ResultSet rs;
    long ChangeTime=0,FSize=0;
    String sqlSelect="",sql="";
    String tempparentname=parentname;
    for(int i=0;i<fileName.length;i++)
    {
      if(fileName[i].isDirectory())
      {
        isDir="D";  FSize=0;
        parentname=fileName[i].getName();
        this.listdir(fileName[i].getAbsolutePath(),parentname);
        parentname=tempparentname;
      }
      else
      {
         isDir="F";
           FSize=fileName[i].length();
      }
      DFName=fileName[i].getName();
```

```
    ChangeTime=fileName[i].lastModified();
    newdir=fileName[i].toString();
      newdir=turnDir(newdir);
      String ndir=newdir.replaceAll(dirroot,url);
      int end=ndir.lastIndexOf("/")+1;
      ndir=ndir.substring(0,end);
      //把检索到的文件插入数据库
      sql="INSERT INTO "+tableName+" (DFNAME,DFPATH,
          DFPARENT,DFDORF,DFSIZE,DFCHTIME)";
      sql=sql+"VALUES
         ('"+DFName+"','"+ndir+"','"+parentname+"',
         '"+isDir+"',"+FSize+","+ChangeTime+")";
      db.executeSql(sql);
      text.append("Into "+tableName+" | "+newdir+"\n");
      Thread.sleep(50);
      while(!listDir)
     {
      try{
        b_stop();
      }
      catch(InterruptedException e1)
      {}
     }
      if(die==true)
      {
        return;
      }
      db.stmt.close();
      db.conn.close();
     }
   }
  catch (Exception e)
   {
     e.printStackTrace();
   }
}
/**
 * @获取目录下的文件
 */
public long getFCount(String FCTName)
{
  long Fcount=0;
  ResultSet rs=db.getResult("select count(*)from "+FCTName+"
    where DFDORF='F'");
  try {
    if(rs.next())
    {
      Fcount=rs.getLong(1) ;
    }
    rs.close();
  } catch (SQLException e){
    // TODO 自动生成 catch 块
    e.printStackTrace();
  }
```

```
    return Fcount;
  }
  /**
   *
   *  获取初始化表中的信息
   */
  public String getInit(String s)
  {
    ResultSet rs=db.getResult("select * from TBL_CONF");
    String init = null;
    try {
      if(rs.next())
      {
        init=rs.getString(s);
      }
      rs.close();
    } catch (SQLException e1){
      // TODO 自动生成 catch 块
      e1.printStackTrace();
    }
    return init;
  }
  public void run()
  {
    root=getInit("dirroot");
    url=getInit("url");
    dirroot=turnDir(root);
    if(dirroot.endsWith("/"))
    {
      url=url+"/";
    }
    listdir(root,"/");
    if(db.tableYorN("TBL_DFINDEX1"))
    {
      db.deleteTable("TBL_DFINDEX");
      db.reNameTable();
    }
    endTime=System.currentTimeMillis();
    listTime=endTime-startTime;
    text.append("遍历完毕,文件总数为"+FCount+", 遍历的时间为
       "+listTime/1000+"秒"+"\n");
    String sql1="UPDATE TBL_CONF SET  FCOUNT="+FCount;
    db.executeSql(sql1);
  }
  /**
   *把指定字符串中的所有\转换成/
   */
  public String turnDir(String dir)
  {
    int dirL=0,end,n=0;
    String dirStart=dir;
    end=dir.indexOf("\\");
    dirL=dir.length();
```

```
    while(end!=-1)
    {
      n=end;
      dir=dir.substring(0,end)+"/"+dirStart.substring(n+1,dirL);
      end=dir.indexOf("\\");
    }
    return dir;
  }
}
```

程序说明：该程序为遍历信息界面及遍历操作。

程序中构造方法 List()创建了一个面板(Panel)，即 p。在面板 p 上添加了标签“遍历”，添加了三个按钮、一个文本区，面板调用后的结果如图 10-8 所示。

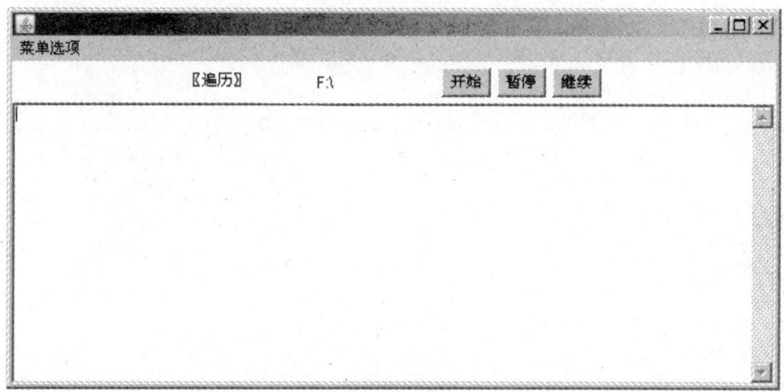

图 10-8 索引建立初始界面

actionPerformed()为按钮事件处理的方法，程序中有“开始”、“暂停”、“继续”三个按钮，分别控制遍历文件结构的线程。

listdir()方法为迭代方法，迭代遍历文件结构，并将相关属性写入数据库，然后在文本区写入遍历的相关信息，文本区的实现效果如图 10-9 所示。

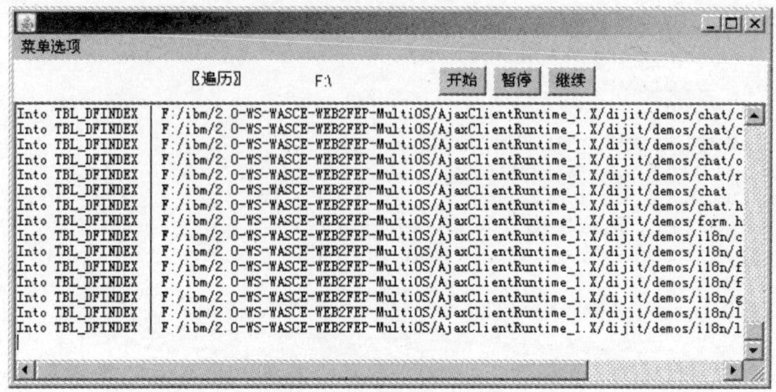

图 10-9 索引建立界面

getFCount()方法为获取文件夹下的文件数目。

getInit()方法为获取初始化的相关信息。

run()方法为线程运行的方法，即单击“开始”按钮后，运行此方法。

窗体源文件的代码如程序 10-4 所示。

程序 10-4 Window.java

```
-----------------------------------------------
package listdir;

/*
 * 创建日期 2009-12-8
 *
*/
import java.awt.*;
import java.awt.event.*;
class Window extends Frame implements ActionListener
{
  DBManager db=new DBManager();
  List list=new List();
  Init init=new Init();
  MenuBar bar;
  Menu menu;
  MenuItem M_init,M_list;
  Panel pCenter;
  CardLayout card;
  Window()
  {
    M_init=new MenuItem("初始化");
    M_list=new MenuItem("遍历");
    bar=new MenuBar();
    menu=new Menu("菜单选项");
    menu.add(M_init);
    menu.add(M_list);
    bar.add(menu);
    setMenuBar(bar);
    M_init.addActionListener(this);
    M_list.addActionListener(this);
    card=new CardLayout();
    pCenter=new Panel();
    pCenter.setLayout(card);
    pCenter.add("M_init",init);
    pCenter.add("M_list",list);
    add(pCenter,BorderLayout.CENTER);
    addWindowListener(new WindowAdapter()
        {
          public void windowClosing(WindowEvent e)
          {
            System.exit(0);
          }
        }
```

```
    );
    setVisible(true);
    setBounds(200,200,600,300);
    if(list.getInit("DIRROOT")!=null)
    {
      card.show(pCenter,"M_list");
    }
    validate();
  }

  public void actionPerformed(ActionEvent e)
  {
    if(e.getSource()==M_init)
    {
      card.show(pCenter,"M_init");
      list.listDir=true;
      list.b_goOn();
      list.die=true;
      list.text.setText("");
      init.t_root.setText(list.getInit("DIRROOT"));
      init.t_url.setText(list.getInit("URL"));
      validate();
    }
    else if(e.getSource()==M_list)
    {
      card.show(pCenter,"M_list");
      list.text.setText("");
      list.die=false;
      list.label.setText(list.getInit("DIRROOT"));
      validate();
    }
}
}
```

程序说明：该程序为主窗口程序，窗体采用 CardLayout 布局，通过两个菜单项来控制切换显示。

主方法源文件的代码如程序 10-5 所示。

程序 10-5 ListDir.java

```
--------------------------------------------------
package listdir;

/*
 * 创建日期 2010-3-8
 *
 * 主窗口
 *
 */

public class ListDir{

  public static void main(String[] args)
  {
    Window listFile=new Window();
```

```
    }
}
```

程序说明：该程序为爬虫程序的主方法，即入口程序。

10.3.2 FTP 索引 Web 模块

1. 主要源文件及功能说明

Web 模块主要源文件及功能说明如表 10-2 所示。Web 模块采用了 Ajax+JSP+JDBC 结构模式开发系统。

功能特点如下。

显示图标：根据搜索到的不同的文件类型，显示不同的图标，让用户一目了然地知道所搜索到的文件的类型。

分页显示：当结果数在一个页面无法显示完的时候，系统会自动生成换页链接，您只需在页面下方的链接处单击你想要的页码，或者单击上一页、下一页等链接即可。

查询结果：结果中显示包括文件名、父目录、全路径、大小和创建时间等信息。

Ajax 技术：不刷新网页，直接显示查询结果。

目录的显示：若搜索到的是目录，则用户点击目录名即可展开其所有的子目录，再点击目录名旁边的箭头，即可收回其子目录。

展开按钮的使用：当用户搜索的文件全路径过长时，路径的后半部分可用省略号代替；若用户想查看其全路径，可单击展开按钮查看。

表 10-2 FTP 索引 Web 模块源文件

程 序 名	功 能
index.html	系统首页
main.js	系统 Ajax 脚本主程序
search.jsp	查询功能程序
load.jsp	调用显示目录结构程序
extend.jsp	展开目录
searchmain.css	CSS 样式

2. 部分源程序

首页初始显示时的代码如程序 10-6 所示。

程序 10-6 index.html

```
-------------------------------------------
<!DOCTYPE html PUBLIC "-//W3C//DTD XHTML 1.0 Transitional//EN"
   "http://www.w3.org/TR/xhtml1/DTD/xhtml1-transitional.dtd">
<html xmlns="http://www.w3.org/1999/xhtml">
<head>
<meta http-equiv="Content-Type" content="text/html; charset=gb2312" />
<title>FTP 文件搜索</title>
<script language="javascript" src="main.js" type=
   "text/javascript"></script>
<link href="searchmain.css" rel="stylesheet" type="text/css" />
</head>
<body onload="showUseIntro('mainresult','load')">
<div id="topmain"><div id="logoimg"><img src="images/logo.jpg" alt=
   "搜索系统 LOGO" /></div>
 <div id="toptext" ><a href="javascript:void(0);"
onclick="showUseIntro('mainresult','load')">回 FTP 首页</a></div>
  <div id="searchmainform">
    <form id="formsearch" style="padding-top:20px" method=
   "post" name="formsearch" onsubmit="return
unAllowSub('mainresult',formsearch.keyword.value,1);" >
      <input name="keyword" type="text" id="keyword" size="40" />
      <input type="button" name="Submit" value="搜索" onclick=
        "showResult('mainresult',formsearch.keyword.value,1);" />
    </form>
  </div>
</div>
<div  id="mainresult"
display:showUseIntro('mainresult','userintro.html'); >
<li></li>
<li>FTP 服务器 600GB 左右的资源，12 万多个文件，如何找到你所需要的文件？</li>
<li></li>
<li>用本查询系统，可以轻松方便地知道你要的文件的位置。</li>
<li></li>
<li>索引建立日期：2006-03-20</li>
</div>
<div id="bottom">
<a href="javascript:void(0);"
onclick="showUseIntro('mainresult','useintro')"><br />
使用说明</a> |
<a href="javascript:void(0);" onclick="showUseIntro('mainresult',
   'aboutme')">关于我们</a> | <a href="javascript:void(0);"
onclick="showUseIntro('mainresult','aboutsoft')">
   软件说明</a> | <a href="javascript:void(0);" onclick=
   "showUseIntro('mainresult','exe')">源码下载</a>
<li class="style1"></li>
<li>| 文件搜索系统(Ajax 0.1 版)| 琼 ICP 备 05000142 号 |  </li>
<li>&copy;2006 海南软件学院 软件工程系</li>
<li>联系电话：0898-31690071 0898-31690027  </li>
</div>
</body>
</html>
```

程序说明：该程序为 Web 模块主界面程序，整个程序运行过程就以此页面为主显示界面，其他功能都通过 Ajax 方法调用来改变该页面元素。

调用显示目录结构的代码如程序 10-7 所示。

程序 10-7 load.jsp

```
-------------------------------------------
<%@ page contentType="text/html; charset=gb2312" language=
   "java" import="java.sql.*" errorPage="" %>
<jsp:useBean id="db" class="listdir.DBManager"/>
<%@ page import="java.util.*"%>
<%@ page import="listdir.Page"%>
<%@ page import="java.util.Date"%>
<%@ page import="java.util.*"%>
<%@ page import="java.text.SimpleDateFormat"%>
<%@ page import="java.text.NumberFormat"%>
<%@ page import="java.lang.String"%>
<!DOCTYPE html PUBLIC "-//W3C//DTD XHTML 1.0 Transitional//EN"
  "http://www.w3.org/TR/xhtml1/DTD/xhtml1-transitional.dtd">
<html xmlns="http://www.w3.org/1999/xhtml">
<%
String sql="select * from TBL_DFINDEX where DFPARENT='/'";
ResultSet rs=db.getResult(sql);
int j=1,k=0;
%>
<head>
<meta http-equiv="Content-Type" content="text/html; charset=gb2312" />
<title>无标题文档</title>
<style type="text/css">
<!--
.bian {
  border-top-width: 0px;
  border-right-width: 0px;
  border-bottom-width: 1px;
  border-left-width: 0px;
  border-top-style: none;
  border-right-style: none;
  border-bottom-style: dashed;
  border-left-style: none;
  border-bottom-color: #333333;
}
-->
</style>
</head>
<body>
   <table width="760" height="47" border="0" cellpadding=
      "0" cellspacing="0">
  <tr valign="middle" bgcolor="#CCCCCC">
    <td width="40" height="24" align="left">序号</td>
    <td width="33" align="left">类别</td>
    <td width="299" align="left">文件名</td>
    <td width="256" align="left" valign="middle">
      全路径          </td>
    <td  align="left">更新日期</td>
```

```
  </tr>
<% j=1;
     while(rs.next())
     {

     //显示大小
     float sizes=Float.parseFloat(rs.getString("DFSIZE"));
     NumberFormat f=NumberFormat.getInstance();
     f.setMaximumFractionDigits(2) ;
     float size=sizes;


     //显示修改时间
     long time=Long.parseLong(rs.getString("DFCHTIME"));
     Date date=new Date(time);
     SimpleDateFormat thistime=new SimpleDateFormat("yyyy/MM/dd");
     String times=thistime.format(date);

     //判断是文件还是目录
     String check=rs.getString("DFDORF");
     //控制全路径显示的字符个数
     String path=rs.getString("DFPATH");

     //控制文件名显示的字符个数
     String names=rs.getString("DFNAME");

     //控制父目录显示的字符个数
     String mu=rs.getString("DFPARENT");

     %>
<tr valign="middle" class="bootom">
  <td height="18" align="left" valign="top" nowrap=
    "nowrap" class="bian">
  <%out.print(" "+j+"."+" ");%>    </td>
  <td align="left" valign="top" nowrap="nowrap" class="bian">
  <%out.print("<img src=\"images/dirfile.gif\"/>");%>    </td>
  <td align="left" valign="top" nowrap="nowrap" class="bian">

      <%
    int lens=names.length();
    if(lens>12)
    {String name=names.substring(0,12);
    out.print(" <a href=\"javascript:void(0);\"onclick=
      \"showUseIntrol(\'a"+k+"\',\'extend\',\'"+names+"',
      '"+k+"')\">"+name+"..."+"</a>");
    out.print(" <a href=\"javascript:void(0);\"onclick=
      \"showUseIntrol(\'a"+k+"\',\'extend1\',\'"+names+"',
      '"+k+"')\">"+"<--"+"</a>");
    }
    else
    {out.print("<a href=\"javascript:void(0);\"onclick=
      \"showUseIntrol(\'a"+k+"\',\'extend\',\'"+names+"',
      '"+k+"')\">"+names+"</a>");
     out.print(" <a href=\"javascript:void(0);\"onclick=\
      "showUseIntrol(\'a"+k+"\',\'extend1\',\'"+names+"',
```

```
            '"+k+"')\">"+"<--"+"</a>");
        }%>
    <div id=<%="a"+(k++)%>>    </div>          </td>
      <td align="left" valign="top" nowrap="nowrap" class="bian">
      <%int len=path.length();
        if(len>22)
        {String paths=path.substring(0,22);
        out.print(paths+"...");}
        else
        {out.print(path);}
        %>    </td>
      <td align="left" valign="top" nowrap="nowrap" class="bian">
      <%out.print(times+"<br/>");%>    </td>
      </tr>
    <%  j++; }  %>
  </table>
  <%rs.close();%>
  </body>
  </html>
```

程序说明：该程序为首页初始显示时的程序，程序通过调用数据库显示与站点相关的目录结构。该程序由主页通过 Ajax 方法调用，即由主页中的 showUseIntro ('mainresult', 'load') 方法来执行，执行效果如图 10-10 所示。

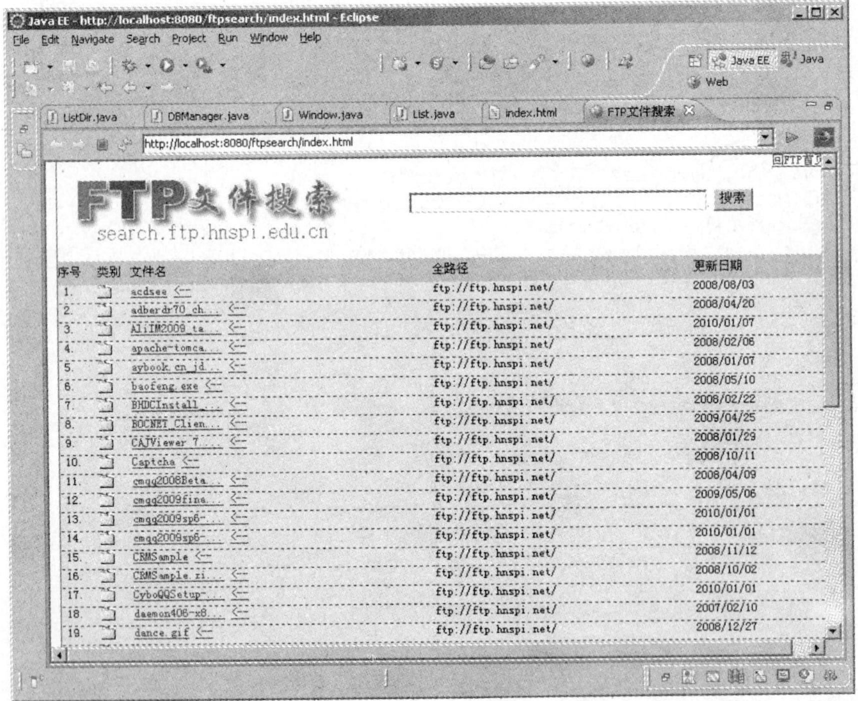

图 10-10 索引主页

展开目录的代码如程序 10-8 所示。

程序 10-8 extend.jsp

```
----------------------------------------------------
<%@ page contentType="text/html; charset=gb2312" language=
   "java" import="java.sql.*" errorPage="" %>
<jsp:useBean id="db" class="listdir.DBManager"/>
<!DOCTYPE HTML PUBLIC "-//W3C//DTD HTML 4.01 Transitional//EN"
   "http://www.w3.org/TR/html4/loose.dtd">
<%@ page import="java.util.*"%>
<%@ page import="listdir.Page"%>
<%@ page import="java.util.Date"%>
<%@ page import="java.util.*"%>
<%@ page import="java.text.SimpleDateFormat"%>
<%@ page import="java.text.NumberFormat"%>
<%@ page import="java.lang.String"%>
<%!
public String chgStr(String str)
  {
    try{
      String temp_p=str;
      byte[] temp_t=temp_p.getBytes("ISO8859-1");
      String temp=new String(temp_t);
      return temp;
    }
    catch(Exception e)
    {
      return null;
    }
  }
ResultSet rs=null;
String sql="";
String name="",name1;
int i=0,k=0;
%>
<%request.setCharacterEncoding("gb2312");
String na=chgStr(request.getParameter("nam"));
sql="select * from TBL_DFINDEX where DFPARENT='"+na+"'";
rs=db.getResult(sql);
%>
<html>
<head>
<meta http-equiv="Content-Type" content="text/html; charset=gb2312">
<title>无标题文档</title>
</head>
<body>
<% int j=1;
       while(rs.next())
       {
       //显示大小
       float sizes=Float.parseFloat(rs.getString("DFSIZE"));
       NumberFormat f=NumberFormat.getInstance();
       f.setMaximumFractionDigits(2) ;
```

```
        float size=sizes;
        //显示修改时间
        long time=Long.parseLong(rs.getString("DFCHTIME"));
        Date date=new Date(time);
        SimpleDateFormat thistime=new SimpleDateFormat("yyyy/MM/dd");
        String times=thistime.format(date);
        //判断是文件还是目录
        String check=rs.getString("DFDORF");

        //控制全路径显示的字符个数
        String path=rs.getString("DFPATH");

        //控制文件名显示的字符个数
        String names=rs.getString("DFNAME");

        //控制父目录显示的字符个数
        String mu=rs.getString("DFPARENT");

        //如果是文件
        if(check.equals("F"))
        {

  %>
<table width="369" height="22" border="0" cellpadding="0" cellspacing="0">
  <tr valign="top">
    <td width="28">        </td>
    <td width="31"><%out.print(" "+j+"."+" ");%></td>
    <td width="37">
        <%
Hashtable hash=new Hashtable();
hash.put(".ppt","<img src=\"images/ppt.gif\"/>");
hash.put(".mp3","<img src=\"images/mp3.gif\"/>");
hash.put(".MP3","<img src=\"images/mp3.gif\"/>");
hash.put(".mid","<img src=\"images/mp3.gif\"/>");
hash.put(".jpg","<img src=\"images/gif.gif\"/>");
hash.put(".gif","<img src=\"images/gif.gif\"/>");
hash.put(".JPG","<img src=\"images/gif.gif\"/>");
hash.put(".GIF","<img src=\"images/gif.gif\"/>");
hash.put(".TXT","<img src=\"images/txt.gif\"/>");
hash.put(".txt","<img src=\"images/txt.gif\"/>");
hash.put(".exe","<img src=\"images/exe.gif\"/>");
hash.put(".doc","<img src=\"images/doc.gif\"/>");
hash.put(".hlp","<img src=\"images/hlp.gif\"/>");
hash.put(".html","<img src=\"images/html.gif\"/>");
hash.put(".jsp","<img src=\"images/aspjsp.gif\"/>");
hash.put(".asp","<img src=\"images/aspjsp.gif\"/>");
hash.put(".zip","<img src=\"images/zip.gif\"/>");
hash.put(".rmvb","<img src=\"images/rmvb.gif\"/>");
hash.put(".swf","<img src=\"images/swf.gif\"/>");
hash.put(".chm","<img src=\"images/chm.gif\"/>");
hash.put(".wma","<img src=\"images/mp3.gif\"/>");
```

```
hash.put(".rs","<img src=\"images/mp3.gif\"/>");
hash.put(".asf","<img src=\"images/mp3.gif\"/>");
hash.put(".png","<img src=\"images/png.gif\"/>");
hash.put(".psd","<img src=\"images/psd.gif\"/>");
hash.put(".mdb","<img src=\"images/mdb.gif\"/>");
hash.put(".tif","<img src=\"images/tif.gif\"/>");
hash.put(".rtf","<img src=\"images/rtf.gif\"/>");
hash.put(".xls","<img src=\"images/xls.gif\"/>");
hash.put(".bmp","<img src=\"images/bmp.gif\"/>");
hash.put(".ico","<img src=\"images/hlp.gif\"/>");

int i=names.indexOf(".");
            String name1=names.substring(i);
      if(hash.get(name1)==null)
      {out.print("<img src=\"images/dll.gif\"/>");}
      else{out.print(hash.get(name1));}


%>
  </td>
    <td width="152">
   <%
     int lens=names.length();
     if(lens>12)
     {String name=names.substring(0,12);
     out.print("<a href=\""+path+names+"\">"+name+"..."+"</a>");}
     else
     {out.print("<a href=\""+path+names+"\">"+names+"</a>");}
     %>

  </td>
    <td width="54">
  <%if(sizes>=1024*1024)
      {size=sizes/(1024*1024);

      String s=f.format(size);

      out.print(s+"M");
      }
     else if(sizes<1024*1024)
      {size=sizes/1024;
       String s=f.format(size);

       out.print(s+"KB");
      }%>
  </td>
    <td width="67"> <%out.print(times+"<br/>");%></td>
  </tr>
  <%j++;
  }%>
</table>
 <%if(check.equals("D"))
```

```
  {%>
 <table width="369" height="22" border="0" cellpadding=
     "0" cellspacing="0">
  <tr valign="top">
    <td width="28">          </td>
    <td width="31">          <%out.print(" "+j+"."+" ");%>
</td>
    <td width="37">
            <%out.print("<img src=\"images/dirfile.gif\"/>");%>
  </td>
    <td width="152">
<%
      int lens=names.length();
      if(lens>12)
      {name=names.substring(0,12);
      out.print(" <a href=\"javascript:void(0);\"onclick=
        \"showUseIntrol(\'b"+k+"\',\'extend\','"+names+"',
        '"+k+"')\">"+name+"..."+"</a>");
      out.print(" <a href=\"javascript:void(0);\"onclick=
        \"showUseIntrol(\'b"+k+"\',\'extend1\','"+names+"',
        '"+k+"')\">"+"<--"+"</a>");

      }
      else
      {out.print("<a href=\"javascript:void(0);\"onclick=
        \"showUseIntrol(\'b"+k+"\',\'extend\','"+names+"',
        '"+k+"')\">"+names+"</a>");
       out.print(" <a href=\"javascript:void(0);\"onclick=
        \"showUseIntrol(\'b"+k+"\',\'extend1\','"+names+"',
        '"+k+"')\">"+"<--"+"</a>");
      }%>
    <div id=<%="b"+(k++)%>></div>
  </td>
    <td width="54">
  </td>
    <td width="67">          <%out.print(times+"<br/>");%>
</td>
  </tr>
  <%j++;

  }}%>
</table>
</body>
</html>
```

程序说明：该程序为显示目录展开程序。程序以传递的目录为条件，检索索引中存在的该目录下的所有文件及文件夹，并标记显示出来，若是文件，则显示时间和大小，并根据文件类型显示不同图标，如图 10-11 所示。

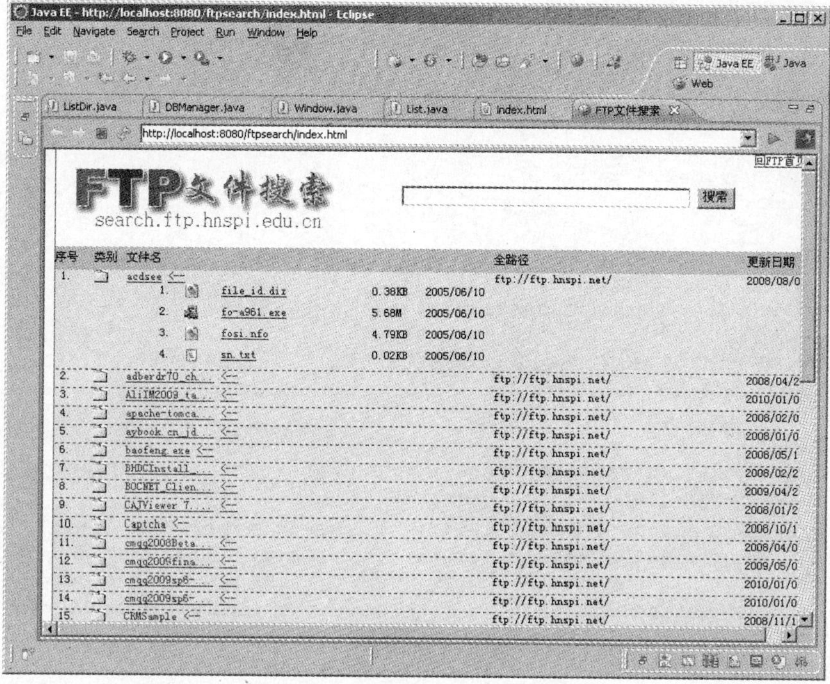

图 10-11 展开索引子目录列表

查询功能的代码如程序 10-9 所示。

程序 10-9 search.jsp

```
<%@ page contentType="text/html; charset=gb2312" language=
   "java" import="java.sql.*" errorPage="" %>
<jsp:useBean id="db" class="listdir.DBManager"/>
<%@ page import="listdir.Page"%>
<%@ page import="java.util.Date"%>
<%@ page import="java.util.*"%>
<%@ page import="java.text.SimpleDateFormat"%>
<%@ page import="java.text.NumberFormat"%>
<%@ page import="java.lang.String"%>
<%!
public String chgStr(String str)
  {
    try{
      String temp_p=str;
      byte[] temp_t=temp_p.getBytes("ISO8859-1");
      String temp=new String(temp_t);
      return temp;
    }
    catch(Exception e)
    {
      return null;
    }
```

```
  }
String keywords="",sql="",sqla="",name,names,name1;
ResultSet rs=null,rsall=null;
long startid,endid;
long stattime,endtime,usetime;
int pageid;
int i=0,k=0,an=0,j=i*50+1;
int count=0;
%>
<%
stattime=System.currentTimeMillis();
keywords=chgStr(request.getParameter("keyword"));
%>
<!DOCTYPE html PUBLIC "-//W3C//DTD XHTML 1.0 Transitional//EN"
  "http://www.w3.org/TR/xhtml1/DTD/xhtml1-transitional.dtd">
<html xmlns="http://www.w3.org/1999/xhtml">
<head>
<meta http-equiv="Content-Type" content="text/html; charset=gb2312" />
<title>检索</title>
<link href="searchmain.css" rel="stylesheet" type="text/css" />
<script language="JavaScript" type="text/JavaScript">
<!--
function MM_reloadPage(init){  //reloads the window if Nav4 resized
  if (init==true)with (navigator){if
((appName=="Netscape")&&(parseInt(appVersion)==4)){
    document.MM_pgW=innerWidth; document.MM_pgH=innerHeight; onresize=
      MM_reloadPage; }}
  else if (innerWidth!=document.MM_pgW || innerHeight!=
     document.MM_pgH)location.reload();
}
MM_reloadPage(true);
//-->
</script>
<script language="JavaScript">
function showMorePath()
{
an=1;
return an;
}
</script>
</head>
<body>
<div  id="left">
<%
  if(keywords!=null)
  {if(!keywords.equals(""))
    {//获得页码
      String getPage=request.getParameter("pageId");
      //如果getPage为null值，则赋值为1
      if(getPage==null||getPage=="null"||getPage=="")
      {getPage="1";}
        sqla="select count(*)from  TBL_DFINDEX where
          DFNAME like '%"+keywords+"%' ";
        rsall= db.getResult(sqla);
```

```
        rsall.next();
        count=rsall.getInt(1) ;
        if(count==0){
          out.print("没有检索到符合条件的内容");
          rsall.close();
        }
        else{
          try{
            pageid=Integer.parseInt(getPage);
          }
          catch(NumberFormatException e)
          {out.print("参数错误");}
          //分页对象
          Page sPage=new Page(count,50);
          startid=sPage.getStartId(pageid);
          endid=sPage.getEndId(pageid);
          sql="Select  top "+sPage.pageSize+"  * from TBL_DFINDEX
            where DFNAME like '%"+keywords+"%' and dfid not in (
            select top "+startid+" dfid  from TBL_DFINDEX where DFNAME
            like '%"+keywords+"%' order by dfid desc )order by dfid desc";
          rs=db.getResult(sql);
          endtime=System.currentTimeMillis();
        usetime=endtime-stattime;
        out.println("<div id=\"htime\">检索时间: "+usetime+"ms</div>");
    %>
  <table width="760" height="57" border="0" cellpadding=
     "0" cellspacing="0">
  <tr valign="middle" bgcolor="#CCCCCC">
    <td width="40" height="21" align="left">序号</td>
    <td width="33" align="left">类别</td>
    <td width="154" align="left">文件名</td>
    <td width="155" align="left">父目录</td>
    <td width="246" align="left" valign="middle">
      全路径               </td>
    <td width="70"  align="left">大小</td>
    <td width="62" align="left">更新日期</td>
  </tr>
<% j=i*50+1;
        while(rs.next())
        {//显示大小
        float sizes=Float.parseFloat(rs.getString("DFSIZE"));
        NumberFormat f=NumberFormat.getInstance();
        f.setMaximumFractionDigits(2) ;
        float size=sizes;
        //显示修改时间
        long time=Long.parseLong(rs.getString("DFCHTIME"));
        Date date=new Date(time);
        SimpleDateFormat thistime=new SimpleDateFormat("yyyy/MM/dd");
        String times=thistime.format(date);
        //判断是文件还是目录
        String check=rs.getString("DFDORF");
```

```
        //控制全路径显示的字符个数
        String path=rs.getString("DFPATH");
        //控制文件名显示的字符个数
        String names=rs.getString("DFNAME");
        //控制父目录显示的字符个数
        String mu=rs.getString("DFPARENT");
        //如果是文件
        if(check.equals("F"))
        {  %>
    <tr valign="middle" class="bootom">
    <td height="18" align="left" valign="top" nowrap=
      "nowrap" class="bian">
         <%out.print(" "+j+"."+" ");%>
    </td>
  <%//获取文件的扩展名
        %>
    <td align="left" valign="top" nowrap="nowrap" class="bian">
        <%
Hashtable hash=new Hashtable();
hash.put(".ppt","<img src=\"images/ppt.gif\"/>");
hash.put(".mp3","<img src=\"images/mp3.gif\"/>");
hash.put(".MP3","<img src=\"images/mp3.gif\"/>");
hash.put(".mid","<img src=\"images/mp3.gif\"/>");
hash.put(".jpg","<img src=\"images/gif.gif\"/>");
hash.put(".gif","<img src=\"images/gif.gif\"/>");
hash.put(".JPG","<img src=\"images/gif.gif\"/>");
hash.put(".GIF","<img src=\"images/gif.gif\"/>");
hash.put(".TXT","<img src=\"images/txt.gif\"/>");
hash.put(".txt","<img src=\"images/txt.gif\"/>");
hash.put(".exe","<img src=\"images/exe.gif\"/>");
hash.put(".doc","<img src=\"images/doc.gif\"/>");
hash.put(".hlp","<img src=\"images/hlp.gif\"/>");
hash.put(".html","<img src=\"images/html.gif\"/>");
hash.put(".jsp","<img src=\"images/aspjsp.gif\"/>");
hash.put(".asp","<img src=\"images/aspjsp.gif\"/>");
hash.put(".zip","<img src=\"images/zip.gif\"/>");
hash.put(".rar","<img src=\"images/zip.gif\"/>");
hash.put(".rm","<img src=\"images/rmvb.gif\"/>");
hash.put(".rmvb","<img src=\"images/rmvb.gif\"/>");
hash.put(".swf","<img src=\"images/swf.gif\"/>");
hash.put(".chm","<img src=\"images/chm.gif\"/>");
hash.put(".wma","<img src=\"images/mp3.gif\"/>");
hash.put(".rs","<img src=\"images/mp3.gif\"/>");
hash.put(".asf","<img src=\"images/mp3.gif\"/>");
hash.put(".png","<img src=\"images/png.gif\"/>");
hash.put(".psd","<img src=\"images/psd.gif\"/>");
hash.put(".mdb","<img src=\"images/mdb.gif\"/>");
hash.put(".tif","<img src=\"images/tif.gif\"/>");
hash.put(".rtf","<img src=\"images/rtf.gif\"/>");
hash.put(".xls","<img src=\"images/xls.gif\"/>");
hash.put(".bmp","<img src=\"images/bmp.gif\"/>");
hash.put(".ico","<img src=\"images/hlp.gif\"/>");
int i=names.indexOf(".");
```

```
            String name1=names.substring(i);
      if(hash.get(name1)==null)
      {out.print("<img src=\"images/dll.gif\"/>");}
      else{out.print(hash.get(name1));}
%>
   </td>
   <td align="left" valign="top" nowrap="nowrap" class="bian">
        <%
     int lens=names.length();
     if(lens>12)
     {String name=names.substring(0,12);
     out.print("<a href=\""+path+names+"\">"+name+"..."+"</a>");}
     else
     {out.print("<a href=\""+path+names+"\">"+names+"</a>");}
     %>
   </td>
   <td align="left" valign="top" nowrap="nowrap" class="bian">
        <%int lenss=mu.length();
     if(lenss>8)
     {String mus=mu.substring(0,8);
     out.print(mus+"...");}
     else
     {out.print(mu);}
     %>
   </td>
   <td align="left" valign="top" nowrap="nowrap" class="bian">
      <%
   if(an==0)
    {   int len=path.length();
     if(len>22)
    {String paths=path.substring(0,22);
    out.print(paths+"...");}
     else
     {out.print(path);}
     }
    if(an==1)
    {out.print(path);}%>
   </td>
   <td align="left" valign="top" nowrap="nowrap" class="bian">
        <%if(sizes>=1024*1024)
      {size=sizes/(1024*1024);
      String s=f.format(size);
      out.print(s+"M");
      }
     else if(sizes<1024*1024)
      {size=sizes/1024;
       String s=f.format(size);
       out.print(s+"KB");
      }%>
   </td>
   <td align="left" valign="top" nowrap="nowrap" class="bian">
       <%out.print(times+"<br/>");%>
   </td>
  </tr>
```

```
<%j++;
}%>
<%if(check.equals("D"))
{%>
<tr valign="middle" class="bootom">
  <td height="18" align="left" valign="top" nowrap=
    "nowrap" class="bian">
       <%out.print(" "+j+"."+" ");%>
  </td>
    <td align="left" valign="top" nowrap="nowrap" class="bian">
       <%out.print("<img src=\"images/dirfile.gif\"/>");%>
  </td>
  <td align="left" valign="top" nowrap="nowrap" class="bian">
     <%int lens=names.length();
    if(lens>12){name=names.substring(0,12);
    out.print("<a href=\"javascript:void(0);\"onclick=
      \"showUseIntrol(\'a"+k+"\',\'extend\',' "+names+"',
      '"+k+"')\">"+name+"..."+"</a>");
    out.print("<a href=\"javascript:void(0);\"onclick=
      \"showUseIntrol(\'a"+k+"\',\'extend1\',' "+names+"',
      '"+k+"')\">"+"<--"+"</a>");
    }
    else {
out.print("<a href=\"javascript:void(0);\"onclick=
      \"showUseIntrol(\'a"+k+"\',\'extend\',' "+names+"',
      '"+k+"')\">"+names+"</a>");
     out.print(" <a href=\"javascript:void(0);\"onclick=
       \"showUseIntrol(\'a"+k+"\',\'extend1\',' "+names+"',
       '"+k+"')\">"+"<--"+"</a>");
    }%>
  <div id=<%="a"+(k++)%>>
  </div></td>
  <td align="left" valign="top" nowrap="nowrap" class="bian">
        <%int lenss=mu.length();
    if(lenss>8){String mus=mu.substring(0,8);
    out.print(mus+"...");}
    else{out.print(mu);}
    %>
  </td>
  <td align="left" valign="top" nowrap="nowrap" class="bian">
      <%int len=path.length();
    if(len>22)
    {String paths=path.substring(0,22);
    out.print(paths+"...");}
    else
    {out.print(path);}
    %>
  </td>
  <td align="left" valign="top" nowrap=
    "nowrap" class="bian"> </td>
  <td align="left" valign="top" nowrap="nowrap" class="bian">
      <%out.print(times+"<br/>");%>
  </td>
</tr>
```

```
<%j++;
}
}%>
</table>
  <%rsall.close();
   rs.close();
   %>
   <img src="images/win16.gif" width="16" height="16" align=
      "absmiddle">总记录: <font color="#FF6600"><%=
      sPage.recordCount%></font> <img src="images/s_tixing.gif" width=
      "16" height="16" align="absmiddle">每页: <font color=
      "#FF6600"><%=sPage.pageSize%></font> <img src=
      "images/pages.GIF" width="13" height="13" align="absmiddle">
      页次: <font color="#FF0000"><%=sPage.pageId%><font color=
      "#000000">/</font></font><font color="#FF6600"><%=
      sPage.pageCount%></font>
            
   <%if(sPage.pageId!=1)
        {j=i*50+1;
        %> <a href="javascript:void(0)" title="第一页" onclick=
           "showResult('mainresult','<%=keywords%>',1);">
          首页</a> 
                    <a href="javascript:void(0)" title="前一页" onclick=
                       "showResult('mainresult','<%=keywords%>',
                       <%=sPage.pageId-1%>);">前一页</a>
                    <%}%> <%if(sPage.pageId!=sPage.pageCount)
        {%> <a href="javascript:void(0)" onclick="showResult(
           'mainresult','<%=keywords%>',<%=sPage.pageId+1%>);" title=
           "后一页">后一页 </a>
<a href="javascript:void(0)" onclick="showResult('mainresult',
   '<%=keywords%>',<%=sPage.pageCount%>);" title="最后一页">尾页</a>
                    <%}%> <br><br>
      <%if(i>1){i=1;
        while(i<=sPage.pageCount)
        {%>
        <a href="javascript:void(0)" title="第<%=i%>页" onclick=
           "showResult('mainresult','<%=keywords%>',<%=i%>);" >
        第[<%=i%>]页</a> 
        <%
        i++;
        }
      }
    }
  }
  else
  {out.println("无关键字");}
}
%>
</div>
</body>
</html>
```

程序说明：该程序为搜索主程序，可根据用户在搜索文本框中输入的关键字进行数据库匹配查找，检索出符合条件的文件或文件夹并显示出来，如搜索“apache”，按搜索按钮后搜索出一个结果，如图 10-12 所示。

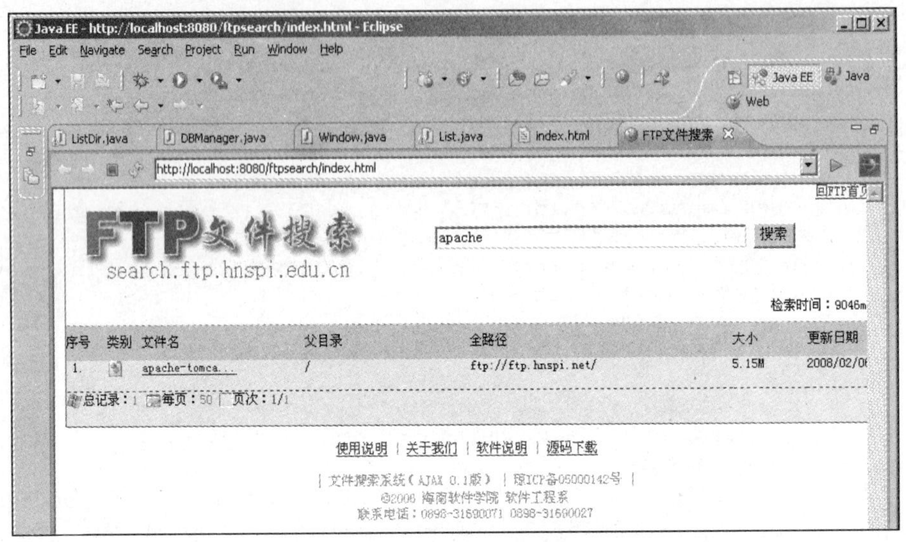

图 10-12 索引搜索效果

10.4 小结

本章讨论建立基于局域网的单个 FTP 和多个 FTP 的搜索，根据 FTP 服务器的实际情况，选择适合的爬虫程序类型，建立索引树。

对于本章设计构建的结果，可以将本系统推广于 Internet，将爬虫程序置入需要索引的 FTP 上，或者通过外部间接获取索引，从而达到 FTP 的文件搜索效果，可让用户更加高效地找到所需要的文件。

本章所实现的程序为基于 Web 的 FTP 搜索引擎的最简单模式，可以适用于单个服务器的索引建立及搜索查询。

根据本章搜索引擎建立的原理，可以再进一步扩展程序，主要从两个方面来完善：一方面为完善爬虫程序，让其以服务的形式运行，进而扩展到全网络进行 FTP 目录结构的提取，并进一步优化索引结构；另一方面为完善 Web 模块，让其显示更加灵活，检索更加准确、高效。如针对 Web 模块，可使用基于 Web 的 FTP 搜索引擎 2.0 版本，此版本是采用模拟 Windows 资源管理器的模式显示文件结构的，但又比其更灵活，如图 10-13 所示。

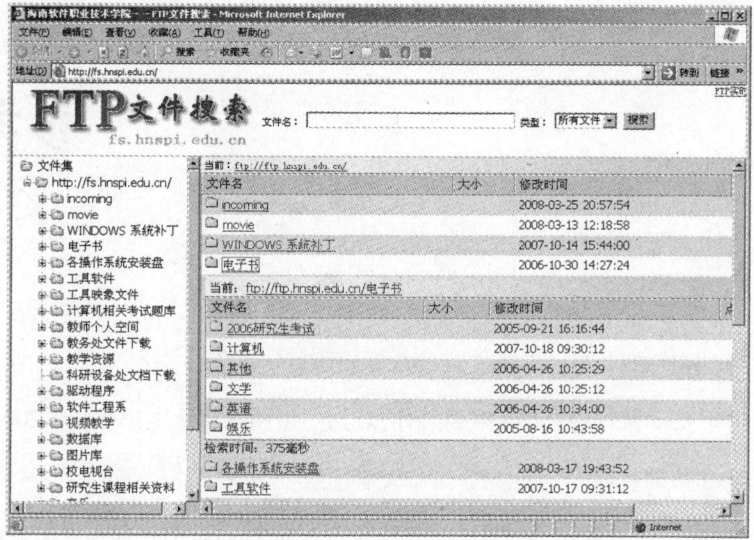

图 10-13 FTP 文件搜索 3.0 版本

参考文献

[1] 郝玉龙，尹建平. Java EE Web 开发实例精解[M]. 北京：清华大学出版社，2008.

[2] 蒋文蓉. JSP 程序设计[M]. 北京：高等教育出版社，2005.

[3] 黄晓东，等. Java 课程设计案例精编[M]. 北京：中国水利水电出版社，2004.

[4] 耿祥义. Java 基础教程[M]. 北京：清华大学出版社，2004.

[5] 倪晓秋，季民，王光伟，等. J2EE 案例开发[M]. 北京：中国水利水电出版社，2005.

[6] Ryan Asleson，Nathaniel T. Schutta. Ajax 基础教程[M]. 金灵，等，译. 北京：人民邮电出版社，2006.

[7] 李俊青，季文天. 局域网 FTP 搜索引擎的建立[J]. 计算机与信息技术，2007(9): 65-66.